I0874848

Datenanalyse für Sozialwissenschaftler

Von

Dr. Volker Dreier

R. Oldenbourg Verlag München Wien

Die Deutsche Bibliothek – CIP-Einheitsaufnahme

Dreier, Volker:
Datenanalyse für Sozialwissenschaftler / von Volker Dreier. –
München ; Wien : Oldenbourg, 1994
ISBN 3-486-22457-3

© 1994 R. Oldenbourg Verlag GmbH, München

Das Werk einschließlich aller Abbildungen ist urheberrechtlich geschützt. Jede Verwertung außerhalb der Grenzen des Urheberrechtsgesetzes ist ohne Zustimmung des Verlages unzulässig und strafbar. Das gilt insbesondere für Vervielfältigungen, Übersetzungen, Mikroverfilmungen und die Einspeicherung und Bearbeitung in elektronischen Systemen.

Gesamtherstellung: R. Oldenbourg Graphische Betriebe GmbH, München

ISBN 3-486-22457-3

Inhaltsverzeichnis

Vorwort

Um gewinnbringend empirische sozialwissenschaftliche Forschung betreiben zu können, ist es notwendig, nicht nur über Kenntnisse der Statistik, sondern auch über solche zu verfügen, die empirische Forschung erst möglich machen. Denn nur die Verbindung von elementaren Kenntnissen der Voraussetzungen von empirischer Forschung mit den vielfältigen Methoden der Statistik kann zumindest annäherungsweise garantieren, daß empirisch orientierte Forschungsergebnisse, d.h. Aussagen über die reale soziale Welt, eine gewisse Gültigkeit beanspruchen können.

In vorliegendem Buch werden diese beiden elementaren Bestandteile und die sie verbindenden Beziehungen empirischer sozialwissenschaftlicher Forschung in ihren Grundzügen dargestellt. Das Buch richtet sich dabei primär an den Studienanfänger der Sozialwissenschaften, wobei sowohl Kenntnisse der Wissenschaftstheorie und sozialwissenschaftlichen Methodologie als auch Kenntnisse der Statistik und ihrer Modelle nicht vorausgesetzt werden.

Hervorgegangen ist dieses Buch aus meinen Lehrveranstaltungen am Institut für Politikwissenschaft an der Universität Tübingen. Zu besonderem Dank bin ich dabei meinen Studenten verpflichtet, die meine Lehrveranstaltungen nicht nur kritisch begleitet, sondern mir auch zahlreiche Anregungen gegeben haben, die Aufnahme in dieses Buch fanden. Herrn Dietmar Töpfer, M.A. danke ich für das Korrekturlesen des Manuskripts, ohne mich jedoch der Verantwortung für etwaige Fehler entziehen zu wollen. Gewidmet ist dieses Buch Dr.Maria Chiara Barlucchi.

Volker Dreier

Einleitung

Let's begin, there is
so much to discover ...
BOB DYLAN

Die Gründe, warum wir Sozialforschung betreiben, sind vielseitig. Manchmal besteht die Intention von Sozialforschung in der Lösung sozialer Probleme, wie etwa Armut, Kriminalität oder Drogenmißbrauch, ein anders Mal betreiben wir sie aus dem Interesse heraus, Entscheidungsprozesse besser verstehen und erklären sowie mögliche Konsequenzen aus ihnen und Alternativen zu ihnen analysieren und bewerten zu können. Letztendlich wollen wir durch Sozialforschung auch nur uns und die Welt, in der wir leben, besser verstehen. Unabhängig von den Gründen, weswegen wir Sozialforschung auch betreiben, wir benötigen zu ihrer Durchführung ein zuverlässiges Instrumentarium. Damit haben wir Intention und Inhalt dieses Buches auch schon angesprochen.

Das Ziel dieses Buches besteht aus zwei Intentionen: Zum einen soll es dem Studienanfänger der Sozialwissenschaften die Grundlagen und Bestandteile empirischer Forschung vermitteln, zum anderen soll es ihn in die Lage versetzen, selbständig erste empirische Untersuchungen durchführen zu können. Dies bedeutet jedoch nicht, daß der Prozeß empirischer Forschung "kochbuchartig" aufbereitet wird und sich der Leser nur an die einzelnen Schritte zu halten hat, um zu einem gültigen Ergebnis zu kommen. Der empirische Forschungsprozeß mit den hier dargestellten Bestandteilen stellt nur einen Vorschlag dar, wie empirische Forschung gewinnbringend betrieben werden kann, nicht aber werden muß. Denn nicht jedes Problem, das ein Sozialwissenschaftler zu lösen beabsichtigt, kann immer im Rahmen der bereits bestehenden Methoden und Analyseverfahren gelöst werden. Demzufolge sind auch innerhalb der empirischen Forschung neben der Kenntnis fundamentaler Bestandteile zwei Grundeigenschaften für jeden Sozialwissenschaftler unabdingbar, nämlich Kreativität und Phantasie.

Empirische Wissenschaft: Grundlagen und Elemente

Insofern sich eine Wissenschaft als empirische Wissenschaft versteht, bspw. die Physik oder die empirisch orientierte Soziologie, rekurriert sie bei der Begründung ihrer Aussagen auf die empirisch erfaßbare Wirklichkeit. Ihr primäres Ziel ist dabei, diese Wirklichkeit, sei sie naturwissenschaftlicher oder sozialwissenschaftlicher Provinienz, mittels Theorien zu beschreiben, zu erklären und auf Grundlage solcher Theorien, Prognosen über das zukünftige Verhalten ihrer Untersuchungsobjekte zu formulieren.

Dieses Ziel der empirischen Wissenschaften wird in der Praxis durch den empirischen Forschungsprozeß geleistet, wobei die diesen konstituierende und tragende Tätigkeit in der Konzeption und methodengeleiteten Überprüfung von eben solchen Theorien besteht.

Da wir mittels des empirischen Forschungsprozesses jedoch nie zu einem sogenannten "wahren" oder "gewissen" Ergebnis über die empirisch erfaßbare Wirklichkeit kommen können [POPPER 1982; ALBERT 1982], bleibt dieser prinzipiell immer unabgeschlossen. Der empirische Forschungsprozeß stellt sogesehen einen infiniten alternierenden Interaktionsprozeß zwischen Theorien und empirisch erfaßbarer Wirklichkeit dar. Dabei gilt es noch zusätzlich einschränkend anzumerken, daß wir mit empirischer Forschung die Wirklichkeit nie als Ganzes erfassen können, sondern immer nur bestimmte Segmente von ihr. Wollen wir bspw. das soziale Verhalten der deutschen Population erfassen und erklären, so werden wir niemals in der Lage sein, dieses Verhalten in all seinen Aspekten erfassen und erklären zu können. Wir können immer nur Segmente aus dem Gesamtverhalten analysieren wie z.B. 'Einstellungen zu Gewalt', 'Umgang mit Minderheiten' oder 'Fernsehkonsum'.

Im empirischen Forschungsprozeß wird diesen Ausführungen zufolge auf zwei Basisbereiche Bezug genommen: auf Theorien und auf die empirisch erfaßbare Wirklichkeit. Betrachten wir zunächst den Bereich der Theorien.

Theorien sind die Hauptinformationsträger empirischer Erkenntnis und ihre Konzeption ist dabei sowohl Ziel [CARNAP 1946:520] als auch Voraussetzung von Wissenschaft [FEYERABEND 1974:195; POPPER 1982:31,224]. Intuitiv arbeitet jeder von uns in seinem Alltagsleben mit Theorien, sei dies implizit oder explizit, bspw. wenn jemand äußert: "Ich habe da so meine Theorie über dies und das". Solche Theorien mögen in unserem Alltagsleben oftmals sehr hilfreich sein, doch im Rahmen einer Wissenschaft ist dieser Gebrauch des Begriffes 'Theorie', pointiert formuliert, verheerend. Insbesondere innerhalb der Sozialwissenschaften ist die Tendenz auszumachen, jede Ansammlung von Meinungen, so zusammenhangslos und unbegründet sie auch seien, mit dem Wort 'Theorie' zu würdigen [BUNGE 1983:44]. Die Beantwortung der Frage, was nun eine wissenschaftliche Theorie ist oder gegebenenfalls sein soll, ist Aufgabe der Wissenschaftstheorie. Dabei hat diese selbst Theorien darüber entwickelt, was als wissenschaftliche Theorie gilt oder gelten kann. Solche Theorien über Theorien werden als Metatheorien bezeichnet [BALZER 1982:1]. Selbst auf wissenschaftstheoretischer Ebene existieren so mehrere Konzeptionen darüber, was eine wissenschaftliche Theorie ist. Im Rahmen dieses Buches werden wir uns auf eine dieser Konzeptionen beschränken, auf das vom Neopositivismus und seinen Nachfolgern entwickelte 'Empiristische Standardmodell für wissenschaftliche Theorien'[SUPPE 1977:3-241], welches innerhalb der empirischen Sozialwissenschaften am häufigsten verwendet wird (vergleiche zu Alternativkonzeptionen zum 'Empiristischen Standardmodell für wissenschaftliche Theorien' [DREIER 1993:Kap 2,3]).

Die Konzeption und Begründung von empirischen Theorien erfolgt über die empirisch erfaßbare Wirklichkeit. Diese liegt uns jedoch nicht als unmittelbar gegeben vor, in dem Sinne, daß wir uns ihrer ohne Voraussetzungen direkt bedienen können. Zunächst benötigen wir Träger der Informationen über sie. Solche Träger bezeichnen wir als Daten. Daten sind folglich Informationen über die empirische Wirklichkeit. Da uns Daten jedoch ebenso wie die empirische Wirklichkeit selbst nicht unmittelbar gegeben sind, benötigen wir darüber hinaus Methoden zur Erfassung von Daten. Innerhalb der empirischen Sozialforschung sind Beobachtungen, Umfragen, Inhaltsanalysen und Experimente die gängigsten Methoden der Datenerfassung. Die Daten, deren Erfassung selbst wiederum ein theoretisches Erkenntnisinteresse zugrundeliegt, stellen die Elemente dar, die wir zur Konzeption als auch zur Begründung unserer Theorien benötigen. Da jedoch Daten an sich zunächst keine erkenntnisgewinnende Funktion besitzen, müssen sie zunächst einer Analyse unterzogen werden. Wir benötigen folglich auch noch Methoden zur Analyse von Daten.

Damit haben wir die für den empirischen Forschungsprozeß relevanten Bestandteile angeführt: Theorien, Daten, Datenerfassung und Datenanalyse. Diese Bestandteile stehen in vielschichtigen Interaktionsrelationen zueinander. So können wir eine Theorie durch die Daten auf ihre vorläufige Richtigkeit hin überprüfen, im Rahmen der Datenanalyse sprechen wir dann von konfirmatorischer Datenanalyse. Oder wir können die Daten als Ausgangsgrundlage zur Konzeption einer Theorie benützen, im Rahmen der Datenanalyse sprechen wir dann von explorativer Datenanalyse.

Diese Interaktionsrelationen von Theorien, Daten, Datenerfassung und Datenanalyse werden innerhalb des empirischen Forschungsprozesses in eine geordnete Form gebracht, d.h. es wird ein Forschungsdesign konzipiert. Der empirische Forschungsprozeß stellt dabei im idealen Fall einen hierarchisch aufgebauten Ablaufprozeß dar, an dessen Beginn die

Problemformulierung und an dessen Ende die Publikation steht. Die Bestandteile des empirischen Forschungsprozesses und ihre jeweiligen Ausgestaltungen, die zwischen diesen beiden Polen liegen, sind in ihrer Auswahl und Anordnung dabei nicht für jedes Forschungsproblem, das untersucht werden soll, starr festgelegt, sondern hängen jeweils von der Art des zu lösenden Problems wesentlich ab.

Aufbau des Buches

Innerhalb dieses Buches werden wir in sich sukzessive verdichtenden Schritten zunächst die Grundlagen und Voraussetzungen einer empirischen Untersuchung sowie ihrer spezifischen Begrifflichkeiten vorstellen (Kapitel 1 und 2). Die Kapitel 3 und 4 behandeln einige Verfahren der Datenerhebung und auch die grundsätzliche Frage, was Daten überhaupt sind bzw. sein können. Darauf aufbauend werden dann die verschiedenen Elemente deskriptiver, d.h. beschreibender Datenanalyse vorgestellt (Kapitel 5 bis 8). Kapitel 8 gibt dabei einen kursorischen Überblick über einige multivariate Verfahren. In Kapitel 9 stellen wir die Grundzüge der Explorativen Datenanalyse vor, eine Form der Datenanalyse, die zunehmend einen gleichberechtigten Platz neben der sogenannten "klassischen" Datenanalyse einnimmt.

Die innerhalb der einzelnen Kapitel angeführten Beispiele haben wir vorwiegend mit dem Statistikprogramm SPSS gerechnet. Für einen ersten Überblick in dieses leicht erlernbare Programm verweisen wir auf FRIEDE und SCHIRRA-WEIRICH [FRIEDE, SCHIRRA-WEIRICH 1992], KÄHLER [KÄHLER 1990], NORUSIS [NORUSIS 1988-1, 1988-2], SCHUBÖ et.al. [SCHÜBÖ et.al. 1991] und WITTENBERG und CRAMER [WITTENBERG, CRAMER 1991].

Unsere Ausführungen in diesem Buch sind oftmals aus didaktischen Gründen redundant gehalten, d.h. daß wir im Verlauf des Buches öfters die Erklärung zentraler Begrifflichkeiten und Zusammenhänge wiederholen. In der Darstellung der Materie haben wir versucht, die Komplexität des Gegenstandes zum besseren Verständnis gerade für den Studienanfänger zu vereinfachen, ohne jedoch dabei auf wesentliche Inhalte und fachterminologische Besonderheiten zu verzichten. Inwieweit uns diese Gradwanderung gelungen ist, mag der Leser entscheiden.

Literatur

ALBERT, Hans (1982): Die Wissenschaft und die Fehlbarkeit der Vernunft. Tübingen: Mohr

BALZER, Wolfgang (1982): Empirische Theorien: Modelle, Strukturen, Beispiele. Braunschweig, Wiesbaden: Vieweg

BUNGE. Mario (1983): Epistemologie. Aktuelle Fragen der Wissenschaftstheorie. Mannheim, Zürich, Wien: Bibliographisches Institut

CARNAP, Rudolf (1946): Theory and Prediction in Science. *Science 104*, S.520-521

DREIER, Volker (1993): Zur Logik politikwissenschaftlicher Theorien. Eine metatheoretische Grundlegung zur Analyse der logischen Struktur politikwissenschaftlicher Theorien im Rahmen der Strukturalistischen Wissenschaftstheorie. Frankfurt am Main u.a.: Lang

FEYERABEND, Paul (1974): Kuhns Struktur wissenschaftlicher Revolutionen - ein Trostbüchlein für Spezialisten? In: I. LAKATOS, A. MUSGRAVE (Hrsg.) (1974), S.191-222

FRIEDE, Christian; SCHIRRA-Weirich, Liane (1992): Statistische Datenanalyse SPSS/PC+. Eine strukturierte Einführung.Reinbek bei Hamburg: Rowohlt

KÄHLER, Wolf-Michael (1990): Statistische Datenanalyse mit SPSS/PC+. Eine Einführung in Grundlagen und Anwendung. Braunschweig, Wiesbaden: Vieweg

LAKATOS, Imre; MUSGRAVE, Alan (Hrsg.) (1974): Kritik und Erkenntnisfortschritt. Braunschweig, Wiesbaden: Vieweg

NORUSIS, Marija J. (1988-1): SPSS/PC+ V2.0. Base Manual. Chicago: SPSS Inc.

NORUSIS, Marija J. (1988-2): SPSS/PC+ Advanced Statistics V2.0. Chicago: SPSS Inc.

POPPER, Karl Raimund (1982): Logik der Forschung (7.verb.u.erw.Aufl.). Tübingen: Mohr

SCHUBÖ, Werner; UEHLINGER, Hans-Martin; PERLETH, Christoph; SCHRÖGER, Erich; SIERWALD, Wolfgang (1991): SPSS. Handbuch der Programmversionen 4.0 und SPSS-X 3.0. Stuttgart, New York: Fischer

SUPPE, Frederick (1977): The Search for Philosophical Understanding of Scientific Theories. In: F. SUPPE (Ed.) (1977), S.3-241

SUPPE, Frederick (Ed.) (1977): The Structure of Scientific Theories (2nd.ed.). Urbana, Chicago: University of Illinois Press

WITTENBERG, Reinhard; CRAMER, Hans (1991): Datenanalyse mit SPSS. Stuttgart: Fischer

1.0 Forschungslogik und Forschungsprozeß bei empirischen Untersuchungen in den Sozialwissenschaften

1.1 Die Grundlagen und Voraussetzungen empirischer Forschung: Der wissenschaftliche Ansatz

Mit dem Terminus 'Wissenschaft' werden die unterschiedlichsten Konnotationen verbunden. Für die einen ist Wissenschaft ein prestigeträchtiges Unternehmen, für andere ein System "wahren" Wissens, und wieder für andere bedeutet Wissenschaft die "objektive" Untersuchung empirischer Phänomene. Das so entstandene Problem einer einheitlichen Definition von Wissenschaft liegt u.E. dabei darin, daß wir oftmals den Inhalt von Wissenschaft mit ihrer Methodologie verwechseln. Daneben ist es auch verfehlt, anzunehmen daß Wissenschaft ein spezifischer Objektbereich zukommt, denn nicht jede Untersuchung empirischer Phänomene können wir mit dem Attribut 'wissenschaftlich' belegen. Wie NACHMIAS & NACHMIAS [NACHMIAS, NACHMIAS 1989:4] am Beispiel der Astrologie illustrieren, untersucht diese zwar empirische Phänomene, nämlich die Position von Himmelskörpern und ihre Beziehung zu Ereignissen des menschlichen Lebens, um daraus Beziehungen zwischen diesen zu etablieren, doch kann daraus nicht abgeleitet werden, daß Astrologie eine Wissenschaft darstellt. Daß Astrologie keine Wissenschaft darstellt, liegt jedoch nicht an ihrem Untersuchungsbereich, sondern ist in ihrer Methodologie begründet. Was Wissenschaft letztendlich ausmacht und somit auch die unterschiedlichen wissenschaftlichen Disziplinen miteinander verbindet, ist ihre Methodologie und nicht ihr Untersuchungsbereich bzw. ihre Untersuchungsbereiche.

Ebenso ist es verfehlt, eine Tätigkeit auf ihre Ergebnisse hin als wissenschaftlich oder nicht-wissenschaftlich zu bezeichnen. Denn es sind nicht die Ergebnisse, die eine Wissenschaft ausmachen, sondern ihre Zielsetzungen: "Wenn sie sich das Ziel setzt, mehr oder weniger allgemeingültige Beziehungen zwischen empirisch erfaßbaren Phänomenen herzustellen, wenn der Wahrheitsbeweis letzthin in den Gegebenheiten selbst liegt und die Gegebenheiten nicht völlig vergewaltigt werden - wenn die Natur, wie sehr man sie auch auf die Folter spannen mag, immer noch "Nein!" sagen kann - dann haben wir es mit einer [empirischen, V.D.] Wissenschaft zu tun" [HOMANS 1969:19].

Unser Wissen über die empirische Welt, und dabei sowohl über die physikalische als auch über die soziale, kann so nur dann als wissenschaftlich bezeichnet werden, wenn die Natur gegen unsere Behauptungen über sie prinzipiell immer ein Veto einlegen kann. Diese Möglichkeit des Einspruchs der Natur zeichnet nach POPPER Wissenschaft gegenüber Pseudo-Wissenschaft aus [POPPER 1982:15]. Empirische Wissenschaft und somit auch empirische Sozialwissenschaft, kann ein Wissen über ihre Gegenstandsbereiche in letzter Konsequenz nur über die Empirie, d.h. über sinnliche Erfahrung erlangen. Empirisch orientierte Wissenschaft und Erkenntnis geht so immer von Erfahrungstatsachen aus und ist von Formen der Erkenntnisgewinnung zu unterscheiden, die sich auf Autorität, Mystik oder nur auf Vernunft gründen.

Damit dieses Programm empirischer Erkenntnisgewinnung durchgeführt werden kann, bedarf es jedoch einiger Annahmen - Annahmen, die oftmals nicht überprüfbar sind bzw. als ungeprüft vorausgesetzt werden [SJOBERG, NETT 1968:23ff]. Es wird vorausgesetzt:

1. daß die physikalische und soziale Welt geordnet ist und bestimmten Regularien folgt;
2. daß wir als menschliche Wesen in der Lage sind, die physikalische und soziale Welt zu erkennen. Dies bedeutet, daß eine auf Sinneswahrnehmung beruhende Kommunikation zwischen dem Wissenschaftler und der ihm externen Welt besteht;
3. daß unser Wissen über die physikalische und soziale Welt immer unvollkommen ist und keinen absoluten Wahrheitsanspruch genießen kann;
4. daß innerhalb der physikalischen und sozialen Welt 'Ursache-Wirkungs'-Beziehungen bestehen, d.h. daß alle Phänomene eine "natürliche" Ursache besitzen;
5. daß das Wissen über die physikalische und soziale Welt nie selbstevident sein kann, sondern immer intersubjektiv vermittelbar sein muß; und
6. daß jedes Wissen über die physikalische und soziale Welt nur auf empirischem Weg begründet werden kann.

Damit ist angedeutet, daß auch empirische Forschung nicht ohne Vorannahmen betrieben werden kann. Es wird nur versucht, soweit wie möglich die Erkenntnisgewinnung über die Natur durch diese selbst, d.h. durch Erfahrung zu begründen. Deshalb ist auch einschränkend anzumerken, daß es verfehlt ist, anzunehmen, empirische Forschung sei die exakteste Forschung und Garantie für die Wahrheit. Diese Feststellung gilt für alle empirischen Wissenschaften, für die Naturwissenschaften wie auch für die empirischen Sozialwissenschaften. Denn wie HELMER und RESCHER [HELMER, RESCHER 1967:181] zu Recht bemerken, lassen sich sowohl in den Naturwissenschaften als auch in den Sozialwissenschaften relativ exakte wie auch unexakte Teile identifizieren.

1.2 Methoden in der empirischen Sozialforschung

1.2.1 Zum Begriff der Methode

Empirische Wissenschaft, und darunter fällt auch die empirische Sozialwissenschaft, ist nicht, wie wir festgestellt haben, durch ihre Untersuchungsobjekte geeint, sondern durch ihre Methodologie. Sehr allgemein gesprochen, ist unter Methodologie dabei die Lehre der Methoden zu verstehen, Methodologie ist Methodenlehre. Was sind nun aber Methoden?

Eine Methode bezeichnet zunächst das planmäßige und systematische Vorgehen beim Versuch Ziele zu erreichen. Eine Methode strukturiert folglich die Handlung, die zur Erreichung eines bestimmten Zieles notwendig ist. Methoden sind so in erster Linie Systeme von Regeln, d.h. Systeme von Handlungsregeln [HERRMANN 1987:33].

Methoden sind dabei in einem sich nicht gegenseitig ausschließenden Sinne adaptiv, regulativ oder reflexiv [HERRMANN 1987:36ff].

Eine Methode ist adaptiv, indem sie festlegt, welche Schritte bei Vorliegen einer Bedingung auf diese zu erfolgen haben, etwa im Sinne von "'wenn x, dann y', 'wenn y, dann z', ...".

Eine Methode ist insofern regulativ, als daß wir bei Befolgung einer Methode zur Erreichung eines bestimmten Zieles permanent unsere Schritte auf ihre Richtigkeit und Erfolgsaussichten hin überprüfen und sie gegebenenfalls wiederholen, verbessern oder abändern. D.h. die einzelnen Schritte der Methode werden fortlaufend einer Bewertung unterzogen.

Eine Methode ist schließlich reflexiv, indem wir während ihrer gesamten Anwendung uns darüber Klarheit verschaffen, ob sie für unsere Zielerreichung angemessen ist oder inwiefern sich ihre Anwendung für unsere Zielerreichung rechtfertigen läßt. Dies kann im Extremfall durchaus bedeuten, daß wir die einmal getroffene Entscheidung für eine bestimmte Methode im Laufe ihrer Anwendung als für unser Problem unangemessen erachten und sie deshalb durch eine andere ersetzen.

Solche in bezug auf Methoden verfügbare Systeme von Regeln sind Lösungsmittel für Probleme, sie legen den prozessualen Ablaufprozeß fest, der notwendig ist, um von Ist-Zuständen zu Soll-Zuständen zu gelangen. Die Rolle, die Systemen von Methoden in einem solchen Ablaufprozeß zukommt, ist in erster Linie die der Entlastung des Problemlösers. Darüber hinaus sind Methoden immer auch Mittel zur Handlungs- und Situationskontrolle. Doch auch bei solchen Systemen von Handlungsanweisungen, d.h. Methoden, ist es verfehlt anzunehmen, daß diese starr und für alle Zeiten festgeschrieben seien. Auch Methoden hängen letztendlich immer von dem zu lösenden Problem ab, wie auch von der Kreativität und Phantasie des Problemlösers. Methoden sind so relativ flexible Problemlösungsmittel.

1.2.2 Die Rolle der Methodologie

Haben wir zunächst noch sehr allgemein bestimmt, was Methoden darstellen und welche Funktion ihnen bei einer Problemlösung zukommt, so werden wir im folgenden die Rolle der sozialwissenschaftlichen Methodologie für den empirischen Forschungsprozeß näher betrachten.

Die sozialwissenschaftliche Methodologie stellt wie jede andere Methodenlehre auch ein System von Regeln und Prozeduren dar. Auf diesem System basiert die empirische Forschung, und durch dieses erlangt sie mittelbar ihr Wissen über ihre Untersuchungsbereiche. Die sozialwissenschaftliche Methodologie ist dabei, wie jede andere Methodenlehre auch, weder endgültig festgelegt noch unfehlbar. Ihre Elemente werden laufend der Kontrolle unterzogen und gegebenenfalls auch wieder verworfen oder modifiziert. Die sozialwissenschaftliche Methodologie ist so selbst immer einem fortdauernden dynamischen Prozeß der Verwerfung und Erneuerung unterworfen: Es werden fortlaufend neue Methoden und Techniken der Beobachtung, der Schlußfolgerung, der Generalisierung und der Analyse entwickelt; die sozialwissenschaftliche Methodologie unterliegt einer permanenten Selbstkorrektur.

Innerhalb der sozialwissenschaftlichen Methodologie sind jedoch drei Bereiche von Regeln normativ gesetzt, die in ihrer Grundstruktur unverändert bleiben, sie definieren erst das Unternehmen 'empirische Forschung': Regeln der Kommunikation, Regeln der Logik und Regeln der Intersubjektivität.

Die Regeln der Kommunikation sollen gewährleisten, daß wir bei unserer empirischen Forschung über dieselben Dinge reden und bei der Wiederholung derselben Untersuchung zu gleichen Ergebnissen kommen, wenn wir die gleiche Methode anwenden. Die Regeln der Kommunikation sollen auch gewährleisten, daß wir Ergebnisse empirischer Forschung als korrekt durchgeführt beurteilen können.

Da die Fakten nicht für sich selbst sprechen, müssen sie in ihrer Beurteilung logischen Regeln folgen, damit unsere Aussagen über sie Gültigkeit beanspruchen können. Denn nur wenn diese Gültigkeit gewährleistet ist, sind wir in der Lage, unter Rückgriff auf diese Fakten gültige Schlussfolgerungen zu liefern. Die Regeln der Logik sind somit ein wesentlicher Bestandteil der sozialwissenschaftlichen Methodologie. Dies bedeutet jedoch nicht, daß wir bei Anwendung der Logik immer zu "wahren" Aussagen über die Realität kommen. Die Anwendung der Logik soll nur gewährleisten, daß die Schlüsse von Aussagen zu anderen Aussagen logisch korrekt sind. D.h. wir können logisch korrekte Schlußfolgerungen vornehmen, auch wenn eine unserer Prämissen empirisch falsch ist. Als Beispiel möge dazu der folgende Syllogismus dienen:

> Alle menschlichen Wesen sind gefühlsorientierte Organismen.
> Alle gefühlsorientierten Organismen sind destruktiv.
> *Folglich*
> Alle menschlichen Wesen sind destruktiv.

Dieser Syllogismus ist zwar logisch korrekt, doch in seiner empirischen Behauptung absurd, da die zweite Prämisse empirisch nicht zutrifft.

Die Regeln der Intersubjektivität schließlich sollen gewährleisten, daß unser Wissen, wie auch die sozialwissenschaftliche Methodologie selbst, vermittelbar sind. Führt bspw. ein Sozialforscher mit bestimmten Methoden eine Untersuchung durch, so muß diese soweit explizit gemacht sein, daß ein anderer Sozialforscher diese Untersuchung später wiederholen kann und, wenn erstere korrekt war und sich die Randbedingungen nicht geändert haben, auch zu gleichen Ergebnissen kommt.

1.2.3 Die Methodentrias in der empirischen Sozialforschung

Innerhalb der empirischen Sozialforschung sind drei Arten von Methoden grundlegend: Methoden der Datenerhebung, Methoden der Datenanalyse und Methoden der Begründung von Theorien. Die Relation von Methoden dieser drei Gegenstandsbereiche konstituiert den empirischen Forschungsprozeß der Sozialwissenschaften in einem engeren Sinne.

1.2.3.1 Methoden der Datenerhebung

Die Methoden der Datenerhebung können unter zwei Gesichtspunkten betrachtet werden: Von einem ersten Gesichtspunkt aus lassen sich die

Methoden der Datenerhebung von dem Gegenstand her betrachten, über den die Daten erhoben werden sollen. Von einem zweiten Gesichtspunkt aus lassen sich diese Methoden auch unter Bezug auf die Stellung des Forschers zu seinem Untersuchungsobjekt betrachten. Wir haben es folglich bei beiden Gesichtspunkten mit den gleichen Methoden zu tun, doch wird einmal mehr der Gegenstand der Erhebung hervorgehoben, zum anderenmal mehr die Stellung, die der Forscher im Rahmen der Erhebung zu seinem Erhebungsobjekt einnimmt. Wir bezeichnen die Bestimmung der Methoden der Datenerhebung vom ersten Gesichtspunkt aus als gegenstandsbezogene Methoden und vom zweiten aus als Methoden im Kontext der Relation 'Forscher - Untersuchungsobjekt'.

1.2.3.1.1 Gegenstandsbezogene Methoden

Die gegenstandsbezogenen Methoden der Datenerhebung lassen sich in zwei Klassen aufteilen [ATTESLANDER 1991:81]: In die Klasse der Methoden, die aktuelles menschliches Sozialverhalten und -handeln zum Gegenstand haben, und in die Klasse der Methoden, die Produkte von menschlichem Sozialverhalten und -handeln zum Gegenstand haben.

Bei der ersten Klasse von Methoden wird darüber hinaus zwischen Sozialverhalten und -handeln in sogenannten "natürlichen" Situationen und solchen in sogenannten "künstlichen" unterschieden.

Als "natürliche" Situationen können wir Felduntersuchungen bezeichnen, in denen wir zum einen, Verhalten und Handeln beobachten oder zum anderen, solche erfragen. Im ersten Fall stellt die Methode der Beobachtung die Datenerhebungsmethode dar. Bei der Beobachtung ist das Sozialverhalten und -handeln immer an Zeit und Raum gebunden. Im zweiten Fall stellt die Methode der Befragung die Datenerhebungsmethode dar. Bei der Befragung dagegen ist eine Lösung des Sozialverhaltens und -handelns des Besprochenen möglich.

Im Gegensatz zu diesen beiden Datenerhebungsmethoden erfolgt die Datenerhebung in "künstlichen" Situationen, auch Situationen unter Laborbedingungen genannt, durch Experimente.

Sind Produkte menschlichen Sozialverhaltens und -handelns, wie etwa Bauwerke, Texte, Filme, Tonaufnahmen, etc. Gegenstand der Datenerhebung, so wird in diesen Fällen am häufigsten die Methode der Inhaltsanalyse angewendet.

Wir können im allgemeinen so vier Methoden der Datenerhebung unterscheiden, die Bezug auf menschliches Sozialverhalten und -handeln nehmen: Beobachtung, Befragung, Experiment und Inhaltsanalyse (Abb.1-1).

<table>
<tr><td rowspan="3">menschliches Sozialverhal-ten und -handeln</td><td rowspan="3">aktuell</td><td rowspan="2">natürliche Situationen</td><td>offen</td><td>BEOBACHTUNG</td></tr>
<tr><td>über</td><td>BEFRAGUNG</td></tr>
<tr><td colspan="2">künstliche Situationen</td><td>EXPERIMENT</td></tr>
<tr><td></td><td>Produkte</td><td colspan="2"></td><td>INHALTSANALYSE</td></tr>
</table>

Abb.1-1 Gegenstandsbezogene Methoden

1.2.3.1.2 Methoden im Kontext der Relation 'Forscher - Untersuchungsobjekt'

Bei den Methoden der Datenerhebung im Kontext der Relation 'Forscher - Untersuchungsobjekt' steht die Interaktion des Forschers mit seinen Untersuchungsobjekten im Vordergrund. Dabei kann zwischen drei Formen von Methoden der Interaktion unterschieden werden [PATZELT 1986:44]: Interaktive Methoden, Nicht-interaktive Methoden und Methoden mit sowohl interaktiven als auch nicht-interaktiven Bestandteilen.

Als interaktive Methoden der Datenerhebung werden alle die Methoden bezeichnet, mit denen eine Befragung der Untersuchungsobjekte vorgenommen wird. Bei den Methoden der Befragung besteht dabei immer die Gefahr, daß durch die physische Anwesenheit des Befragers die Befragten nicht unvoreingenommen antworten. Desweiteren ist bei solchen Methoden auf die Gefahr hinzuweisen, daß während des Prozesses der Befragung die jeweiligen Fragen beim Befragten einen Reflexionsprozeß über den Befragungsgegenstand auslösen können, der eine mögliche ursprüngliche Beantwortung der Fragen modifiziert. In beiden Fällen besteht so immer die Gefahr, daß wir zu falschen Daten kommen, d.h. zu Daten, die nicht der ursprünglichen Intention des Befragten entsprechen, sondern durch den Akt der Befragung selbst modifiziert bzw. verändert werden.

Unter die Gruppe der interaktiven Methoden, d.h. Methoden der Befragung, können folgende Befragungsformen subsummiert werden [PATZELT 1986:43f] : Interview, Intensivinterview, Realkontaktbefragung, Gruppeninterview, Gruppendiskussion, schriftliche Befragung und telefonische Befragung.

Als nicht-interaktive Methoden der Datenerhebung bezeichnen wir alle die Methoden, in denen die Untersuchungsobjekte nicht der Möglichkeit einer aktiven Selbstveränderung unterliegen. Dies ist bei all den Untersuchungsobjekten der Fall, die Produkte menschlichen Sozialverhaltens und -handelns darstellen. Alle nicht-interaktiven Methoden sind so Varianten der Inhaltsanalyse.

Unter die Gruppe der nicht-interaktiven Methoden, d.h. der Methoden der Inhaltsanalyse, können folgende inhaltsanalytischen Verfahren subsummiert werden [PATZELT 1986:46f]: Inhaltsanalyse (im engeren Sinn), Sekundäranalyse, Aggregatdatenanalyse und nicht-reaktive Verfahren.

Methoden der Datenerhebung mit interaktiven und nicht-interaktiven Bestandteilen sind die Methoden der Beobachtung, des Experiments und der Simulation.

Die Methoden der Datenerhebung im Kontext der Relation 'Forscher - Untersuchungsobjekt' können folgendermaßen zusammengefaßt werden (Abb.1-2):

Interaktive Methoden	Nicht-interaktive Methoden	Methoden mit interaktiven und nicht-interaktiven Bestandteilen
BEFRAGUNG	INHALTSANALYSE	BEOBACHTUNG EXPERIMENT SIMULATION
Interview Intensivinterview Realkontaktbefragung Gruppeninterview Gruppendiskussion Schriftliche Befragung Telefonische Befragung	Inhaltsanalyse Sekundäranalyse Aggregatdaten-analyse Nicht-reaktive Verfahren	

Abb.1-2 Methoden im Kontext der Relation 'Forscher-Untersuchungsobjekt'

1.2.3.2 Methoden der Datenanalyse

Datenanalyse bezeichnet den Prozeß, den wir mit den Daten vornehmen, nachdem wir sie mit eine der Methoden der Datenerhebung gewonnen haben. Wir wollen dabei Fragen beantwortet wissen, wie "Was haben wir gefunden?" oder "Was bringen die Daten überhaupt zum Vorschein?" Zur Beantwortung dieser Fragen stehen uns innerhalb der empirischen Sozialforschung verschiedene Methoden der Datenanalyse zur Verfügung. Welche dieser Methoden wir jedoch jeweils anwenden, ist von den Daten selbst wie auch von unserer Forschungsfrage abhängig.

In Bezug auf die Qualität der Daten hat sich innerhalb der Sozialwissenschaften die Unterscheidung von quantitativen und qualitativen Daten eingebürgert. Daß es sich jedoch bei dieser Unterscheidung nur um eine Scheinalternative handelt, wird schnell klar, wenn wir uns verdeutlichen, was dabei unter quantitativ und qualitativ eigentlich verstanden wird. Von quantitativen Daten wird gesprochen, wenn wir die erhobenen komplexen Informationen über unseren Gegenstandsbereich mittels mathematischer Operationen auf ihre wesentlichsten Merkmale reduzieren, d.h. wenn wir den empirischen Informationen eine Zahl zuordnen. Dagegen wird von qualitativen Daten gesprochen, wenn wir von einer solchen Formalisierung absehen und unsere Informationen nur intuitiv betrachten. Bei dieser Unterscheidung wird jedoch die grundlegende Frage ausgeblendet, was die wesentlichsten Merkmale eines Untersuchungsgegenstands überhaupt sind. Denn nur nach der Beantwortung dieser Frage kann ein quantitatives oder qualitatives Vorgehen erst sinnvoll sein. Eine solche Antwort ist unabhängig von quantitativen und qualitativen Überlegungen, sie ist ausschließlich theoretischer Natur. Es darf auch nicht übersehen werden, daß Mathematik mit Quantifizierung nicht identisch ist, denn Mathematik ist nur eine Formalwissenschaft, die es uns erlaubt, die komplexen Informationen über unseren Untersuchungsgegenstand mit bestimmen Symbolen und eindeutig festgelegten Regeln intersubjektiv operationabel zu machen. Jede qualitativ vorliegende Information kann so mit den Mitteln der Mathematik quantifiziert werden. Die Unterscheidung von qualitativen und quantitativen Daten liegt so auch nicht in den Daten selbst begründet, sondern stellt nur zwei Möglichkeiten dar, wie ein und dieselben Daten betrachtet werden können, es handelt sich bei dieser Unterscheidung nur um verschiedene

Grade ihrer Intersubjektivität[1].

Unter der Annahme, daß unsere Daten quantifiziert sind, stellt sich bei der Entscheidung für eine bestimmte quantitative Methode der Datenanalyse die Frage, ob wir die Daten zum Zwecke der Bestätigung oder gegebenenfalls der Verwerfung einer Theorie erhoben haben oder ob wir erst mit Hilfe unserer Daten eine Theorie konstruieren wollen. In ersterem Fall werden wir die Methode der konfirmatorischen Datenanalyse wählen, in zweiterem die Methode der explorativen Datenanalyse.

Sowohl in der konfirmatorischen als auch in der explorativen Datenanalyse sind wir an Zusammenhängen zwischen den einzelnen Untersuchungseinheiten und ihrer Eigenschaften mit deren jeweiligen Merkmalsausprägungen interessiert. Zur Analyse dieser Zusammenhänge benötigen wir immer auch die Methoden der deskriptiven Statistik (beschreibende Statistik). Sie verhilft uns mit ihren Konzepten und Methoden, die einzelnen Eigenschaften mittels statistischer Maßzahlen verdichtend zu beschreiben (univariate Datenanalyse) wie auch Zusammenhänge zwischen zwei verschiedenen Eigenschaften oder zwischen mehr als zwei Eigenschaften zu analysieren (bivariate und multivariate Datenanalyse).

Sind wir nicht nur an einer statistischen Beschreibung vorliegender Daten interessiert, sondern wollen wir auf ihrer Grundlage Generalisierungen (Verallgemeinerungen) auf Untersuchungsobjekte vornehmen, von denen wir keine Daten erhoben haben, so müssen wir uns den Methoden der Inferenzstatistik (schließende oder analytische Statistik) bedienen. Ihre Konzepte und Methoden erlauben uns, von den Resultaten der deskriptiven Statistik über eine Stichprobe mit einer bestimmten Wahrscheinlichkeit auf die Grundgesamtheit zu schließen. Diesen Bereich der Statistik werden wir in diesem Buch nicht behandeln, der Leser sei auf das Lehrbuch von SAHNER [SAHNER 1990] verwiesen.

Sozialwissenschaftliche Datenanalyse ist diesen Ausführungen zufolge so primär immer auch statistische Analyse oder um es mit BENNINGHAUS zu sagen [BENNINGHAUS 1990:1], sie ist "statistische Analyse sozialwissenschaftlicher Daten".

---

1 Im Rahmen dieses Buches werden wir nur Methoden und Verfahren der quantitativen Datenanalyse vorstellen. Zu einer ersten Orientierung über die qualitative Datenanalyse bzw. Sozialforschung verweisen wir auf [HEINZE 1987; LAMNEK 1988, 1989; MARSHALL, ROSSMAN 1989 und STRAUSS 1987].

Die in diesem Punkt angesprochenen Methoden der Datenanalyse können zusammenfassend in Form eines Überblicks folgendermaßen strukturiert werden (Abb. 1-3):

	THEORIE	
	vorhanden	nicht vorhanden
DATENANALYSE	Konfirmatorische Datenanalyse	Explorative Datenanalyse
STATISTIK	Deskriptive Statistik Inferenzstatistik	Deskriptive Statistik
ZIEL	Theorieüberprüfung Generalisierung	Theoriegenerierung

Abb. 1-3 Methoden der Datenanalyse und ihre Funktion

1.2.3.3 Methoden der Begründung von Theorien

Bei der Begründung von Theorien können zwei Arten von Methoden der Begründung unterschieden werden:

1. erfahrungsunabhängige Begründungen; und
2. auf Erfahrung gründende Begründungen.

Theorien, die nicht unter Bezug auf Erfahrung begründet werden, sind die Theorien der Formalwissenschaften, wie Logik und Mathematik, und die Theorien der Geisteswissenschaften und der nicht-empirisch orientierten Sozialwissenschaften.

Theorien, deren Begründung auf Erfahrung gründet, sind die Theorien der Naturwissenschaften und die Theorien der empirisch orientierten Sozialwissenschaften. Wenn wir so innerhalb dieses Buches von Theorien sprechen, so verstehen wir unter Theorien solche, deren Begründung sich auf Erfahrung gründet. Wir nennen eine solche Theorie eine empirische Theorie.

Bei der Begründung von empirischen Theorien können wir allgemein drei Stufen unterscheiden. In einer ersten Stufe stellen wir Behauptungen über den Zusammenhang von empirisch erfaßbaren Phänomenen auf. In einer zweiten Stufe überführen wir die in diesen Behauptungen über empirische Phänomenen enthaltenen Begriffe in beobachtbare Sachverhalte. In einer dritten Stufe schließlich vergleichen wir unsere in der ersten Stufe aufgestellten Behauptungen über den Zusammenhang von empirischen Phänomenen mit der "Realität".

1.3 Der Forschungsprozeß

Die Methoden der Datenerhebung, der Datenanalyse und der Begründung von Theorien sind für den empirischen Forschungsprozeß zwar konstitutiv, sie konstituieren ihn sozusagen in einem engeren Sinne, doch müssen sie selbst, um ein vom Forscher formuliertes Problem über die empirisch erfaßbare Wirklichkeit analysieren zu können, hierarchisch strukturiert werden. Sie müssen in einen Ablaufprozeß integriert werden. Ein solcher Ablaufprozeß bezeichnet den sozialwissenschaftlichen Forschungsprozeß. Wie ein solcher genau strukturiert ist bzw. sein soll, d.h. in welche Phasen er eingeteilt ist bzw. sein soll, wird von den verschiedenen Theoretikern der empirischen Sozialforschung sehr unterschiedlich hinsichtlich der Differenzierung der einzelnen Phasen angegeben. Wir wollen uns hier auf die einfachste Grundkonzeptuierung eines Forschungsprozesses beziehen. Diese kann in fünf Phasen eingeteilt werden [CAPLOW 1971:40]:

1. Phase der Projektplanung.
2. Phase der Erstellung des Untersuchungsdesigns.
3. Phase der Datenerhebung.
4. Phase der Datenanalyse.
5. Phase der Dokumentation der Ergebnisse.

1.3.1 Phase der Projektplanung

Die Phase der Projektplanung beinhaltet die Identifizierung des Problems, das im Rahmen eines Forschungsprozesses gelöst werden soll, die Formulierung dieses Problems in empirisch überprüfbaren Aussagen oder Hypothesen und das Studium bereits vorliegender wissenschaftlicher Literatur zu diesem Problem.

Die Problemauswahl ist beliebig und im allgemeinen keinen Regeln unterworfen. Es existiert beispielsweise keine Beschränkung von untersuchungswürdigen Problemen, denn jede Gesellschaft besteht aus mehr Interaktionsprozessen als wir identifizieren und analysieren können. Die Frage, die sich bei der Problemauswahl stellt, ist deshalb nicht die, ob das Problem interessant ist, sondern ob es bedeutend genug ist, um analysiert zu werden. Aber wie lassen sich bedeutende Probleme von sogenannten unbedeutenden bzw. trivialen unterscheiden? Auf diese Frage gibt es keine definitive Antwort, es existiert keine Regel, die es erlaubt eine solche Unterscheidung vorzunehmen. Es kann sich jedoch bei der Problemauswahl als hilfreich erweisen, zuerst danach zu fragen, 'Was' analysiert werden soll und erst danach zu fragen 'Warum' sich das 'Was' ereignen konnte bzw. 'Warum' das 'Was' existiert. Mit anderen Worten, zuerst sollte die Beschreibung des Untersuchungsbereichs im Vordergrund stehen, und dann erst die wissenschaftliche Erklärung des 'Warum'. Es genügt so nicht einfach, zu fragen 'Warum', sondern es muß auch eine Begründung dafür existieren, warum die Beantwortung einer Frage bedeutend ist.

Im Rahmen sozialwissenschaftlicher Forschung sind drei Formen von Problembereichen virulent [GREER 1979:49]:

1. policy-Probleme.
2. Probleme der Sozialphilosophie.
3. Probleme wissenschaftlicher Disziplinen.

Die zwei letzteren Problembereiche sind hauptsächlich Gegenstand abstrakter intellektueller Diskurse. Sie sollen uns hier nicht weiter beschäftigen. Der für unsere Zwecke relevante Problembereich ist der der policy problems. In diesem Bereich treten die für uns elementaren Fragen auf. Die Probleme dieses Bereichs sind die praktischen und dringenden Probleme, die von einer Gesellschaft oder ihrer Subsysteme selbst definiert werden. In diesem Bereich werden die Werte einer Gesellschaft reflektiert. Dabei lassen sich drei Problemfelder nach dem jeweiligen Grad ihrer Nähe zu sozialen Phänomenen unterscheiden:

1. Probleme mit unmittelbarem Bezug zu sozialen Phänomenen, wie Armut, Arbeitslosigkeit, Diskriminierung, politischer Extremismus oder Umweltverschmutzung.
2. Probleme mit vermittelndem Bezug zwischen sozialen Phänomenen. Hier ist an erster Stelle die Beschreibung sozialer Vorgänge anzuführen.

3. Probleme mit mittelbarem Bezug zu sozialen Phänomenen, wie Elitenwandel, Funktionswandel der Familie und Wertewandel.

Wie wir an diesen drei Problemfeldern sehen, muß ein Problem nicht immer unmittelbar der sozialen Wirklichkeit entstammen, es kann auch erst nach einer theoretischen Überlegung mittelbar als ein Problem der sozialen Wirklichkeit identifiziert werden.

Bei Problemen, die unmittelbar der sozialen Wirklichkeit entstammen, muß jedoch bei der Beurteilung ihrer forschungsrelevanten Bedeutung immer auch die Frage beantwortet werden, ob das Problem nur ein gegenwärtiges Modeproblem darstellt oder nicht. Es ist doch immer die Gesellschaft selbst oder eines ihrer Subsysteme (Kultur, Wirtschaft, Politik, Wissenschaft), die ein Phänomen als Problem definieren. D.h. letztendlich, daß einmal definierte Probleme nach einer gewissen Zeit keine Probleme mehr darstellen, und dies, ohne daß sie zuvor gelöst wurden. Ein Beispiel: In den 60er Jahren stellte die Bevölkerungsexplosion in den USA ein soziales Problem dar. Doch heute ist die Geburtenrate in den USA mit die niedrigste in der Geschichte der USA und das Problem der Bevölkerungsexplosion spielt in den USA keine Rolle mehr. An diesem Beispiel, so der amerikanische Soziologe WATTENBERG, kann demonstriert werden, daß dem Problem der Bevölkerungsexplosion zuviel Aufmerksamkeit zu Teil kam und von realen Problemen abgelenkt wurde. So wurden bspw. die Faktoren außer Acht gelassen, die einen maßbeblichen kausalen Effekt auf die Bevölkerungsexplosion hatten, wie etwa Kriminalität, Aufstände und Probleme der Urbanisierung [WATTENBERG 1972: 28f]. Die Schlußfolgerung aus diesem Beispiel ist die, daß wir bei der Übernahme eines gesellschaftlich definierten Modeproblems als Forschungsproblem oftmals die realen Probleme, die für ein solches Modeproblem letztendlich ursächlich verantwortlich sind, ignorieren. Jeder Forscher, der ein gesellschaftlich definiertes und als solches akzeptiertes Problem als Forschungsproblem übernehmen will, sollte sich deshalb immer zuvor schon vergewissern, ob dieses Problem überhaupt als ein reales Problem aufgefaßt werden kann.

Wir haben eingangs erwähnt, daß der Auswahl eines Problems durch den Forscher im allgemeinen keine Grenzen gesetzt sind, daß sie letztendlich beliebig ist. Diese Feststellung gilt natürlich auch weiterhin, doch sollte bei der Problemauswahl, wie unsere Ausführungen auch zeigten, nicht zu beliebig verfahren werden. Die Auswahl des Forschungsproblems stellt einen bestimmenden Faktor des gesamten Forschungsprozesses dar, es beeinflußt im engeren Sinn nicht nur die verschiedenen Methoden ihrer Analyse, sondern in einem weiteren auch den technischen und finanziellen Aufwand.

Legen wir die von dem Wissenschaftstheoretiker REICHENBACH [REICHENBACH 1938:6f] vorgenommene Unterscheidung von Entdeckungs- und Begründungszusammenhang ("context of discovery" und "context of justification") von wissenschaftlichen Theorien unseren Ausführungen zur Problemauswahl zugrunde, so ist diese dem Entdekkungszusammenhang zuzuordnen. Die jedoch von REICHENBACH und im weiteren auch von POPPER gezogene Schlußfolgerung, daß der Entdeckungszusammenhang rein psychologischer Natur sei und mit logischen Argumenten nicht begründbar, halten wir für zu apodiktisch und unter Rückgriff auf unsere obigen Ausführungen auch für äußerst bedenklich.

Nach der Auswahl des für das Forschungsprojekt relevanten Problems besteht der zweite Schritt in der Planungsphase des Projekts in der Formulierung des Problems. Das Problem muß in empirisch überprüfbare Behauptungen oder Hypothesen überführt werden. Dies erfordert die Durchführung von zwei Aufgaben:

1. Formulierung der Hypothesen.
2. Operationalisierung der in den Hypothesen nicht direkt beobachtbaren Begriffe.

Bevor wir die Hypothesen formulieren, ist es angebracht, zunächst ein für das Problem relevantes Literaturstudium durchzuführen, d.h. herauszufinden: Was haben andere Sozialwissenschaftler bis jetzt zu diesem Problem an Ergebnissen erzielt? Welche Variablen wurden dabei von ihnen verwendet? etc.. Von Nutzen kann es auch sein, mit Praktikern, die mit diesem Problem vertraut sind, Gespräche zu führen. Allgemein formuliert, wir müssen unser zu analysierendes Problem zunächst einmal konkretisieren.

Nach der Konkretisierung unseres Problems, können wir unsere Hypothesen formulieren, deren logische Struktur 'Wenn - dann' oder 'Je - desto'-Aussagen beinhalten sollte. Bei Aussagen dieser Form bezeichnen wir die erste Komponente als die erklärende oder unabhängige Variable und die zweite als die zu erklärende oder abhängige Variable. Bevor wir jedoch eine solche Formulierung vornehmen können, müssen wir zuerst unsere problemrelevanten Begriffe präzisieren. Wir wollen dies an einem Beispiel verdeutlichen.

In der deutschen Gesellschaft wird gegenwärtig das zunehmende "rechtsextremistische" Verhalten von Bundesbürgern als ein soziales Problem definiert. Eine Forschungsfrage kann dann lauten: "Was sind die

Ursachen für rechtsextremistisches Verhalten?". Der problemrelevante Begriff lautet also allgemein formuliert "rechtsextremistisches Verhalten". Diesen Begriff gilt es nun dahingehend zu präzisieren, daß er in meßbare Variablen umgesetzt werden kann. Nach dem Studium problemrelevanter Literatur können wir zu dem Ergebnis kommen, daß "rechtsextremistisches Verhalten" u.a. sehr stark in Verbindung mit Vorurteilen gegen Ausländer steht. Sind Vorurteile ein wesentlicher Bestandteil rechtsextremistischen Verhaltens, so stellt sich die weitere Frage, von welchen Faktoren solche Vorurteile abhängen bzw. mit welchen sie erklärt werden können. Auch in dieser Phase gilt es zunächst wieder, die Literatur über die Entstehung von Vorurteilen gegenüber Ausländern zu konsultieren. Als zwei Faktoren, die solche Vorurteile bewirken können, gelten 'soziale Schicht' und 'Kontakte mit Ausländern'. Wir besitzen nun drei Variablen: 'Vorurteile', 'soziale Schicht' und 'Kontakte mit Ausländern'. Diese drei Variablen gilt es in einen 'wenn - dann' oder 'je - desto'-Zusammenhang zu bringen. Dazu ist es notwendig, und dies ist nicht immer selbstevident, sondern erfordert Nachdenken auf theoretischer Ebene, zu bestimmen, ob es sich bei den einzelnen Variablen um abhängige oder um unabhängige Variablen handelt. In unserem Beispiel ist diese Entscheidung schon geleistet, denn wir wollen erklären, welche Faktoren einen Einfluß auf Vorurteile haben; die Variable 'Vorurteile' ist als die abhängige, die zu erklärende Variable, und die Variablen 'soziale Schicht' und 'Kontakte mit Ausländern' die unabhängigen, die erklärenden Variablen. Mit diesen drei Variablen können wir nun unsere zu überprüfende Hypothese formulieren, bspw. "Je höher die soziale Schicht, desto niedriger ist die Anzahl der Vorurteile" und "Je häufiger Kontakte mit Ausländern stattfinden, desto niedriger die Anzahl der Vorurteile". Bezeichnen wir die Variablen 'Vorurteile' mit x_1, 'soziale Schicht' mit x_2 und 'Kontakte mit Ausländern' mit x_3, so können wir unsere Hypothese symbolisch wie folgt angeben (Abb.1-4):

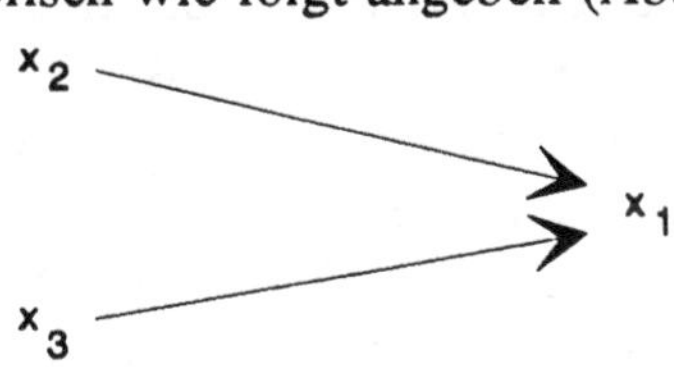

Abb.1-4 Hypothese zur Vorurteilbildung

Zur Erklärung des Problems "rechtsextremistisches Verhalten" reicht diese formulierte Hypothese natürlich nicht aus. Wir müssen noch weitere Hypothesen formulieren, jeweils unter Rekurs auf problemrelevante Literatur, und natürlich, unter Rekurs auf unserer schon vorhandenes

Eigenwissen sowie unserer Phantasie und Kreativität. Denken wir diese Schritte so weiter, dann besitzen wir am Ende unserer Hypothesenformulierung eine Menge von Hypothesen, d.h. ein System von Hypothesen zur Erklärung "rechtsextremistische Verhaltens". Solch ein System von Hypothesen können wir als 'Theorie' bezeichnen, wobei wir diesen Begriff hier noch nicht in einem streng wissenschaftlichen Sinne als definiert ansehen sollten.

An ein derartiges System von Hypothesen sind folgende Anforderungen zu stellen, von deren Vorliegen die Brauchbarkeit unserer Hypothesen entscheidend abhängen:

1. Das Hypothesensystem sollte präzise formuliert sein;
2. das Hypothesensystem sollte einen möglichst hohen Informationsgehalt besitzen;
3. das Hypothesensystem sollte logisch konsistent sein;
4. das Hypothesensystem sollte mit anderen Hypothesensystemen logisch vereinbar sein; und
5. das Hypothesensystem sollte empirisch überprüfbar sein.

Mit der Forderung, daß das Hypothesensystem empirisch überprüfbar sein soll, ist die Bedingung geknüpft, daß unsere in den Hypothesen enthaltenen Variablen empirischer Beobachtung zugänglich sind. Betrachten wir unser "Rechtsextremismusbeispiel" von oben. Als ein wesentliches Element rechtsextremistischen Verhaltens haben wir 'Vorurteile' identifiziert. Desweiteren haben wir ermittelt, daß die Variablen 'soziale Schicht' und 'Kontakte mit Ausländern' mit in der Lage sind, zu erklären, wie Vorurteile verstärkt bzw. vermindert werden. Unsere Frage lautet an dieser Stelle nun, wie sind diese Variablen empirischer Beobachtung zugänglich, und d.h. auch, wie lassen sie sich empirisch 'messen'? Für die Variable 'Kontakte mit Ausländern' scheint dies kein Problem zu sein, wir zählen einfach die Kontakte, die die befragte Person zu Ausländern besitzt. Doch wie können wir die Variablen 'soziale Schicht' und 'Vorurteile' empirisch messen? Wir können auch fragen: Können wir 'soziale Schicht' und 'Vorurteile' direkt beobachten? Zweifellos nicht, sind sie doch theoretische Konstrukte (auch latente Variablen oder theoretische Begriffe genannt), die zwar auf empirische Phänomene Bezug nehmen, doch nicht die empirischen Phänomene selbst darstellen, sie transzendieren sie sozusagen. Um eine empirische Messung dieser Variablen vornehmen zu können, müssen wir deshalb empirisch direkt beobachtbare Phänomene bestimmen, die diese Variablen anzeigen bzw. bestimmen können. Solche empirisch direkt beobachtbaren Phänomene zur Messung theoretischer Konstrukte bezeichnen wir als Indikatoren.

Den Prozeß der Auswahl solcher Indikatoren für theoretische Konstrukte bezeichnen wir als Operationalisierung dieser Konstrukte, oder uneleganter ausgedrückt, als empirische Meßbarmachung dieser Konstrukte. Als Indikatoren für die Variable 'soziale Schicht' lassen sich bspw. Einkommen, Beruf und Schulabschluß angeben, für die Variable 'Vorurteile' Fragen nach der Bewertung von Sachverhalten in verschiedenen Situationskontexten, wie bspw. Arbeitsplatz, Wohnungsvergabe und Privatbereich.

Wie bei der Hypothesenerstellung ist es auch bei der Indikatorenauswahl erforderlich, sich über ein Literaturstudium über mögliche Indikatoren für die zur Operationalisierung anstehenden Variablen zu informieren, d.h. auch die Indikatorenauswahl kann nicht rein willkürlich vorgenommen werden.

Für unser Beispiel kommen etwa folgende Indikatoren in Frage: Für die Variable 'soziale Schicht' die Indikatoren 'Einkommen', 'Beruf' und 'Schulabschluß'; für die Variable 'Kontakte mit Ausländern' die Frage nach der Anzahl von Kontakten mit Ausländern'; und für die Variable 'Vorurteile' Fragen nach Diskriminierungsabsichten in verschiedenen Situationskontexten wie etwa 'Würden Sie einer Heirat ihrer Tochter mit einem Ausländer zustimmen?', 'Begrüßen Sie es, mit einem Ausländer zusammenzuarbeiten?' oder 'Würden Sie einem Ausländer eine Wohnung vermieten?'.

Der Prozeß der Operationalisierung einer nicht direkt beobachtbaren Eigenschaft (latente Variable) durch Indikatoren berührt folgende Problembereiche, die innerhalb dieses Lehrbuches noch ausführlicher behandelt werden:

1. Problem der Messung, d.h. welches Meßniveau besitzen die Indikatoren?
2. Problem der Reliabilität, d.h. führt das bspw. bei einer Befragung erhobene Meßergebnis bei einer unter gleichen Bedingungen und bei den gleichen Personen wiederholten Befragung zum gleichen Ergebnis? Und
3. Problem der Validität, d.h. messen wir überhaupt das, was wir messen wollen?

1.3.2 Phase der Erstellung des Untersuchungsdesigns

Nach der Problemauswahl, der Problemformulierung und der Umsetzung des Problems in empirisch überprüfbare Aussagen bzw. Hypothesen besteht der nächste Schritt des Forschungsprozesses in der Konstruktion eines für die Problemlösung angemessenen Forschungsdesigns.

1.3.2.1 Das Forschungsdesign

Im Forschungsdesign wird das Vorgehen bei einer empirischen Untersuchung festgelegt. Zunächst muß geklärt werden, welche personellen, zeitlichen und finanziellen Ressourcen für das empirische Forschungsprojekt zur Verfügung stehen. Von diesen Faktoren hängen in nicht unerheblicher Weise die Entscheidungen darüber ab, welche Untersuchungsform(en) zur Analyse und/oder Lösung des Forschungsproblems verwendet werden soll(en) wie auch darüber, von wievielen Untersuchungseinheiten die Daten erhoben werden sollen.
Neben diesen nicht primär wissenschaftlichen Faktoren ist die Entscheidung für eine bestimmte Untersuchungsform bis zu einem gewissen Grad auch vom jeweiligen Problem, das analysiert und/oder gelöst werden soll, als auch vom jeweiligen Untersuchungsgegenstand abhängig.[2]
Ausgehend von der Frage, inwieweit die zu untersuchenden Variablen im Rahmen eines Forschungsprojekts durch den Forscher manipuliert werden können, kann allgemein zwischen experimentellen und nichtexperimentellen Forschungsdesigns unterschieden werden [SPECTOR 1981:20-24].
Wenden wir uns zunächst dem experimentellen Forschungsdesign zu. Da in den Sozialwissenschaften, deren Untersuchungsobjekte Individuen sind, die Untersuchungsbedingungen nicht vollständig unter Kontrolle gehalten werden können, wie etwa in der Physik, wird in ihnen mit Gruppen operiert. In der einfachsten, auch klassisch genannten Form des experimentellen sozialwissenschaftlichen Forschungsdesigns, das insbesondere in der Psychologie Anwendung findet, werden dazu zwei vergleichbare Gruppen gebildet: die Experimentalgruppe und die Kontrollgruppe. Die Auswahl der Testpersonen für eine der jeweiligen Gruppen erfolgt nach dem Zufallsprinzip. In der Experimentalgruppe

---

2 Vgl. dazu 1.2.3.1.1.

wird nun eine Variable verändert, während in der Kontrollgruppe alle Variablen gleich bleiben. Anschließend werden die beiden Gruppen in bezug auf den durch die Veränderung der einen Variablen vorausgesagten Effekt auf eine andere Variable miteinander verglichen. Ist der Unterschied zwischen beiden Gruppen nicht signifikant, so bedeutet dies, daß die Hypothese, derzufolge die Variablenveränderung einen kausalen Effekt auf eine andere Variable habe, zu verwerfen ist, ist dies nicht der Fall, so können wir unsere Kausal-Hypothese als vorläufig bestätigt annehmen. Der entscheidende Faktor bei experimentellen Forschungsdesigns ist die Manipulierbarkeit der Variablen (hier der unabhängigen Variable) durch den Forscher.

Im Gegensatz dazu können bei nicht-experimentellen Forschungsdesigns die relevanten Variablen nicht durch den Forscher manipuliert werden. Dies bedeutet, daß wir nicht von einer kausalen Evidenz zwischen zwei Variablen ausgehen können, wir können eine kausale Beziehung zwischen zwei Variablen nur aufgrund theoretischer Überlegungen annehmen.

Die meisten Untersuchungsformen innerhalb der Sozialwissenschaften sind nicht-experimenteller oder nicht-reaktiver Natur. Welche Untersuchungsform der Forscher für sein Forschungsprojekt auswählt, ist, wie bereits angeführt, von seinen Ressourcen abhängig wie auch von dem zu untersuchenden Forschungsproblem. Die folgenden zehn Untersuchungsformen werden wir hier kurz vorstellen:

1. Forschungsüberblicke, Meta-Analyse und Sekundäranalyse
2. Qualitative Forschung
3. Einzelfallstudie
4. Analyse von administrativen Daten
5. adhoc-Stichproben-Erhebungen
6. Regelmäßige Erhebungen
7. Ex-post-facto-Design
8. Querschnittstudien
9. Längsschnittstudien
10. Zeitreihen-Designs

Einen umfassenderen und auch darstellenden Überblick über die in den Sozialwissenschaften geläufigen Untersuchungsformen kann sich der Leser in [HAKIM 1987; NACHMIAS, NACHMIAS 1989: Chap.5; ROTH 1989:Kap.3; SCHNELL, HILL, ESSER 1989: Kap.5] verschaffen.

Die Eigenschaft von Forschungsüberblicken, Meta-Analysen und Sekundäranalysen besteht in ihrem Bezug auf bereits existierende Informationen. Forschungsüberblicke vermitteln eine Synthese bereits existierenden Wissens zu einem bestimmten Problem. Sie beruhen auf einer Einschätzung aller zu diesem Problem schon geleisteten empirischen Forschungsergebnisse. Der Stil ihrer Präsentation ist meistens essayistisch und läßt die Möglichkeit für subjektive Einschätzungen und Kommentare offen. Im Gegensatz dazu sind Meta-Analysen konzeptualisierter. Ihr Ziel besteht darin, eine integrierte und quantifizierte Zusammenfassung von Forschungsresultaten zu einem bestimmten Problem zu vermitteln. Dabei wird explizit auf die statistische Signifikanz und die Stärke von Effekten von bestimmten Faktoren auf andere Bezug genommen. In einer Meta-Analyse wird dabei jede problemrelevante Studie als ein Einzelfall innerhalb einer Auswahl solcher problemrelevanten Studien betrachtet. Alle diese Fälle werden dann einer statistischen Analyse unterzogen. Bei Sekundäranalysen wird sozusagen eine Re-Analyse von bereits existierenden, von einem anderen Forscher erhobenen Daten vorgenommen. Die meisten Sekundäranalysen erfolgen dabei mit Daten, die quantitativ vorliegen. Diese Form der Untersuchungsform wird oft angewandt, wenn die Ressourcen des Forschers für eine eigene Datenerhebung begrenzt sind, die erhobenen Daten aber brauchbar für sein Forschungsproblem sind. Dabei kann natürlich die Hypothese des Forschers, die er mittels der existierenden Daten überprüfen will, völlig verschieden von der sein, zu dem Zweck die Daten ursprünglich erhoben wurden. Ist die Forschungshypothese die gleiche, so stellt die Sekundäranalyse eine Überprüfung der Resultate der ursprünglichen Untersuchung dar. Das Zentralarchiv für Empirische Sozialforschung an der Universität Köln verfügt über ein umfangreiches Archiv von Daten-Sets, die gegen eine Gebühr für eine Sekundäranalyse angefordert werden können.

Qualitative Forschung, welche hier in einem weiteren Sinne verstanden wird und nicht mit nicht-quantitativen Forschungsmethoden gleichzusetzen ist, beschäftigt sich mit den Selbstdarstellungen von Individuen über ihre Einstellungen, Motivationen und Verhalten. Sie besteht aus beschreibenden Berichten über die Wahrnehmungen, Einstellungen, Werte, Gefühle und Verhaltensdispositionen von Individuen. Qualitative Forschung wird für explorative Studien durchgeführt, welche im Idealfall zu mehr strukturierten oder quantitativen Studien führen sollen. Die innerhalb der qualitativen Forschung am meisten verwendete Methode ist die des Tiefeninterviews, welches unstrukturiert ist und oftmals über mehrere Stunden andauern kann.

Einzelfallstudien haben, wie der Name schon sagt, ein oder mehrere ausgewählte Elemente der sozialen Welt zum Untersuchungsgegenstand.

Dies können Gesellschaften, soziale Gruppen, Organisationen, Ereignisse, Lebensgeschichten, Familien, Arbeitsgruppen, soziale Rollen oder soziale Beziehungen sein. Die Erhebung von Daten dieser Elemente der sozialen Welt kann über eine Vielzahl von Erhebungstechniken erfolgen. Mit einer Fallstudie kann ein sehr informatives 'Portrait' eines bestimmen sozialen Phänomens vermittelt werden. Die Entscheidung für eine Fallstudie kann von verschiedenen Faktoren abhängen: Begrenzte Ressourcen, Seltenheit von zu erklärenden sozialen Phänomenen oder begrenzte Anzahl von sozialen Phänomenen. Diese Gründe für eine Einzelfallstudie beinhalten aber auch schon ihren Nachteil: Einzelfallstudien eignen sich nicht für Theorieüberprüfungen und Generalisierungen, eher sind sie als explorative Untersuchungen zur Theoriengenerierung zu betrachten.

Neben der Datenerhebung durch Sozialwissenschaftler für bestimmte Forschungsfragen werden in modernen Gesellschaften auch Daten von Organisationen und Individuen erhoben, ohne daß diesen Erhebungen bestimmte Forschungsfragen zugrundeliegen. Solche administrativen Daten, wie Geburts- und Todesregister, Wahlregister oder Gerichtsaufzeichnungen, bildeten in der Vergangenheit hauptsächlich die Datenbasis für Sozialwissenschaftler, bevor sie in großem Umfang selbst Datenerhebungen vornahmen. Die Analyse von administrativen Daten ist so immer auch Sekundäranalyse. Es gilt jedoch ausdrücklich zu beachten, daß administrative Daten von verschiedenen Organisationen, mit verschiedenen Techniken und zu verschiedenen Zwecken erhoben wurden und nicht im Zusammenhang mit spezifischen Forschungsproblemen. Diese Gründe lassen oft Zweifel an der Qualität der Daten aufkommen.

Die Stichprobenerhebung ist innerhalb der empirischen Sozialforschung die am häufigsten benutzte Methode der Datenerhebung. Die adhoc-Stichprobenerhebung stellt ein Mehrzweck-Forschungsdesign mit vielen Vorteilen dar. Die Anwendung von Stichprobenauswahlen erlaubt, auf ihrer Grundlage repräsentative Aussagen über die zur Untersuchung anstehende Gesamtpopulation zu machen. Ebenso ist es möglich, auf der Grundlage von Stichproben-Erhebungs-Designs kausale Prozesse zu untersuchen. Die prinzipielle Schwäche von Stichprobenerhebungen besteht darin, daß sie oftmals nur strukturierte Fragebögen benutzen, welche möglicherweise eine geringere Tiefe und Qualität an Informationen aufweisen als Tiefeninterviews.

Regelmäßige Erhebungen, wie bspw. ALLBUS[3] oder EUROBAROMETER[4], die in regelmäßigen Intervallen wiederholt werden, weisen genausoviel an Tiefe und Breite auf wie adhoc-Stichprobenerhebungen. Im Gegensatz zu adhoc-Stichprobenerhebungen weisen regelmäßige Erhebungen jedoch eine hohe Mehrzweckpotentialität innerhalb ihres spezifischen Interessenbereichs auf. Normalerweise besteht eine solche regelmäßige Erhebung aus einer Menge von Kern-Bereichen bzw. Kern-Fragen und einer variablen Bandbreite von weiteren Bereichen bzw. Fragen, die je nach Interesse und Aktualität in die Befragung aufgenommen oder werden oder nicht. Dabei werden neue Bereiche bzw. Fragen nur dann in die Erhebung aufgenommen, wenn sie sich an den bereits existierenden Rahmen des Erhebungsdesigns anpassen lassen.

Das Ex-post-facto-Design ist eine Form der Kausalanalyse, bei der versucht wird, von den Wirkungen auf die Ursachen zu schließen. Wie bei experimentellen Forschungsdesigns werden auch in diesem Design Gruppen miteinander verglichen, die unterschiedliche Merkmale aufweisen. Die Variation der angenommenen Ursachen der festgestellten Wirkungen ist jedoch nicht durch den Forscher kontrolliert, so daß wir beim Ex-post-facto-Design auch nicht von einem experimentellen Forschungsdesign im strengen Sinne sprechen können. Trotz der Unzulässigkeit, von den Wirkungen auf die Ursachen zu schließen, kann dieses Design explorativ dazu benutzt werden, um Hypothesen zu generieren.

Bei Querschnittstudien werden zu einem bestimmten Zeitpunkt mehrere Stichproben von Individuen aus verschiedenen Altersgruppen mit demselben Meßinstrument jeweils einmal untersucht. Dabei können Querschnittstudien auch experimentell variiert werden, bspw. wenn eine Unterscheidung von Stadt-Land bei der Stichprobenerhebung vorgenommen wird. Querschnittstudien werden häufig in der Politikwissenschaft durchgeführt, wenn bspw. die Einstellungen von verschieden alten Personen zu bestimmten politischen Ereignissen erfragt werden sollen.

Bei Längsschnittstudien wird eine Stichprobe von Individuen mehrmals zu verschiedenen Zeitpunkten mit demselben Meßinstrument untersucht.

---

3 Alle zwei Jahre vom Zentrum für Umfragen und Analysen (ZUMA) in Westdeutschland durchgeführte 'Allgemeine Bevölkerungsumfrage der Sozialwissenschaften' von jeweils ca. 3000 Personen.

4 Die Eurobarometer werden im Auftrag der Europäischen Gemeinschaften seit dem Herbst 1973 jährlich im Frühjahr und im Herbst in den Mitgliedstaaten der EG durchgeführt. Die Befragung vor Ort wird unter Verantwortung von nationalen Instituten durchgeführt und umfaßt in der Regel pro Befragung ca. 1000 Personen.

Eine besondere Form der Längsschnittstudie ist das Panel. Bei einer Paneluntersuchung wird dieselbe Stichprobe in regelmäßigen Abständen zu gleichen Fragen untersucht. Das Ziel einer Paneluntersuchung besteht darin, Veränderungen in der Zeit zu ermitteln. Das Problem bei Paneluntersuchungen besteht zum einen darin, daß die verwendeten Variablen nicht immer konstant gehalten werden können, zum anderen, daß die Erhebungsbedingungen und -situationen erheblich variieren können.

Das letzte Forschungsdesign, das wir an dieser Stelle anführen wollen, ist das Zeitreihen-Design, das in der Ökonomie entwickelt wurde, jedoch auch immer mehr Anwendung in der Politikwissenschaft findet, bspw. bei Popularitätsanalysen von Politikern über einen bestimmten Zeitraum. Eine Zeitreihe ist ein Satz von Beobachtungen, die zu unterschiedlichen Zeitpunkten angestellt wurden. Ein Beispiel ist die monatlich durchgeführte Popularitätsbefragung zu bundesdeutschen Politikern von der Forschungsgruppe Wahlen in Mannheim. Dabei haben die Befragten den jeweiligen Politikern einen Sympathiewert zwischen -5 (sehr unsympathisch) und +5 (sehr sympathisch) zuzuordnen. Dadurch entsteht für jeden bewerteten Politiker eine Zeitreihe, die monatliche Werte aufweist. Ein systematischer Ansatz zur statistischen Analyse von solchen Zeitreihen, die saisonale Schwankungen, Trends oder Zyklen aufweisen können, wurde von BOX und JENKINS [BOX, JENKINS 1976] entwickelt. Die Funktion von Zeitreihenanalysen besteht sowohl in der Vorhersage künftiger Werte als auch in der Erklärung ihrer möglichen Schwankungen durch Interventionsmodelle.

Damit wollen wir unsere kurze Vorstellung einiger in den Sozialwissenschaften geläufigen Forschungsdesigns beenden. Durch die Präsentation dieser unterschiedlichen Forschungsdesigns soll zum Ausdruck gebracht werden, daß die Entscheidung für ein bestimmtes Forschungsdesign von den verschiedensten Faktoren abhängig ist: Je nach der Menge der vorhandenen Ressourcen oder je nach der jeweiligen Forschungsfrage ist das eine oder das andere Forschungsdesign für ein empirisches Forschungsprojekt auszuwählen; die Auswahl ist also keineswegs beliebig. Damit stellt die Entscheidung für ein geeignetes Forschungsdesign für die Durchführung eines empirischen Forschungsprojekts einen der wichtigsten Entscheidungsschritte dar.

1.3.2.2 Die Auswahl der Untersuchungseinheiten

Neben der Entscheidung für ein problemadäquates Forschungsdesign muß in der Erstellung des Untersuchungsdesigns auch bestimmt werden, von wem und in welchem Umfang Daten erhoben werden sollen. Es ist zu entscheiden, ob wir von allen relevanten Personen und/oder Objekten Daten ermitteln wollen oder nicht.

Mit der Bestimmung der für unserer Problem relevanten Personen und/oder Objekte legen wir die Grundgesamtheit unserer Untersuchung fest. Wollen wir bspw. die Fernsehgewohnheiten der deutschen Politiker ermitteln, so stellen alle deutschen Politiker die Grundgesamtheit unserer Untersuchung dar. Diese erste Bestimmung unserer Grundgesamtheit gilt es jedoch noch präziser zu formulieren, d.h. wir müssen definitorisch festlegen, wer unter den Begriff 'deutscher Politiker' fällt. Wir können so bspw. festlegen: "Als deutscher Politiker gilt jede am 01.01.1993 in Deutschland lebende Person deutscher Staatsangehörigkeit, die ein öffentliches Amt bekleidet, in das sie nach gleicher, freier und geheimer Wahl gewählt wurde."

Wollen wir in unserer Untersuchung alle so definierten Politiker nach ihren Fernsehgewohnheiten befragen, wollen wir also die Grundgesamtheit befragen, so sprechen wir von einer Vollerhebung. Ein solches Vorgehen setzt jedoch sehr hohe finanzielle Mittel und verfügbare Zeit voraus. Deshalb sind Vollerhebungen in den Sozialwissenschaften auch sehr selten (als ein Beispiel für eine Vollerhebung kann die Volkszählung angeführt werden). Um Kosten und Zeit zu sparen, ist es zur allgemeinen Praxis geworden, anstatt einer Vollerhebung nur Stichprobenerhebungen durchzuführen. Eine Stichprobe ist dabei eine (zumeist zufällige) Auswahl aus der Grundgesamtheit mit dem Ziel, Schlüsse von der Stichprobe auf die Grundgesamtheit vorzunehmen. Solche Schlüsse sind Gegenstand der Inferenzstatistik.

An Stichprobenerhebungen sind zwei Fragen zu stellen: Nach welchem Verfahren soll die Stichprobe ausgewählt werden und welchen Umfang sollte sie besitzen? Unter der Voraussetzung, daß eine Stichprobe für die Grundgesamtheit repräsentativ sein soll, können wir zwischen folgenden Methoden der Stichprobenauswahl u.a. unterscheiden [LEINER 1985]:

1. Einfache Zufallsauswahl;
2. geschichtete Zufallsauswahl;
3. gestufte Zufallsauswahl;
4. Klumpenstichprobe; und
5. willkürliche Auswahlen.

Der einfachen Zufallsauswahl liegt die Forderung zugrunde, daß jedes Element aus der Grundgesamtheit die gleiche Chance besitzt, gezogen zu werden. Dies kann bspw. bei Vorliegen einer Liste mit allen Elementen der Grundgesamtheit mit Hilfe von Zufallszahlen oder durch ein bestimmtes Abzählen von einem willkürlich festgelegten Startpunkt aus vorgenommen werden.

Bei einer geschichteten Zufallsauswahl wird die Liste der Grundgesamtheit in Teillisten zerlegt (und zwar im Hinblick auf für das Forschungsproblem relevante Merkmale), aus denen einfache Zufallsauswahlen entsprechend der proportionalen Anteile der relevanten Merkmale gezogen werden. Die Idee, die hinter der geschichteten Zufallsauswahl steht, liegt in der damit verbundenen Reduzierung des sogenannten Stichprobenfehlers.

Die gestufte Zufallsauswahl wird oftmals angewendet, um Kosten zu sparen. Dabei werden auf verschiedenen hierarchischen Ebenen der Grundgesamtheit jeweils Zufallsauswahlen getroffen. Im Falle unserers Beispiels 'Fernsehgewohnheiten der Politiker' bedeutet dies, daß wir zunächst Zufallsstichproben auf Bundesebene, dann auf Landesebene, dann auf Kreisebene, dann auf Gemeindeebene etc. vornehmen.

Die Grundlage von Klumpenstichproben stellen sogenannte Klumpen (engl. cluster) dar. Klumpen sind Untermengen der Grundgesamtheit, die selbst noch zahlreiche Elemente aufweisen. In unserem Beispiel sind dies etwa Parteien. Aus diesen Klumpen werden dann die Stichproben nach dem Zufallsprinzip vorgenommen.

Bei willkürlichen Auswahlen, auch Beurteilungsstichproben genannt, wird weniger Sorgfalt auf die Vorbereitung, Durchführung und Kontrolle der Auswahl gelegt als bei Zufallsstichproben. Solche Auswahlen führen deshalb auch häufiger zu weniger zuverlässigen Ergebnissen, insbesondere auch deshalb, weil sie die Kriterien der Nachvollziehbarkeit und Wiederholbarkeit nicht erfüllen können [LEINER 1985:7]. Eine Übersicht über solche Auswahlen gibt LEINER [LEINER 1985:7ff], sie sollen hier nicht gesondert angeführt werden.

Um einen repräsentativen Schluß von der Stichprobe auf die Grundgesamtheit vornehmen zu können, sollte die Auswahl der Stichprobe deshalb auf einer der Zufallsmethoden beruhen.

Die Beantwortung der Frage, wie groß der Stichprobenumfang sein sollte, um von der Stichprobe Schlüsse auf die Grundgesamtheit vornehmen zu können, hängt in nicht unerheblicher Weise von der Komplexität des Forschungsproblems wie auch von der Variabilität der Daten ab. Im allgemeinen geht man bei Stichprobenuntersuchungen, je nach Forschungsproblem, von 100, 1000 oder 2000 Fällen aus. Die bspw. schon erwähnten ALLBUS-Erhebungen nehmen Stichproben im Umfang von 3000 Fällen vor.

1.3.3 Phase der Datenerhebung

Hat sich der Forscher sowohl für ein bestimmtes, seinem Forschungsproblem angemessenen Forschungsdesign entschieden als auch die Frage geklärt, ob er eine Vollerhebung oder Stichprobe durchführen will, besteht der nächste Schritt im Forschungsprozeß in der Erhebung der für sein Problem relevanten Daten. Welches Verfahren der Datenerhebung er hierbei verwendet ist zunächst auch einmal wieder in erster Linie mit von seinem Forschungsproblem abhängig.

Wie bereits unter 1.2.3.1 angeführt, kommen dafür in einem engeren Sinn vier Verfahren der Datenerhebung in Frage:

1. Die Befragung;
2. die Beobachtung;
3. die Inhaltsanalyse; und
4. das Experiment.

Wie diese einzelnen Verfahren der Datenerhebung im einzelnen ausgestaltet sind, werden wir ausführlicher in Kapitel 3 vorstellen.

Nach der Erhebung der Daten, bspw. mittels eines standardisierten Fragebogens, gilt es diese zunächst in eine "analysefähige" Form zu bringen, d.h. es muß zunächst eine Datenaufbereitung vorgenommen werden. Datenaufbereitung heißt in diesem Zusammenhang, daß wir die Rohdaten, das sind zunächst einmal die "sprachlich formulierten" Antworten der Befragten, codieren, in eine geeignete Form (Datenmatrix) und auf einen geeigneten Datenträger bringen müssen. Dieser dreistufige Prozeß ist eine unabdingbare Voraussetzung für quantitative Untersuchungen, deren Daten mittels computergestützter Statistikprogramme analysiert werden sollen.

Beim Prozeß der Codierung ordnen wir jeder Antwortmöglichkeit eine Zahl zu. Fragen wir bspw. nach dem Geschlecht, so können wir dieser Variable mit ihren zwei Merkmalsausprägungen 'weiblich' und 'männlich', die Zahl '1' für 'weiblich' und die Zahl '2' für 'männlich' zuordnen. Führen wir dieses Verfahren bei allen Variablen und ihren Antwortmöglichkeiten (Merkmalsausprägungen) durch, so erhalten wir eine vollständige Übersetzung der Merkmalsausprägungen aller Variablen in Zahlen. Die Entscheidung darüber, welche Zahl wir welcher Merkmalsausprägung zuordnen, legen wir im Codeplan fest.

Nach der Codierung aller Merkmalsausprägungen aller in unserer Untersuchung Befragten (Fälle) ordnen wir die mittels Zahlen ausgedrückten Merkmalsausprägungen in einer Datenmatrix an, bei der wir vertikal die Fälle anordnen und horizontal die Variablen mit ihren jeweiligen erhobenen Merkmalsausprägungen. Die Erstellung einer solchen Datenmatrix erfolgt normalerweise gleichzeitig mit der Eingabe der Daten in den Computer.

1.3.4 Phase der Datenanalyse

Sind die Daten im oben genannten Sinne aufbereitet, können sie in bezug auf das Forschungsproblem, zu dem sie erhoben wurden, analysiert werden. Datenanalyse bedeutet dabei in einem weiteren Sinne zunächst einmal Interpretation der Daten, d.h. wir haben festzustellen, in welcher Weise die erhobenen Daten unsere Hypothesen (unsere Theorie) stützen bzw. nicht stützen und ob sie dies jeweils in schwacher oder starker Weise tun (Konfirmatorische Datenanalyse) oder welche Art von Hypothesen (Theorien) uns die Daten zu generieren erlauben (Explorative Datenanalyse).

Diese Interpretation der Daten wird in der empirischen Sozialforschung überwiegend unter Verwendung von Computern und speziellen Statistikprogrammen wie bspw. SPSS, SAS, BMDP oder LISREL für die konfirmatorische und wie bspw. EDA für die explorative Datenanalyse vorgenommen. Dabei ist es für den einzelnen Forscher nicht zwingend notwendig, Zugang zu einem Großrechner zu haben, da für fast alle Statistikprogramme bereits leistungsstarke Versionen für Personal-Computer existieren.

Grundsätzlich gilt es jedoch festzuhalten, daß Computer und spezielle Statistikprogramme nur dann ihren Einsatz in der Datenanalyse rechtfertigen, wenn wir unsere Analyse auf der Grundlage einer zu überprüfenden Theorie vornehmen, d.h. wenn wir die in unserer Theorie aufgestellten Behauptungen mittels der Daten überprüfen wollen. Selbst im Rahmen der Explorativen Datenanalyse gehen wir von einem gewissen theoretischen Vorverständnis aus.

Datenanalyse selbst kann auch nicht als ein gradliniger Prozeß verstanden werden, der mit der Feststellung, daß die Daten unsere Hypothesen bestätigen oder nicht, beendet ist. Wie wir bereits angeführt haben, ist der empirische Forschungsprozeß als ein infiniter alternierender Interaktionsprozeß zwischen Theorien und empirisch erfaßbarer Wirklichkeit aufzufassen, d.h. daß im Falle einer Nichtbestätigung der Theorie durch die Daten, die Theorie nicht vollständig zu verwerfen, sondern gegebenenfalls zu modifizieren und erneut einer empirischen Untersuchung zu unterziehen ist.

Ausgangspunkt jeder Datenanalyse sollte zunächst einmal eine Häufigkeitsverteilung ihrer Variablen sowie die Ermittlung ihrer Maße der zentralen Tendenz (Mittelwerte) und ihrer Dispersionsmaße (Varianz, Standardabweichung) sein (univariate Datenanalyse; vgl. Kap.5), denn dadurch können wir uns einen ersten Überblick über unseren Datensatz verschaffen.

Da wir in einer empirischen Untersuchung primär an Zusammenhängen zwischen Aspekten des Gegenstandsbereichs interessiert sind, über die unsere zu überprüfende Theorie Aussagen macht, ist an die univariate Datenanalyse die bivariate und/oder multivariate Datenanalyse anzuschließen.

In der bivariaten Datenanalyse untersuchen wir die Beziehungen von Variablenpaaren, über die unsere Theorie eine Beziehung behauptet bzw. voraussagt. Diese kann auf prinzipiell zwei unterschiedliche Weisen vorgenommen werden, wobei die Entscheidung, für welche dieser beiden Weisen der Forscher sich entscheidet, von dem Skalenniveau (vgl. Kap.4) der Variablen abhängig ist. Bei nominal und ordinal skalierten Variablen empfiehlt sich die sogenannte Kreuztabelle (engl. crosstabulation) oder Kontingenztabelle (engl. contingency table), bei metrisch skalierten Variablen die Regressionsrechnung (Vgl.Kap.6 und 7).

In der multivariaten Datenanalyse wird eine über zwei Variablen hinausgehende Anzahl von Variablen gleichzeitig untersucht. Für diese Form der Datenanalyse existiert eine große Anzahl unterschiedlichster Verfahren, die wir in diesem Buch nur in ihren Grundzügen vorstellen können (Vgl. Kap.8).

Neben diesen drei Datenanalysen, die primär im Rahmen der konfirmatotrischen Datenanalyse eingesetzt werden, wurden in letzter Zeit auch leistungsstarke Analyse-Techniken zur Theoriengenerierung, d.h. für die explorative Datenanalyse, entwickelt (Über die Grundzüge dieser auch computergestützten Form der Datenanalyse vgl. Kap.9).

1.3.5 Phase der Dokumentation der Ergebnisse

Jede Forschung ist letztendlich zwecklos, wenn ihre Ergebnisse nicht öffentlich gemacht werden, sei dies in Buchform, in Zeitschriftenaufsätzen, in einer Diplomarbeit, in einer Dissertation oder letztendlich nur in einem Endbericht für den Auftraggeber einer Studie. Denn nur die Publikation der Forschungsergebnisse kann zum wissenschaftlichen Fortschritt beitragen oder eventuell, bei an Problemen des sozialen Lebens orientierten Forschungsprojekten, zu Veränderungen beitragen bzw. Entscheidungen von Sozialagenturen beeinflussen. Nicht zuletzt sind Forschungsergebnisse nur durch ihre Publikation der Kritik der wissenschaftlichen Gemeinschaft auszusetzen, um gegebenenfalls kritisch diskutiert werden zu können.

1.3.6 Die Phasen des Forschungsprozesses. Eine Zusammenfassung

Die idealtypische Form eines Forschungsprozesses kann in fünf Phasen eingeteilt werden:

1. Phase der Projektplanung;
2. Phase der Erstellung des Untersuchungsdesigns;
3. Phase der Datenerhebung;
4. Phase der Datenanalyse; und
5. Phase der Dokumentation der Ergebnisse.

Diese Phasen können unter Einbeziehung ihrer jeweiligen inhaltlichen Elemente zusammenfassend in einem Ablaufprozeß folgendermaßen dargestellt werden (Abb.1-5):

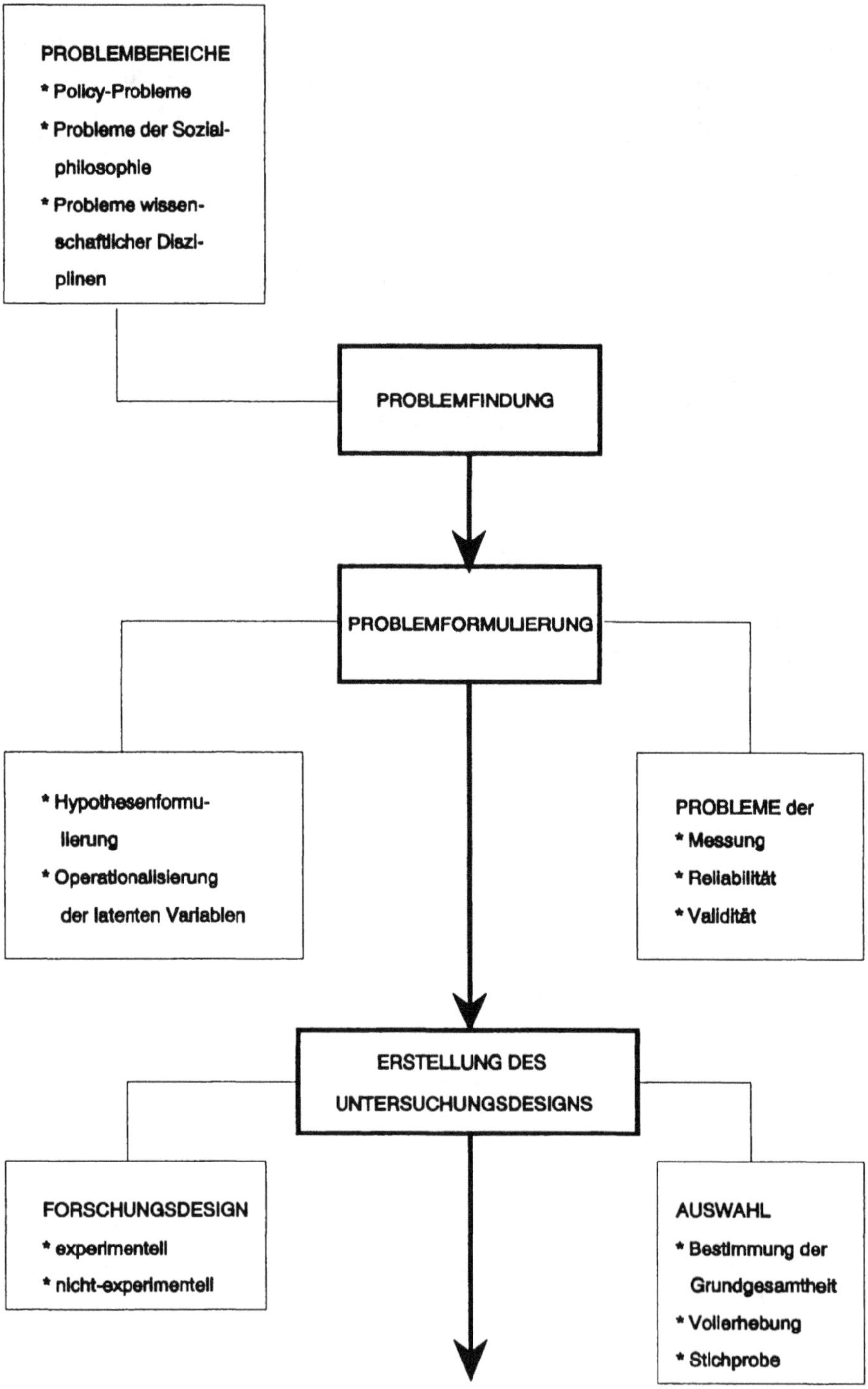
PROBLEMBEREICHE
* Policy-Probleme
* Probleme der Sozialphilosophie
* Probleme wissenschaftlicher Disziplinen
PROBLEMFINDUNG
PROBLEMFORMULIERUNG
* Hypothesenformulierung
* Operationalisierung der latenten Variablen
PROBLEME der
* Messung
* Reliabilität
* Validität
ERSTELLUNG DES UNTERSUCHUNGSDESIGNS
FORSCHUNGSDESIGN
* experimentell
* nicht-experimentell
AUSWAHL
* Bestimmung der Grundgesamtheit
* Vollerhebung
* Stichprobe

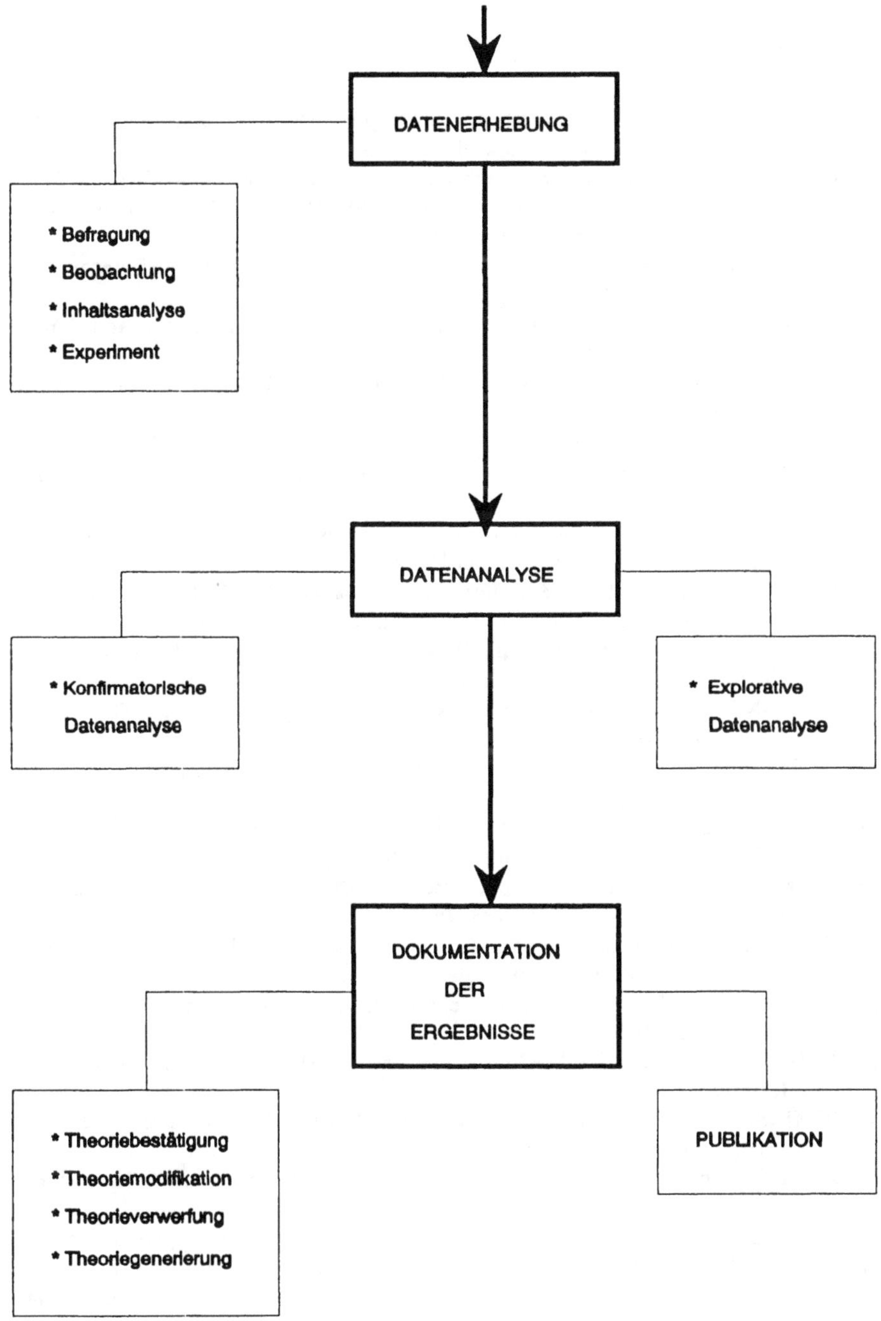

Abb.1-5 Die Phasen des empirischen Forschungsprozesses im Überblick

1.4 Literatur

ATTESLANDER, Peter (1991): Methoden der empirischen Sozialforschung (6.rev.u. erw.Aufl.). Berlin, New York: de Gruyter

BAHR, Howard M.; CHADWICK, Bruce A.; THOMAS, Darwin L. (Eds.) (1972): Population, Resources, and the Future: NonMalthusian Perspectives. Provo, Utah: Brigham Young University Press

BENNINGHAUS, Hans (1990): Einführung in die sozialwissenschaftliche Datenanalyse. München, Wien: Oldenbourg

BOX, G.E.P; JENKINS, G.M. (1976): Times Series Analysis. Forecasting and Control (rev.ed.). New York: McGraw-Hill

BYNNER, John; STRIBLEY, Keith M. (Eds.) (1979): Social Research: Principles and Procedures. New York: Longham

CAPLOW, Theodore (1971): Elementary Sociology. Englewood Cliffs: Prentice-Hall

GREER, Scott (1979): On the Selection of Problems. In J.BYNNER, K.M.STRIBLEY (Eds.) (1979), S.48-52

HAKIM, Catherine (1987): Research Design. Strategies and Choices in the Design of Social Research. London: Unmin Hyman

HEINZE, T. (1987): Qualitative Sozialforschung. Opladen: Westdeutscher Verlag

HELMER, Olaf; RESCHER, Nicholas (1969): Exact vs. Inexact Sciences A more Instructive Dichotomy? On the Epistemology of the Inexact Sciences. In L.I. KRIMERMAN (Ed.) (1969), S.181-203

HERRMANN, Theodor (1987): Methoden als Problemlösungsmittel. In E.ROTH (Hrsg.) (1987), S.18-46

HOMANS, George Caspar (1969): Was ist Sozialwissenschaft? Köln, Opladen: Westdeutscher Verlag

KRIMERMAN, Leonard I. (Ed.) (1969): The Nature and Scope of Social Science. A Critical Anthology. New York: Meredith Corporation

LAMNEK, S. (1988): Qualitative Sozialforschung. Band 1: Methodologie. München, Weinheim: Psychologie Verlags Union

LAMNEK, S. (1989): Qualitative Sozialforschung. Band 2: Methoden und Techniken. München, Weinheim: Psychologie Verlags Union

LEINER, Bernd (1985): Stichprobentheorie. Grundlagen, Theorie und Technik. München, Wien: Oldenbourg

MARSHALL, Catherine; ROSSMAN, Gretchen B. (1989): Designing Qualitative Research. London: Sage

NACHMIAS, Chava; NACHMIAS, David (1989): Research Methods in the Social Sciences. London u.a.: Edward Arnold

PATZELT, Werner J. (1986): Sozialwissenschaftliche Forschungslogik. München, Wien: Oldenbourg

POPPER, Karl Raimund (1982): Logik der Forschung (7.Aufl.). Tübingen: Mohr

REICHENBACH, Hans (1938): Experience and Prediction. An Analysis of the Foundations and the Structure of Knowledge. Chicago, London: The University of Chicago Press

ROTH, Erwin (Hrsg.)(1987): Sozialwissenschaftliche Methoden. Lehr- und Handbuch für Forschung und Praxis (2.unw.ver.Aufl.). München, Wien: Oldenbourg

SAHNER, Heinz (1990): Schließende Statistik (3.Aufl.). Stuttgart:Teubner

SCHNELL, Rainer; HILL, Paul B.; ESSER, Elke (1989): Methoden der empirischen Sozialforschung (2.überarb. u. erw. Aufl.). München, Wien: Oldenbourg

SJOBERG, Gideon; NETT, Roger (1968): A Methodology for Social Research. New York: Harper & Row

SPECTOR, Paul E. (1981): Research Designs. Beverly Hills, London: Sage

STRAUSS, A. (1987): Qualitative Analysis for Social Scientists. New York: Cambridge University Press

WATTENBERG, Ben (1972): The Nonsense Explosion: Overpopulation as a Crisis Issue. In H.M.BAHR, B.A.CHADWICK, D.L.THOMAS (Eds.) (1972), S.19-32

2.0 Grundlagen der Theoriebildung in den Sozialwissenschaften

2.1 Zum Begriff der 'empirischen Theorie'. Einführende Vorbemerkungen

Für die Bestimmung *der* Entität, die wir in den Sozialwissenschaften als 'empirische Theorie' bezeichnen, existieren innerhalb der Wissenschaftstheorie, d.h. der Wissenschaft der Theorie über Theorien, mehrere Vorschläge. Diese Vorschläge stimmen in gewissen Punkten miteinander überein, in anderen jedoch nicht. Wir stehen folglich schon vor der Angabe dessen, was überhaupt unter einer 'empirischen Theorie' zu verstehen ist, vor einer Entscheidungswahl. Grundsätzlich können wir auf einer noch sehr abstrakten Ebene zwei Formen von Bestimmungen wissenschaftlicher Theorien unterscheiden: Erstens, wir können wissenschaftliche Theorien als Systeme von Aussagen bestimmen; und zweitens, wir können wissenschaftliche Theorien als auf mengentheoretischer Grundlage entwickelte mathematisch-begriffliche (durch mengentheoretische Prädikate axiomatisierte) Strukturen bestimmen, welche auf geeignete Objekte angewandt werden. Die erste Form der Theoriebestimmung wird als 'Aussagenkonzeption wissenschaftlicher Theorien' bezeichnet, die zweite als 'strukturalistische Konzeption wissenschaftlicher Theorien'. Einen differenzierten und vergleichenden Überblick über diese beiden Formen der Theoriebestimmung findet der Leser in DREIER [DREIER 1993:Teil A].

Die strukturalistische Theorienkonzeption fand bis heute nur in geringem Umfang Eingang in den sozialwissenschaftlichen empirischen Forschungsprozeß (bspw. fast nur in der Psychologie [WESTMEYER 1989, 1992]). Dies scheint insbesondere darauf zurückzuführen sein, daß sie von einem komplizierten mathematisch-technischen Apparat Gebrauch macht und viele Sozialwissenschaftler nicht in der Lage sind, sich diesen anzueignen oder aneignen zu wollen[1]. Im Rahmen dieses Lehrbuchs werden wir deshalb eine Bestimmung von 'wissenschaftlicher Theorie' verwenden, die auf der Aussagenkonzeption gründet und innerhalb der sozialwissenschaftlichen Forschungspraxis gegenwärtig *noch* am ver-

---

1 Für den an der Strukturalistischen Theorienkonzeption interessierten Leser sei auf [BALZER, MOULINES, SNEED 1987] verwiesen. Eine erste nicht-mathematisch orientierte Einführung in die Strukturalistische Theorienkonzeption findet der Leser in [WENTURIS, VAN HOVE, DREIER 1992:Kap.12].

breitesten ist: 'Das empiristische Standardmodell für wissenschaftliche Theorien'.

Dieser Auffassung zufolge sind empirische Theorien zunächst einmal mehr oder weniger komplexe Postulate über den Zusammenhang von direkt und/oder indirekt beobachtbaren Sachverhalten der vergangenen, gegenwärtigen oder zukünftigen 'Realität', die mehr oder weniger mit beobachteten (empirischen) Ereignissen übereinstimmen oder nicht.

Um diese Bestimmung von 'empirischer Theorie' präziser fassen und in der Forschung anwenden zu können, ist es zunächst einmal notwendig, die ihr zugrundeliegenden Basiselemente und deren Verbindungen untereinander sowie ihre Voraussetzungen zu identifizieren und zu präzisieren. D.h. es ist zu klären, was unter den sprachlichen Elementen, die wir zur Konzeption einer Theorie verwenden, zu verstehen ist. Haben wir diese Elemente, die Formen ihrer Bestimmung, ihre möglichen Verbindungen und die Problembereiche, die sie berühren, festgelegt, dann sind wir in der Lage, sukzessive die Struktur einer 'empirischen Theorie' anzugeben und was nicht selbstverständlich sein muß auch zu verstehen. Im folgenden werden wir uns dieser Aufgabe widmen.

2.2 Begriffe, Variablen, Typologien und Indizes

Begriffe und ihre Bedeutung

Um Aussagen über die 'Realität' machen zu können, die nicht nur für das einzelne Subjekt gültig bzw. von ihm verstanden werden sollen, müssen diese dem Primat der intersubjektiven Nachprüfbarkeit genügen. D.h. sie müssen gegenüber einem anderen kommunikabel und für ihn nachvollziehbar sein. Eine solche intersubjektive Nachprüfbarkeit ist jedoch prinzipiell nur dann möglich, wenn wir uns einer gemeinsamen Kommunikationsform bedienen und das heißt weiter, wenn wir uns eines gemeinsamen Kommunikationsmediums, wie bspw. einer Sprache bedienen. Trotz dieser für alle Subjekte gemeinsamen Verständigungsbasis, der Sprache, vermittelt uns diese jedoch keinen direkten Zugang zur 'Realität': Denn nicht die 'Realität' selbst, sondern die sprachlich gebundenen Aussagen über diese bilden den Bestand unserer Erkenntnis über die Welt und das heißt letztendlich auch der Wissenschaften.

Sprachlich gebundene Aussagen, und das sind ja empirische Theorien nach unserer oben angeführten Bestimmung, operieren dabei wesentlich mit 'Begriffen', die *etwas* bedeuten. Wir stehen so zunächst vor der Aufgabe, zu präzisieren, was unter 'Begriff' eigentlich gemeint ist, um dann darauf aufbauend zu klären, welche Formen von Begriffen innerhalb der Wissenschaften unterschieden werden.

'Begriffe' sind im allgemeinen Zeichen (sprachlich oder schriftlich), die etwas bedeuten, indem ihnen ein bestimmter Vorstellungsinhalt zugeordnet wird. Die Bedeutung eines Begriffs, wird durch die Zuordnung eines Zeichens zu dem, wofür es steht, festgelegt. Diese Zuordnung kann dabei eindeutig oder mehrdeutig, präzise oder diffus sein [ESSER, KLENOVITS, ZEHNPFENNIG 1977-1:52f].

In der Sprachphilosophie existieren zwei prinzipielle Modelle, wie einem Begriff eine Bedeutung zukommen kann [SCHMIDT 1969:9ff; 19ff]:

1. Das 'Partizipationsmodell' der platonisch-platonistischen Tradition; und
2. das 'operationale' Bedeutungsmodell von WITTGENSTEIN und seinen Nachfolgern.

Das 'Partizipationsmodell' geht von einer in PLATONs Bedeutungstheorie angelegten Struktur aus, die in Bedeutungstheorien, die Sprachleistungen zeichentheoretisch interpretieren, ihre Fortsetzung findet. Diese Struktur kann im sogenannten 'Wort-Gegenstand-Modell' verständlich gemacht werden. Veranschaulichen wir uns den Strukturtyp des platonischen Bedeutungsmodells an einem Schema, wobei wir von dessen ontologisch fundierten erkenntnistheoretischen Implikationen abstrahieren (Abb.2-1):

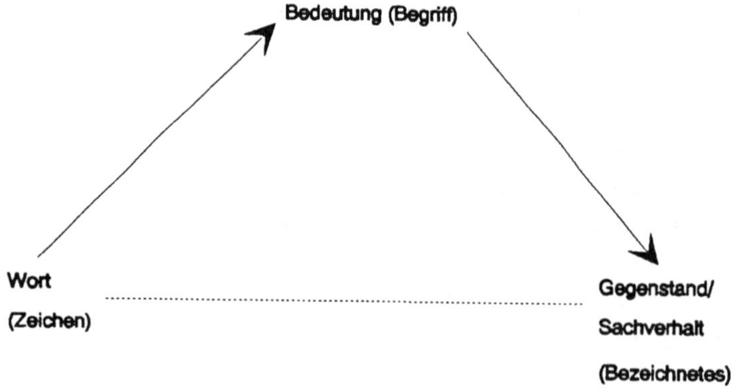

Abb.2-1 Wort-Gegenstand-Modell

Im 'Wort-Gegenstand-Modell' kommt dem Begriff die Funktion zu, auf außersprachliche Entitäten hinzuweisen, d.h. Begriffe korrespondieren mit Sachverhalten, die sprachunabhängig von ihnen existieren. Was ein 'Begriff' ist, kann so folgendermaßen präziser angegeben werden [ESSER, KLENOVITS, ZEHNPFENNIG 1977-1:53]: "Unter einen Begriff wird ... die (gedankliche) Aussonderung von Objekten bzw. Objekteigenschaften (Designata) und deren Zuordnung zu einem Zeichen (Designator) mit Hilfe von Zuordnungs- oder Korrespondenzregeln verstanden".

Die Struktur einer Korrespondenzregel (auch semantische Regel genannt) kann folgendermaßen schematisch dargestellt werden (Abb.2-2):

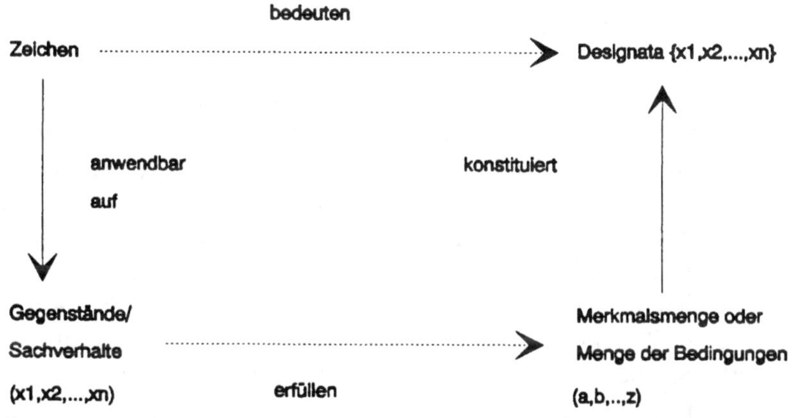

Abb.2-2 Struktur einer Korrespondenzregel

Diese Korrespondenzregel können wir wie folgt interpretieren. Zeichen beziehen sich auf eine Menge von Gegenständen und/oder Sachverhalten $(x_1,x_2,\ldots,x_n)$, welche eine bestimmte Menge von Bedingungen, d.h. begriffliche Merkmale, (a,b,...,z) erfüllen müssen, um die Designata $\{x_1,x_2,\ldots,x_n\}$ zu konstituieren, d.h. ihnen die im Zeichen intendierte Bedeutung zusprechen zu können. Die Bestimmung aber, welche Merkmale bestimmte Sachverhalte besitzen müssen, um den Vorstellungsinhalt eines Zeichens konstituieren zu können, hängt von der jeweiligen Definition ab, d.h. sie ist variabel bzw. konventionell. So gesehen stellt die Bestimmung der Bedeutung eines Zeichens nicht *nur* einen rein erkenntnistheoretischen Akt dar, sondern es müssen darüber hinaus auch anthropologische, soziologische, linguistische und psychologische Gesichtspunkte berücksichtigt werden.

Der Feststellung, daß bei der Bedeutungsbestimmung eines Begriffes auch obengenannte, nicht erkenntnistheoretischen Faktoren eine Rolle spielen, trug WITTGENSTEIN mit seinem 'operationalen Bedeutungsmodell' Rechnung. Grundlegend für WITTGENSTEINs Modell ist die Feststellung, daß die Bedeutung eines Begriffs als Resultat einer Sprache, die als "Handlungs- oder Lebensform" reflektiert wird, zu interpretieren ist [WITTGENSTEIN 1984-1:§23]. Die Bedeutung eines Begriffs erschließt sich nach WITTGENSTEIN über den Gebrauch eines Begriffs in der Sprache, in der Praxis oder in einem spezifischen "Sprachspiel" [WITTGENSTEIN 1984-1:§§304,311,373]. Die Bedeutung eines Begriffs ist folglich nicht als fixes Korrelat eines Ausdrucks zu bestimmen, sondern als Resultat eines kommunikativ erfolgreichen Zeichenverhaltens. Ein Begriff ist immer in einen Kontext eingebettet und erfährt seine Bedeutung erst im Gebrauch, in der Art und Weise seiner Verwendung innerhalb dieses Kontextes, wobei der Gebrauch ein regelgeleiteter ist.

Diese allgemeinen in der Sprachphilosophie entwickelten Modelle zu 'Begriff' und 'Bedeutung' sind auch Grundlage der Begriffs- und Bedeutungsbestimmung in den Sozialwissenschaften. Auch hier erfahren die zentralen Begriffe ihre Bedeutung erst über ihre Verwendung in den entsprechenden Theorien. Nehmen wir bspw. den nicht direkt beobachtbaren Begriff 'Macht', der einen theoretischen Begriff darstellt. Nach Max WEBERs theoretischen Ansatz bedeutet 'Macht' "jede Chance, innerhalb einer sozialen Beziehung den eigenen Willen auch gegen Widerstreben durchzusetzen, gleichviel worauf diese Chance beruht" [WEBER 1976:28]. Innerhalb der systemtheoretischen Betrachtungsweise von LUHMANN handelt es sich bei 'Macht' jedoch im Gegensatz zu WEBER in erster Linie um die strategische Festlegung von Handlungsabläufen, die ihrerseits Art und Ausmaß der Alternativen der Interaktionspartner mitbestimmt. 'Macht' wird so als "symbolisch generalisiertes Medium" behandelt, wobei auf die Selektivität und nicht mehr auf die Kausalität abgehoben wird [LUHMANN 1969,1975].

Diese jeweils durch ihren theoretischen Kontext bestimmte Bedeutung eines Begriffs finden wir bei fast allen sozialwissenschaftlich relevanten Fachbegriffen. Dieser Tatsache sollten wir uns auch immer bewußt sein, insbesondere in der Phase der Problemformulierung innerhalb unseres Forschungsprozesses, etwa wenn wir problemrelevantes Literaturstudium betreiben. Diese Bestimmung der Bedeutung von Begriffen qua ihrer Verwendung innerhalb eines spezifischen theoretischen Kontextes kann durch die Angabe ihrer Extension und Intension präzisiert werden.

Extension und Intension von Begriffen

Vereinfacht läßt sich 'Begriff' als ein Wort bezeichnen, dem Designata zugeordnet sind bzw. als Ausdruck zusammen mit einem Regelsystem, das seinen Gebrauch beschreibt. Solche 'Begriffe' können unter dem Aspekt ihres Inhalts und ihres Umfangs betrachtet werden, d.h. im logischen Sprachgebrauch, unter dem Aspekt ihrer Intension und Extension. Dabei gilt es zu beachten, daß 'Intension' und 'Extension' von Begriffen nicht gegensätzlich sind, sondern sich komplementär zueinander verhalten, beide machen erst die Bedeutung eines Begriffes aus.

Unter die Extension eines Begriffes können wir die Menge aller Objekte fassen, auf die der Begriff zutrifft. Die Extension des Begriffs 'Student' ist bspw. die Menge aller Personen, auf die das Merkmal 'ist ein Student' zutrifft. Prinzipiell kann die Extension eines Begriffes Null, Eins oder Unendlich betragen. Ausschlaggebend für die Extension eines Begriffes ist immer die Art, der für den Begriff in Frage kommenden Entität.

Unter der Intension eines Begriffes können wir die Menge der Eigenschaften fassen, die den gemeinten Objekten zukommen soll (und dadurch gleichzeitig die Extension der Objekte festlegt). Die Intension des Begriffs 'Student' bspw. ist die Menge von Eigenschaften, die den Begriff 'Student' explizieren, wie 'an einer Hochschule immatrikuliert zu sein', 'in einem wissenschaftlichen Lernprozeß stehend' etc. Die Beziehung zwischen Extension und Intension eines Begriffes wird jetzt deutlich: Wir können von der Klasse der Studenten nur sprechen, wenn wir wissen, welche Merkmale zur Charakterisierung von 'Student' notwendig sind.

Begriffstypologie und Schema der erfahrungswissenschaftlichen Begriffsformen

'Realität' wird mittels Begriffen, die zu Aussagen verknüpft werden, interpretiert. Begriffe sind dabei als Zeichen definiert, denen über eine Regel bestimmte Bedeutungen zugewiesen sind. Eine besondere Rolle spielen innerhalb der sozialwissenschaftlichen Forschungspraxis die deskriptiven Begriffe. Ihre Stellung innerhalb der anderen, für die sozialwissenschaftliche Forschungspraxis relevanten Begriffe kann in einer Begriffstypologie veranschaulicht werden (Abb.2-3), wobei es zu beachten gilt, daß dieser nur ein analytischer Charakter zukommt, d.h. daß diese Begriffe in der Forschungspraxis selbst nie in dieser reinen Form auftreten. So existieren bspw. Begriffe, die sowohl deskriptive als auch präskriptive Elemente enthalten.

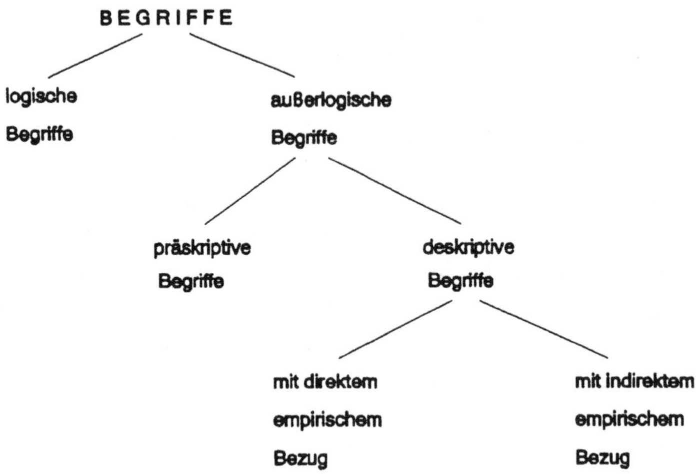

Abb.2-3 Begriffstypologie

Die Unterscheidung der deskriptiven Begriffe in solche mit direktem und in solche mit indirektem empirischem Bezug kann weiter differenziert und mit OESER [OESER 1976-3:60] folgendermaßen in einem Schema veranschaulicht werden (Abb.2-4):

BEGRIFFSFORMEN	METHODISCHES GRUNDPRINZIP	empirische Begriffe
deskriptive (abbildende)	Ähnlichkeit der Repräsentation	↓
komparative (typologische oder topologische)	Vergleichsfeststellung	↓
Dispositionsbegriffe (operationale)	gesetzmäßige Veränderungen	↓
metrische (quantitative)	Maßsystem	↓
strukturelle (nicht quantitative)	Struktursystem	theoretische Begriffe

Abb.2-4 Schema der erfahrungswissenschaftlichen Begriffsformen

Innerhalb dieses Schemas läßt sich der sukzessive Übergang von den empirischen zu den theoretischen Begriffen als ein Prozeß zunehmender Informationsverdichtung interpretieren, dergestalt, daß mit Zunahme der theoretischen Belastung der Begriffe ihr Informationsgehalt steigt. Jeder Begriffsform ist dabei ein methodisches Grundprinzip zugeordnet, das innerhalb des Prozesses der Informationsverdichtung ebenfalls einer intensionalen Veränderlichkeit unterliegt.

Empirische und theoretische Begriffe
Der Unterteilung von deskriptiven Begriffen in solche mit direktem und in solche mit indirektem empirischem Bezug entspricht die Unterteilung in Beobachtungsbegriffe (empirische Begriffe, Indikatoren) und theoretische Begriffe (Konstrukte). Um zwischen empirischen und theoretischen Begriffen eine Verbindung herstellen zu können, bedarf es sogenannter Korrespondenzregeln. Sie legen fest, welche empirischen Begriffe einen theoretischen Begriff anzeigen. Dabei ist anzumerken, daß über die empirischen Begriffe nie eine vollständige Deutung der theoretischen Begriffe erfolgen kann. Für die sozialwissenschaftliche Forschungspraxis sind empirische Begriffe, theoretische Begriffe und Korrespondenzregeln von besonderer Wichtigkeit, da sie die Elemente darstellen, mit denen eine empirische Theorie gebildet wird (Vgl. 2.4).

Typen wissenschaftlicher Begriffe
Neben der Einteilung wissenschaftlicher Begriffe nach der in Abb.2-3 vorgenommenen Typologie und der besonderen Berücksichtigung des Unterschieds zwischen empirischen und theoretischen Begriffen lassen sich wissenschaftliche Begriffe auch danach unterscheiden, in welchen Relationen die über eine Begriffsdefinition ausgegrenzten Objekte zueinander stehen. In bezug auf solche Relationen können wir drei Typen von Begriffen unterscheiden [CARNAP 1986:59]:

1. Klassifikatorische (oder auch qualitative) Begriffe;
2. komparative (oder auch Ordnungs-) Begriffe; und
3. metrische (oder auch quantitative) Begriffe.

Unter klassifikatorischen Begriffen werden Begriffe verstanden, die die Zugehörigkeit zu einer bestimmten Klasse ausdrücken. Durch Aufstellung von bestimmten Kriterien kann so ein Element einem gegebenen Bereich zugeordnet werden. Mit Hilfe klassifikatorischer Begriffe kann ein Gegenstandsbereich *M* vollständig in zwei oder mehrere sich gegenseitig ausschließende Klassen ($K_1,K_2,\ldots,K_n$) eingeteilt werden. Ein Beispiel ist die Einteilung der Menschen nach Nationalitäten. Neben wechselseitiger Ausschließlichkeit der Klassen ($K_1,K_2,\ldots,K_n$) muß als zweite

Bedingung gelten, daß alle Elemente des Gegenstandsbereichs *M* in eine der Klassen fallen, d.h. die Klasseneinteilung muß erschöpfend sein. Wir können auch sagen, daß über alle Objekte des Gegenstandsbereichs *M* eine Äquivalenz-Relation definiert ist. Eine Äquivalenz-Relation liegt vor, wenn eine Relation die Eigenschaften der Reflexivität, der Symmetrie und der Transitivität erfüllt. Wir wollen dies an einem einfachen Beispiel verdeutlichen. Gegeben sei eine Menge von Personen P (unser Gegenstandsbereich *M*) mit $P = \{P_1, P_2, P_3, P_4\}$, wobei P_i irgendeine Person aus P symbolisiert. Wir zerlegen diese Menge P von Personen nun in zwei Teilmengen A_1 und A_2 mit $A_1 = \{P_1, P_2, P_3\}$ und $A_2 = \{P_4\}$, wobei die Elemente von A_1 'Arbeitnehmer' symbolisieren sollen und das Element von A_2 einen 'Arbeitgeber'. Wenn wir nun das kartesische Produkt[2] KP P x P bilden, dann erhalten wir:

$$P \times P = \begin{bmatrix} (P_1,P_1) & (P_1,P_2) & (P_1,P_3) & (P_1,P_4) \\ (P_2,P_1) & (P_2,P_2) & (P_2,P_3) & (P_2,P_4) \\ (P_3,P_1) & (P_3,P_2) & (P_3,P_3) & (P_3,P_4) \\ (P_4,P_1) & (P_4,P_2) & (P_4,P_3) & (P_4,P_4) \end{bmatrix}$$

Gesucht seien nun die Eigenschaften der Relation R, welche durch folgende Forderung bestimmt ist: "P_i gehört der gleichen Teilmenge an wie P_j", wobei gilt $i \neq j$. Diese Forderung ist erfüllt mit:

$$R = \{(P_1,P_1),(P_1,P_2),(P_1,P_3),(P_2,P_1),(P_2,P_2),(P_2,P_3), (P_3,P_1),(P_3,P_2),(P_3,P_3),(P_4,P_4)\}$$

Die Eigenschaften der Relation R sind nun

1. reflexiv, da jedes P_i der gleichen Teilmenge wie es selbst zugehört;
2. symmetrisch, da wenn P_i und P_j der gleichen Teilmenge zugehören, dann gehören auch P_j und P_i der gleichen Teilmenge zu; und
3. transitiv, da wenn P_1 und P_2, P_2 und P_3 die gleiche Eigenschaft besitzen, dann gehören auch P_1 und P_3 der

[2] "Das kartesische Produkt (auch: Produktmenge) zweier Mengen A und B ist die Menge aller geordneten Paare, deren erste Komponente aus A und deren zweite Komponente aus B stammt. Das kartesische Produkt von A und B ist also auch eine Menge, und zwar eine Menge, deren Elemente Paare sind. Man bezeichnet das kartesische Produkt der Mengen A und B kurz mit A x B und die Elemente mit (a,b). Entsprechend läßt sich das kartesische Produkt auch aus mehr als zwei Mengen bilden. So bezeichnet A x B x C das kartesische Produkt dreier Mengen A, B und C; die Elemente aus A x B x C sind geordnete Tripel und werden mit (a,b,c) bezeichnet"[ORTH 1974:12].

gleichen Teilmenge zu und besitzen die gleichen Eigenschaften.

Eine Einteilung von *M* nach diesen Bedingungen stellt jedoch nur einen Idealfall dar, denn viele klassifikatorische Begriffe der Alltagssprache, wie bspw. 'groß-klein', sind weder disjunkt, noch vollständig. Innerhalb einer strengen empirischen Wissenschaft kann nur versucht werden, die Klassifikation möglichst genau und vollständig zu definieren. HEMPEL führt dazu als Beispiel die anthropometrische Klassifikation des menschlichen Schädels an [HEMPEL 1974:51]. Die Klassifikation menschlicher Schädel wird nicht durch unscharfe Begriffe wie 'kurzköpfig', 'langköpfig', etc. definiert, sondern durch Einführung des zephalischen Index z(x), der folgendermaßen definiert ist:

z(x)=100*maximale Schädelbreite von x/maximale Schädellänge von x.

Dieser Index wird in folgende Intervalle aufgeteilt:

1. dolizephalisch $z(x) \leq 75$;
2. subdolizephalisch $75 < z(x) \leq 77.6$;
3. mesatizephalisch $77.6 < z(x) \leq 80$;
4. subrachzephalisch $80 < z(x) \leq 83$; und
5. brachyzephalisch $80 < z(x)$.

Jede Person x besitzt nun einen Wert z(x), der genau in eines dieser Intervalle fällt.

Innerhalb klassifikatorischer Begriffe kann noch zwischen natürlicher und künstlicher Klassifikation unterschieden werden. Im Falle der natürlichen Klassifikation existieren wesenshafte Kriterien oder eine grundlegende Verwandtschaft der Objekte, bspw. die Einteilung des Geschlechts in 'weiblich' und 'männlich'. Eine künstliche Klassifikation richtet sich dagegen mehr nach zufälligen und oberflächlichen Eigenschaften der Objekte, bspw. die Einteilung der Objekte nach Sozialmileus. Inwieweit letztendlich eine vorgeschlagene Klassifikation fruchtbar ist, zeigt jedoch erst ihre empirische Anwendung, was auch die Unterscheidung zwischen natürlicher und künstlicher Klassifikation nur zu einer graduellen werden läßt. Grundsätzlich ist für klassifikatorische Begriffe festzuhalten, daß sie nur einen geringen Informationsgehalt besitzen.

Begriffe mit einem höheren Informationsgehalt stellen komparative Begriffe dar. Mit einem komparativen Begriff wird einem Objekt eine Eigenschaft bezüglich der Eigenschaft anderer Gegenstände zugesprochen, d.h. ein komparativer Begriff "teilt uns mit, in welcher Beziehung ein Gegenstand zu einem anderen steht, ob er eine gewisse Eigenschaft mehr oder weniger als der andere Gegenstand besitzt" [CARNAP 1986: 60]. Komparative Begriffe sind Relationsbegriffe, die Vergleichsfeststellungen im Sinne eines mehr oder weniger ermöglichen. Komparative

Begriffe stellen so eine Erweiterung klassifikatorischer Begriffe dar. Der klassifikatorische Begriff 'groß' entspricht bspw. dem zweistelligen komparativen Begriff 'größer als'. Der Vorteil komparativer Begriffe gegenüber klassifikatorischen Begriffen liegt darin, daß sie feinere Unterschiede ermöglichen; mit ihnen lassen sich auch genauere Beschreibungen und Gesetzmäßigkeiten formulieren.

Die Grundform komparativer Begriffe ist die sogenannte 'Quasireihe'. Wird bspw. der komparative Begriff 'Schulbildung ausländischer Arbeitnehmer in Deutschland' für eine Klasse B bestimmter Personen (ausländische Arbeitnehmer in Deutschland) eingeführt, so bedeutet dies, daß Kriterien bestimmt werden müssen, die festlegen, ob zwei ausländische Arbeitnehmer dieselbe Schulbildung besitzen, und wenn nicht, welcher ausländische Arbeitnehmer gegenüber einem anderen die höhere Schulbildung besitzt. Mittels solcher Kriterien ist es dann möglich, die Personen einer Klasse B (ausländische Arbeitnehmer in Deutschland) in einer Art Reihe (Quasireihe) anzuordnen. Dabei können zwei Relationen auftreten: die Konzidenzrelation KR (ausländische Arbeitnehmer gleicher Schulbildung nehmen die gleiche Stelle innerhalb der Quasireihe ein) und die Vorgängerrelation VR (ausländische Arbeitnehmer verschiedener Schulbildung sind in einer Rangfolge geordnet).

Ein komparativer Begriff mit dem Anwendungsbereich B (in unserem Beispiel ausländische Arbeitnehmer in Deutschland) wird durch die Angabe von Konzidenz- und Vorgängerkriterien für die Elemente aus B (einzelne ausländische Arbeitnehmer aus der Menge aller ausländischen Arbeitnehmer in Deutschland) in bezug auf das Merkmal, das durch den Begriff wiedergegeben soll (Schulbildung), eingeführt. Ein komparativer Begriff ist folglich durch ein geordnetes Paar Q = (KR, VR) für den Bereich B konstituiert [STEGMÜLLER 1970:33].

Grundsätzlich ist für komparative Begriffe anzuführen, daß sie in einer (strengen) Ordnungs-Relation zu einander stehen. Eine solche (strenge) Ordnungs-Relation liegt vor, wenn sie die Bedingungen der Irreflexivität, der Asymmetrie und der Transitivität erfüllt.

Mit der Bedingung der Irreflexivität wird ausgedrückt, daß ein Element x der Menge M nicht mit sich selbst eine Relation R bilden kann, in Symbolen: $\forall x \in M$ gilt: $(x,x) \notin R$. Mit der Bedingung der Asymmetrie wird ausgedrückt, daß, wenn zwei geordnete Elemente x,y der Menge M in einer Relation zueinander stehen, die geordneten Elemente y,x nicht in einer Relation zueinander stehen, in Symbolen: $\forall x,y \in M$ gilt: $xRy \rightarrow \neg\, yRx$. Mit der Bedingung der Transitivität wird ausgedrückt, daß, wenn drei Elemente x,y und z der Menge M gegeben sind und Relationen zwischen x und y sowie zwischen y und z bestehen, dann besteht auch eine Relation zwischen x und z, in Symbolen: $\forall$ x,y,z $\in$ M gilt: [xRy $\wedge$ yRz $\rightarrow$ xRz].[3]

Den größten Informationsgehalt besitzen metrische Begriffe, sie bilden die höchste Stufe wissenschaftlicher Begriffsformen. Ein metrischer Begriff ist ein Begriff, in dem die Objekte, die den Begriff ausmachen, in einer (strengen) Ordnungsrelation zueinander stehen *und* die Abstände zwischen den Objekten bekannt sind, bspw. 'Alter in Jahren'.

Mit Hilfe komparativer Begriffe, wie bspw. 'älter als' oder 'jünger als' können genauere Vergleichsfeststellungen vorgenommen werden als mit klassifikatorischen Begriffen, wie bspw. 'jung' und 'alt'. Aber erst mit metrischen Begriffen lassen sich Bestimmungen des Alters am präzisesten vergleichen, indem wir Zahlen zuordnen und diese vergleichen.

Als die bedeutsamste Konsequenz der Einführung metrischer Begriffe in die Wissenschaft gilt, neben der Ermöglichung einer genaueren und differenzierteren Beschreibung erfahrbarer Phänomene, die Tatsache, daß mit ihnen, wie es STEGMÜLLER [STEGMÜLLER 1958:341] ausdrückt, "alle allgemeinen Gesetzmäßigkeiten in der Gestalt funktioneller Abhängigkeiten zwischen verschiedenen Quantitäten formuliert werden können".

Eine Besonderheit metrischer Begriffe besteht darin, daß sie bereits komparative Begriffe und diese bereits klassifikatorische Begriffe sind. Da mit höherem Meßniveau die Anwendbarkeit bedeutender Analyseverfahren zunimmt, kann man aufgrund dieser Eigenschaft metrischer Begriffe aus einem sehr praktischen Grund die Regel angeben, immer wenn möglich, zu versuchen, Theorien auf möglichst hohem Meßniveau zu formulieren, d.h. über metrische Begriffe.

Wir wollen uns diese drei Begriffsformen und ihre Eigenschaften bzw. Bedingungen abschließend in einer Übersicht verdeutlichen (Abb.2-5)

---

[3] Für den mit Aussagenlogik, Mengen und Relationen unvertrauten Leser können zu einer ersten Übersicht in diesen Bereich BOCHENSKI, MENNE [BOCHENSKI, MENNE [1983], ESSLER [ESSLER 1969], GERSTER [GERSTER 1981], KAMKE [KAMKE 1969] und LIPSCHUTZ [LIPSCHUTZ 1964] empfohlen werden.

Begriffstyp	Relation	Relationsbedingungen	Beispiel
Klassifikatorische Begriffe	Äquivalenz-Relation	Reflexivität Symmetrie Transitivität	Geschlecht, Nationalität
Komparative Begriffe	(strenge) Ordnungs-Relation	Irreflexivität Asymmetrie Transitivität	Schulbildung
Metrische Begriffe	(strenge) Ordnungs-Relation	Abstände zwisachen den Elementen sind bekannt	Alter, Größe

Abb.2-5 Typen wissenschaftlicher Begriffe

Variablen

Beinhaltet ein Begriff die Möglichkeit, seinen Inhalt zu differenzieren, d.h. kommen ihm mehre Merkmalsausprägungen zu, so können wir einen solchen auch als 'Variable' bezeichnen. Innerhalb der sozialwissenschaftlichen Forschungspraxis operieren wir so auch primär mit Variablen und weniger allgemein formuliert nur mit Begriffen. Gegenüber dem Begriff 'Begriff' stellt der Begriff 'Variable' eine Präzisierung innerhalb der empirischen Forschung dar. Allgemein formuliert sind Variablen begrifflich definierte Merkmale von Objekten beliebiger Art, die mindestens zwei Merkmalsausprägungen haben, welche einen Mengenzerlegung (Klasseneinteilung) des gemeinten Objektbereichs darstellen bzw. erzeugen. Ein Beispiel soll diese Definition verdeutlichen. Gegeben sei der Objektbereich *M* aller ausländischen Arbeitnehmer in der Bundesrepublik. Wollen wir nun eine Einteilung von *M* nach Nationalitäten vornehmen, so führen wir die Variable N für 'Nationalität' ein und wenden sie auf *M* an. Die für jeden einzelnen ausländischen Arbeitnehmer festgestellte Nationalität stellt dann eine Merkmalsausprägung der Variable N dar. Lassen wir auf Grund von forschungstheoretischen Überlegungen die vier möglichen Merkmalsausprägungen n_1 'Italiener', n_2 'Türke', n_3 'Grieche' und n_4 'sonstige Nationalität' zu, so kommt jedem Element von *M* jeweils eine Merkmalsausprägung aus der Menge aller Merkmalsausprägungen unserer Variable N zu. Oder anders dargestellt, da jeder ausländische Arbeitnehmer P_1 aus M $=\{P_1,P_2, P_3,\ldots P_n\}$ genau eine Nationalität besitzt, kann *M* in N auch funktional abgebildet werden, wobei die Personen P_1, P_2, ... bezüglich der Eigenschaft 'Nationalität' in einer Äquivalenz-Relation zueinander stehen. Dies kann schematisch folgendermaßen dargestellt werden (Abb.2-6):

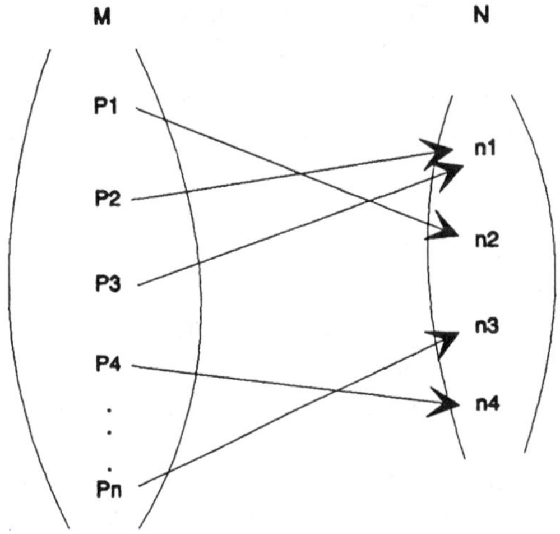

Abb.2-6 Beispiel einer funktionalen Abbildung

Arten von Variablen

Analog zu den bereits angeführten Begriffstypen (klassifikatorische, komparative und metrische Begriffe) lassen sich Variablen in bezug auf ihr Meßniveau in klassifikatorische (nominale), ordinale und metrische Variablen unterteilen. Die Variable 'Nationalität' ist bspw. dann eine klassifikatorische (nominale) Variable, 'Schulbildung' eine ordinale und 'Dauer der Schulbildung' eine metrische.

Arten von Merkmalsausprägungen

Neben der oben vorgenommen Unterscheidung von Variablen nach ihrem Meßniveau lassen sich auch ihre Mermalsausprägungen unterscheiden.

Eine erste Unterscheidung betrifft die Anzahl der Merkmalsausprägungen für eine Variable. Sind für eine Variable nur zwei Merkmalsausprägungen möglich, so sprechen wir von einer dichotomen Variablen. Ein Beispiel ist die Variable 'Geschlecht', die nur die zwei Merkmalsausprägungen 'weiblich' und 'männlich' zuläßt. Eine Variable, die mehr als zwei Merkmalsausprägungen zuläßt, nennen wir eine polytome Variable. Ein Beispiel ist die bereits angeführte Variable 'Nationalität'. Es ist jedoch prinzipiell möglich, eine polytome Variable durch Zusammenfassung von Merkmalsausprägungen auf weniger als ursprünglich vorhanden zu reduzieren. Im Extremfall kann eine solche Zusammenfassung dazu führen, daß wir aus einer polytomen Variable durch Zusammenfassungen ihrer Merkmalsausprägungen eine dichotome bilden. Ein Beispiel ist die Zusammenfassung von Merkmalsausprägungen der polytomen Variable 'Nationalität' zu den beiden Merkmalsausprägungen 'Nationalität innerhalb der Europäischen Gemeinschaft' und 'Nationalität außerhalb der Europäischen Gemeinschaft'. Der Vorteil einer solchen Reduzierung einer primär polytomen Variablen auf eine dichotome Variable liegt in ihrer Vereinfachung, ihre Nachteil in dem damit verbundenen Informationsverlust.

Eine zweite Unterteilung betrifft die Grenzen von Merkmalsausprägungen. Sind diese Grenzen eindeutig festgelegt, so sprechen wir von einer diskreten Variablen. Ein Beispiel ist die Variable 'Familiengröße'. Bei ihr können wir als Merkmalsausprägungen nur ganze Zahlen angeben, bspw. 1,2,3,...Personen, aber nicht bspw. 2,6 Personen. Bei einer diskreten Variablen sind die Klassengrenzen folglich eindeutig festgelegt. Dies ist bei anderen Variablenarten, wie bspw. 'Körpergröße' nicht gegeben. Bei ihr sind die Abstände zwischen den Merkmalsausprägungen unendlich klein. Bei der Variablen 'Körpergröße' können wir die Merkmalsausprägungen bspw. in 10...100...150 cm angeben oder in jeder anderen, beliebig kleinen Maßeinheit. Variablen ohne eindeutige Festlegung der Klassengrenzen nennen wir stetige Variablen. Es ist jedoch auch bei diesen Variablentypen prinzipiell möglich, stetige Variablen zu diskreten Variablen zusammenzufassen, was jedoch neben der Vereinfachung immer auch einen Informationsverlust zur Folge hat.

Grundregeln für die Variablenbildung

Allgemein sollten bei der Variablenbildung die Bedingungen der Mengenzerlegung eingehalten werden. Bei der Variablenbildung auf ordinalem Meßnivieau ist darauf zu achten, daß Konnexität hergestellt ist. Mit der Forderung nach Konnexität wird ausgedrückt, daß alle Elemente des Objektbereichs bezüglich der gewählten ordinalen Variable miteinander vergleichbar sind und das heißt auch, daß jedes Element mit sich selbst vergleichbar ist. Darüber hinaus sollte der Forscher immer bestrebt sein, seine Variablen auf einem hohen Meßniveau zu formulieren, d.h. im Idealfall sollte er metrische Variablen bilden. Denn ein hohes Meßniveau führt zu einer höheren Flexibilität bei der Anwendung von Analyseverfahren.

Ebenso sollte aus analysetechnischen Gründen bei der empirischen Besetzung der verschiedenen Merkmalsausprägungen von Variablen eine möglichst hohe Streuung vorhanden sein bzw. zumindest angestrebt werden. Die Streuung sollte normalverteilt sein oder zumindest gleichverteilt.

Typologien und Indizes

Typologien und Indizes sind das Ergebnis der Zusammenfassung von mehreren Variablen mit den unterschiedlichsten Bedeutungen und Merkmalsausprägungen zu neuen Variablen. Insbesondere bei der Konzeption von Konstrukten (theoretischen Begriffen) ist es in den Sozialwissenschaften meistens unabdingbar, diese über Typologien oder Indizes zu definieren.

Neben der gemeinsamen Eigenschaft, durch Zusammenfassung mehrerer Variablen neue Variablen zu bilden, unterscheiden sich Typologien und Indizes in den Voraussetzungen ihrer Bestimmungen. Typologien sind das Ergebnis der Neubildung von äquivalenten Kombinationsklassen, Indizes dagegen das Ergebnis der Neubildung von Kombinationsklassen, die in einer vollständigen Ordnung zueinander stehen. Was unter diesen Voraussetzungen genau zu verstehen ist und wie Typologien und Indizes gebildet werden, soll im folgenden etwas differenzierter vorgestellt werden[4].

Bei Typologien ist es zunächst erforderlich, den Begriff 'Typus' einzuführen. Ein 'Typus' ist als eine Teilmenge eines Merkmalraums definiert, der sich seinerseits als kartesisches Produkt mehrerer Einzelvariablen ergibt. Daraus folgernd sind dann Typologien reduzierte Merkmalsräume dergestalt, daß alle Typen (der Typologie) eine Mengenzerlegung (Klasseneinteilung) des Merkmalraums ergeben. So gesehen ist eine Typologie demnach eine funktionale Abbildung der Elemente des Merkmalraums auf die Menge der Einzeltypen nach einer bestimmten Regel, welche auch 'typologische Theorie' genannt wird. An einem Beispiel

---

4 Zu Begriff, Konstruktion und Verwendungsweise von Typologien in den Sozialwissenschaften existiert eine umfangreiche Literatur, die weit über das in diesem Lehrbuch Dargestellte hinausgeht. Wer sich näher mehr mit Typologien beschäftigen möchte, der sei für eine weitere Orientierung auf BAILEY [BAILEY 1973], HEMPEL [HEMPEL 1980] und ZIEGLER [ZIEGLER 1973] verwiesen.

(nach [SCHNELL, HILL, ESSER 1989:166]) soll dieses Vorgehen verdeutlicht werden.

Gegeben seien die beiden Variablen PM 'Parteimitglied' und PA 'politisch aktiv' mit den jeweiligen Merkmalsausprägungen 'ja' und 'nein'. Bilden wir das kartesische Produkt dieser beiden Variablen (PM x PA) so erhalten wir:

$$PM \times PA = \begin{bmatrix} (PMj,PAj) & (PMj,PAn) \\ (PMn,PAj) & (PMn,PAn) \end{bmatrix}$$

Der Merkmalsraum MR der beiden Variablen PM und PA umfaßt damit die Elemente MR = {(PMj,PAj),(PMj,PAn),(PMn,PAj),(PMn,PAn)}.

In diesem Beispiel ist es nun möglich, jedem Element des Merkmalraums einen Typus zuzuordnen, so daß wir folgende 'mögliche' Typologie bilden können (Abb.2-7):

		POLITISCH AKTIV	
		ja	nein
PARTEI-MITGLIED	ja	"Funktionär"	"Karteileiche"
	nein	"Aktivist"	"Apathischer"

Abb.2-7 Beispiel für eine Typologie

Neben der Bestimmung jeden Elements des Merkmalraums als einen Typus ist es auch möglich, mehrere Elemente eines Merkmalraums zu einem Typus zusammenzufassen und so weniger Typen zu konstruieren als Elemente vorhanden sind.

Prinzipiell kann jede Variable mit einer anderen Variablen kombiniert werden, doch sollte bei jeder Entscheidung für eine Variablenkombination überlegt werden, ob die ins Auge gefaßte Variablenkombination sinnvoll ist. So ist es bspw. wenig sinnvoll, die Variablen 'Körpergröße' und 'monatliches Einkommen' zu einer neuen Variablen zu kombinieren. Es dürfte somit deutlich geworden sein, daß die Entscheidung für eine Variablenkombination nicht durch die zu kombinierenden Variablen bestimmt ist, sondern ausschließlich auf theoretischen Überlegungen beruht. Auch die jeweils gewählte typologische Theorie ist prinzipiell beliebiger Art und kann nur theoretisch begründet werden.

So wie man Typologien aus einem Merkmalsraum konstruieren kann, kann man umgekehrt bereits entwickelte Typologien, von denen man nicht weiß, wie sie zustandegekommen sind, auf einen Merkmalsraum zu rekonstruieren versuchen. Eine solche Rekonstruktion einer vorhandenen Typologie auf einen zu suchenden Merkmalsraum wird als Substruktion bezeichnet.

Stehen die Einzelelemente einer Typologie in einer vollständigen Ordnungsrelation zueinander, dann sprechen wir von einem Index. Ein Index wird so im Prinzip in ähnlicher Weise konstruiert wie eine Äquivalenzklassen-Typologie, jedoch unter der zusätzlichen Definition einer Ordnungs-Relation in der typologischen Theorie.

Die Konstruktion eines Index besteht aus drei Schritten:

1. Aufspannen des Merkmalraums der Variablen, aus denen der Index bestehen soll;
2. Definition einer Ordnungs-Relation (als typologische Theorie des Index); und
3. Herstellung der Konnexität.

Verdeutlichen wir uns diese einzelnen Schritte an einem Beispiel. Das Ziel in diesem Beispiel ist die Bildung eines Index I_S für 'soziale Schicht'. Zur Bildung dieses Index verwenden wir die Variablen E 'Einkommen', A 'Ausbildung' und B 'Berufsprestige' mit den jeweiligen Merkmalsausprägungen '0' für 'nicht vorhanden' und '1' für vorhanden. Wir gehen nun wie bei der Konstruktion einer Typologie vor und bilden in einem ersten Schritt den Merkmalsraum MR über die Variablen E, A und B durch das kartesische Produkt KP = E x A x B und erhalten:
MR = {(000), (001), (010), (100), (011), (101), (110), (111)}.

In einem zweiten Schritt definieren wir eine Ordnungs-Relation als typologische Theorie des Index, bspw. als I_S = {"... besitzt eine höhere Ausstattung an Ressourcen als ..."}. Wenn so bspw. bei einer Person P_1 Einkommen und Ausbildung vorhanden sind, nicht aber Berufsprestige (ausgedrückt durch das Element (110) des Merkmalraums) und bei einer anderen Person P_2 nur Einkommen vorhanden ist (ausgedrückt durch das Element (100) des Merkmalraums), so können wir sagen, daß auf Grund unserer Ordnungs-Relation (Schicht-Index) I_S die Person P_1 einer höheren sozialen Schicht angehört als P_2.

In einem dritten Schritt haben wir zu überprüfen, ob für unseren Index die Forderung der Konnexität erfüllt ist. Wie bereits an anderer Stelle ausgeführt, ist die Konnexität einer Relation dann gegeben, wenn alle Elemente einer Menge miteinander vergleichbar sind. Um dies zu überprüfen, ordnen wir die Elemente unseres Merkmalraums in einem sogenannten 'Hasse-Diagramm' (Ordnungsdiagramm) an (Abb.2-8):

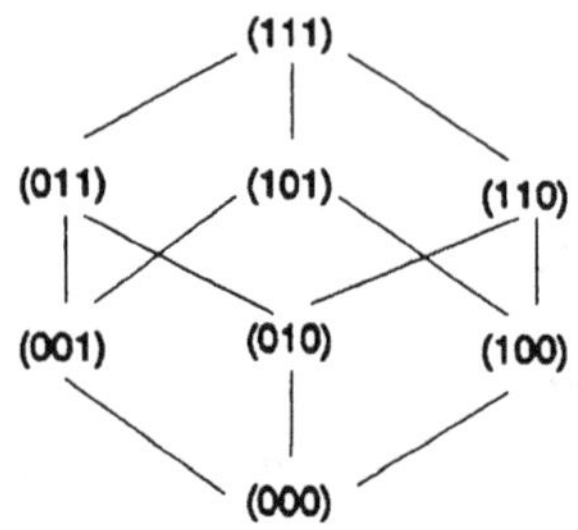

Abb.2-8 Hasse-Diagramm für den Merkmalsraum soziale Schicht

Aus diesem Hasse-Diagramm können wir leicht feststellen, daß unsere Ordnungsrelation nicht konnex ist, d.h. nicht alle Elemente miteinander vergleichbar sind, so bspw. nicht (001) mit (100) und (100) mit (001). Es gibt nun mehrere Möglichkeiten, wie wir Konnexität für einen Index herstellen können:

1. Wir können die einzelnen Variablen, die den Index bilden, gleich- oder unterschiedlich gewichten, wobei die Angemessenheit einer wie auch immer gearteten Gewichtung nicht von vorneherein festgelegt ist, sondern auf theoretischen Überlegungen beruht;
2. wir können die jeweils vorhandenen Eigenschaften summieren und zu Klassen gleicher Nennungshäufigkeit zusammenfassen. In unserem Beispiel (111) zu 3, (011), (101) und (110) zu 2 usw. Die Werte 3, 2 ... bilden dann unseren Indexwert;
3. wir können die jeweils vorhandenen Eigenschaften multiplikativ zu einem Indexwert verknüpfen. In unserem Beispiel (111) zu 1, (110), 101),...,(000) zu 0. Die Werte 1 und 0 bilden dann unseren Indexwert; und
4. wir können Konnexität dadurch herstellen, indem wir die Variablen des Index so auswählen, daß nicht-konnexe Elemente der Ordnung des Merkmalraums MR entweder 'logisch' ausgeschlossen sind oder empirisch nur ausnahmsweise vorkommen.

Welche Form der Herstellung der Konnexität wir auch verwenden, sie wird jedesmals theoretisch begründet sein.

2.3 Logik der Messung

2.3.1 Zu Begriff und Funktion der Messung

'Messen' kann historisch und methodisch gesehen als eine der Grundlagen empirischer Wissenschaft bestimmt werden. Ohne exakte Messungen wäre bspw. die Entwicklung der Naturwissenschaften unvorstellbar, aber auch die der empirisch orientierten Sozialwissenschaften [ORTH 1974:9]. Was verbirgt sich hinter diesem für alle empirischen Wissenschaften so grundlegenden Begriff?

Beginnen wir mit einer vorläufigen Formulierung des Begriffs der 'Messung'. Zunächst ist zu fragen, was wir überhaupt messen wollen. Wollen wir unsere Untersuchungsobjekte messen oder deren Eigenschaften in bezug auf eine bestimmte Variable? Die Klärung dieser Frage können wir uns an einem Beispiel verdeutlichen. Wenn wir eine Messung der Variablen 'Geschlecht' vornehmen, dann stellen die Merkmalausprägungen 'weiblich' und 'männlich' die Messung der Variable 'Geschlecht' dar. Wir messen so nicht die Variable 'Geschlecht', sondern deren Merkmalsausprägungen. Allgemein formuliert bedeutet dies, daß wir nicht Objekte messen, sondern deren Eigenschaften bzw. deren Merkmalsausprägungen. Messen ist so die Bestimmung der Ausprägung einer Eigenschaft eines Objekts und erfolgt in einem engeren Sinne durch die Zuordnung von Zahlen zu den Objekten, die Träger der zu messenden Eigenschaft sind. Auf unser Beispiel 'Geschlecht' bezogen heißt das, daß wir der Variablen 'Geschlecht' bspw. die Zahlen 1 für 'weiblich' und 2 für 'männlich' zuordnen können. Es ist durchaus aber auch möglich, diesen beiden Merkmalsausprägungen die Zahlen 121 und 67 oder zwei beliebige andere Zahlen zuzuordnen. Daraus ergibt sich nun die Frage, ob die Zuordnung von Zahlen zu Objekten prinzipiell beliebig ist. Eine Antwort auf diese Frage gibt uns die für die empirischen Wissenschaften entwickelte Theorie des Messens.

Nach STEVENS [STEVENS 1946] ist Messen die Zuordnung von Zahlen zu Objekten und beruht auf drei Elementen:

1. Mengen von empirischen Objekten;
2. Mengen von Zahlen; und
3. einer Abbildung (Zuordnungsvorschrift) zwischen beiden Bereichen, die bestimmten Regeln genügt.

Eine Menge von empirischen Objekten wird in der Meßtheorie als 'empirisches Relativ' bezeichnet und eine Menge von Zahlen als 'numerisches Relativ'. Zwischen dem empirischen Relativ und dem numerischen Relativ wird bei der Messung über eine Zuordungsvorschrift eine

Relation gebildet, die jedem Element des empirischen Relativs ein Element des numerischen Relativs eindeutig zuordnet, und zwar so, daß zwischen empirischem und numerischem Relativ eine strukturtreue Abbildung ermöglicht wird. Eine solche strukturtreue Abbildung wird auch als 'Morphismus' bezeichnet.

In der Meßtheorie sind zwei Formen von Morphismen möglich: Isomorphie und Homomorphie. Bei einer Isomorphie zwischen empirischem und numerischem Relativ läßt sich aus einer nach einer Messung zugeordneten Zahl eindeutig bestimmen, welches Objekt durch die Zahl bezeichnet wird. Bei einer isomorphen Abbildung liegt eine 'umkehrbar eindeutige' Abbildung vor (Abb.2-9). Bei einer Homomorphie zwischen empirischem und numerischem Relativ sind einer Zahl mehrere Objekte zugeordnet. Bei einer homomorphen Abbildung liegt folglich eine 'nicht umkehrbar eindeutige' Abbildung vor (Abb.2-10).

Wir sind nun in der Lage, eine präzisere Definition des Messens anzugeben. Messen ist nicht nur eine Zuordnung von Zahlen zu Objekten, sondern die Konstruktion einer strukturtreuen Abbildung (Funktion) einer empirischen Relationsstruktur (empirisches Relativ) in eine numerische Relationsstruktur (numerisches Relativ), so daß die Zuordnung einen Isomorphismus oder einen Homomorphismus erzeugt.

Abb.2-9 Beispiel für einen Isomorphismus

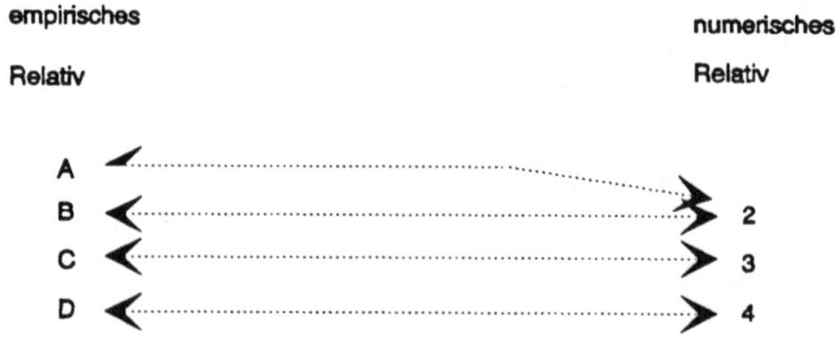

Abb.2-10 Beispiel für einen Homomorphismus

Kommen wir nach dem bisher Ausgeführten zu unserem Beispiel der Messung der Variablen 'Geschlecht' zurück, bei der wir festgestellt haben, daß prinzipiell beliebig zwei von einander verschiedene Zahlen für die beiden Merkmalsausprägungen 'weiblich' und 'männlich' angegeben werden können. Es ist zu fragen, welche Eigenschaft der Variablen 'Geschlecht' es uns erlaubt so vorzugehen.

Eine abschließende Antwort auf diese Fragen finden wir in der Bestimmung dessen, was wir in den empirischen Wissenschaften 'Skala' und 'Meßniveau' nennen.

2.3.2 Zum Begriff der Skala, Skalentypen und Meßniveau

Zum Begriff der Skala

Eine 'Skala' bestimmt das *Wie* der numerischen Repräsentation empirischer Eigenschaften einer zu messenden Variablen und stellt somit das Ergebnis einer Messung dar. Sie ist eine homomorphe Abbildung eines empirischen Relativs in ein numerisches Relativ. Sie ist folglich durch ein geordnetes Tripel definiert, bestehend aus dem empirischem Relativ A, dem numerischem Relativ Z und dem Morphismus φ (Funktion, Abbildungsvorschrift), so daß symbolisch ausgedrückt gilt:
φ: A → Z. Diese Definition von 'Skala' macht die Lösung folgender Problematiken notwendig[5]:

1. Die Erfüllung der Relationsaxiome im empirischen Relativ;
2. Lösung des Repräsentationsproblems; und
3. Lösung des Eindeutigkeitsproblems.

Als Axiome bezeichnet man in diesem Zusammenhang exakt formulierte Eigenschaften, die die Beziehungen zwischen den Elementen eines empirischen Relativs erfüllt bzw. erfüllen soll. Solche Axiome bilden ein Axiomensystem, aus dem mathematische Sätze abgeleitet werden können. Solche abgeleiteten Sätze werden Theoreme genannt. Theoreme müssen stets bewiesen werden, nicht jedoch die Axiome selbst, die qua Definition unbeweisbar sind. In einem empirischen Relativ müssen folgende Relationsaxiome erfüllt werden [ORTH 1974:17f]:

---

[5] Wer an einer mehr mathematisch orientierten Darstellung dieser drei Probleme interessiert ist, der sei auf den grundlegenden Aufsatz von SUPPES und ZINNES [SUPPES, ZINNES 1963] verwiesen.

1. Axiom der Reflexivität, d.h. für alle Elemente a einer Menge A gilt: (a,a) $\in$ R. Beispiele sind die Gleichheitsrelation '=' und die Relation 'überlegt sich'.
2. Axiom der Symmetrie, d.h. für alle Elemente a und b einer Menge A gilt: wenn aRb, dann bRa. Beispiele sind wieder die Gleichheitsrelation (wenn x = 7, dann gilt auch 7 = x) und die Relation 'trifft' im Sinne von 'Niccolò trifft Cesare' (dann trifft auch Cesare Niccolò).
3. Axiom der Transitivität, d.h. für alle Element a, b und c einer Menge A gilt: wenn aRb und bRc, dann aRc. Beispiele sind wiederum die Gleichheitsrelation und die Relation 'ist größer als' (wenn Cesare größer als Niccolò und Niccolò größer als Alexander ist, dann ist Cesare größer als Alexander).
4. Axiom der Konnexität, d.h. für alle Elemente a und b einer Menge A gilt: entweder aRb oder bRa oder beides. Es müssen je zwei beliebige Elemente aus A in einer Relation zueinander stehen. Ein Beispiel ist die Relation 'größer gleich' auf die Menge der reellen Zahlen.

Mit dem Repräsentationsproblem ist gemeint, daß zu einem gegebenen empirischen Relativ ein geeignetes numerisches Relativ zu finden ist. Dazu ist es erforderlich, zunächst ein Repräsentationstheorem anzugeben, denn dieses besagt, daß eine Skala existiert, sofern ein empirisches Relativ bestimmte Axiome erfüllt. Zur Überprüfung dieser Forderung, müssen die Axiome des Repräsentationstheorems empirisch nachgewiesen werden.

Haben wir über das Repräsentationstheorem die Existenz einer Skala nachgewissen, d.h. gelang uns eine strukturtreue Abbildung durch die Messung, so haben wir dadurch zwar bestimmte Beziehungen zwischen den Meßwerten definiert, aber noch nicht die Einheit der Messung. Da die Einheit der Messung nicht durch die Messung selbst festgelegt wird, kann es für ein Repräsentationstheorem so auch mehrere Skalen geben. Wir können bspw. Temperaturen mit verschiedenen Maßeinheiten messen (in Celcius, Fahrenheit oder Kelvin). Wenn wir wissen wollen, welche Beziehungen zwischen solchen Skalen bestehen, benötigen wir ein weiteres Meßkriterium. Ein solches Meßkriterium bietet uns das 'Eindeutigkeitstheorem', das angibt, welche mathematischen Operationen ohne Verlust der Strukturtreue der Abbildung im numerischen Relativ vorgenommen werden können. Mit 'mathematischen Operationen' sind dabei die Transformationen zu verstehen, die vorgenommen werden können, um die einzelnen Skalen derselben Menge ineinander zu überführen. Eine

Transformation von Skalen ist zulässig, wenn die Eigenschaft, das Repräsentationstheorem zu erfüllen, invariant bleibt.

Es lassen sich verschiedene Arten von zulässigen Transformationen unterscheiden, wobei je nach Art der Transformationen verschiedene Grade der Eindeutigkeit einer homomorphen Abbildung unterschieden werden. Dabei gilt das Entsprechungsverhältnis [ORTH 1974: 24]: "Je beschränkter die Gruppe der zulässigen Transformationen ist, desto größer ist die Eindeutigkeit der Skala". Bei einer Längenskala sind bspw. nur Transformationen der Mulitiplikation mit einer konstanten Zahl zulässig, bei den genannten Temperaturskalen jedoch Multiplikation und Addition mit je einer konstanten Zahl[6]. Längenskalen sind so eindeutiger als Temperaturskalen. In Abhängigkeit von den zulässigen Transformationen sind verschiedene Skalen oder Skalentypen bzw. Meßniveaus zu unterscheiden.

Skalentypen und Meßniveau

Die vier wichtigsten Skalentypen, die innerhalb der Sozialwissenschaften verwendet werden, sind die Nominal-Skala, die Ordinal-Skala, die Intervall-Skala und die Verhältnis-Skala (auch als Ratio-Skala bezeichnet).

Die Nominal-Skala ist die Skala mit dem geringsten Skalenniveau (Meßniveau), welche durch die allgemeinste Klasse zulässiger Transformationen definiert wird. Die einzige zulässige Transformation der Nominal-Skala ist die der eindeutigen Zuordnung von Zahlen zu Dingen. Das heißt, daß die Zahlen den Dingen lediglich als Namen zugeordnet werden und diese Zuordnung anstelle von Zahlen durchaus auch durch beliebige andere Symbole erfolgen kann. Wir können nun auch die Frage beantworten, ob die Zuordnung von Zahlen zu den Merkmalsausprägungen 'weiblich' und 'männlich' der Variable 'Geschlecht' beliebig sein kann. Ja, sie kann beliebig sein, da es sich bei der Variable 'Geschlecht' um eine nominale Variable handelt, die lediglich eine Klassifikation von 'Geschlecht' in 'weiblich' und 'männlich' darstellt.

Die Ordinal-Skala weist im Gegensatz zur Nominal-Skala ein höheres Skalenniveau auf. Sie ist durch alle Transformationen definiert, die nicht die Rangordnung der Skalenwerte verletzen. Beispiele für eine Ordinal-Skala sind die Skalen von Schulnoten.

---

[6] Dabei ist jedoch zu beachten, daß die über Transformationen erzielten Meßwerte allein noch nichts über die 'Realität' aussagen.

Die Intervall-Skala ist im Gegensatz zur Ordinal-Skala eindeutiger. Sie ist durch alle Transformationen definiert, die nicht die Rangordnung *und* die Verhältnisse von Intervallen (Differenzen) der Skalenwerte verletzen. Beispiele für eine Intervall-Skala sind die schon erwähnten Temperaturskalen Celcius und Fahrenheit, nicht aber Kelvin. Kelvin fällt nicht unter die Menge der Verhältnis-Skalen, weil ihr Nullpunkt nicht willkürlich gewählt werden kann, wie bei Celcius und Fahrenheit.

Die Temperaturskala Kelvin gehört deshalb zur Menge der Verhältnis-Skalen. Im Gegensatz zur Intervall-Skala sind die Verhältnisse von Meßwerten bei Verhältnis-Skalen eindeutig bestimmt, d.h sie verändern sich unter zulässigen Transformationen nicht. Entscheidend ist für Verhältnis-Skalen, daß sie einen 'natürlichen' Nullpunkt besitzen, was bedeutet, daß der Meßwert '0' der tatsächlichen Abwesenheit des gemessenen Merkmals entspricht.

Die Nominal-Skala und die Ordinal-Skala werden auch als topologische oder 'qualitative' Skalen bezeichnet, die Intervall-Skala und Verhältnis-Skala als metrische oder 'quantitative' Skalen. Eine Übersicht über die verschieden Skalentypen und ihrer Eigenschaften gibt Abb.2-11 (nach [KRIZ, LISCH 1988:231]).

Da das Meßniveau einer Skala um so höher wird, je weniger Transformationen der Meßwerte zulässig sind, sollte der Forscher immer bestrebt sein, sofern es möglich ist, seine Variablen auf einem möglichst hohen Meßniveau zu bestimmen. Dies vor allem deshalb, weil mit der Höhe des Meßniveaus die Höhe der Anzahl verwendbarer mathematischer Verfahren auf die Daten korrespondiert. Denn je höher das Meßniveau angesiedelt ist, desto höher wird der Informationsgehalt einer Messung.

Die hier vorgestellten Skalen sind Skalen, die innerhalb der Meßtheorie entwickelt wurden. Darüber hinaus werden aber auch bestimmte Ansammlungen von Einstellungsfragen als Skalen bezeichnet. Zu nennen wären hier die 'Thurstone'-, die 'Likert'- und die 'Guttman'-Skalen. Diese Skalen sollen hier jedoch nicht besprochen werden[7].

---

[7] Wer sich über diese Skalen informieren will, der findet eine kurze Einführung in [CHADWICK, BAHR, ALBRECHT 1984:384-387].

	Nominal-Skala	Ordinal-Skala	Intervall-Skala	Verhältnis-Skala
andere Bezeichnungen	topologische Skalen "qualitativ"		metrische Skalen "quantitativ"	
definierte Relationen	gleich ungleich	gleich ungleich größer kleiner	gleich ungleich größer kleiner plus minus	gleich ungleich größer kleiner plus minus mal geteilt
zulässige Transformationen	jede eindeutige	jede monotone	x'=b+a (b ungleich Null)	x'=bx (b ungleich Null)
Interpretationen	gleich - ungleich	größer - kleiner	Differenzen haben empirischen Sinn	Verhältnisse haben empirischen Sinn
Beispiele	Geschlecht	Schulnoten	Celcius	Kelvin

Abb.2-11 Skalentypen und ihre Eigenschaften

2.4 Die Grundkonzeption einer 'empirischen Theorie'

Nach der Identifizierung, Präzisierung und Differenzierung der für die Theoriebildung einer empirischen Wissenschaft grundlegenden Begrifflichkeiten, sind wir nun in der Lage, den Begriff *empirische Theorie* selbst anzugeben. Wie bereits ausgeführt, beziehen wir uns bei dieser Explikation auf das von den Logischen Positivisten und ihren Nachfolgern entwickelte 'Empiristische Standardmodell für wissenschaftliche Theorien'. Damit ist auch schon eingeräumt, daß es *die* definitive Antwort auf die Frage, was eine wissenschaftliche Theorie eigentlich ist, nicht gibt[8]. Die Entscheidung für dieses Modell erfolgt deshalb aus rein pragmatischen Gründen, deren bedeutenster der ist, daß dieses Modell die innerhalb der empirischen Sozialwissenschaften am weitesten verbreitete Grundlage zur Bildung von empirischen Theorien darstellt.

Im folgenden werden wir dieses Modell zunächst unter allgemeinen wissenschaftstheoretischen Aspekten in einem kurzen Abriß vorstellen und erläutern, wobei wir insbesondere auch seine diachrone Entwicklung miteinbeziehen werden. Darauf aufbauend werden wir dann dieses Modell für die speziell sozialwissenschaftliche Forschungspraxis präzisieren.

Mit dieser Vorgehensweise sind zwei Überlegungen verbunden: Zum einen soll gezeigt werden, daß die wissenschaftstheoretischen Grundlagen der Naturwissenschaften und der empirischen Sozialwissenschaften im Prinzip die gleichen sind; und zum anderen soll deutlich gemacht werden, daß wissenschaftstheoretische Forschungen den empirischen Forschungsprozeß nicht nur begleitend kommentieren, sondern ihn auch explizit leiten können.

2.4.1 Das 'Empiristische Standardmodell für wissenschaftliche Theorien': Die wissenschaftstheoretische Grundlegung

Die wissenschaftliche Gesamtsprache

Das innerhalb des Logischen Empirismus und im Laufe der Entwicklung des Analytischen Empirismus weiterentwickelte 'Empiristische Standardmodell für wissenschaftliche Theorien' rekurriert in seiner Grundintention auf die von CARNAP [CARNAP 1974] vorgenommene Unter-

---

[8] Für eine Übersicht über die innerhalb der Wissenschaftstheorie entwickelten meta-theoretischen Konzepte zur Beantwortung der Frage, was eine empirische Theorie ist, verweisen wir wiederholt auf DREIER [DREIER 1993:Teil A].

teilung der wissenschaftlichen Gesamtsprache in zwei Teilsprachen. Grundlegend für diese Unterteilung war die Unmöglichkeit, theoretische Begriffe vollständig auf empirische Begriffe zurückzuführen.

Nach CARNAP ist die wissenschaftliche Gesamtsprache L in eine theoretische Sprache L_t mit einem theoretischen Vokabular V_t und in eine Beobachtungssprache L_o mit einem Beobachtungsvokabular V_o untergliedert. Beiden Teilsprachen gemeinsam ist die Grundstruktur von logischen und deskriptiven Konstanten. Das Beobachtungsvokabular V_o der Beobachtungssprache L_o sind Prädikate (Beobachtungsterme), die sowohl Eigenschaften als auch Beziehungen ausdrücken. Die theoretische Sprache L_t kann als ein System von ungedeuteten Postulaten aufgefaßt werden, dessen theoretisches Vokabular V_t aus theoretischen (nichtbeobachtbaren) Termen besteht.

Soll theoretischen Begriffen innerhalb dieser dualen Denkfigur empirische Relevanz zukommen, so müssen sie mittels sogenannter Zuordnungsregeln (Korrespondenzregeln) mit empirischen Begriffen verknüpft bzw. interpretiert werden. Zuordnungsregeln können als Schlußregeln oder als Postulate formuliert werden - dergestalt, daß sie Ableitungen in die eine oder andere Richtung ermöglichen, wobei sie jedoch nie direkt, sondern immer indirekt und unvollständig sind, d.h. es kann keine vollständige Deutung der theoretischen Begriffe erfolgen.

Eine auf diese Denkfigur rekurrierende Theorienkonstruktion kann demgemäß als eine Verbindung von logisch axiomatisiertem, uninterpretiertem Kalkül und entsprechenden Zuordnungsregeln bzw. als duale Theorie aufgefaßt werden [LEINFELLNER 1965:28ff,171ff;1967:105]. Die reine Theorie ist gänzlich in der Sprache L_t formuliert und wird erst in Verbindung mit den Zuordnungsregeln K empirisch interpretierbar. Die interpretierte Theorie TK (als Konjunktion von T und K) enthält dann Ausdrücke aus L_t und L_o gleichzeitig.

Theorien dieser Struktur stellen "a deductive system in which observable consequences logically follow from the conjunction of observed facts with the set of fundamental hypotheses of the system" dar [BRAITHWAITE 1955:22]. Mit solchen empirisch interpretierten, axiomatisch deduktiven Theorien ist es nun möglich, Prognosen zu erstellen, indem aus Sätzen von L_t bestimmte Sätze aus L_o abgeleitet und somit Tests der Theorie eingeleitet werden. Andererseits können mittels Beobachtungssätzen Ableitungen in L_t vorgenommen werden, die ihrerseits wieder Prognosen empirischer Art ermöglichen.

Aufbau und Struktur dieses Modells werden wir im folgenden in einer diachron angelegten Skizze nachzeichnen und präzisieren.

Zur Genese und Konzeption des 'Empiristischen Standardmodells für wissenschaftliche Theorien'

Die Grundkonzeption dieses Modells setzt die Unterscheidung zwischen einem Axiomensystem und seiner Anwendung auf die Erfahrung voraus. Unter diesem Gesichtspunkt hat neben DUHEM [DUHEM 1908:21], der physikalische Theorien als ein System mathematischer Lehrsätze auffaßt, die aus einer klaren Anzahl von Prinzipien abgeleitet werden und den Zweck haben, eine zusammengehörige Gruppe experimenteller Gesetze ebenso einfach wie vollständig und genau darzustellen, im besonderen CAMPBELL die Struktur physikalischer Theorien untersucht.

Nach CAMPBELL [CAMPBELL 1952:122] umfaßt eine wissenschaftliche Theorie zwei Arten von Aussagen: Die 'Hypothese' der Theorie und Aussagen der 'Wörterbücher' für die Hypothese. Die 'Hypothese' stellt eine Menge von Aussagen dar, deren Wahrheit nicht empirisch gesichert werden kann. Zur 'Hypothese' können dabei sowohl Axiome der Theorie als auch aus ihnen ableitbare Sätze gehören. Die Aussagen des 'Wörterbuchs' setzen nun die Begriffe, die in der 'Hypothese' auftreten, mit Aussagen in Beziehung, deren empirische Wahrheit bestimmt werden kann.

Diagrammatisch (Abb.2-12) können wir die Strukturauffassung wissenschaftlicher Theorien nach CAMPBELL wie folgt zusammenfassen (nach [LOSEE 1977:130]):

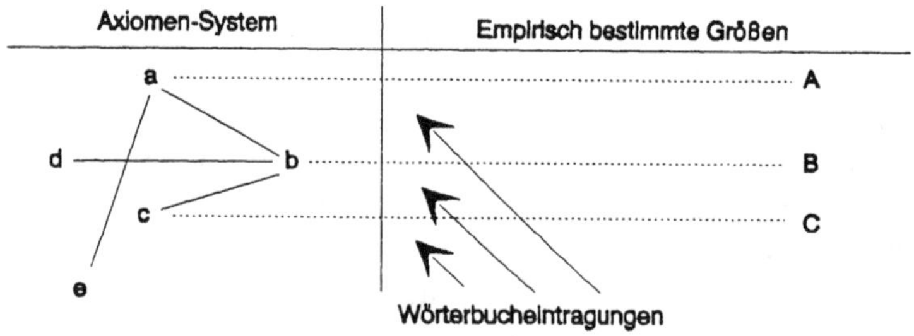

Abb.2-12 Struktur wissenschaftlicher Theorien nach CAMPBELL

In Abb.2-12 repräsentieren **a**, **b**, **c**, **d** und **e** Ausdrücke und die verbindenden Geraden die Axiome des Axiomensystems. Das Axiomensystem für sich genommen stellt eine Menge abstrakter Beziehungen zwischen uninterpretierten Ausdrücken dar. Diese stehen in gewisser Analogie zu den primitiven Termen in HILBERTs Axiomatisierung der Euklidischen Geometrie. Die Grenze zwischen dem Axiomensystem und der Welt der Sinneserfahrung wird durch die Wörterbucheintragungen überbrückt, welche gewisse Ausdrücke des Axiomensystems mit experimentell meßbaren Eigenschaften verbinden.

Anhand der Abbildung ist aber schon erkennbar, daß nicht alle undefinierten Ausdrücke empirische testbar sind, etwa **d** und **e**. Dies bedeutet nach CAMPBELL, daß für die empirische Signifikanz der wissenschaftlichen Theorie nicht die Interpretation aller undefinierten Ausdrücke erforderlich ist bzw. nicht zu jedem uninterpretiertem Ausdruck eine 'Wörterbucheintragung' existieren muß.

Am Beispiel der Kinetischen Gastheorie sei dies verdeutlicht. Die Axiome dieser Theorie stellen Beziehungen zwischen Massen und Geschwindigkeiten der einzelnen Moleküle auf, es existiert jedoch keine 'Wörterbucheintragung' für einzelne Molekülgeschwindigkeiten. Trotzdem sind die einzelnen Molekülgeschwindigkeiten mit der mittleren Geschwindigkeit aller Moleküle verbunden und die mittlere Geschwindigkeit ist über das 'Wörterbuch' mit Temperatur und Druck des Gases verbunden [CAMPBELL 1952:126ff].

Neben der 'Hypothese' und dem 'Wörterbuch' muß eine Theorie nach CAMPBELL noch mit einer Analogie versehen sein. Dieses Konzept der Analogie kann wie folgt verdeutlicht werden: Eine annehmbare Theorie zeigt eine Analogie zu einem System, das bereits etablierten Gesetzen gehorcht, welche bekannter oder adäquater sind als die Gesetze, die man aus der Theorie ableitet, "The theory always explains laws by showing that if we imagine that the system to which those laws apply consists in some way to other systems to which those laws apply, then the laws can be deduced from the theory" [CAMPBELL 1953:96]. In der Kinetischen Gastheorie wird so bspw. eine Analogie zwischen den Molekülen des Gases und einem Schwarm von Teilchen, der den Gesetzen der NEWTONschen Dynamik unterliegt, gezogen [CAMPBELL 1953:96].

Fassen wir das bisher Ausgesagte zusammen, so können wir festhalten: Nach CAMPBELL besteht eine wissenschaftliche Theorie aus der 'Hypothese', dem 'Wörterbuch' und einer damit verbundenen Analogie, denn nur durch diese kann die Theorie eine Menge von Gesetzen erklären, d.h. die Erklärung von Gesetzen kann nur durch ihre Aufnahme in Theorien erfolgen.

Unabhängig von CAMPBELL charakterisierte CARNAP in einem weitgehend unbekannt gebliebenen Aufsatz von 1923 [CARNAP 1923] in ähnlicher Weise die Struktur einer physikalischen Theorie. Diese besteht CARNAP zufolge aus drei Teilen: einem axiomatischen, einem der phänomenal-physikalischen Zuordnung (dem sogenannten 'Wörterbuch') und einem deskriptiven Teil. Bezüglich dieser Teile spricht CARNAP von Bänden [CARNAP 1923:97]. Der erste Band setzt einige wenige Axiome fest, deren Auswahl zwar frei getroffen werden kann, doch dem Grundsatz der Einfachstheit genügen soll [CARNAP 1923:90]. Einer physikalischen Theorie müssen demzufolge Raumgesetz, Zeitgesetz und Wirkungsgesetz zugrundegelegt werden. Der zweite Band stellt die Vermittlung zwischen dem Bereich der Wahrnehmung und dem Bereich her, der den Gegenstand der physikalischen Theorie bildet. Diese Verknüpfung erfolgt mit Hilfe des 'Wörterbuchs', das angibt, welche Gegenstände im zweiten Gebiet den einzelnen des ersten entsprechen. Der dritte Band schließlich enthält die Beschreibung des physikalischen Zustandes der Welt für zwei beliebige Zeitpunkte.

Die interdependente Beziehung dieser drei Bände untereinander kann mit CARNAP wie folgt charakterisiert werden: "Um zu bestimmen, was zu einer gewissen Zeit an einem gewissen Ort geschieht, d.h. wahrnehmbar ist, wird aus den gegebenen Zustandsbeschreibungen des dritten Bandes mit Hilfe der Sätze des ersten der Zustand in der Umgebung jenes Raum-Zeitpunktes berechnet und durch die Rückübersetzung mit Hilfe des zweiten Bandes (in dieser Richtung eindeutig) in Angabe von Empfindungsqualitäten ausgedrückt" [CARNAP 1923:102].

Von diesen Grundüberlegungen ausgehend konzipierten die Logischen Empiristen das 'Empiristische Standardmodell für wissenschaftliche Theorien', das in einer sehr vereinfachten Darstellung (Abb.2-13) folgende schematische Form aufweist [FEIGL 1970:6]:

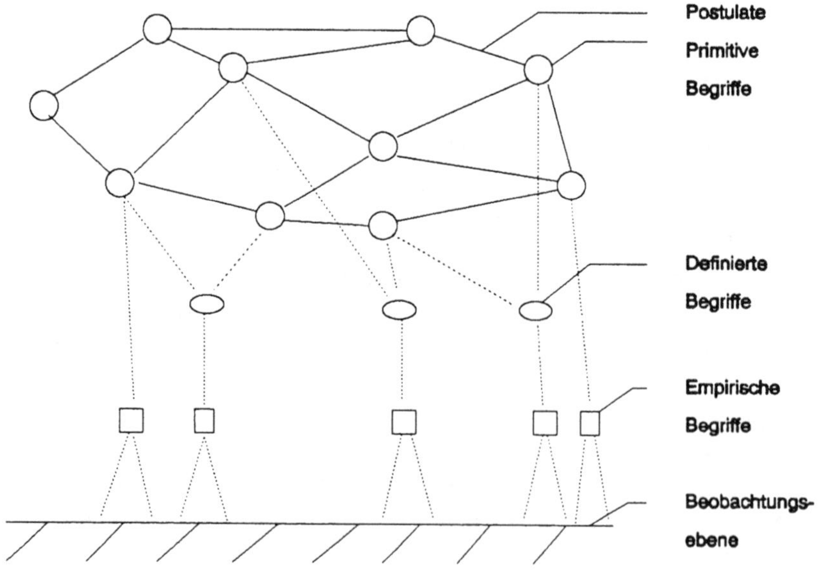

Abb.2-13 Empiristisches Standardmodell für wissenschaftliche Theorien

Erläuterung: Die theoretischen Basis-Begriffe (primitive Terme) sind implizit definiert durch die Postulate (Axiome), in welchen sie auftreten. Diese theoretischen Begriffe bzw. die im allgemeinen von ihnen abgeleiteten explizit definierten Begriffe sind dann durch Korrespondenzregeln mit empirischen Begriffen, welche sich auf Beobachtungsgegenstände beziehen, verbunden.

Innerhalb einer dualen Wissenschaftssprache kann die orthodoxe Fassung des 'Empiristischen Standardmodells für wissenschaftliche Theorien' weiter präzisiert werden [SUPPE 1977a:12,16f]. Demzufolge ist eine wissenschaftliche Theorie in einer mathematischen Logik L, d.h. in einem Prädikatenkalkül erster Ordnung mit Gleichheit axiomatisiert. Die Begriffe dieser logischen Axiomatisierung sind in drei disjunkte Klassen, Vokabulare genannt, unterteilt. Das logische Vokabular besteht aus logischen und mathematischen Begriffen, das Beobachtungsvokabular V_o beinhaltet Beobachtungsbegriffe und das theoretische Vokabular V_t beinhaltet theoretische Begriffe. Die Begriffe in V_o werden als Begriffe interpretiert, die sich auf direkt beobachtbare physikalische Objekte bzw. auf direkt beobachtbare Eigenschaften von physikalischen Objekten beziehen. Es gibt eine Menge von theoretischen Postulaten T (Axiome), deren nicht-logischen Begriffe aus V sind. Die Axiome der Theorie sind Formulierungen von wissenschaftlichen Gesetzen und legen die Beziehungen zwischen theoretischen Begriffen fest. Die theoretischen Begriffe sind Abkürzungen für phänomenologische Beschreibungen, das sind Beschreibungen, die nur Beobachtungsbegriffe enthalten. Die Begriffe in V_t können so mittels der Korrespondenzregeln K als explizite Definitionen in V_o angegeben werden, d.h. für jeden theoretischen Begriff F des Vokabulars V_t muß eine Definition in der Form $(x)\ (Fx \equiv Ox)$ gegeben sein, wobei 'Ox' ein Ausdruck von L ist und nur Symbole von V_o und in möglichen Fällen auch aus dem logischen Vokabular enthält.

Aus dieser Charakterisierung wissenschaftlicher Theorien kann folglich deduziert werden, daß alle theoretischen Begriffe in dem Sinne kognitiv signifikant sind, wie sie eine Verifikationsleistung ihrer Bedeutung erfüllen. Die Menge der Axiome T ist die Menge der theoretischen Gesetze der Theorie, und die Menge K der Korrespondenzregeln bestimmt die zulässigen Anwendungsmöglichkeiten der Theorie auf empirische Phänomene. Eine wissenschaftliche Theorie TK ist so eine Konjunktion von T und K.

Innerhalb des Empiristischen Standardmodells kommen den Korrespondenzregeln drei Funktionen zu: Sie definieren die theoretischen Begriffe, garantieren deren kognitive Signifikanz und legen die zulässigen experimentellen Verfahren fest, mit welchen die Theorie mit den empirischen

Phänomenen verbunden ist. Nach SUPPE ist die Menge der Korrespondenzregeln als ein interpretatives System aufzufassen, das folgenden Bedingungen zu genügen hat [SUPPE 1977a:25ff]:

(1) Die Menge der Korrespondenzregeln K muß endlich sein;

(2) die Menge der Korrespondenzregeln K muß mit den theoretischen Postulaten (Axiomen) logisch kompatibel sein;

(3) die Korrespondenzregeln K dürfen keine nicht-logischen Begriffe beinhalten, die nicht auch in V_o oder V_t enthalten sind;

(4) jede Korrespondenzregel K muß mindestens einen V_o-Begriff und einen V_t-Begriff wesentlich enthalten, d.h. diese Regel darf nicht äquivalent zu einer anderen Regel K sein, welche nicht wenigstens einen V_o-Begriff wesentlich enthält; und

(5) die Korrespondenzregeln K müssen so beschaffen sein, daß die interpretierte Theorie TK kognitiv signifikant ist.

Dieser Auffassung liegt die Vorstellung zugrunde, daß sich aus der interpretierten Theorie TK beobachtbare Konsequenzen ableiten lassen, welche sie empirisch testbar machen. Diese Konsequenzen können jedoch nicht als Definitionen irgendeines theoretischen Begriffs aufgefaßt werden; sie sind ihrer Natur nach vielmehr empirische Manifestationen von theoretischen Entitäten, "interacting in the ways specified by the laws or axioms of the theory" [SUPPE 1977a:25].

Die Korrespondenzregeln K können als die Gesamtsumme der zulässigen experimentellen Verfahren gedeutet werden, um Theorien auf beobachtbare Phänomene anwendbar zu machen. Sie liefern dabei jedoch keine vollständige Interpretation von theoretischen Begriffen, sondern nur eine indirekte bzw. partielle.

Innerhalb der Diskussion über den Status theoretischer Begriffe im Rahmen des 'Empiristischen Standardmodells für wissenschaftliche Theorien' können wir festhalten, daß theoretische Begriffe nicht vollständig empirisch interpretierbar sind, sondern nur partiell und indirekt.

Die partielle Interpretation theoretischer Begriffe und der Sätze aus L, welche sie enthalten, erfolgt durch Rückgriff auf zwei Postulate: den theoretischen Postulaten T (Axiomen), in welchen sich nur Begriffe aus V_t befinden, und den Korrespondenzregeln oder Postulaten K, welche Begriffe aus V_t und V_o enthalten.

Den Korrespondenzregeln K kommen zwei Aufgaben zu: zum einen geben sie die zulässigen experimentellen Verfahren an, um die Theorie

T auf beobachtbare Phänomene anwendbar zu machen, und zum anderen interpretieren sie gleichzeitig in Verbindung mit den theoretischen Postulaten partiell die Begriffe in V_t, indem sie deren beobachtbaren Gehalt darlegen. Dabei ist keine andere auf Beobachtung rekurrierende Interpretation möglich als die, welche durch die interpretierte Theorie TK geliefert wird.

Eine wissenschaftliche Theorie im Rahmen dieser Strukturauffassung basiert so auf der wissenschaftlichen Gesamtsprache L und auf der Konjunktion von T und K.

2.4.2 Struktur und Aufbau einer empirischen sozialwissenschaftlichen Theorie

Das primär für Theorien der Physik entwickelte 'Empiristische Standardmodell für empirische Theorien' stellt auch das Modell für empirische Theorien in den Sozialwissenschaften dar. Hier muß jedoch auch einschränkend bemerkt werden, daß nicht jede Entität, die wir als eine sozialwissenschaftliche Theorie bezeichnen, eine Variante des empiristischen Modells ist. So bezeichnen wir bspw. die Systemtheorie von PARSONS nicht als eine empirische Theorie in dem hier vorgestellten Sinn und dies in erster Linie deshalb, weil sie nicht streng empirisch überprüfbar ist. Als empirische sozialwissenschaftliche Theorien werden nur solche Entitäten bezeichnet werden, die mittels Daten auch in einem strengen Sinn empirisch überprüft werden können.

Ausgehend von dem 'Empiristischen Standardmodell für wissenschaftliche Theorien' bezeichnen wir in diesem Lehrbuch eine Entität nur und nur dann als empirische sozialwissenschaftliche Theorie, wenn sie in Aufbau und Struktur drei aufeinander bezogene Ebenen von Aussagen beinhaltet:

1. Aussagen des sogenannten Kerns der Theorie;
2. Aussagen über empirisch erlangte/erlangbare Beobachtungen; und
3. Aussagen über die Verknüpfungsformen der beiden vorgenannten Aussagentypen.

Theoretische Konstrukte und theoretische Postulate

Die Aussagen des Kerns der Theorie können auch als die substantiellen Aussagen der Theorie bezeichnet werden. Sie bestehen aus zwei begrifflichen Elementen: den theoretischen Konstrukten und den theoretischen Postulaten.

Die theoretischen Konstrukte, die wir an anderer Stelle auch schon als theoretische Begriffe oder latente Variablen bezeichnet haben, sind Entitäten der sozialen 'Realität', die wir nicht direkt empirisch beobachten bzw. erfassen können. Als Beispiele in den Sozialwissenschaften können wir solche Entitäten wie 'Anomie', 'soziale Schicht', 'Handlungskompetenz', 'sozialer Status', 'Diskriminierungsabsicht', 'Vorurteile' oder 'Macht' anführen.

Die theoretischen Postulate sind Relationen, die eine Verbindung zwischen den theoretischen Konstrukten herstellen, bspw. im Sinne von '...verursacht...', '...ist hinreichende Bedingung für...', '...führt zu..., wenn gleichzeitig...', 'je größer..., desto größer/kleiner...' oder einfach '...besitzt einen Effekt auf...'. Dabei ist jedoch zu bemerken, daß solche theoretischen Postulate zunächst einmal nur Vermutungen über Zusammenhänge zwischen theoretischen Konstrukten darstellen und erst noch empirisch auf ihr Vorliegen bzw. Nicht-Vorliegen überprüft werden müssen, d.h. sie stellen zunächst einmal nur hypothetische Behauptungen dar.

Verdeutlichen wir uns die Rolle von theoretischen Konstrukten und theoretischen Postulaten an einem Beispiel. Wir wollen erklären, welche Faktoren für politische Aktivitäten von Individuen verantwortlich gemacht werden können bzw. solche positiv beeinflussen. Wir nehmen dafür an, daß der Grad politischer Aktivitäten in besonderem Maße von der Handlungskompetenz eines Individuums abhängt, und diese wiederum durch seine soziale Schicht, der er angehört, entscheidend geprägt wird. Wir können so folgende Kausalkette formulieren: Die soziale Schicht eines Individuums besitzt einen Effekt auf seine Handlungskompetenz, die wiederum den Grad seiner politischen Aktivität bestimmt. In dieser Kausalkette stellen 'soziale Schicht', 'Handlungskompetenz' und 'politische Aktivität' theoretische Konstrukte dar, die durch das theoretische Postulat '...besitzt einen Effekt auf...' miteinander verbunden sind. Kürzen wir 'soziale Schicht' mit SS, 'Handlungskompetenz' mit HK, 'politische Aktivität' mit PA und '...besitzt einen Effekt auf...' mit ----> ab, so können wir die substantiellen Aussagen unserer Theorie (bzw. in diesem Fall, unserer Hypothese) symbolisch folgendermaßen darstellen:

SS ----> HK ----> PA

Beobachtungsaussagen (Indikatoren)

Unabhängig von theoretischen Konstrukten und theoretischen Postulaten liefern empirische Untersuchungen in den Sozialwissenschaften zunächst einmal lediglich Beschreibungen über direkt beobachtbare Eigenschaften ihrer Untersuchungsobjekte, d.h. empirische Aussagen über sie. Solche rein empirischen Aussagen sind zunächst als von der theoretischen Ebene vollständig unabhängig anzusehen.

Für die theoretischen Konstrukte werden solche rein empirischen Aussagen wichtig, wenn sie durch solche empirisch interpretiert werden. Im Falle einer Interpretation der theoretischen Konstrukte durch empirische Aussagen werden solche empirischen Aussagen zu Indikatoren für die theoretischen Konstrukte. Die Entscheidung darüber, welche empirischen Aussagen Indikatoren für ein theoretisches Konstrukt sein können, wird durch die Korrepondenzregeln bestimmt.

Innerhalb der sozialwissenschaftlichen Forschungspraxis werden drei Formen von Indikatoren unterschieden [NOWAK 1963]:

1. Definitorische Indikatoren;
2. korrelative Indikatoren; und
3. schlußfolgernde Indikatoren.

Definitorische Indikatoren sind Indikatoren, durch die das theoretische Konstrukt definiert wird. Solche eindimensionalen Indikatoren sind jedoch innerhalb der Sozialwissenschaften äußerst selten.

Korrelative Indikatoren sind Indikatoren, die mit einem mehrdimensionalen theoretischen Konstrukt korrelieren, es aber nicht vollständig repräsentieren.

Schlußfolgernde Indikatoren schließlich sind Indikatoren, von denen auf Merkmale von theoretischen Konstrukten geschlossen wird, und zwar auf solche theoretischen Konstrukte, die nicht einmal partiell beobachtbar sind, wie bspw. 'Einstellungen', von deren Existenz aber wiederum konkretes, situatives Verhalten theoretisch abgeleitet werden kann.

Korrespondenzregeln

Die primäre Aufgabe von Korrespondenzregeln besteht in der Herstellung einer Verbindung zwischen den theoretischen Konstrukten und der Ebene rein empirischer Aussagen. Denn nur, wenn die theoretischen Konstrukte und die hypothetisch formulierten theoretischen Postulate zwischen den Konstrukten mit empirischen Aussagen verbunden werden, ist es möglich, die Aussagen des substantiellen Teils der Theorie empirisch zu überprüfen und festzustellen, ob unsere theoretischen Behauptungen zutreffen oder nicht.

Mit Hilfe der Korrespondenzregeln werden Postulate darüber aufgestellt, welche Beobachtungsaussagen welchen Zustand bei einem theoretischen Konstrukt anzeigen bzw. welcher beobachtbare Zustand ein Indikator für ein bestimmtes theoretisches Konstrukt ist.

Solche Korrespondenzregeln sind jedoch nicht als Definitionen anzusehen, etwa in dem Sinne, daß die Indikatoren das theoretische Konstrukt vollständig und präzise ausmachen, sondern nur als Vermutungen darüber, daß die Indikatoren in einer realen Weise mit dem theoretischen Konstrukt zusammenhängen. Es ist deshalb auch präziser, anstatt von Korrespondenregeln, von Korrespondenzhypothesen zu sprechen. Der Prozeß der Verbindung der theoretischen Konstrukte mit Beobachtungsaussagen über Korrespondenzregeln wird auch als die Operationalisierung theoretischer Konstrukte (latenter Variablen) bezeichnet.

Die empirisch interpretierte Theorie

Eine sozialwissenschaftliche empirische Theorie ist gemäß unserer Ausführungen folglich eine empirisch interpretierte Theorie im Sinne des Logischen Positivismus, die zwingend aus theoretischen Konstrukten, theoretischen Postulaten, Korrespondenzregeln und Indikatoren besteht.

Mit Hilfe von Indikatoren und Korrespondenzregeln sind wir jetzt auch in der Lage, unser oben formuliertes Beispiel einer substantiellen Theorie zu 'Politischer Aktivität' empirisch zu interpretieren (Abb.2-14). Als Indikatoren für 'soziale Schicht' wählen wir 'Einkommen'(E), 'Berufsprestige'(BP) und 'Schulbildung'(SB); für 'Handlungskompetenz' die Skala 'Handlungskompetenz' (SHK); und für 'politische Aktivität' 'Wahlbeteiligung' (WB) und 'Parteimitgliedschaft' (PM).

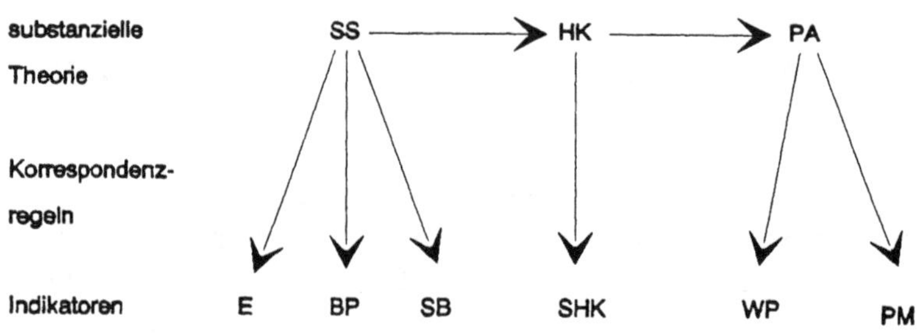

Abb.2-14 Beispiel für eine empirisch interpretierte sozialwissenschaftliche Theorie

2.4.3 Zum Begriff der Operationalisierung

Im Zusammenhang mit theoretischen Konstrukten wird unter dem Begriff der Operationalisierung die Formulierung von Korrespondenzregeln für Indikatoren verstanden, die das theoretische Konstrukt meßbar bzw. beobachtbar machen sollen. Die Operationalisierung eines theoretischen Konstrukts besteht folglich in der Auswahl von Indikatoren, um die vorgängig formulierten Korrespondenzhypothesen abzusichern. Das Ergebnis einer Operationalisierung ist ein sogenanntes 'Meßinstrument'[9], von dem man annehmen kann, daß die Korrespondenzhypothesen nicht schon offensichtlich falsch sind. Sogesehen liefern Operationalisierungen auch niemals Gewißheit darüber, ob die Korrespondenzhypothesen in einem strengen Sinne gültig sind.

2.4.3.1 Grundelemente der Operationalisierung

Der Prozeß einer Operationalisierung kann in vier aufeinanderfolgende Schritte eingeteilt werden[10]:

1. Exploration des Vorstellungsfeldes eines theoretischen Konstrukts;
2. Präzisierung der Dimension(en);
3. Auswahl der Indikatoren; und
4. Entwicklung eines Meßinstruments.

Exploration des Vorstellungsfeldes

Unter der Exploration des Vorstellungsfeldes eines theoretischen Konstrukts verstehen wir die definitorische Präzisierung des theoretischen Konstrukts und die Ermittlung seiner möglichen Dimensionen.

Da Begriffe an sich nichts weiter sind als Mittel der Kommunikation und wertlos, wenn sie nicht in einen Kontext eingebettet sind, sollte vor jeder Operationalisierung der betreffende Begriff bzw. das betreffende Konstrukt zuerst einmal definitorisch bestimmt werden. Dabei gilt es jedoch schon im Vorfeld einer Definition einschränkend anzumerken, daß Definitionen von Begriffen weder wahr, noch falsch sein können, sondern nur hilfreich oder nicht.

Prinzipiell können wir jeden Begriff so definieren, wie wir wollen. Um jedoch nicht einer Begriffsanarchie zu verfallen und eine intersubjektive Verständigung von vorneherein auszuschließen, sollte man bei der definitorischen Bestimmung eines in der Forschung verwendeten Begriffs

---

9 Unter einem Meßinstrument ist dabei bspw. ein Fragebogen, ein bestimmtes Beobachtungsschema oder eine Experiment-Anordnung zu verstehen.

10 Diese Schritte garantieren keine perfekte Operationalisierung, sondern stellen nur zu befolgende Regeln dar, die für eine Operationalisierung notwendig sind.

möglichst darauf abzielen, ihn in einer Art und Weise zu bestimmen, die von den Mitgliedern der wissenschaftlichen Fachgemeinschaft akzeptiert bzw. verstanden wird (werden kann).

Für die Definition eines Begriffes bzw. theoretischen Konstrukts können die folgenden drei Schritte hilfreich sein:

1. Wir können durch ein problemrelevantes Literaturstudium alle bis jetzt vorgelegten Definitionen eines Begriffs ermitteln, d.h. wir legen uns eine Bandbreite von Definitionen für unseren zu operationalisierenden Begriff zu;
2. aus einer solchen Liste von Definitionen können wir dann die Definition auswählen, die wir für unser Forschungsproblem als adäquat erachten oder aber eine *neue* Definition selbst formulieren, die die meisten schon ermittelten Definitionsaspekte abdeckt. Grundsätzlich ist es jedoch immer notwendig zu begründen, warum wir uns für eine der Definitionen entschieden haben; und
3. nach der Entscheidung für eine bestimmte Definition, können wir untersuchen, ob unser Begriff verschiedene Aspekte oder Dimensionen besitzt. Besitzt er mehrere Dimensionen, so können wir uns bei unserer Untersuchung auf eine Dimension beschränken oder aber Indikatoren für alle Dimensionen suchen.

Präzisierung der Dimension

Die Exploration des Vorstellungsfeldes eines theoretischen Konstrukts kann ergeben, daß das Konstrukt mehrere Dimensionen enthält, für die es dann auch unterschiedliche beobachtbare Aufweise gibt, d.h. es ist multi-dimensional. Unabhängig davon, ob man bei der substantiellen Theorie mit allen oder nur mit einer Dimension weiterarbeitet, ist es notwendig, die zunächst nur vage empfundenen Einzeldimensionen begrifflich zu präzisieren. Dabei ist es auch hilfreich, die einzelnen Dimensionen noch weiter nach Sub-Dimensionen zu unterteilen, was eine weitere Präzisierung der Einzeldimensionen zur Folge hat.

Auswahl der Indikatoren

Bei der Auswahl der Indikatoren für unsere Begriffsdimension(en) sind wir mit der Beantwortung von zwei Fragen konfrontiert:

1. Wieviele Indikatoren sollen wir benutzen? und
2. Wie sollen die Indikatoren entwickelt werden?

Auf die Frage, wieviele Indikatoren für die Operationalisierung eines Begriffs (theoretischen Konstrukts) benutzt werden sollen, gibt es keine definitive Antwort. Es können nur einige Vorschläge angegeben werden, die bei der Bestimmung der Indikatorenmenge hilfreich sind (nach [de VAUS 1990:51f]):

1. Wenn keine Übereinstimmung darüber besteht, wie das Konstrukt meßbar gemacht werden soll, kann es hilfreich sein, Indikatoren für eine Bandbreite von Definitionen des Konstrukts zu entwickeln und dann zu untersuchen, welche Unterschiede in den Resultaten und Interpretationen bestehen.
2. Wenn das Konstrukt multi-dimensional ist, gilt es zu überlegen, ob wir an allen Dimensionen interessiert sind bzw. ob alle für unsere Theorie relevant sind.
3. Wir haben Gewähr dafür zu tragen, daß unsere Schlüssel-Begriffe sorgfältig gemessen werden. Dazu sind immer mehrere und verschiedene Indikatoren notwendig.
4. Wollen wir Einstellungen und Meinungen messen, so müssen wir uns darüber im klaren sein, daß diese sehr komplex sind und bspw. bei einer Befragung mit einer größeren Anzahl von Fragen am besten zu messen sind.
5. Es ist hilfreich, mit entwickelten Indikatoren einen Vor-Test durchzuführen, um dabei nicht unbedingt notwendige Indikatoren eliminieren zu können.
6. Wir haben bspw. bei einer Befragung durch einen standardisierten Fragebogen bei der Anzahl der verwendeten Indikatoren auch die technisch vorgegebene Begrenzung der Länge unseres Fragebogens mit in unsere Überlegung einzubeziehen.

Wie bereits ausgeführt, sind dies nur Vorschläge, die uns bei der Bestimmung der Anzahl von Indikatoren hilfreich sein können. Doch es kann die Regel angegeben werden, daß eine große Anzahl von Indikatoren einer zu kleinen vorzuziehen ist.

Auf die Frage, wie Indikatoren entwickelt werden, können wir zwischen einer methodologischen und einer mehr praktisch orientierten Antwort unterscheiden.

Betrachten wir zunächst die methodologische Antwort. Bei der Indikatorenauswahl kann u.a. zwischen zwei Konzepten unterschieden werden [SCHNELL, HILL, ESSER 1989:126]: dem Konzept des Indikatorenuniversums (das auf GUTTMAN [GUTTMAN 1950] zurückgeht) und dem Konzept der multiplen Indikatoren.

Das Konzept des Indikatorenuniversums basiert auf der Grundidee, daß es für jedes theoretische Konstrukt ein Indikatoren-Universum gibt, aus dem eine Auswahl an Indikatoren zu ziehen ist. Es wird bei diesem Konzept dabei hypothetisch von der Annahme ausgegangen, daß ein solches Indikatoren-Universum existiert, ohne daß jedoch Umfang und inhaltliche Besetzung bekannt sind. Das bedeutet, daß im Prinzip jeder Indikator dieselbe Messung des Konstrukts erbringt und so die Indikatoren im Prinzip beliebig austauschbar sind. Diese Annahme wird als 'Homogenität des Indikatorenuniversums' bezeichnet.

Trotz dieser nicht zu belegenden Annahme dieses Konzepts, was im übrigen auch ein weiterer Beleg für den Hypothesencharakter der Korrespondenzregeln ist, können mit dem Konzept des Indikatorenuniversums das Prinzip der Austauschbarkeit von Indikatoren und das Konzept der multiplen Indikatoren erläutert werden.

Unter der Voraussetzung, daß ein homogenes Indikatorenuniversum besteht, kann davon ausgegangen werden, daß es irrelevant ist, welchen Indikator wir aus dem Indikatorenuniversum auswählen, da ja jeder Indikator dieselben Meßergebnisse hervorbringt. Werden jeweils verschiedene Indikatoren aufgrund des Prinzips der Indikatorenaustauschbarkeit zur Messung eines theoretischen Konstrukts verwendet und sind die Messungen nicht vergleichbar, so können wir zumindestens schlußfolgern, daß das Indikatorenuniversum nicht homogen ist.

Schon allein um vergleichbare Ergebnisse erzielen zu können, ist es deshalb von Vorteil, statt nur einen einzelnen Indikator zur Messung eines theoretischen Konstrukts mehrere Indikatoren, d.h. multiple Indikatoren zu verwenden (Vgl. dazu ausführlicher [SULLIVAN, FELDMAN 1979]).

Neben diesen methodologischen Gesichtspunkten der Indikatorenauswahl kann diese auch unter mehr praktischen Aspekten vorgenommen werden, wobei diese die methodologische jedoch nicht ersetzt, sondern nur ergänzt.

Für viele Begriffe ist die Entwicklung eines Indikators sehr einfach bzw. schon entwickelt (bspw. für Familienstatus und Ausbildungsniveau). Da jedoch die innerhalb der sozialwissenschaftlichen Forschungspraxis verwendeten Begriffe meistens theoretische Konstrukte sind, gestaltet sich die Entwicklung von Indikatoren für solche Konstrukte schwieriger. Im allgemeinen können drei Ansätze angegeben werden, wie Indikatoren für ein theoretisches Konstrukt entwickelt werden können.

Ein erster Ansatz geht davon aus, daß wir Indikatoren für unsere theoretischen Konstrukte verwenden, die bereits in früheren Untersuchungen verwendet wurden. Es ist dabei angebracht, solche bereits entwickelten Indikatoren dahingehend zu überprüfen, ob sie für unsere theoretischen Konstrukte brauchbar sind, eventuell modifiziert oder für ein bestimmte Objektauswahl reformuliert werden müssen. Die Verwendung von Indikatoren, die sich in der Forschungspraxis bereits bewährt haben, besitzen den Vorteil, daß sie uns in die Lage versetzen, unsere Ergebnisse besser mit denen von anderen Forschern zu vergleichen. Wenn möglich, ist es so immer besser, auf bereits entwickelte Indikatoren zurückzugreifen als für jede Forschungsfrage individuell immer wieder neue zu entwickeln.

Einem zweiten Ansatz zufolge kann es sich als zweckmäßig erweisen, und dies insbesondere bei der Untersuchung spezieller Gruppen (bspw. Ausländer, Jugendliche, kinderlose Ehepaare), die Indikatoren erst nach einem Vor-Test präzise zu formulieren. Wollen wir bspw. die Daten zur Überprüfung unserer Theorie durch eine Befragung (Interview) erheben, so ist es hilfreich, für eine kleine Auswahl unserer Stichprobe zunächst ein unstrukturiertes Interview zu verwenden. Dies kann uns dazu verhelfen, unsere forschungsrelevanten Problembereiche aus der Sicht der befragten Personen zu verstehen und so Indikatoren zu entwickeln, die für unseren Personenkreis adäquater sind.

Ein dritter Ansatz schließlich besteht darin, daß wir zunächst Informationen von Mitgliedern unseres zu untersuchenden Personenkreises beschaffen. Solche Personen können uns hilfreiche Hinweise darüber geben, welche Fragen im Rahmen eines Interviews für diesen Personenkreis bedeutend sein können.

Unabhängig davon, welchen Ansatz oder welche Kombinationen von Ansätzen wir zur Entwicklung unserer Indikatoren verwenden, sollten wir uns immer gründlich und eingehend über den zu untersuchenden Personenkreis vorweg informieren und uns darüber Klarheit verschaffen, was wir überhaupt messen wollen.

Entwicklung von Meßinstrumenten

Die Operationalisierung eines theoretischen Konstrukts ist mit der Zusammenstellung von auf ihre Eignung kontrollierten Mengen von Indikatoren für jedes Konstrukt beendet. Diese Operationalisierung kann in Form von Skalen, Fragebatterien etc. erfolgen und ergibt ein Meßinstrument. Dabei sollte immer angestrebt werden, daß die konzipierten Meßinstrumente eine möglichst hohe Repräsentativität (Validität) und eine möglichst hohe Meßstabilität (Reliabilität) besitzen. Darüber hinaus sollten die Indikatoren auf einem möglichst hohen Meßniveau angesiedelt sein.

Der Prozeß der Operationalisierung ist jedoch niemals in dem Sinne als endgültig abgeschlossen zu verstehen, als daß wir nicht während und nach unserer Erhebung die Indikatoren noch modifizieren oder gar manche als unbrauchbar eliminieren könnten.

2.4.3.2 Der Umgang mit Meßfehlern

Indikatoren zeigen den Zustand eines theoretischen Konstrukts an und d.h. auch, sie messen ihn. Dabei ist es unser Ziel, möglichst exakte und fehlerfreie Meßwerte zu erlangen. Es ist jedoch in der sozialwissenschaftlichen Forschungspraxis (und nicht nur in ihr, sondern auch in der naturwissenschaftlichen) eine Tatsache, daß jede Messung, d.h. jeder tatsächliche Meßwert, nicht nur die tatsächliche Ausprägung eines Merkmals wiedergibt, sondern auch Meßfehler enthält. Mit anderen Worten heißt dies, daß jede Messung im Prinzip immer fehlerbehaftet ist.

Trotz dieser Tatsache wollen wir jedoch unsere Meßwerte sinnvoll interpretieren können. Wir benötigen folglich Verfahren für den Umgang mit solchen Meßfehlern. Ein solches Verfahren stellt die klassische Testtheorie dar [GRUBITZSCH 1991]. In ihr wird davon ausgegangen, daß der realisierte Meßwert auf der Summe des 'wahren' Meßwertes und des Meßfehlers basiert.

Der 'wahre' Wert einer Messung kann dabei als der Mittelwert (Durchschnitt) einer großen Zahl unabhängiger Messungen desselben Objekts aufgefaßt werden.

Innerhalb der klassischen Testtheorie werden im Umgang mit Meßfehlern noch weitere vier Annahmen gemacht [SCHNELL, HILL, ESSER 1989:146]:

1. Der Mittelwert aller Meßfehler ist Null;
2. die Meßfehler korrelieren nicht mit den wahren Fehlern einer Messung;
3. die Meßfehler zweier Meßreihen sind unkorreliert; und
4. die Meßfehler einer Meßwertreihe korrelieren nicht mit den 'wahren' Werten einer anderen Messung.

Diese kurzen Erläuterungen zum Umgang mit Meßfehlern stellen nur einen speziellen Problembereich von Messungen dar und lassen nach den generelleren Prinzipien fragen, die jeder Messung fundamental zugrundeliegen: die Gültigkeit der Messung und die Zuverläßigkeit der Messung. Sie stellen *die* Gütekriterien jeder Operationalisierung dar.

2.4.3.3 Gütekriterien der Operationalisierung

2.4.3.3.1 Validität der Operationalisierung

Bei jeder Operationalisierung müssen wir uns fragen, ob das von uns entwickelte Meßinstrument das gemeinte theoretische Konstrukt auch wirklich repräsentiert. Das Kriterium, um dies festzustellen, ist die Frage nach der Validität oder der Gültigkeit einer Messung. Die Validität ist somit das Ausmaß, in dem ein Meßinstrument das gemeinte Konstrukt repräsentiert und bedeutet das Fehlen von systematischen Meßfehlern.

Ausmaß der Validität
In der Frage nach dem Ausmaß der Validität für ein Meßinstrument können wir können fünf Fälle von Validität unterscheiden:

1. vollständige Validität;
2. zu 'weite' Validität;
3. zu 'enge' Validität;
4. 'unreine' Validität; und
5. keine Validität.

Wir wollen uns diese fünf Fälle von Validität anhand von Venn-Diagrammen an einem Beispiel verdeutlichen. In unserem Beispiel sei A die Menge der Objekte, denen eine Eigenschaft P 'wirklich' zukommt und B die Menge der Objekte, denen die Eigenschaft P über die Anwendung des Meßinstruments zugeschrieben wird.
Bei einer vollständigen Validität gilt dann A = B, d.h. unser Meßinstrument mißt genau das, was wir messen wollen (Abb.2-15).

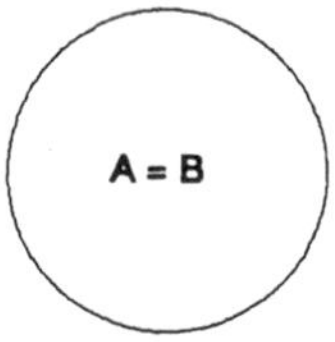

Abb.2-15 Vollständige Validität

Die Validität eines Meßinstruments ist zu weit, wenn das Meßinstrument mehr mißt, als es messen soll. Dies ist bspw. der Fall, wenn wir nur die 'Arbeitszufriedenheit' (A) messen wollen, unser Meßinstrument aber die 'Lebenszufriedenheit' (B) mißt. In diesem Fall gilt dann $A \subset B$ (Abb.2-16).

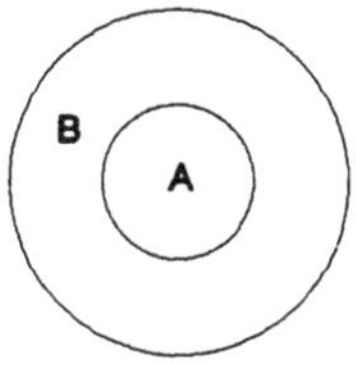

Abb.2-16 Zu 'weite' Validität

Die Validität eines Meßinstruments ist zu eng, wenn das Meßinstrument weniger mißt, als es messen soll. Dies ist bspw. der Fall, wenn wir 'Lebenszufriedenheit' (A) messen wollen, unser Meßinstrument aber nur die 'Arbeitszufriedenheit' (B) mißt. In diesem Fall gilt dann $B \subset A$ (Abb.2-17).

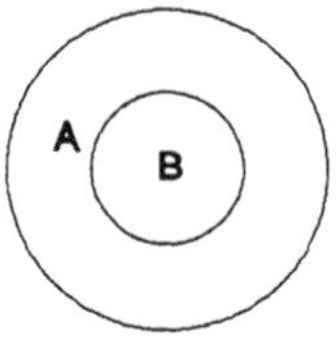

Abb.2-17 Zu 'enge' Validität

Die Validität eines Meßinstruments ist unrein, wenn es nicht eindeutig klar ist, was das Meßinstrument eigentlich mißt. Dies ist bspw. der Fall, wenn wir 'soziale Schicht' (A) messen wollen, unser Meßinstrument aber 'Berufsprestige' (B) mißt und dies in einer Art und Weise, daß die Schnittmenge von A und B weder mit A noch mit B noch mit der Identität von A und B identisch ist. In diesem Fall gilt dann $(A \cap B) \neq A \wedge (A \cap B) \neq B \wedge (A \cap B) \neq (A = B)$ (Abb.2-18).

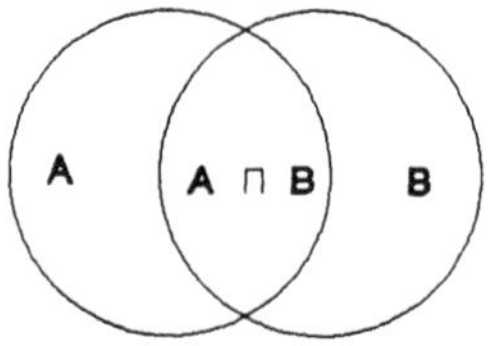

Abb.2-18 'Unreine' Validität

Es besteht keine Validität, wenn das Meßinstrument überhaupt nicht mißt, was es messen soll. In diesem Fall gilt dann $A \cap B = \emptyset$ (Abb.2-19).

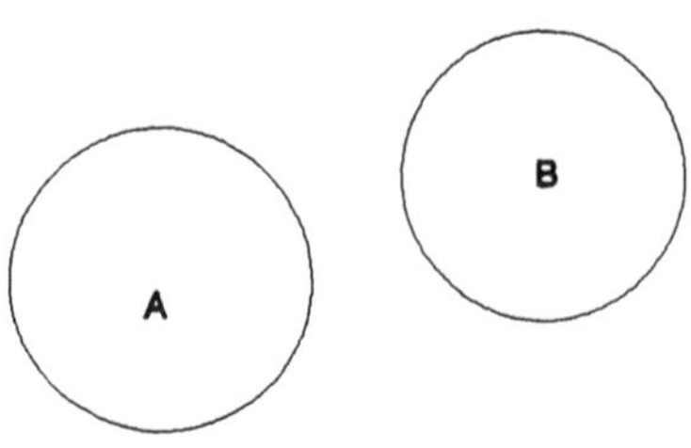

Abb.2-19 Keine Validität

In der Praxis kann das Vorliegen einer dieser Fälle von Validität jedoch nicht direkt, sondern meist nur indirekt und intuitiv ermittelt werden. Bei der Konstruktion von Indizes bspw. versucht man in der Kombination 'ähnlicher' Indikatoren die Überschneidung mit der wahren Extension des Konstrukts möglichst zu erhöhen, doch führt auch dieses Verfahren nicht zwangsläufig zu einem höheren Ausmaß an Validität.

Als Quellen für die Ungültigkeit von Meßinstrumenten (Fehlen von Validität) sind neben der Fehlauswahl von Indikatoren insbesondere systematisches Fehlverhalten der Beobachter, Interviewer und Vercoder sowie systematisches Fehlverhalten der Untersuchungsobjekte selbst anzuführen, etwa dann, wenn diese glauben, bei einer Befragung sich anders verhalten zu müssen als in Alltagssituationen.

Formen der Validität

Die Beantwortung der Frage, inwieweit ein Meßinstrument Validität besitzt, kann auf Grund der Tatsache, daß diese nur durch empirischen Vergleich mit beobachteten Werten anderer Instrumente bestimmt werden kann, nicht von vorneherein 'objektiv' erfolgen. Es ist so nicht möglich, von *der* Validität eines Meßinstruments zu sprechen: Wir können die Validität eines Meßinstruments nur indirekt in bezug auf bestimmte andere Messungen beurteilen [SCHNELL, HILL, ESSER 1989:151].

Zur Beurteilung der Validität eines Meßinstruments in der sozialwissenschaftlichen Forschungspraxis sind zu diesem Zweck drei Formen von Validität entwickelt worden [ZELLER, CARMINES 1980:78ff]:

1. Inhaltsvalidität;
2. Kriteriumsvalidität; und
3. Konstruktvalidität.

Inhaltsvalidität

Bei der Inhaltvalidität handelt es sich um die sogenannte augenscheinliche Validität der Untersuchungsergebnisse. Sie beschränkt sich auf die Frage, ob die Untersuchungsergebnisse plausibel sind, d.h. auch, ob alle Aspekte der Dimension, die gemessen werden soll, auch berücksichtigt wurden. Insbesondere ist bei der Inhaltsvalidität eines Meßinstruments zu untersuchen, ob die gemessenen Ergebnisse mit dem etablierten und akzeptierten Wissensstand innerhalb der wissenschaftlichen Fachgemeinschaft kompatibel sind. Viele empirische Studien beschränken sich bei der Beurteilung der Validität ihrer Meßinstrumente auf diese Form der Validität. Da jedoch keine objektiven Kriterien zur Beurteilung der Inhaltsvalidität existieren, ist es angebracht, diese nur als ein heuristisches Hilfsmittel bei der Konzeption von Indikatoren zu verwenden und nicht als ein Kriterium zur Beurteilung der Validität eines Meßinstruments.

Kriteriumsvalidität

Die Kriteriumsvalidität stellt eine Form von Validität dar, die im Gegensatz zur Inhaltsvalidität eine engere Beziehung zu dem aufweist, was wir normalerweise unter Validität verstehen. Einfach formuliert, bedeutet Kriteriumsvalidität die Korrelation zwischen einer Messung mit dem Meßinstrument und einem anders gemessenen empirischen Kriterium, d.h. einem externen Kriterium. Ist die Korrelation hoch, so ist unsere Messung für ein solches Kriterium valide.

Unter einem technischen Gesichtspunkt können wir unter bezug auf den Zeitpunkt der Messung zwei Typen von Kriteriumsvalidität unterscheiden: Parallelenvalidität (concurrent validity) und Prognose-Validität (predictive validity).

Bei der Parallelenvalidität erfolgt die zu beurteilende Messung zum selben Zeitpunkt wie die Messung des externen Kriteriums. Wir können bspw. die erfragten (gemessenen) Wahlabsichten mit der tatsächlichen Wahlpartizipation korrelieren und so die Validität unserer Messungen überprüfen.

Bei der Vorhersage-Validität erfolgt die Messung des externen Kriteriums zu einem späteren Zeitpunkt als die zu beurteilende Messung. Ein Meßinstrument besitzt dann Vorhersage-Validität, wenn Vorhersagen, die auf einer ersten Messung mit dem Meßinstrument beruhen mit späteren Messungen mit einem anderen Meßinstrument hoch korrelieren.

Der Beurteilung eines Meßinstruments auf Kriteriumsvalidität sind jedoch dadurch Grenzen gesetzt, daß wir oftmals nicht in der Lage sind, ein geeignetes externes Kriterium zur Beurteilung dieser Form von Validität zu finden.

Konstruktvalidität

Aufgrund der Tatsache, daß sowohl der Anwendbarkeit der Inhaltsvalidität als auch der der Kriteriumsvalidität in den Sozialwissenschaften verschiedene enge Grenzen gesetzt sind, sollte sich das Hauptaugenmerk des Forschers bei den Validitätsformen auf die Konstruktvalidität richten.

Eine Konstruktvalidität liegt vor, wenn aus dem theoretischen Konstrukt empirisch überprüfbare Aussagen mit anderen Konstrukten theoretisch hergeleitet werden können. Dabei müssen diese Aussagen über theoretisch hergeleitete Beziehungen die Forderung der empirischen Nachweisbarkeit erfüllen.

Die Konstruktvalidität beinhaltet drei voneinander unterschiedliche Schritte [ZELLER, CARMINES 1989:81]. In einem ersten Schritt sind die theoretischen Beziehungen (Postulate) zwischen den theoretischen Konstrukten zu spezifizieren. In einem zweiten Schritt sind die empirischen Beziehungen zwischen den Messungen der Konstrukte zu untersuchen. In einem dritten Schritt schließlich müssen die empirisch festgestellten Beziehungen darauf untersucht werden, ob sie die Hypothese der Validität der Konstrukte stützen oder nicht. Es dürfte bei der Darstellung dieser drei Schritte klar geworden sein, daß der Prozeß der Konstruktvalidität notwendigerweise theoriegeladen ist. Verdeutlichen wir uns den Prozeß der Konstruktvalidität an einem Beispiel (nach [SCHNELL, HILL, ESSER 1989:154]). Wollen wir bspw. die theoretischen Konstrukte 'Entfremdung vom politischen System' und 'Unzufriedenheit mit dem politischen System' erheben, so können wir für diese eine Konstruktvalidität akzeptieren, wenn empirisch die Vermutung nachgewiesen werden kann, daß bei vorhandenem politischen Interesse eine Beziehung zwischen diesen beiden Konstrukten besteht.

Die Konstruktvalidität läßt sich durch das Kriterium der Konvergenzvalidität und das Kriterium der Diskriminanzvalidität beurteilen.

Einem Konstrukt wird Konvergenzvalidität zugeschrieben, wenn verschiedene mögliche Operationalisierungen dieses Konstrukts einander sehr ähnlich und somit im Prinzip austauschbar sind.

Einem Konstrukt wird Diskriminanzvalidität zugeschrieben, wenn es sich für das Meßinstrument zur empirischen Erfassung des Konstrukts empirisch zeigen läßt, daß es andere Sachverhalte erfaßt als andere Meßinstrumente. Mit Diskriminanz der theoretischen Konstrukte ist gemeint, daß ein neu formuliertes Konstrukt und das für dieses entwickelte Meßinstrument andere Sachverhalte messen soll als bereits mit anderen Konstrukten und Meßinstrumenten gemessen wurden. Diese Forderung nach Diskriminanz gründet in der methodologischen Überlegung, daß wenn die Messungen unterschiedlicher Konstrukte zu gleichen Meßergebnissen führen, wir keinen Informationszuwachs über die Realität erzielen. Führen wir bspw. eine Messung zweier unterschiedlicher Konstrukte mit gleichen Fragen durch, so können die Ergebnisse beider Messungen sehr hoch miteinander korrelieren ohne daß jedoch ein Kausalzusammenhang zwischen beiden Konstrukten vorliegt. In diesem Beispiel besitzen beide Konstrukte dann keine Diskriminanz, weil sie dieselben Sachverhalte messen.

2.4.3.3.2 Reliabilität der Operationalisierung

Die Reliabilität (Zuverlässigkeit) einer Operationalisierung ist das Ausmaß, in dem ein Meßinstrument bei wiederholter Messung bei gleichbleibenden Eigenschaften der Objekte die gleichen Meßergebnisse liefert. Reliabilität bedeutet folglich das Fehlen unsystematischer Meßfehler (Meßstabilität). Reliabilität ist so ein Indikator für das Ausmaß, inwieweit eine Messung Variablenfehler beinhaltet, d.h. Fehler, die von Messung zu Messung mit demselben Meßinstrument variieren.

Jede Messung beinhaltet zwei Komponenten: Einen wahren Komponenten (wahrer Meßwert t_i) und einen Fehler-Komponenten (Fehlerbetrag e_i). Darauf gründend ist die Reliabilität als das Verhältnis der Varianz der wahren Werte und der gemessenen Werte (x_i) definiert. Die Varianz ist eine Messung der Streuung der Beobachtungen, d.h. sie ist eine Beschreibung des Ausmaßes, inwieweit sich die einzelnen Beobachtungswerte voneinander unterscheiden. Im Rahmen der sozialwissenschaftlichen Statistik ist die Varianz (σ^2) folgendermaßen definiert[11]:

$$\sigma^2 = \frac{\sum_{i=1}^{N} (x_i - \bar{x})^2}{N}$$

Wie wir bereits bei unseren Ausführungen zum Umgang mit Meßfehlern angeführt haben, läßt sich der empirisch erhobene Meßwert x_i einer Person i als die Summe des wahren Wertes t_i und des Fehlerwertes e_i algebraisch festlegen, so daß gilt:

$$x_i = t_i + e_i$$

Drücken wir diesen Sachverhalt in Begriffen der Varianz aus, so erhalten wir:

$$\sigma_x^2 = \sigma_t^2 + \sigma_e^2$$

wobei σ_x^2 die Varianz der beobachteten Werte, σ_t^2 die Varianz der wahren Werte und σ_e^2 die Varianz der Fehler bezeichnet.

---

11 Eine eingehende Erklärung der Varianz, ihrer Formel und der darin verwendeten Symbole findet der Leser in Kapitel 5.

Die Reliabilität einer Messung kann dann unter Bezug auf diese Varianzen als Verhältnis der Varianz der wahren Werte zur Varianz der beobachteten Werte wie folgt ausgedrückt werden:

$$\text{Reliabilität} = \frac{\sigma_t^2}{\sigma_x^2} = \frac{\sigma_x^2 - \sigma_e^2}{\sigma_x^2}$$

Von dieser Formel der Reliabilität können wir folgende Aussagen ableiten: Erstens, beinhaltet unsere Messung nur Fehler, so gilt $\sigma_x^2 = \sigma_e^2$ und die Reliabilität unserer Messung ist Null; und zweitens, beinhaltet unsere Messung keine Fehler, so gilt $\sigma_e^2 = 0$ bzw. $\sigma_x^2 = \sigma_t^2$ und die als Verhältnis der Varianzen der wahren Werte und der beobachteten Werte definierte Realibilität ist Eins; mathematisch ausgedrückt:

$$\frac{\sigma_x^2}{\sigma_x^2} = 1$$

Diesen Ausführungen zufolge variiert die Reliabilität einer Messung immer zwischen Null und Eins.

In der sozialwissenschaftlichen Forschungspraxis ist es jedoch nicht möglich, den wahren Wert einer Messung unabhängig von den Fehlern, die jede Messung beinhaltet, direkt zu ermitteln, d.h. wir können das Verhältnis der Varianzen der wahren Werte und der beobachteten Werten nur schätzen. Es existieren in den Sozialwissenschaften drei Hauptmethoden, um solche Schätzungen vorzunehmen:

1. Die Test-Retest-Methode;
2. die Paralleltestmethode; und
3. die 'Split-Half'-Methode.

Test-Retest-Methode

Bei der Test-Retest-Methode wird dasselbe Meßinstrument zweimal, jeweils zu verschiedenen Zeitpunkten, auf die selbe Gruppe von Personen angewendet. Die Korrelation zwischen beiden Messungen ergibt dann die Schätzung der Reliabilität. Im Rahmen dieser Methode ist der Fehler als etwas definiert, das bei der ersten Messung einer Person zu einem anderen Wert führt als bei der zweiten Messung derselben Person.

Die Test-Retest-Methode unterliegt zwei Beschränkungen, die entweder zu einer Überschätzung oder aber zu einer Unterschätzung der Reliabilität eines Meßinstruments führen können. Eine erste Beschränkung liegt in dem Umstand begründet, daß sich bspw. Befragte bei der zweiten

Messung an ihre Antworten der ersten erinnern und gleich antworten, um konsistent zu bleiben. Dies kann zu einer Überschätzung der Reliabilität führen. Eine zweite Beschränkung ist durch das dynamische Element begründet, dem Individuen unterworfen sind. Dies kann eine Veränderung der wahren Werte nach der oder durch die erste Messung zur Folge haben, was dann zu einer Unterschätzung der Reliabilität führen kann. Da es sehr schwierig ist, zu bestimmen, ob in einem bestimmten Fall einer Über- oder eine Unterschätzung der Reliabilität vorliegt, wird die Test-Retest-Methode in der Praxis nur sehr selten verwendet.

Paralleltestmethode

Um die Beschränkungen der Test-Retest-Methode zu überwinden wurden Paralleltestmethoden entwickelt. Bei der Paralleltestmethode werden vergleichende Messungen zum gleichen Zeitpunkt vorgenommen, doch mit zwei verschiedenen Meßinstrumenten. Dabei sollten diese beiden Meßinstrumente dieselbe Dimension messen und sich möglichst ähnlich sein. Wie bei der Test-Retest-Methode wird dann auch bei der Paralleltestmethode die Korrelation der Meßwerte beider Meßinstrumente für eine Schätzung der Reliabilität verwendet. Das Problem dieser Methode besteht jedoch darin, daß es nicht immer einfach ist, zwei wirklich parallele Tests zu finden. Wegen dieser Schwierigkeit wird deshalb auch diese Methode in der Praxis nur sehr selten verwendet.

'Split-Half'-Methode

Die 'Split-Half'-Methode schätzt die Reliabilität eines Meßinstruments, indem zwei oder mehr Teile diese Instruments als eigene Skalen behandelt werden. Ist unser Meßinstrument bspw. ein Fragebogen so wird dieser in zwei Mengen aufgeteilt, wobei die erste Menge alle Fragen beinhaltet, deren Nummern gerade sind, und die zweite alle Fragen, deren Nummern ungerade sind. Jede dieser Mengen wird separat behandelt und entsprechend auch die Werte ermittelt. Diese beiden Mengen werden korreliert und bilden die Grundlage für die Schätzung der Reliabilität, die mit der 'SPEARMAN-BROWN-Formel' vorgenommen wird, wobei $r_{xx'}$ die Reliabilitäts-Schätzung und r_{gu} die Korrelation der Mengen mit geraden und ungeraden Fragenummern symbolisiert:

$$r_{xx'} = \frac{2r_{gu}}{1 + 2r_{gu}}$$

Das Problem der auf der 'SPEARMAN-BROWN-Formel' basierenden Reliabilitätsschätzung besteht in dem Umstand, daß die Aufteilung bspw. der Fragen eines Fragebogens auf verschiedene Weise möglich ist. Unser angeführtes Vorgehen mit der Aufteilung der Menge der Fragen in solche mit gerade und in solche mit ungerader Fragenummer stellt nur *eine* dieser Möglichkeiten dar. Durch diese verschiedenen Möglichkeiten der Aufteilung können so mit denselben Daten unterschiedliche Koeffizienten der Reliabilitätsschätzung berechnet werden.

Um diese Willkürlichkeit bei der 'Split-Half'-Methode zu beseitigen hat u.a. der Psychometriker CRONBACH [CRONBACH 1951] einen Koeffizienten α entwickelt, der dem Mittelwert aller möglichen 'Split-Half'-Koeffizienten entspricht. Dieser Koeffizient α wird aus den Korrelationen aller Fragen untereinander nach folgender Formel berechnet, wobei a der Anzahl der Fragen und b der Summe der Korrelationen der Fragen untereinander entspricht:

$$\alpha = \frac{a}{a-1}\left[1 - \frac{a}{a+2b}\right]$$

Der Koeffizient α kann einen Wert zwischen Null und Eins annehmen, wobei empirische Werte über 0.8 als akzeptabel betrachtet werden [SCHNELL, HILL, ESSER 1989:149].

2.5 Eigenschaften und Arten theoretischer Modelle

Die im Rahmen des substantiellen Teils einer empirischen Theorie formulierten theoretischen Konstrukte und theoretischen Postulate können unter systematisierenden Gesichtspunkten weiter analysiert werden, und zwar

1. im Hinblick auf die Position der Konstrukte im substantiellen Theorieteil; und
2. im Hinblick auf die Eigenschaften und Arten der die theoretischen Konstrukte verbindenden theoretischen Postulate.

Die Entitäten, die solche Beziehungen zwischen den Konstrukten wie auch die Eigenschaften solcher Konstrukte beschreiben, werden auch als theoretische Modelle bezeichnet. Im folgenden werden wir einige dieser theoretischen Modelle vorstellen, wobei wir den Begriff 'Konstrukt' durch den allgemeineren Begriff 'Variable' ersetzen.

2.5.1 Position von Variablen

Im Hinblick auf die Position von Variablen können wir zwei Modelle unterscheiden:

1. Zwei-Variablen-Modelle; und
2. Mehr-Variablen-Modelle.

Zwei-Variablen-Modelle

Zwei-Variablen-Modelle sind die einfachsten theoretischen Modelle. Darin wird die Variable (Konstrukt), die durch eine andere Variable 'erklärt' oder 'prognostiziert' werden soll, als abhängige Variable bezeichnet, und die Variable, die eine andere Variable 'erklärt' oder 'prognostiziert' als unabhängige Variable.

Hier muß jedoch einschränkend angemerkt werden, daß die Dichotomie 'abhängig-unabhängig' immer nur in bezug auf das jeweilige Zwei-Variablen-Modell gilt, d.h. es ist nicht von vorneherein ausgeschlossen, daß bspw. die unabhängige Variable in einem anderen Modell eine abhängige Variable ist und vice versa, noch ist gemeint, daß die im Modell 'unabhängige' Variable von der anderen Variablen abhängig ist.

Verdeutlichen wir uns das Zwei-Variablen-Modell an einem Beispiel. Wir stellen die Vermutung auf, daß durch die Variable 'Soziale Schicht' die Variable 'Anspruchsniveau' 'erklärt' oder 'prognostiziert' wird. In diesem Fall stellt die Variable 'soziale Schicht' (SS) die unabhängige Variable dar und die Variable 'Anspruchsniveau' (AN) die abhängige. In einem Diagramm kann dieser Zusammenhang folgendermaßen anschaulich gemacht werden (Abb.2-20):

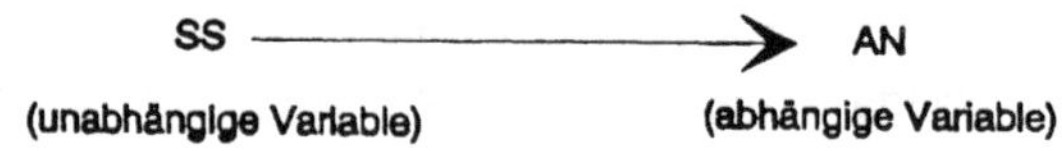

Abb.2-20 Beispiel für ein Zwei-Variablen-Modell

Mehr-Variablen-Modelle

Bei Mehr-Variablen-Modellen treten zwei Gruppen von Variablen auf: exogene und endogene Variablen.

Exogene Variablen sind Variablen, die andere Variablen 'erklären' oder 'prognostizieren', selbst aber nicht weiter 'erklärt' oder 'prognostiziert' werden.

Endogene Variablen sind Variablen, die von anderen Variablen 'erklärt' oder 'prognostiziert' werden. Solche endogenen Variablen können selbst wiederum andere Variablen (dann auch endogene Variablen) 'erklären' oder 'prognostizieren'. Solche Variablen, die zwischen Variablen 'vermitteln' werden auch intervenierende Variablen genannt.

Aufgrund der Tatsache, daß in Mehr-Variablen-Modellen Variablen gleichzeitig sowohl 'erklären' oder 'prognostizieren' können als auch 'erklärt' oder 'prognostiziert' werden können, ist in ihnen eine ausschließliche Unterscheidung der Variablen in abhängige und unabhängige nicht möglich.

Verdeutlichen wir uns ein Mehr-Variablen-Modell an einem Beispiel. Wir wollen die Variable 'Sozialprestige' (SP) erklären. Eine Variable, die 'Sozialprestige' erklären kann, ist sicherlich 'Einkommen' (E). Ebenso kann 'Sozialprestige' auch durch die Variablen 'Schulausbildung' (SA) und 'sozioökonomischer Status der Eltern' (SOSE) erklärt werden. Ob das 'Einkommen' einer Person hoch oder niedrig ist, hängt jedoch auch von den Variablen 'Schulausbildung' und 'sozioökonomischer Status der Eltern' ab. Die so vermuteten Beziehungen zwischen den Variablen können graphisch folgendermaßen veranschaulicht werden (Abb.2-21):

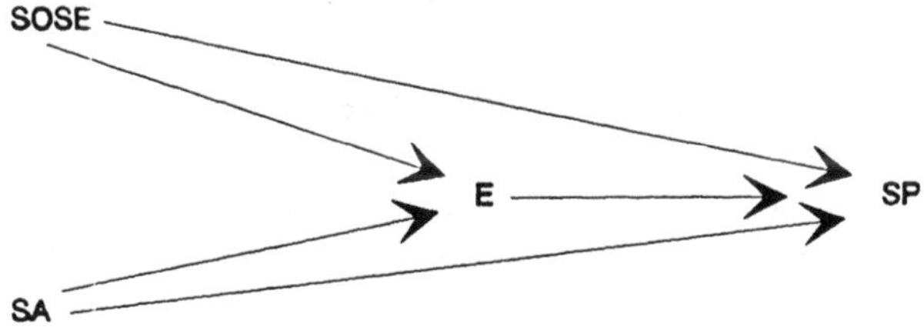

Abb.2-21 Beispiel für ein Mehr-Variablen-Modell

Wie aus diesem Beispiel ersichtlich ist, stellen die Variablen SA und SOSE exogene Variablen dar, die Variablen E und SP endogene Variablen, wobei die Variable E sowohl 'erklärt' wird (durch SA und SOSE) als auch selbst SP 'erklärt'.

2.5.2 Arten von Beziehungen zwischen Variablen

Die Beziehungen zwischen Variablen können nach folgenden Kriterien unterschieden werden:

1. Nach dem Vorzeichen der Beziehung;
2. nach der Stärke der Beziehung;
3. nach der Wirkungsweise der Variablen;
4. nach der Symmetrie der Beziehung; und
5. nach der Darstellungsweise.

Vorzeichen der Beziehung

Zwischen zwei Variablen kann ein positiver Zusammenhang (+) oder ein negativer (-) Zusammenhang bestehen.

Bei einem positiven Zusammenhang tritt ein hoher bzw. niedriger Wert der einen Variablen immer mit einem hohen bzw. niedrigen Wert der anderen Variablen auf.

Bei einem negativen Zusammenhang tritt ein hoher bzw. niedriger Wert der einen Variablen immer mit einem niedrigen bzw. hohen Wert der anderen Variablen auf.

Positive Zusammenhänge bezeichnen wir deshalb auch als gleichsinnige Variation und negative Zusammenhänge als gegensinnige Variation.

Stärke der Beziehung

Zwischen zwei Variablen kann eine deterministische Beziehung bestehen oder eine probabilistische (wahrscheinlichkeitstheoretische).

Bei einer deterministischen Beziehung besteht zwischen den Variablen ein 'perfekter' Zusammenhang in dem Sinne, daß bei Kenntnis der Werte der einen Variablen die Werte der anderen Variablen ohne Fehler prognostiziert werden können.

Bei der probabilistischen Beziehung besteht zwischen den Variablen eine Beziehung, die mehr oder weniger zahlreiche und deutliche Abweichungen von einer deterministischen Vermutung aufweist, d.h. es besteht ein 'nicht perfekter' Zusammenhang zwischen den Variablen.

Wirkungsweise der Variablen

Variablen können danach unterschieden werden, ob sie mit anderen Variablen in einer direkten oder in einer indirekten Beziehung stehen.

Variablen, die unmittelbar aufeinander 'wirken', stehen in einer direkten Beziehung zueinander. So stellen bspw. die Beziehungen zwischen Variablen in Zwei-Variablen-Modellen immer direkte Beziehungen dar.

Variablen, die über intervenierende Variablen miteinander verbunden sind, stehen in einer indirekten Beziehung zueinander. Verdeutlichen wir uns dies an einem Beispiel. Gegeben seien die vier Variablen x_1, x_2, x_3 und x_4, die in ihrer Reihenfolge durch das theoretische Postulat '...besitzt einen Effekt auf...' (symbolisch ausgedrückt durch einen Pfeil) miteinander verbunden sind (Abb.2-22):

$$x_1 \longrightarrow x_2 \longrightarrow x_3$$

Abb.2-22 Beispiel für indirekte Beziehungen zwischen Variablen

An dieser Abbildung können wir folgende Beziehungszusammenhänge zwischen den Variablen identifizieren: Erstens, es bestehen direkte Beziehungen zwischen den Variablen x_1 und x_2, x_2 und x_3 sowie x_3 und x_4; und zweitens, es bestehen indirekte Beziehungen zwischen den Variablen x_1 und x_3, x_1 und x_4 sowie x_2 und x_4. Bei den indirekten Beziehungen sind die Variablen x_1 und x_3 über die intervenierende Variable x_2 miteinander verbunden, die Variablen x_1 und x_4 über die intervenierenden Variablen x_2 und x_3 sowie die Variablen x_2 und x_4 über die intervenierende Variable x_3.

Symmetrie der Variablen

Die Beziehungen zwischen Variablen können symmetrisch oder asymmetrisch sein. In theoretischen Modellen werden dabei zwei Formen von symmetrischen und asymmetrischen Beziehungen unterschieden:

1. Spezifizierung oder Nicht-Spezifizierung der Wirkungsrichtung der Variablen (kausale oder korrelative Beziehungen); und
2. einseitige oder gegenseitige Wirkung der Variablen aufeinander (rekursive oder nicht-rekursive theoretische Modelle).

Kausale Beziehungen

Bei kausalen Beziehungen zwischen Variablen wird die Richtung der Wirkung der Variablen angegeben. Wir haben es folglich mit einer asymmetrischen Beziehung zu tun, wie sich an folgendem Beispiel leicht deutlich machen läßt. Gegeben seien die beiden Variablen x_1 und x_2, von denen wir annehmen, daß x_1 einen kausalen Effekt auf x_2 besitzt (symbolisiert durch einen Pfeil), nicht aber x_2 auf x_1. Bezeichnen wir die Stärke des Kausalzusammenhangs zwischen x_1 und x_2 mit p_{21} (wobei das erste Subskript die Nummer der Variablen angibt, auf die der Effekt wirkt und das zweite die Nummer der Variablen, die den Effekt bewirkt), so können wir diese Kausalbeziehung graphisch folgendermaßen angeben (Abb.2-23):

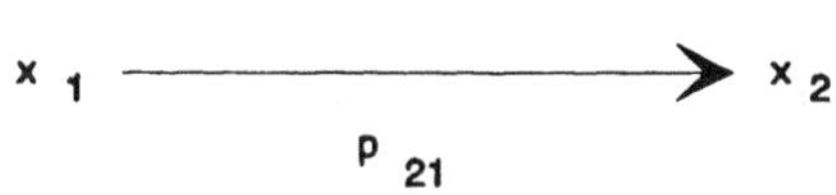

Abb.2-23 Beispiel für eine kausale Beziehung

Wie aus diesem Beispiel leicht ersichtlich, kann nur ein Wert p_{21} für die Stärke des Kausalzusammenhangs zwischen x_1 und x_2 berechnet werden, aber nicht ein Wert p_{12}, der in dieser asymmetrischen Beziehung Null ist. Es gilt folglich $p_{21} \neq p_{12}$.

Korrelative Beziehungen

Bei korrelativen Beziehungen zwischen Variablen wird bloß die Behauptung eines Zusammenhangs zwischen Variablen aufgestellt, ohne daß die Richtung dieses Zusammenhangs angegeben wird. Wir haben es folglich mit einer symmetrischen Beziehung zu tun, wie sich an folgendem Beispiel leicht deutlich machen läßt. Gegeben seien die beiden Variablen x_1 und x_2, von denen wir annehmen, daß zwischen x_1 und x_2 ein Zusammenhang besteht (symbolisiert durch einen Pfeil mit zwei Endpunkten) (Abb.2-24). Die Stärke dieses Zusammenhangs wird durch den Korrelationskoeffizienten r_{12} bzw. r_{21} ausgedrückt. Da nur ein Zusammenhang zwischen x_1 und x_2 angenommen wird, ohne daß die Richtung eines Effekts angegeben wird, gilt folglich $r_{12} = r_{21}$ (also Symmetrie).

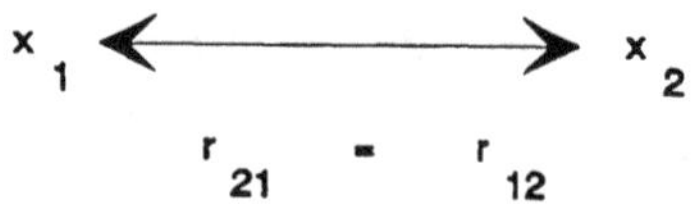

Abb.2-24 Beispiel für eine korrelative Beziehung

Rekursive theoretische Modelle

Rekursive Modelle sind Kausal-Modelle ohne Annahme von Rückwirkungen zwischen je zwei Variablen x_i und x_j. Wenn die Stärke des kausalen Zusammenhangs $p_{ij} \neq 0$ ist, dann ist $p_{ji} = 0$. Rekursive Modelle sind folglich asymmetrisch (Abb.2-25).

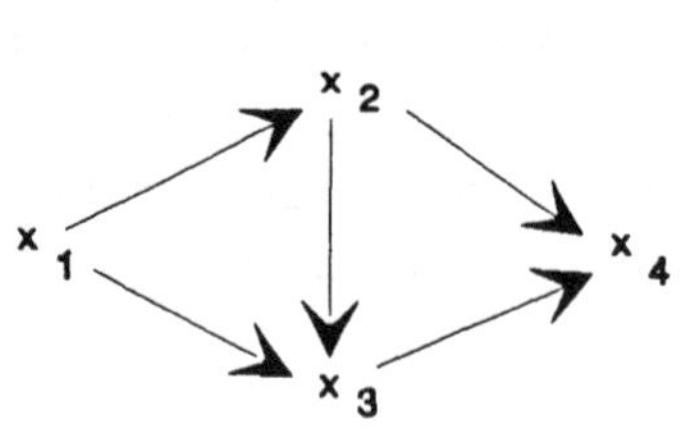

Abb.2-25 Beispiel für ein rekursives Modell

Nicht-rekursive Modelle

Nicht-rekursive Modelle sind Kausal-Modelle, bei denen sich mindestens zwei Variablen x_i und x_j wechselseitig beeinflussen, so daß gilt: $p_{ij} \neq 0$ *und* $p_{ji} \neq 0$. Nicht-rekursive Modelle sind folglich symmetrisch (Abb.2-26).

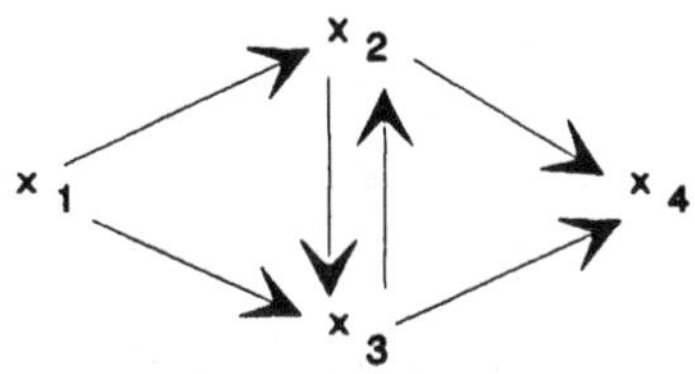

Abb.2-26 Beispiel für ein nicht-rekursives Modell

Besonderheiten symmetrischer und asymmetrischer Modelle

Der Vorteil von kausalen Modellen gegenüber korrelativen Modellen besteht in ihrem höheren Informationsgehalt. Dagegen sind aber korrelative Modelle schwerer zu widerlegen als kausale Modelle.

Nicht-rekursive Modelle sind in der Regel 'realistischer' als rekursive Modelle, doch nur sehr schwer zu überprüfen. Dies ist in den Sozialwissenschaften vor allem deshalb schwierig, weil eine solche Überprüfung systematische Experimente erfordert, solche jedoch kaum in der sozialwissenschaftlichen Forschungspraxis durchführbar sind. Wenn Überprüfungen von nicht-rekursiven Modellen vorgenommen werden, so muß sich der Sozialwissenschaftler mit statistischen Simulationen begnügen, bei denen jedoch sehr vieles ungeprüft als Annahme unterstellt werden muß.

Darstellungsweise

Theorien können auf sehr unterschiedliche Weise dargestellt und anderen übermittelt werden. Es ist im Prinzip gleichgültig, welche Darstellungsform man auswählt, solange die gemeinten Informationen übermittelt werden können. Doch sollten nicht nur aus Gründen der Intersubjektivität, sondern auch aus praktischen Gründen, solche Darstellungsformen ausgewählt werden, bei denen die Gefahr von Vermittlungsfehlern am stärksten minimiert wird. Zweifellos ist dies bei Theorien in formalisierter Form am ehesten gewährleistet [DREIER 1993:38-45]. Grundsätzlich sollten Theorien deshalb explizit und formal dargestellt werden.

Die drei wichtigsten Arten der Theoriedarstellung sind:

1. Die verbale Darstellung;
2. die graphische Darstellung; und
3. die formale Darstellung.

An dem Beispiel 'Sozialprestige' wollen wir diese drei Arten der Theoriedarstellung kurz exemplifizieren.

Verbale Darstellung einer Theorie

Unsere Beispieltheorie ist eine Theorie zur Erklärung von 'Sozialprestige' einer Person. Darin wird jedoch nicht der Anspruch erhoben, daß in diese Theorie *alle* relevanten Variablen zur Erklärung von 'Sozialprestige' einbezogen sind. Die verbale Darstellung unserer Theorie lautet folgendermaßen:

"Eine höhere soziale Schicht bedingt, daß Personen eher ein höheres Einkommen erlangen, welches selbst wiederum einer solchen Person ein höheres Sozialprestige erbringt. Gleichzeitig bedingt aber auch der höhere sozioökonomische Status der Eltern, daß eine Person eher ein höheres Einkommen erzielt. Unabhängig vom Einkommen bedingen jedoch auch immer schon eine höhere soziale Schicht und ein höherer sozioökonomischer Status der Eltern, daß eine Person ein höheres Sozialprestige genießt."

Graphische Darstellung einer Theorie

Die vorgängig verbal formulierte Theorie wollen wir jetzt graphisch darstellen. Dazu ist es zunächst notwendig, ihre Variablen zu identifizieren und die Beziehungen zwischen ihnen.

Folgende Variablen können wir aus unserer verbalen Darstellung ableiten:

1. x_1 für 'soziale Schicht';
2. x_2 für 'sozioökonomischer Status der Eltern';
3. x_3 für 'Einkommen'; und
4. x_4 für 'Sozialprestige'.

Die Beziehungen zwischen diesen Variablen sind positiv (+), d.h. besitzt eine Variable einen hohen bzw. niedrigen Wert, dann besitzt auch die andere Variable einen hohen bzw. niedrigen Wert. Unsere Theorie präsentiert darüber hinaus ein Mehr-Variablen-Modell mit x_1 und x_2 als exogenen Variablen und x_3 und x_4 als endogenen Variablen, wobei x_3 eine intervenierende Variable ist. Die Richtungen der Effekte von einer Variablen auf die andere(n) sind angegeben, so daß wir es mit einem Kausal-Modell zu tun haben, das rekursiv ist.

Die graphische Darstellung unserer Theorie kann folgendermaßen angegeben werden (Abb.2-27):

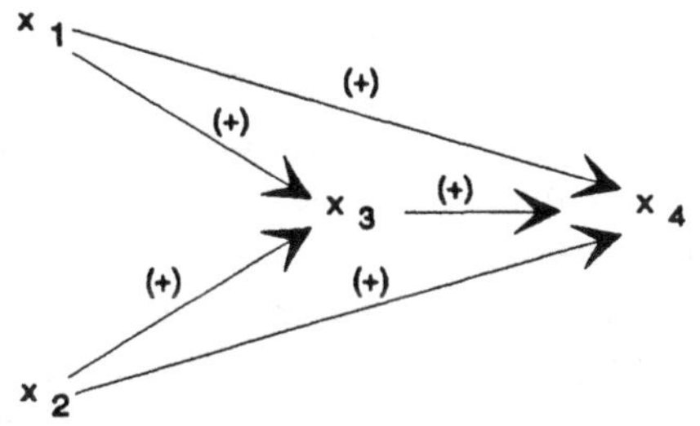

Abb.2-27 Graphische Darstellung der Beispieltheorie für Sozialprestige

Formale Darstellung einer Theorie

Für die oben identifizierten Variablen x_1, x_2, x_3 und x_4 gelten folgende formalisierte Abhängigkeiten:

1. $x_3 = p_{31}x_1 + p_{32}x_2$
2. $x_4 = p_{41}x_1 + p_{42}x_2 + p_{43}x_4$

2.6 Von der Theorieformulierung zur Theorieüberprüfung. Abschließende Bemerkungen

Das Ziel systematisch und empirisch betriebener Wissenschaften liegt in dem Versuch, über einen bestimmten empirisch erfaßbaren Gegenstandsbereich eine Menge von 'wahren' Aussagen zu bilden, über die zuvor unerklärliche Ereignisse bzw. Phänomene erklärt werden können. Die Konzeption solcher Aussagen, die, wenn sie in ein systematisches Gefüge gebracht und widerspruchsfrei sind, als empirische Theorie bezeichnet werden, folgt einem bestimmten Typus von aufeinander folgenden Ablaufschritten.

Ein erster Schritt besteht in der Formulierung von Vermutungen über Zusammenhänge zwischen theoretischen Konstrukten. Wir nennen diesen Schritt auch die Hypothesenformulierung.

In einem zweiten Schritt testen bzw. überprüfen wir unsere Vermutungen durch Erhebung empirischer Daten.

Ein dritter Schritt beinhaltet den Vergleich unserer Vermutungen mit unserem Test- bzw. Überprüfungsergebnis.

In einem vierten Schritt schließlich, bewerten wir diesen Vergleich. Stimmen unsere Test- bzw. Überprüfungsergebnisse mit unseren Vermutungen überein, so bezeichnen wir unsere Theorie als vorläufig 'bewährt'. Dieser Fall tritt jedoch in der sozialwissenschaftlichen Forschungspraxis nur sehr selten auf. In den meisten Fällen stimmen unsere Test- bzw. Überprüfungsergebnisse mit unseren Vermutungen nicht überein. Ist dies der Fall, so stehen uns zwei Strategien zu Verfügung: Erstens, wir verwerfen unsere Theorie; ein Vorgang, der innerhalb der Sozialwissenschaften in der Praxis nur sehr selten befolgt wird; oder zweitens, wir modifizieren unsere Vermutungen (Theorie) um die Abweichungen unseres Vergleichs zwischen unseren Vermutungen und den Test- bzw. Überprüfungsergebnissen. In diesem Fall stellt dann unsere modifizierte Theorie eine neue Vermutung auf, die wiederum den hier genannten Ablaufschritten zu unterwerfen ist.

2.7 Literatur

ALBRECHT, Günter; DAHEIM, Hans-Jürgen; SACK, Fritz (Hrsg.) (1973): Soziologie. Sprache - Bezug zur Sprache - Verhältnis zu anderen Wissenschaften. Opladen: Westdeutscher Verlag

BAILEY,Kenneth D. (1973): Monothetic and Polythetic Typologies and their Relation to Conceptualization, Measurement, and Scaling. *American Sociological Review 38*, S.18-33

BALZER, Wolfgang; MOULINES, Carlos U.; SNEED, Joseph D. (1987): An Architectonic for Science. The Structuralist Program. Dordrecht: Reidel

BOCHENSKI, I.M.; MENNE, Albert (1983): Grundriß der formalen Logik (5.Aufl.). Paderborn: Schöningh

BRAITHWAITE, Richard Bevan (1955): Scientific Explanation. A Study of the Function of Theory, Probability and Law in Science. Cambridge: Cambridge University Press

CAMPBELL, Norman R. (1952): Foundations of Science. New York: Dover

CAMPBELL, Norman R. (1953): What is Science? New York: Dover

CARNAP, Rudolf (1923): Über die Aufgabe der Physik und die Anwendung des Grundsatzes der Einfachstheit. *Kant-Studien 28*, S.90-107

CARNAP, Rudolf (1974): Theoretische Begriffe der Wissenschaft. In G.L.EBERLEIN, W.KROEBER-RIEL, W.LEINFELLNER (Hrsg.) (1974), S.47-91

CARNAP, Rudolf (1986): Einführung in die Philosophie der Naturwissenschaften. Frankfurt am Main, Berlin: Ullstein

CHADWICK, Bruce A.; BAHR, Howard, M.; ALBRECHT, Stan L. (1984): Social Science Research Methods. Englewood Cliffs: Prentice-Hall

CRONBACH, L.J. (1951): Coefficient Alpha and the Internal Structure of Tests. *Psychometrika 16*, S.297-334

de VAUS, D.A. (1990): Surveys in Social Research (2nd.ed.). London: Unwin Hyman

DREIER, Volker (1993): Zur Logik politikwissenschaftlicher Theorien. Eine metatheoretische Grundlegung zur Analyse der logischen Struktur politikwissenschaftlicher Theorien im Rahmen der Strukturalistischen Wissenschaftstheorie. Frankfurt am Main u.a.: Lang

DUHEM, Pierre (1908): Ziel und Struktur wissenschaftlicher Theorien. Leipzig

EBERLEIN, Gerald; KROEBER-RIEL, Werner; LEINFELLNER, Werner (Hrsg.) (1974): Forschungslogik der Sozialwissenschaften. Düsseldorf: Bertelsmann Universitätsverlag

ESSER, Hartmut; KLENOVITS, Klaus; ZEHNPFENNIG; Helmut (1977-1): Wissenschaftstheorie, Bd.1, Grundlagen und Analytische Wissenschaftstheorie. Stuttgart: Teubner

ESSLER, Wilhelm K. (1969): Einführung in die Logik (2.erw.Aufl.). Stuttgart: Kröner

FEIGL, Herbert (1970): The "Orthodox" View of Theories: Remarks as well as Critique. In M.RADNER, S.WINOKUR (Eds.) (1970), S.3-16

GERSTER, Hans-Dieter (1981): Aussagenlogik - Mengen - Relationen (5.Aufl.). Freiburg: Herder

GRUBITZSCH, Siegried (1991): Testtheorie - Testpraxis. Psychologische Tests und Prüfverfahren im kritischen Überblick. Reinbek bei Hamburg: Rowohlt

GUTTMAN, Louis (1950): The Basis for Scalogram Analysis. In S.A.STOUFFER et.al. (1950), S.60-90

HEMPEL, Carl G. (1974): Grundzüge der Begriffsbildung in der empirischen Wissenschaft. Düsseldorf: Bertelsmann Universitätsverlag

HEMPEL, Carl G. (1980): Typologische Methoden in den Sozialwissenschaften. In E.TOPITSCH (Hrsg.) (1980), S.85-103

KAMKE, Erich (1969): Mengenlehre. Berlin: de Gruyter

KRIZ, Jürgen; LISCH, Ralf (1988): Methoden-Lexikon für Mediziner, Psychologen, Soziologen. München, Weinheim: Psychologie Verlags Union

LEINFELLNER, Werner (1965): Struktur und Aufbau wissenschaftlicher Theorien. Wien, Zürich: Pysica-Verlag

LEINFELLNER, Werner (1967): Einführung in die Erkenntnis- und Wissenschaftstheorie (2.erw.Aufl.). Mannheim, Wien, Zürich: Bibliographisches Institut

LIPSCHUTZ, Seymour (1964): Set Theory and Related Topics. New York u.a.: McGraw-Hill

LOSEE, John (1977): Wissenschaftstheorie. Eine historische Einführung. München: Beck'sche Verlagsbuchhandlung

LUCE, R.Duncan; BUSH, Robert R.; GALANTER, Eugene (Eds.) (1963): Handbook of Mathematical Psychology, Vol. I, Chapters 1-8. New York, London: Wiley

LUHMANN, Niklas (1969): Klassische Theorie der Macht. *Zeitschrift für Politik 16*, S.149-170

LUHMANN, Niklas (1975): Macht. Stuttgart: Enke

NOWAK, Stefan (1963): Correlational, Definitional, and Inferential Indicators. *Polish Sociological Bulletin 8*, S.31-46

OESER, Erhard (1976-3): Wissenschaft und Information, Bd.3, Struktur und Dynamik erfahrungswissenschaftlicher Systeme. Wien, München: Oldenbourg

ORTH, Bernhard (1974): Einführung in die Theorie des Messens. Stuttgart u.a.: Kohlhammer

RADNER, M.; WINOKUR, S. (Eds.) (1970): Minnesota Studies in the Philosophy of Science, Vol.IV. Minneapolis: University of Minnesota Press

SCHMIDT, Siegfried J. (1969): Bedeutung und Begriff. Braunschweig: Vieweg

STEGMÜLLER, Wolfgang (1958): Artikel: Wissenschaftstheorie. In Lexikon Philosophie. Frankfurt am Main: Fischer

STEGMÜLLER, Wolfgang (1970): Probleme und Resultate der Wissenschaftstheorie und Analytischen Philosophie. Bd. II, Theorie und Erfahrung, 1.Tlbd., Berlin u.a.: Springer

STEVENS, S.S. (1946): On the Theory of Scales and Measurement. *Science 103*, S.677-680

STOUFFER, S.A. et.al. (1950): Measurement and Prediction. Princeton: Princeton University Press

SULLIVAN, John L.; FELDMAN, Stanley (1979): Multiple Indicators. An Introduction. Beverly Hills, London: Sage

SUPPE, Frederick (1977a): The Search for Philosophical Understanding of Scientific Theories. In F.SUPPE (Ed.) (1977b); S.3-241

SUPPE, Frederick (Ed.) (1977b): The Structure of Scientific Theories (2nd.ed.). Urbana, Chicago: University of Illinois Press

SUPPES, Patrick; ZINNES, Joseph L. (1963): Basic Measurement Theory. In R.D.LUCE, R.R.BUSCH, E.GALANTER (Eds.) (1963), S.1-76

TOPITSCH, Ernst (Hrsg.) (1980): Logik der Sozialwissenschaften (10.veränd.Aufl). Königstein/Ts.: Hain

WEBER, Max (1976): Wirtschaft und Gesellschaft (5. Aufl.). Tübingen: Mohr

WENTURIS, Nikolaus; VAN HOVE, Walter; DREIER, Volker (1992): Methodologie der Sozialwissenschaften. Eine Einführung. Tübingen: Francke

WESTMEYER, Hans (Ed.) (1989): Psychological Theories from a Structuralist Point of View. Berlin u.a.: Springer

WESTMEYER, Hans (Ed.) (1992): The Structuralist Program in Psychology: Foundations and Applications. Bern u.a.: Hogrefe & Huber

WITTGENSTEIN, Ludwig (1984-1): Philosophische Untersuchungen. In Werkausgabe in 8 Bänden, Bd.1. Frankfurt am Main: Suhrkamp

ZELLER, Richard A.; CARMINES, Edward G. (1980): Measurement in the Social Sciences. The Link between Theory and Data. Cambridge: Cambridge University Press

ZIEGLER, Rolf (1973): Typologien und Klassifikationen. In G.ALBRECHT, H.-J. DAHEIM, F.SACK (Hrsg.) (1973), S.11-47

3.0 Verfahren der Datenerhebung

3.1 Die Bedeutung der Datenerhebung für die empirische Sozialforschung

Um die in einer Hypothese bzw. Theorie aufgestellten Behauptungen über ein klar definiertes Segment der empirisch erfaßbaren Realität zu überprüfen, benötigen wir über dieses Realitätssegment Informationen, sogenannte Daten[1]. Solche Informationen stehen uns aber in den meisten Fällen nicht schon von vornherein zu Verfügung, in den meisten Fällen müssen wir sie uns zuerst verschaffen bzw. konstruieren. Im Kanon der empirischen Sozialforschung heißt das auch, daß wir die benötigten Daten zunächst einmal erheben müssen.

Diese Aufgabe kann mit unterschiedlichen Verfahren bzw. Techniken durchgeführt werden. Die innerhalb der empirischen Sozialforschung geläufigsten Verfahren sind dabei die der Beobachtung, der Befragung und der Inhaltsanalyse, seltener auch des Experiments.

Die allgemeine Funktion aller dieser Verfahren besteht zunächst einmal in der Sammlung deskriptiver Informationen über ein bestimmtes Realitätssegment. Betrachten wir ihre Funktion etwas spezifischer im Hinblick auf die Überprüfung von Hypothesen bzw. Theorien, so besteht diese in der Erhebung von Indikatoren für theoretische Konstrukte, bspw. die Indikatoren 'Einkommen', 'Schulbildung' und 'Sozialpresige' für das theoretische Konstrukt 'soziale Schicht'.

Grundsätzlich bedeutet jede Datenerhebung immer Beobachtung von Verhalten bzw. Eigenschaften. Ihre jeweilige Form bestimmt dabei die adäquate Technik der Datenerhebung. Manifestes aktuelles Verhalten ist am besten durch das Verfahren der Beobachtung, verbales Verhalten durch das Verfahren der Befragung und dokumentiertes Verhalten durch das Verfahren der Inhaltsanalyse zu erfassen.

Alle Verhaltensäußerungen bzw. Eigenschaften sind unabhängig von dem gewählten Erhebungsverfahren in Kategorien von Variablen zu klassifizieren. Dies erfolgt bei der Beobachtung vom Beobachter in ein Beobachtungsschema, bei der Befragung durch den Interviewer in einen Fragebogen und bei der Inhaltsanalyse durch den Vercoder in ein Vercodungsschema.

Bei allen diesen verfahrenspezifischen Klassifizierungsprozessen ist dabei immer zu überprüfen, ob diese auch valide und reliabel, d.h. gültig

---

[1] Eine eingehende Klärung des Begriffs 'Daten' nehmen wir in Kapitel 4 vor.

und zuverlässig sind. Um eine solche Überprüfung vornehmen zu können, wurden für die einzelnen Erhebungsverfahren spezifische Regeln aufgestellt.

Bei der Vorstellung der einzelnen Erhebungsverfahren in diesem Kapitel werden wir uns auf deren Grundzüge beschränken. Dies insbesondere deshalb, weil gerade in diesem Bereich in der empirischen Sozialforschung bereits eine sehr umfangreiche Anzahl von Lehrbüchern und Spezialliteratur vorliegt. Der Leser sei deshalb zu einer vertieferenden Information auf die jeweils angeführte Literatur verwiesen.

3.2 Die Beobachtung

3.2.1 Zum Begriff der wissenschaftlichen Beobachtung

Die Beobachtung ist eine Tätigkeit der Wahrnehmung, die wir als Alltagsmenschen tagtäglich anstellen. Wir 'beobachten' bspw. wie ein Autofahrer auf der gegenüberliegenden Straßenseite seinen Wagen einparkt oder wir sehen uns im Fernsehen ein Fußballspiel an und 'beobachten' die Aktionen der einzelnen Akteure. Es stellt sich hier jedoch bereits die Frage, ob wir bei solchen Tätigkeiten überhaupt schon berechtigterweise von Beobachtungen sprechen können.

Innerhalb der psychologischen Forschungspraxis wird von einer 'alltäglichen' Beobachtung dann gesprochen, wenn eine einfache Wahrnehmung zusätzlich durch folgende Kriterien bestimmt ist [GREVE, WENTURA 1991:4]: Absicht, Selektion und Auswertung.

Mit dem Kriterium der Absicht ist gefordert, daß Beobachtung einen Zweck und ein Ziel voraussetzen muß; mit dem Kriterium der Selektion, daß Beobachtung einen Aspekt der gesamten Wahrnehmung auswählen muß und andere zu vernachlässigen sind; und mit dem Kriterium der Auswertung, daß Beobachtung immer auf die Auswertbarkeit der Ergebnisse ausgerichtet sein muß. Ist eine bloße Wahrnehmung zusätzlich durch diese drei Kriterien ausgezeichnet, so können wir von einer 'alltäglichen' Beobachtung sprechen. Auf unsere beiden Beispiele bezogen bedeutet dies, daß sie zunächst einmal nur einfache Wahrnehmungen sein können, die noch nicht den Status einer 'alltäglichen' Beobachtung annehmen müssen.

Nach dieser ersten Unterscheidung zwischen einfacher Wahrnehmung und 'alltäglicher' Beobachtung können wir uns jetzt der Frage zuwenden, welche zusätzlichen Kriterien erfüllt sein müssen, um eine 'alltägliche' Beobachtung zu einer 'wissenschaftlichen' Beobachtung zu machen.

Auch hier ist es wieder hilfreich, auf die Ergebnisse der Psychologie zu rekurrieren. In dieser wird eine 'wissenschaftliche' Beobachtung von einer 'alltäglichen' Beobachtung dadurch unterschieden, daß erstere im Gegensatz zur letzteren dadurch ausgezeichnet ist, daß ihr Ziel in der Überprüfung einer Hypothese bzw. Theorie besteht und ihre Ergebnisse sowohl reproduzierbar als auch intersubjektiv gültig sein müssen [FEGER 1983:3]. Mit intersubjektiver Gültigkeit ist dabei gemeint, daß verschiedene Beobachter bei Beobachtung desselben Sachverhalts (Realitätssegments) auch zu demselben Ergebnis kommen.

Zusammenfassend kann von einer 'wissenschaftlichen' Beobachtung so immer dann gesprochen, wenn es sich um eine Beobachtung handelt, die

1. Die Absicht beinhaltet, bestimmte Annahmen zu überprüfen;
2. bestimmte Aspekte aus dem gesamten Wahrnehmungsfeld selektiert (auswählt);
3. die Auswertung der erhobenen Daten intendiert; und
4. die Kriterien der Reproduzierbarkeit und Intersubjektivität erfüllt.

3.2.2 Formen wissenschaftlicher Beobachtung

Wissenschaftliche Beobachtung kann in zwei grundlegende Formen untergliedert werden: in direkte Beobachtung und in indirekte Beobachtung. Die Form der direkten Beobachtung kann als Beobachtung im engeren Sinne verstanden werden; sie richtet sich dezidiert auf Beobachtung von aktuellem Verhalten. Im Gegensatz dazu richtet sich die Form der indirekten Beobachtung nicht auf das aktuelle Verhalten selbst, sondern auf dessen Spuren, Zeugnisse etc. wie etwa Gebäudereste, Reste in Grabstätten etc. Die Verfahren der indirekten Beobachtung sind jedoch nicht nur auf vergangene Phänomene, sondern auch auf gegenwärtige anwendbar. So ist es bspw. möglich durch indirekte Beobachtung des Inhalts von Abfalltonnen auf den Alkoholkonsum oder generell auf das Konsumverhalten zu schließen. Die dabei angewendeten Verfahren können unter den Begriff der nichtreaktiven Verfahren subsummiert werden[2].

[2] Vgl. dazu auch Punkt 1.2.3.1.2 in diesem Buch. Für eine vertiefende Information über nichtreaktive Verfahren verweisen wir auf [WEBB, CAMPBELL, SCHWARTZ, SECHREST 1975].

Die Formen der direkten Beobachtung lassen sich nach folgenden Gegensatzpaaren unterscheiden [SCHNELL, HILL, ESSER 1989:357ff]:

1. offene Beobachtung - verdeckte Beobachtung
2. teilnehmende Beobachtung - nicht-teilnehmende Beobachtung
3. strukturierte Beobachtung - nicht-strukturierte Beobachtung
4. Beobachtungen in natürlichen Beobachtungssituationen - Beobachtungen in künstlichen Beobachtungssituationen
5. Selbstbeobachtung - Fremdbeobachtung

Bei einer offenen Beobachtung wissen die beobachteten Personen, daß sie beobachtet werden, d.h. die Beobachtung wird transparent gemacht. Bei einer verdeckten Beobachtung dagegen wissen die beobachteten Personen nicht, daß sie beobachtet werden.

Bei einer teilnehmenden Beobachtung ist der Beobachter selbst Interaktionsmitglied der beobachteten Personen. Bei einer nicht-teilnehmenden Beobachtung nimmt der Beobachter die Stellung eines Außenstehenden ein, der sich nicht an den Interaktionen der beobachteten Personen beteiligt, sondern lediglich deren Interaktionsergebnisse protokolliert.

Bei einer strukturierten Beobachtung ist die Beobachtung durch ein sogenanntes Beobachtungsschema ausführlich strukturiert, d.h. es ist dem Beobachter vorgegeben, was er genau zu beobachten hat. Bei einer unstrukturierten Beobachtung ist dem Beobachter lediglich eine grobe Anweisung darüber vorgegeben, auf welche Beobachtungsinhalte er sein Augenmerk richten soll.

Bei einer Beobachtung in natürlichen Beobachtungssituationen findet die Beobachtung unter sogenannten Feldbedingungen statt, d.h. die beobachteten Personen befinden sich in ihrer natürlichen Umgebung. Bei einer Beobachtung in künstlichen Beobachtungssituationen findet die Beobachtung unter Laborbedingungen statt, d.h. die Interaktionen und Verhaltensweisen der beobachteten Personen werden in einem Labor unter standardisierten Bedingungen beobachtet.

Bei einer Selbstbeobachtung ist der Beobachter selbst Gegenstand der Beobachtung. Formen dieser Beobachtung sind etwa Introspektion und Selbstanalyse. Bei einer Fremdbeobachtung sind Gegenstand der Beobachtung vom Beobachter unterschiedene Personen.

In einer Matrix lassen sich die Formen der wissenschaftlichen Beobachtung nach den Kritieren Transparenz, Rolle des Beobachters, Realitätsbezug und Beziehung zum Objekt der Beobachtung einerseits und den Kriterien strukturiert und nicht-strukturiert wie folgt zusammenfassen (Abb.3-1):

Strukturierung	*nicht-strukturiert*	*strukturiert*
Transparenz	offen	verdeckt
Beobachterrolle	teilnehmend	nicht-teilnehmend
Realitätsbezug	direkt	indirekt
Beziehung zum Beobachtungsobjekt	Selbstbeobachtung (Introspektion, Selbstanalyse)	Fremdbeobachtung (Verhaltensbeobachtung)

Abb.3-1 Formen der wissenschaftlichen Beobachtung

Die verschiedenen Formen der Beobachtung stellen natürlich nur analytischen Typen dar. Es ist in der Forschungspraxis durchaus üblich, für die Beobachtung eines Realitätssegments Kombinationen dieser analytischen Formen zu verwenden. So kann bspw. eine Beobachtungsform auch teilnehmend und nicht-strukturiert sein sowie unter natürlichen Beobachtungssituationen stattfinden. Als Beispiele seien hier nur die Studien von WHYTE [WHYTE 1943] über die "Street Corner Society" und von GIRTLER [GIRTLER 1980] über die Vagabunden in Wien angeführt.

Auch stellen die einzelnen Formen nur die Pole zwischen jeweils zwei Extremen dar, d.h. bspw. daß eine strukturierte Beobachtung nicht bis in das letzte Detail strukturiert sein muß, sondern gegebenenfalls auch unstrukturierte Elemente enthalten kann.

3.2.3 Die Elemente eines Beobachtungsinstruments

Alle Datenerhebungsverfahren, unabhängig davon, ob es sich um eine Beobachtung, eine Befragung oder eine Inhaltsanalyse, sind dadurch bestimmt, daß sie Verhaltensäußerungen bzw. Eigenschaften in Kategorien von Variablen klassifizieren. Dies erfolgt bei der Beobachtung vom Beobachter in ein Beobachtungsschema.

Der Beobachter selektiert, klassifiziert und codiert Verhaltensäußerungen, d.h. Handlungen nach einem bestimmten Beobachtungsschema bzw.

Beobachtungssystem. Dabei können drei Arten von Beobachtungssystemen unterschieden werden [SCHNELL, Hill, ESSER 1989:359]:

1. Zeichen-Systeme
2. Kategorien-Systeme
3. Schätz-Skalen

Zeichen-Systeme erfordern vom Beobachter lediglich das Aufzeichnen eines oder mehrerer vorab festgelegter Ereignisse. Bei Kategorien-Systemen ist jede auftretende Verhaltensäußerung nach festgelegten Kategorien zu klassifizieren. Bei Schätz-Skalen ist jeder beobachtungsrelevanten Verhaltensäußerung vom Beobachter eine Gewichtung zuzuordnen. Dies kann durch eine Zahl erfolgen oder aber durch eine verbale Bestimmung der Verhaltensäußerung in bspw. 'schwach, mittel oder stark'. Welche Vorgehensweise mit welchen Möglichkeiten angewendet werden soll, wird von vornherein festgelegt.

Die innerhalb der sozialwissenschaftlichen Forschung am häufigsten verwendeten Beobachtungssysteme sind die Kategorien-Systeme. Wie bereits ausgeführt, wird in ihnen jede problemrelevante Verhaltensäußerung nach festgelegten Kategorien klassifiziert. Die Entwicklung eines auf diesem Beobachtungssystem beruhenden Beobachtungsinstruments, oder allgemeiner ausgedrückt eines Meßinstruments, erfordert so zunächst einmal vorab eine Auswahl problemrelevanter Verhaltenseinheiten aus dem Universum aller prinzipiell möglichen Verhaltenseinheiten. Ist diese Auswahl getroffen, so werden bei der Beobachtung die beobachteten Verhaltensäußerungen nach diesen problemrelevanten Verhaltenseinheiten klassifiziert. Diese Verhaltenseinheiten bzw. Kategorien stellen innerhalb des Beobachtungssystems die Variablen dar, die zur Überprüfung einer Hypothese bzw. Theorie herangezogen werden.

Diese Kategorien sollten dabei folgende formalen und inhaltlichen Anforderungen erfüllen [CHADWICK, BAHR, ALBRECHT 1984:83f; GRÜMER 1974:43]:

1. Die Messung sollte eindimensional sein;
2. die Kategorien sollten exhaustiv sein, d.h. es muß gewährleistet sein, daß alle problemrelevanten Beobachtungen in Kategorien erfaßbar sind;
3. die Kategorien müssen so formuliert sein, daß sie beobachtbaren Sachverhalten eindeutig zugeordnet werden können;
4. die Kategorien sollten so formuliert sein, daß sie entweder vom Beobachter selbst oder vom anschließenden Analytiker der Beobachtungen Schlußfolgerungen auf nicht-beobachtbares Verhalten zulassen; und

5. die Anzahl der Kategorien sollte aus Gründen der begrenzten Wahrnehmungsfähigkeit des Beobachters begrenzt sein.

Ein detailiertes und voll entwickeltes Kategorienschema für Beobachtungen wurde von BALES [BALES 1950, 1970] entworfen. Es ist vollständig strukturiert und beinhaltet 12 Kategorien zur Klassifikation von Interaktionen in Kleingruppen (Abb.3-2).

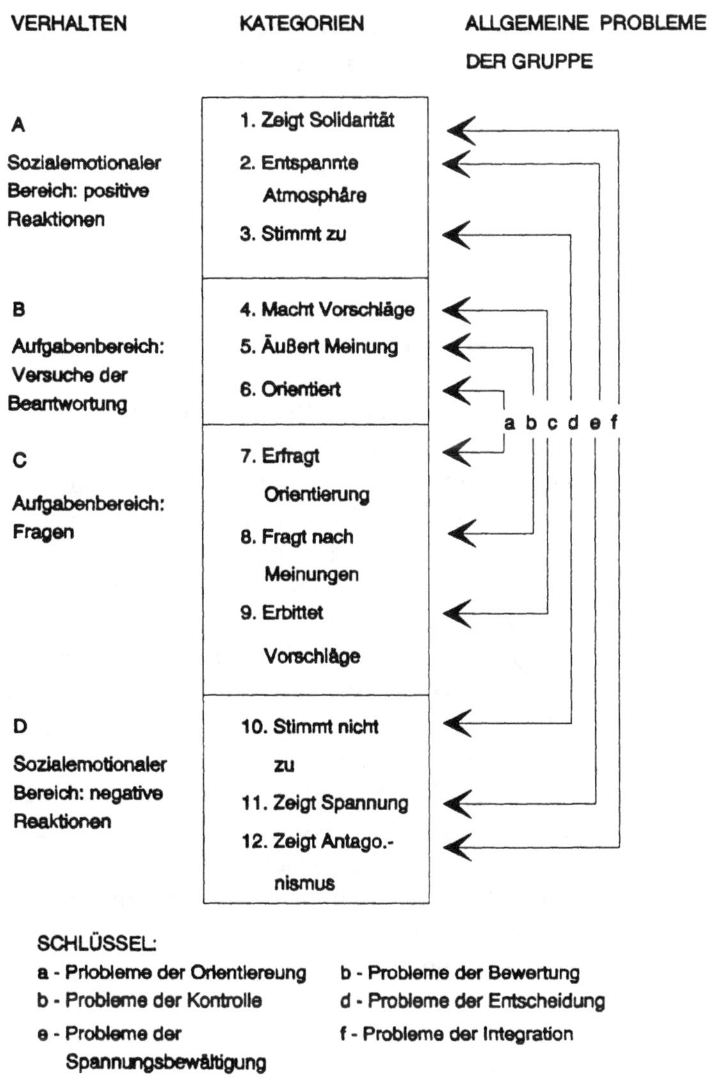

Abb.3-2 Beobachtungsschema von BALES

Dieses Meßinstrument kann nach der Aussage von BALES für die Beobachtung jeder Art von Gruppen angewendet werden[3]. Es beinhaltet vier Arten von Interaktionen (Variablen) und entsprechenden Interaktionen:

1. Expressivität (mit drei äquivalenten Indikatoren)
2. Instrumentalität (mit drei äquivalenten Indikatoren)
3. positive Äußerungen (mit sechs Indikatoren)
4. negative Äußerungen (mit sechs Indikatoren)

In Anwendung dieses Beobachtungsschemas protokolliert der Beobachter Verhalten Schritt für Schritt in der Reihenfolge ihres Auftretens. Die zwölf Kategorien werden als exhaustiv betrachtet, so daß alle möglichen Interaktionsformen in einer Gruppe durch eine dieser Kategorien erfaßt werden kann. Darüber hinaus ist der Inhalt jeder Kategorie klar beschrieben und erfordert vom Beobachter nur eine relative kleine Fähigkeit für Schlußfolgerungen.

3.2.4 Probleme der Beobachtung

Unabhängig von der Qualität eines Beobachtungsinstruments ist jede wissenschaftliche Beobachtung mit folgenden Problemen konfrontiert:

1. Da die Beobachtung in der Regel von Menschen vorgenommen wird, deren primäres Erfassungsinstrument die Sinne sind, besteht immer die Gefahr, daß wir fehlerhaft beobachten. Dies kann zum einen darin liegen, daß eine Beobachtung, die über einen längeren Zeitraum abläuft für den Beobachter langweilig und ermüdend wird und so zu Konzentrationsfehlern führt, und zum anderen darin, daß wir beobachtete Verhaltensäußerungen mißinterpretieren.
2. Durch die Tatsache, daß unsere Sinne ein Phänomen immer nur selektiv erfassen, besteht immer die Gefahr, daß unsere erhobenen Daten zu sehr subjektiv beeinflußt sind, bspw. dadurch, daß wir Phänomene als bedeutungsvoll annehmen, weil sie auch für uns selbst bedeutungsvoll sind.

---

3 Zur Kritik an dem universalen Anspruch des von BALES entwickelten Beobachtungsschemas für Gruppen siehe [LAATZ 1993:193f].

3. Unsere Sinne sind nur einfache Instrumente, um Vergleiche festzustellen. Etwas das ursprünglich sehr bedeutsam erscheint, kann bspw. unsere Aufmerksamkeit mindern, wenn es gewöhnlich wird.
4. Es muß bei einer wissenschaftlichen Beobachtung immer die Tatsache berücksichtigt werden, daß unsere Sinneswahrnehmungen nicht unabhängig von früheren Erfahrungen sind. So ist bspw. die Beobachtung selbst als auch die Interpretation, die wir dieser Beobachtung zuschreiben, immer schon beeinflußt von dem, was wir dieser Beobachtung vorhergehend gesehen, gehört, gefühlt oder getan haben.
5. Ein letztes Problem der wissenschaftlichen Beobachtung besteht schließlich darin, daß der Prozeß der Beobachtung das originäre Verhalten des beobachteten Phänomens beeinflussen, wenn nicht gar verändern kann. Das heißt, daß sich Menschen oft anders verhalten als sonst, weil sie beobachtet werden.

Diese Probleme können zwar nie vollständig ausgeschlossen, zumindest aber minimiert werden. Zum einen durch eine intensive Schulung der Beobachter zur Gewährung von Inter- und Intrakoderzuverlässigkeit, und zum anderen dadurch, daß mehrere Beobachter eingesetzt werden, um ein Phänomen zu beobachten. Eine weitere Möglichkeit, diese Beobachtungsprobleme zu minimieren besteht darin, zusätzlich zu den durch Beobachtungen erhobenen Daten durch andere Erhebungsverfahren, wie bspw. Fragebögen, zu dem gleichen Phänomen Daten zu erheben.

3.3 Die Befragung

3.3.1 Einleitende Vorbemerkungen

Innerhalb der empirischen Sozialforschung stellt die Befragung *das* Standardinstrument zur Erhebung von Daten dar. Allgemein ausgedrückt ist die Befragung ein Verfahren, das in der Klassifikation von verbalen, d.h. mündlichen oder schriftlichen Reaktionen des Befragten auf verbale Stimuli durch den Interviewer oder Fragebogen in einem Fragebogen besteht. Der Fragebogen selbst stellt dabei eine Operationalisierung von theoretischen Konstrukten in exklusiven und exhaustiven Kategorien dar.

Eine Befragung besteht folglich aus folgenden Elementen: Befragter, Befragender, Fragebogen und Form der Befragung.

3.3.2 Formen der Befragung

Bei der Befragung lassen sich generell drei Formen unterscheiden:

1. Die mündliche Befragung
2. die schriftliche Befragung
3. die telefonische Befragung

Jede dieser Befragungsformen weist sowohl Vorteile als auch Nachteile auf. Allgemein kann jedoch gesagt werden, daß die Entscheidung für eine dieser Formen von folgenden Kriterien abhängig ist:

1. Zur Verfügung stehende Finanz- und Zeitmittel;
2. Ziel der Befragung; und
3. Umfang der Fragen.

3.3.2.1 Die mündliche Befragung

Die mündliche Befragung kann nach dem Kriterium der Strukturierung der Interviewsituation [ATTESLANDER 1991:159] und der Entscheidung für eine Einzel- oder Gruppenbefragung in folgende Unterformen untergliedert werden [SCHNELL, HILL, ESSER 1989:296] (Abb.3-3):

Grad der Strukturierung	*Einzelbefragung*	*Gruppenbefragung*
wenig	Experteninterview	Gruppendiskussion
	exploratives Interview	
teilweise	Leitfadengespräch	Gruppenbefragung
stark	Einzelinterview	Gruppeninterview

Abb.3-3 Formen der mündlichen Befragung

Ist die Interviewsituation wenig strukturiert, so wird zumeist ohne Fragebogen gearbeitet. Die Anordnung der Fragen obliegt dem Interviewer, wobei er versuchen sollte, diese den Bedürfnissen und Vorstellungen des Befragten anzupassen. Grundsätzlich nimmt der Interviewer in solchen Interviewsituationen eine zurückhaltende Rolle wahr. Diese

Form der Befragung ist dann angebracht, wenn sich der Forscher noch nicht über alle problemrelevanten Kriterien seiner angestrebten Untersuchung im Klaren ist und er noch weitere Informationen einholen möchte.

In einer teilweise strukturierten Interviewsituation führt der Interviewer die Befragung in Form eines Gesprächs durch. Dieses Gespräch wird durch zuvor formulierte Fragen geleitet, die im Verlaufe des Gesprächs abzuarbeiten sind. Die Anordnung der Fragen bleibt dabei dem Interviewer vorbehalten. Diese Form der Befragung setzt eine sorgfältige Schulung des Interviewers voraus, da er nicht nur auf den Gesprächsverlauf im allgemeinen zu achten hat, sondern auch besonders wahrnehmungsfähig für Hinweise auf der Ebene der Sprache und Bedeutungszusammenhänge sein muß.

Eine strukturierte Interviewsituation schließlich liegt vor, wenn die Befragung mittels eines vorgegebenen standardisierten Fragebogens durchgeführt wird. Sowohl die Formulierung der Fragen als auch deren Anordnung im Verlaufe der Befragung sind vorgegeben, d.h. es bestehen für den Interviewer keine Variationsmöglichkeiten.

Die Entscheidung darüber, welche dieser drei Formen der mündlichen Befragung bei einem Forschungsprojekt angewendet werden soll, hängt von den mit ihm verbundenen Forschungsbedürfnissen und -absichten ab. Grundsätzlich kann gesagt werden, daß Befragungen mit einem standardisierten Fragebogen dann angebracht sind, wenn bestimmte Hypothesen bzw. Theorien überprüft und die Ergebnisse quantifiziert werden sollen.

3.3.2.2 Die schriftliche Befragung

Eine schriftliche Befragung liegt vor, wenn der Befragte den Fragebogen selbst ausfüllt. Dabei sind zwei mögliche Situationen zu unterscheiden: In der einen besteht zwischen dem Interviewer und dem Befragten nur eine indirekte kommunikative Beziehung, d.h. der Fragebogen wird dem Befragten auf dem Postweg zugeschickt, von ihm beantwortet und zurückgesendet. Diese Form der schriftlichen Befragung wird auch als postalische Befragung bezeichnet. In der anderen Situation besteht zwischen dem Interviewer und dem Befragten eine direkte kommunikative Beziehung, dergestalt, daß der Befragte beim Beantworten des Fragebogens bei etwaigen Verständnisschwierigkeiten beim anwesenden Interviewer rückfragen kann.

Der Vorteil der postalischen Befragung gegenüber der Befragung mit Anwesenheit des Interviewers liegt insbesondere darin, daß sie kostengünstiger ist und weniger Zeit beansprucht. Auch fällt bei der postalischen Befragung die Möglichkeit der eventuellen Beeinflussung des Befragten durch den Interviewer weg. Trotz diese Vorteile besitzt die postalische Befragung jedoch einige nicht zu unterschätzende Nachteile [MÜLLER, SCHMIDT 1979:40f]:

1. Oftmals ist die Rücklaufquote der ausgefüllten Fragebögen sehr gering bzw. zu gering, um noch Repräsentativität zu gewährleisten;
2. bei Verständnisschwierigkeiten bestehen für den Befragten keine Möglichkeiten der Klärung;
3. Rückantworten müssen als uneingeschränkt gültig erklärt werden, d.h. es kann bspw. nicht überprüft werden, ob eine Antwort doppeldeutig ist;
4. der Interviewer besitzt keine Gewähr dafür, daß der Fragebogen auch von der angeschriebenen Zielperson tatsächlich beantwortet wurde; und
5. es kann von Nachteil sein, daß der Befragte die Gelegenheit besitzt, vor der Beantwortung den Fragebogen vollständig durchlesen zu können.

Diese Nachteile der postalischen Befragung können durch einige methodische Verfeinerungen, wenn nicht vollständig eliminiert, so doch zumindest erheblich minimiert werden. Insbesondere trifft dies auf die Höhe der Rücklaufquote der ausgefüllten Fragebögen zu. DILLMAN [DILLMAN 1978] hat zur Erhöhung der Rücklaufquote bei postalischen Befragungen ein Design (Abb.3-4) entwickelt, das fast immer zu sehr guten Ergebnissen führt und als Orientierung bei der Durchführung postalischer Befragungen sehr hilfreich ist. Dies vor allem auch deshalb, weil in diesem Design wesentliche Einflußfaktoren[4] auf die Rücklaufquote berücksichtigt werden.

[4] Als Einflußfaktoren auf die Höhe der Rücklaufquote bei postalischen Befragungen gelten insbesondere Bildung der Befragten, Motivation der Befragten, Interesse und Aktualität des Themas, Länge des Fragebogens, das dem Fragebogen beigefügte Anschreiben und die Gewährung von Anonymität und Vertraulichkeit.

Fragebogen:
Broschüren-Form / Frontseite und letzte Seite frei / verkleinert / weißes Papier

Anordnung der Fragen:
mit leichten und interessanten Fragen beginnen / inhaltlich gleiche Fragen zusammen / technisch einheitlich / Komplexe aufeinander aufbauen / sensible bzw. heikle Fragen am Ende / Demographie am Ende

Design der Fragen:
Übersichtlich / Art und Anwendung der Buchstaben / Vermeidung von Frageteilungen / Fragefolge von oben nach unten / visuelle Hilfen

Implementation:
Anschreiben: offizielles Briefpapier / Anschrift auf Brief / Datum exakt / Nützlichkeit der Studie / Wichtigkeit des Befragten / Vertraulichkeit / Erklärung der Identifikationsnummer / Rückfragen ermuntern / Dank / Unterschrift - "blue ballpoint" (Aussehen wie persönliche Unterschrift)

Verpackung:
Aufmachung des Antwortkuverts / Rückkuvert beilegen

Versand:
Jeweils Mitte der Woche (Wochenende dazwischen) /
1 Woche später: Postkarte (Dank an alle, freundliche Erinnerung) /
3 Wochen später: nochmals Fragebogen beilegen / kürzerer Brief /
7 Wochen später: "certified mail" (besondere Versendungsart - Einschreiben, Eilbrief) / Fragebogen beilegen

Abb.3-4 Anweisungen der "Total-Design-Methode" von DILLMAN (nach [HIPPLER 1985:43])

3.3.2.3 Die telefonische Befragung

Mündliche Interviews wie auch postalische Befragungen sind teuer und mit einem hohen Zeitaufwand verbunden, insbesondere dann, wenn die Befragten nicht an einem geographischen Ort lokalisiert, sondern über eine breite geographische Fläche verstreut sind. Infolge der hohen Kosten der Datenerhebung durch persönliche Interviews sind viele Forscher dazu übergegangen, Interviews telefonisch durchzuführen. Insbesondere in den USA wird diese Form der Datenerhebung in annähernd 90 % aller Erhebungen angewendet [ANDERS 1985:77].

Ein wesentlicher Vorteil telefonischer Befragungen gegenüber direkten mündlichen oder schriftlichen Befragungen liegt in ihrer Kostengünstigkeit. Diese ist vor allem dadurch gegeben, daß die Interviewer von einem zentralen Ort aus, bspw. einer Forschungseinrichtung, stationär operieren können und u.a. keine Reisekosten anfallen.

Neben der Kostenfrage weisen telefonische Befragungen auch methodologische Vorteile auf. An erster Stelle ist hier die bessere Handhabung von Auswahlverfahren zu nennen. Da fast alle Haushalte über einen Telefonanschluß verfügen, deren Nummern in Telefonbüchern aufgelistet sind, kann mittels wahrscheinlichkeitstheoretischer Auswahlverfahren fast immer eine repräsentative Auswahl getroffen werden [GROVES, KAHN 1979].

Nicht zu unterschätzen ist auch der leichtere Zugang des Interviewers zum Befragten. Ein Telefongespräch ist oftmals nicht nur bequemer als ein Hausbesuch, sondern oftmals auch erfolgreicher, was die Kontaktaufnahme betrifft. Denn gerade in großen Städten zögern die Befragten oftmals, einen Interviewer ins Haus zu lassen.

Aufgrund der Tatsache, daß Telefoninterviews von einem zentralen Ort aus durchgeführt werden, ist es einfacher, Konsistenz- und Qualitätskontrollen der Interviews durchzuführen. Auch sind die Interviewer in ihrer Tätigkeit leichter zu beaufsichtigen und auftretende Probleme unmittelbar an Ort und Stelle ohne erheblichen Zeitverlust zu beheben.

Neben diesen Vorteilen beinhaltet eine telefonische Befragung jedoch auch einige schwerwiegende Nachteile. Die Länge eines Interviews muß auf maximal 20 Minuten beschränkt bleiben. Längere Interviewzeiten erzeugen beim Befragten schnell Ermüdungserscheinungen und können zum Abbruch des Interviews führen. Die Fragen müssen klar und einfach gehalten sein, d.h. komplexere Fragen sind nicht möglich. Im Gegensatz zur direkten mündlichen Befragung hat der Interviewer bei der telefonischen Befragung keine Kenntnisse über die Umgebung des Befragten und eventuell anwesende Personen. Oftmals sind Befragte bei telefonischen Befragungen auch eher nicht bereit, Auskünfte über persönliche Daten, wie bspw. monatliches Einkommen, zu geben.

Der wohl schwerwiegendste Nachteil telefonischer Befragungen besteht in der Tatsache, daß der Befragte zu jeder Zeit das Interview unvermittelt abbrechen kann. Eine Möglichkeit, die bei einer direkten mündlichen Befragung so nicht gegeben ist.

Trotz dieser schwerwiegenden Nachteile sind telefonische Befragungen infolge ihrer Kostengünstigkeit eine adäquate Alternative zu direkten mündlichen und schriftlichen Befragungen, vor allem in den Fällen, in denen die Fragen nicht zu sehr auf persönliche Daten bezug nehmen.

3.3.3 Der Fragebogen

Die Grundlage aller mündlichen, schriftlichen und telefonischen Befragungen ist der Fragebogen. In ihm werden die problemrelevanten theoretischen Konstrukte in Form von Fragestellungen operationalisiert. Die durch den Fragebogen erhobenen Daten stellen die empirische Grundlage zur Überprüfung einer Hypothese bzw. Theorie dar. Damit ist gemeint, daß jeder formulierten Frage eine oder mehrere Hypothesen gegenüberstehen, die durch das Interview auf ihre Richtigkeit hin überprüft werden.

Voraussetzung der Fragebogenformulierung ist so zunächst einmal die Formulierung von zu überprüfenden Hypothesen oder fortgeschrittener von einer zu überprüfenden Theorie. Liegen diese Voraussetzungen vor, so kann der Fragebogen erstellt werden, wobei zu beachten ist, daß sich dieser nicht nur aus einem additiven Aneinanderreihen von operationalisierten Variablen zusammensetzt, sondern eine bestimmte interne Struktur besitzen muß. Diese interne Struktur des Fragebogens ist durch drei Punkte bestimmt:

1. Die Formulierung der Fragen;
2. die Form der Fragen; und
3. die Folge der Fragen.

Formulierung der Fragen

Für die Formulierung von Fragen können folgende Leitlinien gegeben werden [CONVERSE, PRESSER 1986]:

1. Die Fragen sollten kurz und einfach gehalten sein. Insbesondere sollten sie in ihrer Formulierung auf den Bezugsrahmen der Befragten hin abgestimmt sein.
2. Der Gebrauch von unklaren und verzerrten Formulierungen sollte vermieden werden. Ebenso ist von doppelten Negationen Abstand zu nehmen.
3. Die Fragen sollten so formuliert sein, daß sie vom Befragten so verstanden werden, wie der Befragte es erwartet, d.h. fachterminologische Begriffe sollten nicht verwendet werden.
4. Auf Fremdwörter sollte in der Frageformulierung weitgehenst verzichtet werden. Dieser Punkt ist vor allem deshalb besonders bedeutsam, weil der Forscher viele Fremdwörter insbesondere seines Fachjargons nicht mehr als Fremdwörter auffaßt, dieses aber bei Personengruppen mit niedrigem Ausbildungsniveau oder Zugehörig-

keit zu niedrigen sozialen Schichten nicht vorausgesetzt werden kann.

5. Die Fragen sollten so formuliert sein, daß sie nicht eine Vielzahl von Interpretationsmöglichkeiten offen lassen.
6. Auf Suggestivfragen sollte verzichtet werden.
7. Die Fragen sollten so formuliert sein, daß sie beim Befragten keine 'Langeweile' erzeugen.

Form der Fragen

Bei der Frageform wird prinzipiell zwischen offenen und geschlossenen Fragen unterschieden.

Eine offene Frage liegt vor, wenn dem Befragten keine Antwortalternativen vorgegeben werden, d.h. die Art der Antwort dem Befragten freigestellt ist. Es können generell zwei Formen von offenen Fragen unterschieden werden: offene Fragen, die nur zwei oder drei mögliche kurze Antworten zulassen, wie bspw.

"Lesen Sie regelmäßig eine Tageszeitung?"

und offene Fragen, die als Anregung für ausführliche, nicht vorstrukturierte Äußerungen dienen, wie bspw.

"Öfters wird behauptet, daß alle Politiker bestechlich und nur auf ihren eigenen Vorteil bedacht sind. Was ist Ihre Ansicht dazu?"

Eine geschlossene Frage liegt vor, wenn dem Befragten Antwortalternativen vorgegeben werden, d.h. die Art der Antwort dem Befragten nicht freigestellt ist, wie bspw.

"Welcher dieser Parteien fühlen Sie sich nahestehend?"
SPD - CDU - FDP - GRÜNE -
REPUBLIKANER - Keiner

Neben der Form der offenen und der geschlossenen Frageform wird auch häufig eine Kombination dieser beiden verwendet, d.h. der Befragte besitzt neben der Entscheidung für vorgegebene Alternativantworten zusätzlich noch selbst die Möglichkeit, eine eigene Antwort zu geben, wie bspw. in

"Welcher dieser Parteien fühlen Sie sich nahestehend?"
SPD - CDU - FDP - GRÜNE -
REPUBLIKANER - Sonstige: Welche?.......

Bei geschlossenen wie auch bei kombinierten Fragen ist darauf zu achten, daß die Anzahl der vorgegebenen Alternativantworten zehn nicht überschreitet, da ansonsten das Feld der Entscheidungsmöglichkeiten für den Befragten nicht mehr klar überschaubar ist und ihn eventuell zu unüberlegten und vorschnellen Beantwortungen verleitet.

Die Frage, ob in einem Fragebogen primär geschlossene oder offene Fragen verwendet werden sollen, kann nicht definitiv beantwortet werden [CAMPBELL 1945; LAZARSFELD 1944]. Als Richtschnur kann jedoch gesagt werden, daß bei schriftlichen Befragungen geschlossenen Fragen der Vorzug zu geben ist, bei mündlichen Befragungen dagegen verstärkt offenen. Dies vor allem dann, wenn ein Problembereich erst erkundet oder vom Befragten differenzierte individuelle Einstellungen herausgefunden werden sollen. Auch erzeugen offene Fragen beim Befragten in mündlichen Befragungen eher eine Aktivierung als geschlossene.

In bezug auf die Quantifizierbarkeit der Ergebnisse sind geschlossene Fragen offenen vorzuziehen. Denn im Gegensatz zu offenen Fragen, aus deren Ergebnissen nur in den seltensten Fällen exakte Meßwerte abgeleitet werden können, können bei geschlossenen Fragen die vorgegebenen Alternativantworten statistisch gemessen werden, und dies um so besser, wenn Alternativen mit abgestuften Skalen vorliegen. Damit ist der Vorteil verbunden, daß wir die Ergebnisse quantitativ analysieren und somit auch besser vergleichen können.

In bezug auf die Gütekriterien einer Messung, d.h. der Validität und Reliabilität, kann gesagt werden, daß bei geschlossenen Fragen der Validitätsgrad einer Messung relativ niedrig, der Reliabilitätsgrad aber relativ hoch ist. Im Gegensatz dazu ist bei offenen Fragen der Reliabilitätsgrad relativ niedrig und der Validitätsgrad relativ hoch.

Neben der strukturellen Unterscheidung von Fragen in geschlossene und offene ist es auch möglich, eine qualitätsorientierte Unterscheidung in direkte und indirekte Fragen vorzunehmen. Indirekte Fragen werden bevorzugt dann verwendet, wenn Informationen über sogenannte 'heikle' Themen erfragt werden. Die Grundüberlegung für diese Entscheidung besteht in der Vermutung, daß Befragte bei 'heiklen' Themen weniger bereit sind, ihre eigene Meinung direkt zu artikulieren. Nehmen wir als Beispiel die Einstellung zur Kinderprostitution. Eine direkt gestellte Frage könnte wie folgt lauten:

> "Wären Sie bereit, Geschlechtsverkehr mit Kindern durchzuführen?"

Bei einer so gestellten Frage kann vermutet werden, daß der Befragte die Unwahrheit sagt und wir nicht seine 'wahre' Einstellung zu diesem Sachverhalt ermitteln können. Stellen wir die Frage jedoch indirekt, so liegt die Wahrscheinlichkeit einer 'wahren' Antwort eventuell höher, bspw. durch die indirekte Frage:

> "Immer mehr deutsche Männer fliegen mit dem Ziel nach Thailand, Geschlechtsverkehr mit Kindern durchzuführen. Sollten solche Möglichkeiten Ihrer Meinung nach gesetzlich unterbunden werden?"

Inwieweit solche indirekten Fragen zu validen Meßergebnissen führen ist innerhalb der empirischen Sozialforschung jedoch umstritten. Es konnte noch nicht der definitive Nachweis erbracht werden, daß über indirekte Fragen eher 'wahre' Antworten ermittelt werden als über direkte. Allgemein kann jedoch festgehalten werden, daß indirekte Fragen dann von Vorteil sind, wenn der Befragte sich über ein Thema nur unter großen sozialen bzw. psychischen Schwierigkeiten äußern kann und wenn eine Kontrolle der Validität der Antworten gegeben ist [ATTESLANDER 1991:185].

Folge der Fragen

Die Folge der Fragen betrifft die grundsätzliche Frage, wie der Fragebogen aufgebaut werden soll. Drei Aspekte sind dabei von Bedeutung LAATZ 1993:149]:

1. Die Gewinnung und Erhaltung der Motivation und Konzentration des Befragten;
2. die wechselseitige Beeinflussung der Fragen; und
3. die technische Führung durch den Fragebogen.

Der erste Aspekt wird unter die Bezeichnung 'Dramaturgie des Fragebogens' gefaßt. Sie dient der Herstellung des Kontakts zum Befragten, der Erwärmung, der Interessenweckung, Herstellung von Vertrauen, Motivationserzeugung etc. Dabei ist vor allem zu beachten, daß Zweck, Ziel und Auftraggeber der Befragung angegeben werden. Ebenso sollte dem Befragten dargelegt werden, warum er ausgewählt wurde, warum seine Antworten für die Untersuchung sehr wichtig sind und wieviel Zeit die Befragung in Anspruch nehmen wird. Vorbehalte des Befragten müssen ausgeräumt werden, d.h. es muß bspw. Anonymität zugesichert und es muß klargestellt werden, daß nicht Wissen, sondern Meinungen erfragt werden.

Am Beginn des Fragebogens sollten immer interessante, einfache und nicht-heikle Fragen stehen. Überleitungen von Fragenkomplexen sollten mit "nun zu einem anderen Thema" vorgenommen werden. Auf besonders wichtige Fragen ist gesondert hinzuweisen, um die Konzentration zu erhöhen. Sogenannte 'schwierige' bzw. 'heikle' Fragen sollten erst nach einer gewissen Aufwärmphase gestellt werden. Demographische Fragen (Alter, Geschlecht, Beruf etc.) sind am Schluß zu stellen.[5]

Die Dramaturgie des Fragebogens ist ein nicht zu unterschätzender Bestandteil für den Erfolg einer Untersuchung. Ihm sollte bei der Fragebogenkonzeption deshalb auch besondere Aufmerksamkeit geschenkt werden.

Der Aspekt der wechselseitigen Beeinflussung der Fragen betrifft die eigentliche Fragenabfolge. Die Fragen sollten so angeordnet sein, daß aufeinanderfolgende Fragen sich nicht gegenseitig beeinflussen. Dies bedeutet aber nicht, daß Fragenkomplexe (Fragebatterien), d.h. eine Menge von Fragen zu einem speziellen Sachverhalt, nicht zulässig wären. Fragen zu einem Thema können sehr wohl zusammenhängend abgefragt werden, nur sollten sie keine Kontrollfragen zum Thema beinhalten. Kontrollfragen sind an Stellen des Fragebogens anzubringen, wo kein unmittelbarer Bezug zum Thema besteht.

Fragebatterien selbst können in Trichter- bzw. umgekehrter Trichterform gefaßt werden. Sind sie in Trichterform gefaßt, so wird vom Allgemeinen zum Besonderen gefragt bzw. in umgekehrter Trichterform vom Besonderen zum Allgemeinen.

Bei der technischen Führung durch den Fragebogen ist zu beachten, daß nicht alle Fragen eines Fragebogens auch auf jeden Befragten zutreffen. Wird bspw. gefragt, ob der Befragte Kinder hat und er dies verneint, so ist eine mögliche daran anschließende Frage nach der Zahl der Kinder zu überspringen bzw. mit einer anderen Frage fortzufahren. Rein technisch wird dies im Fragebogen mit der Filterführung geleistet. Auf unser Beispiel bezogen kann eine solche Filterung folgendermaßen aussehen:

---

[5] Vgl. dazu auch ergänzend [KIRSCHHOFER-BOZENHARDT, KAPLITZA 1986:93ff].

Frage 4:	"Haben Sie Kinder?"	( ) ja ( ) nein [WEITER MIT FRAGE 6]
Frage 5:	"Wieviel Kinder haben Sie?"	( ) Anzahl
Frage 6:	"Wie lange wohnen Sie schon in Tübingen?"	( ) Jahre

3.3.4 Probleme der Befragung

Die Befragung, und hier insbesondere die mündliche Befragung, ist als eine soziale Situation aufzufassen, in der sowohl die vom Befragenden als auch die vom Befragten durch Erziehung, Erfahrung, Wissen etc. erzeugten und verfestigten Einstellungs- und Bewertungsmuster eingehen und das Befragungsergebnis zu einem gewissen Grad präformieren [CANELL, KAHN 1968].

Für den Befragten bedeutet dies, daß er:

1. Die Fragen nicht immer so versteht, wie sie intendiert sind;
2. die Fragen auf der Grundlage *seiner* Erfahrungen beantwortet; und
3. seine Antwort sozial bewertet und eventuell modifiziert, wobei insbesondere folgende Faktoren Einfluß besitzen:
   - Ausrichtung der Antwort nach dem sozial Erwünschten (social desirability)
   - Zustimmungstendenz, d.h. der Befragte versucht sich den Normen des Auftraggebers der Befragung anzupassen (Typ des "Ja-Sagers")
   - Nichteinhaltung des methodisch notwendigen Verfahrens.

Der Befragende kann durch verschiedene Faktoren das Befragungsergebnis beeinflussen. Zum einen dadurch, daß er durch sein Verhalten selbst den Befragten beeinflußt, etwa durch Aussehen, Auftreten, Sprache etc. Zum anderen dadurch, daß er die Antworten fehlerhaft codiert, etwa dadurch, daß er Antworten anders bewertet (versteht) als sie vom Befragten intendiert wurden. Verstärkt wirkt sich dies aus, wenn die Antworten des Befragten nicht klar sind und Interpretationsmöglichkeiten offen lassen. In diesem Fall besteht die Gefahr, daß der Befragende *die* Interpretation wählt, die auch seinen Verhaltens- und Bewertungsmustern entspricht.

Die Ergebnisse einer Befragung können durch den Befragenden auch verzerrt werden, wenn er sich in seiner Funktion nicht aufgabenorientiert, sondern sozial orientiert verhält. Elemente sozialer Orientiertheit sind: schnelles Geldverdienen, Bestätigung einer Hypothese, Vermeidung von Peinlichkeiten etc.

Auch besteht immer die Gefahr, daß der Befragende die Befragungsergebnisse bewußt verfälscht, sei es um die Daten kohärenter zu machen oder aber, um nicht geführte Befragungen im Nachhinein als geführt auszuweisen.

Für jede Befragung ist es deshalb erforderlich, die Personen, die für die Befragung eingesetzt werden, sorgfältig auszuwählen und zu schulen. Dies schließt auch ein, daß die Befragenden ausreichend für ihre Aufgabe motiviert werden. Bei manchen Befragungen ist auch darauf zu achten, daß die Befragenden dem gleichen sozialen Milieu wie die Befragten angehören, da man davon ausgeht, daß die Befragten in der Regel zu Personen des gleichen sozialen Milieus ein besseres Vertrauensverhältnis entwickeln als zu Personen aus anderen sozialen Milieus.

3.4 Die Inhaltsanalyse

3.4.1 Zum Begriff der Inhaltsanalyse

Die Inhaltsanalyse ("content analysis") stellt im Gegensatz zu den Datenerhebungsverfahren der Beobachtung und der Befragung ein Verfahren dar, dessen Untersuchungsgegenstand keine Personen oder Kollektive sind, sondern Produkte der Kommunikation von Personen und Kollektiven. Diese Produkte sind in der Regel Texte aller Art, aber auch Photos, Filme, Fernsehsendungen, aufgezeichnete Reden etc.[6]

Die Grundlage dieser kommunikationsbezogenen Inhaltsanalyse bildet der Kommunikationsprozeß, der nach folgendem Modell strukturiert werden kann (Abb.3-5):

---

[6] Diese enge Begriffsbestimmung von Inhaltsanalyse ist von einer weiten abzugrenzen, derzufolge der Gegenstandsbereich der Inhaltsanalyse alle "Objektivationen menschlichen Handelns" betrifft.

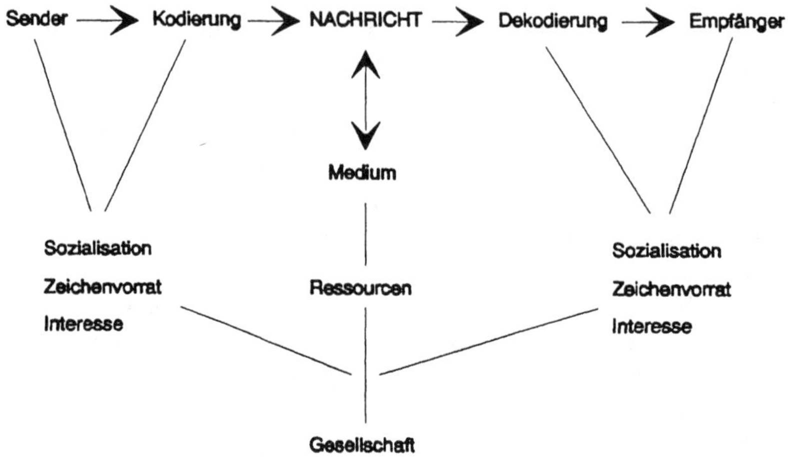

Abb.3-5 Kommunikationsmodell

Gemäß diesem Kommunikationsmodell besteht die Aufgabe der kommunikationsbezogenen Inhaltsanalyse darin, Aufschlüsse zu gewinnen über:

1. Den Sender, d.h. wer sendet zu welchem Zweck in welcher Situation?
2. den Empfänger, d.h. wer bekommt die Sendung und welche Wirkung übt sie aus? und
3. die soziale Situation, d.h. welche Handlungsstrukturen, Werte, Normen etc. liegen beim Prozeß der Kommunikation vor?

Verkürzt ausgedrückt, besteht die Aufgabe der Inhaltsanalyse so in der Beantwortung folgender Frage: "Wer sagt was zu wem, wie, warum und mit welchem Effekt?" [LASSWELL, LERNER, POOL 1952:12].

Dieser Vorgabe zufolge besteht eine inhaltsanalytische Untersuchung aus zwei grundlegenden Bestandteilen: Erstens, Beschreibung des manifesten Inhalts des Produkts des Kommunikationsprozesses, und zweitens, daran anschließende Schlußfolgerungen auf dahinterstehende latente Inhalte.

Eine solche Inhaltsanalyse kann in standardisierter oder aber in nichtstandardisierter Form durchgeführt werden. Die standardisierte Form, die auch als quantitative Inhaltsanalyse bezeichnet wird, findet dann Anwendung, wenn auf irgendeiner Ebene der Analyse das Interesse sich auf die quantitative Verteilung von Merkmalen richtet. Die nicht-standardisierte Form, die auch als qualitative Inhaltsanalyse bezeichnet wird, findet im Gegensatz dazu Anwendung, wenn auf keiner Ebene der Analyse quantifiziert wird. Wir werden uns hier nur auf die standardisierte Form der Inhaltsanalyse, also auf die quantitative Inhaltsanalyse beziehen.[7]

3.4.2 Die Grundzüge quantitativer Inhaltsanalyse

Wie bereits angeführt, sprechen wir von quantitativer Inhaltsanalyse, wenn auf irgendeiner Ebene der Analyse das Interesse sich auf die quantitative Verteilung von Merkmalen richtet. Dies kommt auch in der berühmten Definition von BERELSON zu Ausdruck, der Inhaltsanalyse wie folgt definiert [BERELSON 1952:18]: "Content analysis is a research technique for the objective, systematic and quantitative description of the manifest content of communication". Diese Definition scheint jedoch zu eng gefaßt zu sein, da sie nur auf den manifesten Inhalt abzielt und den latenten unberücksichtigt läßt. Moderater erscheint uns die Definition von KRIPPENDORFF, in der auch latente Inhalte berücksichtigt werden [KRIPPENDORFF 1980:21]: "Content analysis is a research technique for making replicable and valid inferences from data to their context".

Auf der Grundlage der Definition von KRIPPENDORFF kann das Verfahren der quantitativen Inhaltsanalyse als eine prozessuale Abfolge von folgenden sechs Analyseelementen bestimmt werden:

1. Ziel- und Hypothesenformulierung;
2. Entwicklung eines Kategorienschemas;
3. Materialauswahl;
4. Verkodung;
5. Auswertung; und
6. Interpretation.

In der Ziel- und Hypothesenformulierung werden die Ebenen der Kommunikation bestimmt, die analysiert werden sollen. Dies kann bspw. bei einer Zeitungsanalyse der Vergleich der Kommentare verschiedener Zeitungen zum Problem des Bundeswehreinsatzes in Somalia sein oder aber bspw. der Vergleich von Heiratsanzeigen in Boulevardblättern und 'seriösen' Zeitungen.

[7] Für eine erste Orientierung über die nicht-standardisierte Inhaltsanalyse sei der Leser auf [MAYRING 1983] verwiesen.

Die Entwicklung eines Kategoriensystems stellt den methodisch wichtigsten Schritt der Inhaltsanalyse dar. Auf das Beispiel der Heiratsanzeigen bezogen bedeutet dies, daß wir folgende Kategorien bilden können:

1. Länge der Anzeigen, d.h. Anzahl der Worte, Größe der Anzeige, Stellung der Anzeige in der Zeitung etc.;
2. demographische Daten des gesuchten Partners, d.h. Alter, Beruf, Bildung, Einkommensverhältnisse etc.;
3. demographische Daten des suchenden Partners; und
4. Rollenverständnis des suchenden und gesuchten Partners, d.h. bspw selbst: modern, alternativ, aufgeschlossen etc. und gesucht: tolerant, romantisch etc.

Formal betrachtet, müssen die Kategorien eines Kategoriensystems die Kriterien der Ausschließlichkeit, der Vollständigkeit und der Eindimensionalität erfüllen. Die Definition von Kategorien kann dabei auf zweierleiweise erfolgen: Sie können durch Beispiele von Wörtern definiert werden oder erschöpfend durch alle Wörter, die einer Kategorie zugerechnet werden sollen.

Die Materialauswahl beinhaltet die Bestimmung des Quellenuniversums und die Bestimmung der Untersuchungsauswahl. Bei der Bestimmung des Quellenuniversums ist eine Entscheidung darüber zu treffen, welche Quellen zur Analyse herangezogen werden sollen, bspw. Zeitungen und/oder Zeitschriften etc., und welcher Zeitraum untersucht werden soll, bspw. ein bestimmter Jahrgang mehrerer Zeitungen und/oder Zeitschriften etc.

Bei der Bestimmung der eigentlichen Untersuchungsauswahl ist eine Entscheidung darüber zu treffen:

1. Ob bspw. alle Zeitungen und/oder Zeitschriften eines Jahrgangs (oder mehrerer Jahrgänge) untersucht werden sollen oder nur eine repräsentative Auswahl;
2. welcher Kontext (Seite, Kapitel etc.) zur Bestimmung des Auswertungstextes heranzuziehen ist ("context unit"); und
3. welche Auswertungseinheiten zur Analyse bestimmt werden sollen, bspw. Sätze, Worte, Seiten, Photos etc. ("recording units").

Sind die Untersuchungs- und Analyseeinheiten sowie die Auswahl des Materials bestimmt, so ist mit Hilfe der definierten Kategorien eine Analyseschema zu entwickeln. Dieses Analyseschema stellt das eigentliche Meßinstrument dar. In ihm sind die Kategorien und ihre Ausprägungen sowie die Kodierregeln (synonyme Schreibweise: Codierregeln) zur Einordnung des konkreten Materials festgelegt.

Nach Schulung, Einweisung und Test der Verkoder kann mit Hilfe dieses Analyseschemas das Untersuchungsmaterial gemäß den festgelegten Auswertungseinheiten erfaßt, d.h. verkodet werden. Das Verkoden beinhaltet die Klassifikation des Textmaterials unter Kategorien eines Untersuchungsschemas nach explizit festgelegten Zuordnungs- und Verfahrensregeln.

Bei der Auswertung können verschiedene inhaltsanalytische Techniken angewendet werden[8]. Es können bspw. nur Häufigkeitstabellen von Wörtern, Sätzen oder Einstellungen erstellt werden (Frequenzanalyse). Von dieser sehr einfachen Technik zu unterscheiden sind:

1. Varianzanalysen, in denen zusätzlich die Inhalte bewertet werden;
2. Intensitätsanalysen, in denen auch die Intensitäten von Bewertungen erfaßt werden; und
3, Kontingenzanalysen, die das Auftreten bestimmter sprachlicher Elemente im Zusammenhang mit anderen Begriffen überprüfen.

Die Interpretation der Ergebnisse schließlich, stellt den Abschluß einer Inhaltsanalyse dar. Dabei ist jedoch zu beachten, daß Schlüsse vom Untersuchungsmaterial auf Elemente außerhalb des Untersuchungsmaterials bezüglich ihrer Validität sehr zweifelhaft, bestenfalls nur plausibel sein können.

3.4.3 Probleme der Inhaltsanalyse

Als ein zentrales Problem der Inhaltsanalyse kann die im Prozeß der Datenreduktion stattfindende Klassifikation bezeichnet werden. Es ist zu fragen, inwieweit solche Klassifikationen letztendlich konsistent und zuverlässig sind. Fehlerquellen bei Klassifikationen können insbesondere die Mehrdeutigkeit von Begriffen sein, aber auch die Mehrdeutigkeit von Definitionen der Kategorien.

Um solche Probleme zumindest zu minimieren, wurden von KRIPPENDORFF [KRIPPENDORFF 1980:130ff] für die Inhaltsanalyse Zuverlässigkeitskriterien wie Stabilität, Wiederholbarkeit und Genauigkeit vorgeschlagen.

---

[8] Vgl. dazu eingehender [MERTEN 1980].

Das Kriterium der Stabilität, auch als Intracoder-Reliabilität bezeichnet, bezieht sich auf die Konstanz des verkodeten Inhalts des Untersuchungsmaterials. Diese Reliabilität ist dann gegeben, wenn eine erneute Verkodung durch den gleichen Verkoder zu einem gleichen Ergebnis führt. Das Kriterium der Wiederholbarkeit, auch als Intercoder-Reliabilität bezeichnet, sich ebenfalls auf die Konstanz des verkodeten Inhalts des Untersuchungsmaterials, diesmal aber von verschiedenen Verkodern. Diese Reliabilität ist dann gegeben, wenn die Verkodung durch verschiedene Verkoder zu einem gleichen Ergebnis führt.
Das Kriterium der Genauigkeit schließlich bezieht sich auf die Übereinstimmung eines von Hand kodierten Fragebogens mit einer bekannten Standardkodierung. Wobei jedoch bemerkt werden muß, daß solche Standardkodierungen zur Zeit noch weitgehend fehlen.

3.5 Literatur

ANDERS, M. (1982): Das Telefoninterview in der Bevölkerung. Infratest-Forschung. München

ATTESLANDER, Peter (1991): Methoden der empirischen Sozialforschung (6.neu bearb.u.erw.Aufl). Berlin, New York: de Gruyter

BALES, Robert F. (1950): Interaction Process Analysis. Cambridge: Addison-Wesley

BALES, Robert F. (1970): Personality and Impersonal Behavior. New York: Holt, Rinehart & Winston

BERELSON, B. (1952): Content Analysis in Communications Research. New York: Free Press

CAMPBELL, A. (1945): Two Problems in the Use of the Open Question. *Journal of Abnormal and Social Psychology 40*

CANNELL, Charles F.; KAHN, Robert L. (1968): Interviewing. In: G. LINDZEY, E. ARONSON (Eds.) (1968), S.526-595

CHADWICK, Bruce A.; BAHR, Howard, M.; ALBRECHT, Stan L. (1984): Social Science Research Methods. Englewood Cliffs: Prentice-Hall

CONVERSE, J.M.; PRESSER, S. (1986): Survey Questions. Handcrafting the Standardized Questionnaire. Beverly Hills, London: Sage

DILLMAN, Don A. (1978): Mail and Telephon Surveys: The Total Design Method. New York: John Wiley

FEGER, H. (1983): Planung und Auswertung von wissenschaftlichen Beobachtungen. In: H. FEGER, J. BREDENKAMP (Hrsg.) (1983), S.1-75

FEGER, H.; BREDENKAMP, J. (Hrsg.) (1983): Datenerhebung. Enzyklopädie der Psychologie, Bd.1, Forschungsmethoden. Göttingen: Hogrefe

GIRTLER, Roland (1980): Vagabunden in der Großstadt. Stuttgart: Enke

GREVE, Werner; WENTURA, Dirk (1991): Wissenschaftliche Beobachtung in der Psychologie. Eine Einführung. München: Quintessenz

GROVES, Robert M.; KAHN, Robert L. (1979): Surveys by Telephone. New York: Academic Press

GRÜMER, Karl-Wilhelm (1974): Beobachtung. Stuttgart: Teubner

HIPPLER, Hans-Jürgen (1985): Schriftliche Befragung bei allgemeinen Bevölkerungsstichproben - Untersuchungen zur Dillmanschen "Total-Design-Methode". *ZUMA-Nachrichten 16*, S.39-56

HOLM, Kurt (Hrsg.) (1986): Die Befragung I (3.Aufl.). Tübingen: Francke

KIRSCHHOFER-BOZENHARDT, Andreas von; KAPLITZA, Gabriele (1986): Der Fragebogen. In: K. HOLM (Hrsg.) (1986), S.92-126

KRIPPENDORFF, Klaus (1980): Content Analysis. An Introduction to Its Methodology. Beverly Hills, London: Sage

LAATZ, Wilfried (1993): Empirische Methoden. Ein Lehrbuch für Sozialwissenschaftler. Thun, Frankfurt am Main: Harri Deutsch

LAZARSFELD, P.F. (1944): The Controversy over Detailed Interviews - an Offer for Negotiation. *Public Opinion Quarterly 8*, S.38-60

LASSWELL, Harold D; LERNER, Daniel; POOL, Ithiel de S. (1952): The Comparative Study of Symbols. Stanford: Stanford University Press

LINDZEY, Gardner; ARONSON, Elliot (Eds.) (1968): The Handbook of Social Psychology, Vol.2. Reading: Addison-Wesley

MAYRING, P. (1983): Qualitative Inhaltsanalyse. Grundlagen und Techniken. Weinheim, Basel: Beltz

MERTEN, Klaus (1983): Inhaltsanalyse. Opladen: Westdeutscher Verlag

MÜLLER, Ferdinand F.; SCHMIDT, Manfred G. (1979): Empirische Politikwissenschaft. Stuttgart u.a.: Kohlhammer

SCHNELL, Rainer; HILL, Paul B.; ESSER, Elke (1989): Methoden der empirischen Sozialforschung (2.überarb.u.erw.Aufl.). München, Wien: Oldenbourg

WEBB, Eugene J.; CAMPBELL, Donald T.; SCHWARTZ, Richard D.; SECHREST, Lee (1975): Nichtreaktive Meßverfahren. Weinheim, Basel: Beltz

WHYTE, William F. (1943): Street Corner Society. Chicago: University of Chicago Press

4.0 Grundlagen und Voraussetzungen der Datenanalyse

4.1 Daten: Begriff, Struktur, Merkmale und Funktion

4.1.1 Was sind Daten?

Die nicht nur hinreichende, sondern auch notwendige Voraussetzung für die Datenanalyse sind, wie in diesem Begriff auch schon selbst sprachlich formuliert, *Daten*. Neben dieser eher engen Begrenzung auf die Datenanalyse verwenden wir den Begriff 'Daten' jedoch auch, und dies mit einer weitaus höheren Häufigkeit, in fast allen sozialwissenschaftlichen Kontexten. Trotz seiner omnipotenten Verwendungsweise in den Sozialwissenschaften wird dieser Begriff jedoch nur sehr selten im Hinblick auf seine Semantik expliziert. Wir sprechen zwar immer von Daten, können aber oftmals nicht präzise angeben, was Daten eigentlich sind, welche Formen von Daten es gibt, was Alltagsdaten von wissenschaftlichen Daten unterscheidet, in welcher Beziehung Daten zur Realität stehen, was irgendwelche Entitäten erst zu Daten werden läßt usw. Um Datenanalyse sinnvoll und gewinnbringend betreiben zu können, muß folglich erst einmal geklärt werden, was Daten überhaupt sind.

Sehr allgemein formuliert, könnten als Daten alle Tatsachen, Angaben, Sinneserfahrungen und Empfindungen bezeichnet werden, kurzum, alle Entitäten, die beobachtet werden können, wobei der Begriff 'Beobachtung' hier in einem sehr weiten Sinn zu verstehen ist. An dieser Stelle müssen wir uns jedoch fragen, ob es sinnvoll ist, jede mögliche und nicht notwendigerweise auch getätigte Beobachtung einer bestimmten Entität schon als ein Datum (Singular von 'Daten') zu bezeichnen. Denn wie soll eine solche nur in ihrer Potentialität bestehende Beobachtung analysiert werden? Datentheoretiker wie bspw. COOMBS [COOMBS 1967] und GALTUNG [GALTUNG 1967] haben deshalb den Vorschlag gemacht, mit dem Begriff 'Daten' nicht die Summe aller möglichen beobachtbaren Entitäten zu bezeichnen, sondern nur solche, die vom Wissenschaftler gezielt beobachtet werden. Ein solcher Beobachtungsprozeß wird von COOMBS [COOMBS 1967:4] in einem Drei-Phasen-Modell wie folgt rekonstruiert (Abb.4-1):

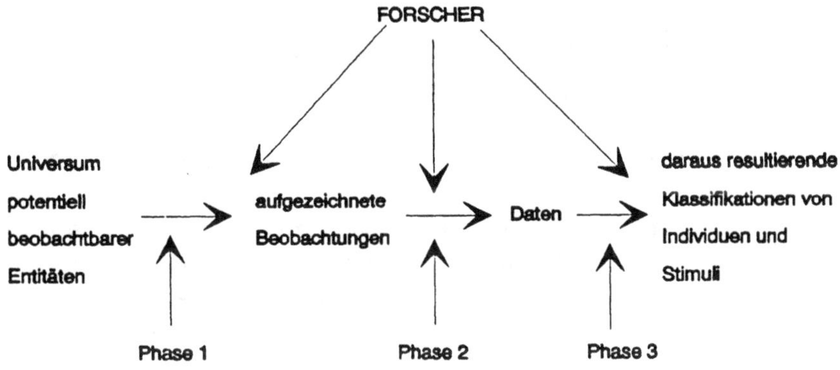

Abb.4-1 Der Prozeß von der Potentialität von Entitäten zu Daten

In Abb.4-1 ist der Beobachtungsprozeß in drei Phasen eingeteilt. Ausgehend von der Potentialität aller möglichen beobachtbaren Entitäten wählt der Forscher gezielt eine Teilmenge aus. Diese Auswahl konstituiert die erste Phase. Durch Zusammenfassung der einzelnen Beobachtungen in Klassifizierungen werden diese in einer zweiten Phase zu 'Daten'. Die dritte Phase schließlich beinhaltet die Relationen innerhalb der Menge von beobachteten Entitäten und der erhobenen Daten.

Mit der Forderung nach gezielter Beobachtung wird somit eine erste Einschränkung aller beobachtbarer Entitäten auf solche vorgenommen, die wir als Daten bezeichnen können. Doch was bedeutet es nun, wenn wir gezielt beobachtete Entitäten als Daten bezeichnen? Zunächst einmal, daß sie Informationen über einen Gegenstandsbereich darstellen. In den Sozialwissenschaften bspw. werden mit Daten Informationen über soziale qualitative und quantitative Sachverhalte und Prozesse bezeichnet. Da diese jedoch, wie schon dargelegt, einem gezielten Beobachtungsprozeß entspringen müssen, können wir auch sagen, daß Daten Produkte eines systematischen Erhebungsprozesses sind (Vgl. Kapitel 3). Diese Feststellung impliziert, daß Beobachtungen selbst, wenn sie gezielt vorgenommen werden, noch keine Daten sind, sondern erst dann, wenn diese Beobachtungen auch protokolliert werden, d.h. in geeigneter und abrufbarer Form festgehalten werden.

Aus unseren Ausführungen können wir folgende mehrstellige Definition des Begriffs 'Daten' formulieren:

D sind Daten genau dann, wenn es B, E, B(E) und P gibt, so daß gilt:

(1) D = <B, E, B(E), P>

(2) B ist ein gezielter, systematischer Beobachtungsprozeß

(3) E ist die Menge aller möglichen beobachtbaren Entitäten

(4) B(E) ist die Menge gezielt und systematisch beobachteter Entitäten, wobei gilt $B(E) \subset E$

(5) P ist die Protokollierung einer gezielt und systematisch beobachteten Menge von Entitäten B(E)

Wir können nun dazu übergehen zu bestimmen, welche Struktur Daten in den sozialwissenschaftlichen Datenanalyse besitzen und damit den Begriff 'Daten' weiter konkretisieren.

4.1.2 Die formale Struktur von Daten

Die formale Struktur von Daten ist durch drei Elemente bestimmt:

1. Bezug der Daten;
2. Ausmaß des Bezugs der Daten; und
3. das 'Was' des Ausmaßes des Bezugs der Daten.

Daten beziehen sich immer auf irgendwelche Untersuchungseinheiten. Solche Untersuchungseinheiten (menschliche Wesen, menschliche Kollektive, menschliche Produkte, menschliche Interaktionen etc.) sind diejenigen Objekte, auf die sich unsere untersuchungsleitenden oder zu überprüfenden Hypothesen (Theorien) richten.

Daten beschreiben dabei die Untersuchungseinheiten nicht in ihrer gesamten Komplexität, sondern lediglich im Hinblick auf ausgewählte Merkmalsdimensionen, d.h. in der sozialwissenschaftlichen Terminologie, im Hinblick auf bestimmte Variablen (X_1, X_2, X_3,..., X_n).

Beobachtet werden folglich auf den interessierenden Merkmalsdimensionen die jeweiligen Merkmalsausprägungen für die Untersuchungseinheiten, d.h. in der sozialwissenschaftlichen Terminologie, die bestimmten Variablenwerte (x_1, x_2, x_3,...,x_n).

Im Hinblick auf die formale Struktur von Daten können wir folgende Definition von 'Daten' für die Datenanalyse angeben: Daten sind Werte von Variablen, die Untersuchungseinheiten zugeschrieben werden.

4.1.3 Merkmale von Daten

Wenn wir Daten als das Produkt eines systematisch vorgenommenen Erhebungsprozesses bezeichnen, so beinhaltet diese Aussage auch, daß uns Daten nicht als etwas Gegebenes unmittelbar vorliegen. Sie sind vielmehr das Ergebnis eines gezielt vorgenommenen Suchprozesses und das heißt: Daten werden gemacht und nicht gefunden. So gesehen sind auch die Ausdrücke 'Datensammlung' und/oder 'Datenerhebung' zu zweideutig, da sie zu der Vorstellung verleiten können, Daten seien etwas 'Gegebenes', das nur gesammelt werden muß, etwa so wie Blumen auf einer Wiese. Es ist deshalb auch angebrachter, anstatt von 'Datensammlung' und/oder 'Datenerhebung' von 'Datenkonstruktion' zu sprechen [BATESON 1984:5].

Die Tatsache, daß Daten konstruiert und nicht einfach gesammelt werden, kann dadurch begründet werden, daß "bereits die Begriffe der zu erarbeitenden oder zu überprüfenden Aussagen durch ihre Intension und Extension [angeben], worauf das Beobachtungsinteresse gerichtet werden muß, um zu den benötigten Aufzeichnungen zu gelangen, und schon die Strukturierung des Objektbereichs durch die Verwendung einer bestimmten Taxonomie in großen Zügen [festlegt], welche Daten später zur Erarbeitung oder Überprüfung von Aussagen verfügbar sein werden" [PATZELT 1986:281]. Neben dieser perspektivischen Einschränkung der für eine Hypothesenüberprüfung herangezogenen empirischen Begriffe (Beobachtungsbegriffe) kann der Konstruktionscharakter von Daten an den theoretischen Begriffen noch deutlicher gemacht werden.

Es ist ein bestimmendes Merkmal sozialwissenschaftlicher Hypothesen und Theorien, daß sie mit theoretischen Begriffen (Konstrukten) operieren. Solche theoretischen Begriffe können nur über Operationalisierungen auf Beobachtbares bezogen werden. Daten, die über Beobachtungsbegriffe (Indikatoren) ein bestimmtes Konstrukt anzeigen, besitzen folglich einen sehr hohen Konstruktionscharakter, da die Entscheidung für bestimmte Indikatoren eine theoriegeleitete Entscheidung des Forschers ist. In diesem Sinn kann es auch keine theoriefreien Daten geben, sondern immer nur Daten bezüglich einer bestimmten Theorie. In diesem Sinne ist auch POPPER zuzustimmen, wenn er schreibt [POPPER 1982:72]: "...Beobachtungen und erst recht Sätze über Beobachtungen und über Versuchsergebnisse [sind] immer *Interpretationen* der beobachteten Tatsachen ... sie [sind] *Interpretationen im Lichte von Theorien*". Daten sprechen so auch nicht für sich, sondern sind immer Interpretationen in bezug auf bestimmte Theorien, in bezug auf ein bestimmtes Vorwissen.

Infolge der Tatsache, daß wir mit unseren Theorien immer nur Aussagen über ein bestimmtes Realitätssegment machen, nie aber die Realität in ihrer Totalität erfassen können, ist jede Menge von Daten, also jeder Datenbestand, immer selektiv [PATZELT 1986:282].

4.1.4 Die Bedeutung von Beobachtungstheorien

Jede Beobachtung, die wir vornehmen, ist nach unseren bisherigen Ausführungen niemals voraussetzungslos. Zum einen wird sie immer von einem prinzipiell variablen theoretischen Vorverständnis bestimmt, zum andern ist sie fundamental mit unseren menschlichen Fähigkeiten verbunden, die es uns erlauben, überhaupt sinnliche Wahrnehmungen vorzunehmen.

Unsere menschlichen Fähigkeiten, die es uns erlauben, sinnliche Wahrnehmungen vorzunehmen, sind Gegenstand von Wahrnehmungstheorien. Solche Wahrnehmungstheorien, die gegenwärtig im Rahmen der evolutionären Erkenntnistheorie diskutiert werden, machen Aussagen darüber, wie und was wir imstande sind zu beobachten. In wenige Worte gefaßt lautet deren Kernaussage, daß unser evolutionär bedingter Weltbildapparat, d.h. unsere physiologischen Anlagen, mit denen wir erkennen, als eine Organleistung aufzufassen ist, durch die sich der Mensch seiner Umwelt "anpaßt". So gesehen ist unsere Fähigkeit Welt zu erkennen, eine evolutionsbedingte Anpassung an die Welt und nicht umgekehrt [VOLLMER 1983:172]. Anpassung an die Welt bedeutet aber auch, daß wir nur an einen bestimmten Ausschnitt der realen Welt angepaßt sind [VOLLMER 1986:138ff]. Dieser Ausschnitt wird in der Evolutionären Erkenntnistheorie als 'Mesokosmos' bezeichnet. Unsere Reduzierung auf einen solchen Mesokosmos ist jedoch nicht definitiv beschränkt, da wir in der Lage sind, theoretische Erkenntnis über Bereiche zu gewinnen, die über diesen Mesokosmos hinausgehen. Wir wollen Theorien der Wahrnehmung, die auf den Ergebnissen der Evolutionären Erkenntnistheorie beruhen, Beobachtungstheorien in einem weiteren Sinn nennen (BT_1). Dagegen sind Beobachtungstheorien in einem engeren Sinn abzugrenzen (BT_2). Sie sind Theorien, die uns in die Lage versetzen, über unseren Mesokosmos hinauszugehen, d.h. die über unseren Weltbildapparat unmittelbar sinnlich erfaßbaren Beobachtungen zu erweitern. Was haben wir uns unter dieser Form von Beobachtungstheorien vorzustellen, und welche Funktion nehmen sie im sozialwissenschaftlichen Forschungsprozeß ein?

Allgemein formuliert ist eine Beobachtungstheorie BT_2 zunächst einmal jede Theorie, "die dazu benutzt werden kann, eine sinnliche Wahrnehmung als Beobachtung eines (möglicherweise) verifizierenden [bestätigenden] oder falsifizierenden [widerlegenden] Sachverhalts zu deuten" [PATZELT 1986:233]. Genauer, eine Beobachtungstheorie, und das kann im Prinzip jede Theorie sein, ist eine Theorie, ohne die wir nicht in der Lage sind, einen bestimmten Sachverhalt als richtig oder falsch zu bestimmen. PATZELT [PATZELT 1986:233] führt als ein Beispiel für eine Beobachtungstheorie die Theorie der Altersbestimmung von Fossilien mittels der 'C 14-Methode' an. Erst diese erlaubt uns anzugeben, ob unsere Vermutung über das Alter eines Fossils richtig oder falsch ist. Mittels solcher Beobachtungstheorien sind wir in der Lage, Beobachtungs- und Datenkonstruktionsinstrumente wie Fernrohre, Teilchenbeschleuniger, Meßgeräte oder Fragebögen zu entwickeln. Es sind so immer Theorien, Theorien der Optik, Theorien der Materie, Theorien der Meßgeräte oder Theorien des Fragebogens, die wir benötigen, um unsere Theorien empirisch zu überprüfen.

Diese Tatsache stellt ein weiteres Indiz dafür dar, daß Daten nie theoriefrei sind, sondern vielmehr eine enge Beziehung zwischen Daten und Theorien besteht, ja, daß sie oftmals sogar nicht einmal streng voneinander unterschieden werden können.

Beobachtungstheorien sind das theoretische Vorwissen, mittels dessen wir unsere Theorien überprüfen. Sie besitzen sowohl einen Einfluß auf die Konstruktion unserer Daten als auch auf den Prüfprozeß von Theorien. Besitzen wir zur Überprüfung einer empirischen Theorie mehrere Beobachtungstheorien, ist die bis jetzt am besten bewährte Beobachtungstheorie auszuwählen.

4.1.5 Die Funktion von Daten im empirischen Forschungsprozeß

Daten sind das Ergebnis von methodengeleiteten Erhebungstechniken (Datenkonstruktionstechniken) (vgl. Kap.3) mit dem Ziel, Theorien zu überprüfen oder aber erst solche zu generieren. Sie sind nichts 'Gegebenes', sondern werden gemacht (data making), wobei diese Konstruktion durch theoretisches Vorwissen präformiert ist, das sowohl die Techniken ihrer Auswahl als auch die Bildung von Hypothesen und die Operationalisierung der darin enthaltenen Konstrukte wesentlich mitbestimmt.

Vor diesem Hintergrund betrachtet, besteht die Funktion von Daten im empirischen Forschungsprozeß folglich aus zweierlei:

1. Daten stellen *die* Grundlage dar, die wir benötigen, um empirische Theorien zu überprüfen; und
2. Daten stellen *eine* Grundlage dar, um empirische Theorien zu generieren.

4.1.6 Die Interaktion zwischen Theorie und Empirie. Eine Zusammenfassung

Wie wir bereits in der Einführung zu diesem Buch bemerkt haben, kann der empirische Forschungsprozeß als ein infiniter, alternierender Interaktionsprozeß zwischen Theorien und Empirie bezeichnet werden. Dieser Interaktionsprozeß kann nach unseren Ausführungen zum Begriff der sozialwissenschaftlichen Theorie und zum Begriff der Daten jetzt präziser angegeben werden. Wie aus 4.1.5 ersichtlich, besteht die Funktion von Daten in der Überprüfung und Generierung von Theorien. Diese doppelte Funktion von Daten im empirischen Forschungsprozeß können wir uns an zwei Schaubildern (Abb.4-2 und Abb.4-3) verdeutlichen, wobei ersteres allgemeiner und zweiteres eher differenzierter Natur ist.

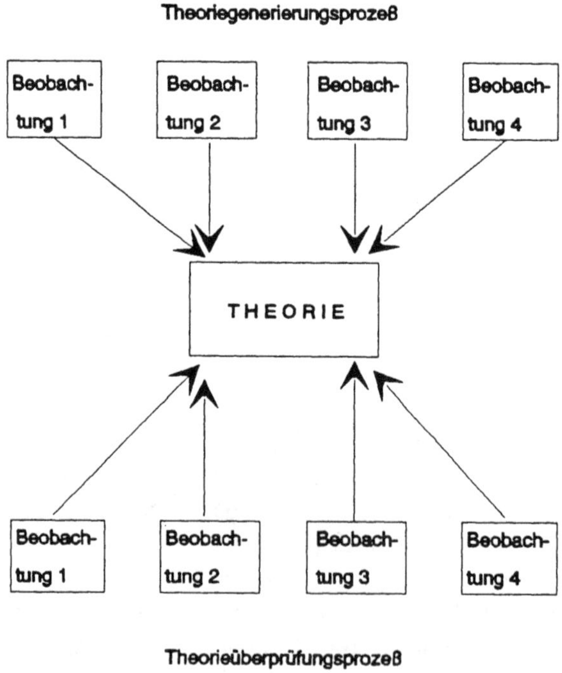

Abb.4-2 Daten im Theorieüberprüfungs- und Theoriegenerierungsprozeß (I)

Durch eine Differenzierung der in Abb.4-2 dargestellten Funktion von Daten im Prozeß der Theorieüberprüfung und Theoriegenerierung kann diese präziser folgendermaßen veranschaulicht werden:

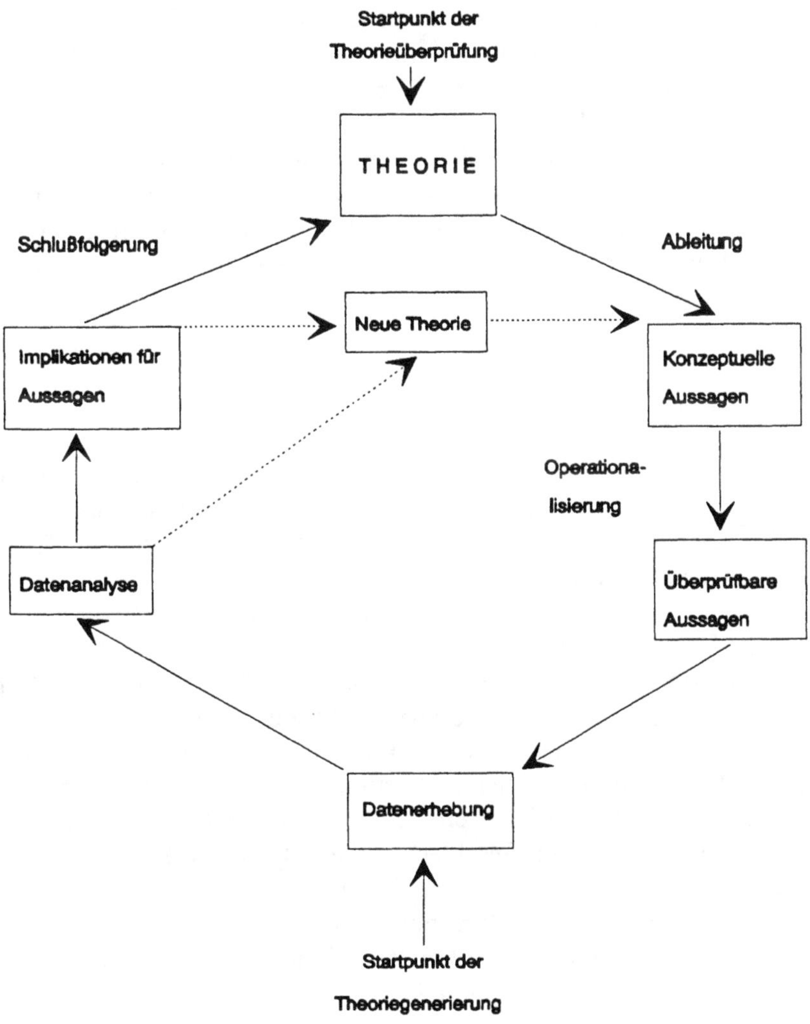

Abb.4-3 Daten im Theorieüberprüfungs- und Theoriegenerierungsprozeß (II)

4.2 Datenaufbereitung

Daten müssen, um die ihnen im empirischen Forschungsprozeß zukommenden Funktionen der Theorieüberprüfung und/oder Theoriegenerierung erfüllen zu können, in eine bestimmte Form gebracht werden, d.h. Daten müssen so aufbereitet werden, daß sie, und dies insbesondere infolge des zunehmenden Einsatzes von Computern, softwaregestützt analysiert werden können. Prinzipiell jedoch können Daten, also aufgezeichnete bzw. festgehaltene Informationen, in jeder beliebigen Form präsentiert werden, als Worte, Sätze, Zahlen oder andere Symbole. Ebenso ist die Strukturform ihrer Repräsentation prinzipiell beliebig. Dieses 'prinzipiell' stößt jedoch dort an seine Grenzen, wo wir die Daten mit Hilfe von Computern analysieren wollen. Zur Vorbereitung einer Datenanalyse ist es deshalb zunächst hilfreich, die Daten in einer sogenannten Datenmatrix anzuordnen. Sie bildet die Grundlage jeder Datenanalyse.

4.2.1 Die Datenmatrix

Daten, die wir mittels bestimmter Erhebungsinstrumente erhoben (konstruiert) haben, können sowohl zur besseren Übersicht als auch zur Durchführung computergestützter Analysen in einer bestimmten Tabelle, der Datenmatrix, dargestellt werden.

Bezeichnen wir eine beliebige Untersuchungseinheit mit UE_i und eine beliebige Variable, deren Merkmalsausprägung wir an UE_i beobachten, mit X_j, so stellt eine Datenmatrix die Menge möglicher Kombinationen von UE_i mit X_j dar, d.h. das kartesische Produkt UE_i x X_j.

Kennzeichnend für die Datenmatrix ist dabei, daß für die Variable X_j aus der Anzahl ihrer möglichen Ausprägungen jeweils nur der für die Untersuchungseinheit UE_i zutreffende Wert eingesetzt wird. Fragen wir beispielsweise nach dem Geschlecht (Variable) einer Person (Untersuchungseinheit), so setzen wir in die Datenmatrix entweder die Merkmalsausprägung 'weiblich' oder 'männlich' ein.

Die formale Struktur einer Datenmatrix können wir folgendermaßen in einem Schaubild angeben (Abb.4-4):

VARIABLEN

		X_1	X_2	X_3	...	X_j	...	X_n
UNTER-	UE_1	x_{11}	x_{12}	x_{13}	...	x_{1j}	...	x_{1n}
SUCHUNGS-	UE_2	x_{21}	x_{22}	x_{23}	...	x_{2j}	...	x_{2n}
	UE_3	x_{31}	x_{32}	x_{33}	...	x_{3j}	...	x_{3n}
EINEITEN	...	...	...	...	...	...	...	...
	UE_i	x_{i1}	x_{i2}	x_{i3}	...	x_{ij}	...	x_{in}
	...	...	...	...	...	...	...	...
	UE_m	x_{m1}	x_{m2}	x_{m3}	...	x_{mj}	...	x_{mn}

MERKMALSAUSPRÄGUNGEN

Abb.4-4 Die formale Struktur einer Datenmatrix

Die formale Struktur einer Datenmatrix kann als Einheit von theoretischen Vorüberlegungen (Auswahl der Variablen und Untersuchungseinheiten) und empirischer Forschung (Erhebung der Merkmalsausprägungen der betreffenden Variablen der Untersuchungseinheiten) angesehen werden.

Auf der waagerechten Ebene sind die Variablen (X_1, X_2, X_3,...,X_n) angeordnet, welche die theoretische Perspektive konkretisieren, unter denen die Untersuchungseinheiten betrachtet werden sollen.

Auf der senkrechten Ebene sind die Untersuchungseinheiten (UE_1, UE_2, UE_3,...,UE_m) angeordnet, welche die Elemente der Wirklichkeit darstellen, über die wir spezifische Informationen (über die Variablen) einholen wollen.

In den Zellen der Datenmatrix (x_{11},...,x_{mn}) stehen die Daten, d.h. die Merkmalsausprägungen der Untersuchungseinheiten in bezug auf die Variablen.

Grundsätzlich sollte eine Datenmatrix nie leere Zellen enthalten. Im Falle eines fehlenden Wertes, bspw. bei der Nichtbeantwortung einer Frage, muß dieser fehlende Wert durch einen bestimmten Wert, der für fehlende Werte vereinbart wurde, ersetzt werden.

In der Datenmatrix werden die drei grundsätzlichen Prinzipien der Datenerhebung (-konstruktion) verkörpert [KROMREY 1980:104ff]:

1. Das Prinzip der Vergleichbarkeit;
2. das Prinzip der Klassifizierbarkeit; und
3. das Prinzip der Vollständigkeit.

Das Prinzip der Vergleichbarkeit besagt dreierlei: Erstens, daß die Bedingungen der Beobachtung (bspw. Fragen in gleicher Reihenfolge) für alle Untersuchungseinheiten gleich sein müssen; zweitens, daß alle Kombinationen $UE_i * X_j$ empirisch sinnvoll sein müssen, d.h. die Eigenschaftsdimensionen X_j der Datenmatrix sind auch tatsächlich Eigenschaftsdimensionen der Untersuchungseinheiten UE_i; und drittens, daß die Untersuchungseinheiten immer nur sinnvoll hinsichtlich einer Merkmalsausprägung x_{ij} miteinander verglichen werden können (insofern nicht mehrere Merkmalsausprägungen zu einem Index zusammengefaßt werden).

Das Prinzip der Klassifizierbarkeit besagt zweierlei: Erstens, jeder Untersuchungseinheit muß bezüglich jeder Variablen mindestens eine Merkmalsausprägung zugewiesen werden können; und zweitens, jeder Untersuchungseinheit darf bezüglich jeder Variablen nicht mehr als eine Merkmalsausprägung zugewiesen werden können.

Das Prinzip der Vollständigkeit schließlich besagt zweierlei: Erstens, in der Datenmatrix dürfen keine Zellen leer bleiben; und zweitens, alle Werte in der Datenmatrix müssen empirisch bestimmt werden. Fehlende Werte sind in der entsprechenden Zelle kenntlich zu machen.

4.2.2 Der Codeplan

Wie wir bereits erwähnt haben, müssen Daten nicht notwendigerweise Zahlen sein. Insbesondere bei nominalen und ordinalen Variablen sind deren Merkmalsausprägungen zunächst einmal Worte. Für die nominale Variable 'Geschlecht' bspw. sind deren Merkmalsausprägungen die Worte 'weiblich' und 'männlich', für die ordinale Variable 'Zufriedenheit mit der Bundesregierung' können die Merkmalsausprägungen 'sehr unzufrieden', 'unzufrieden', weder unzufrieden, noch zufrieden', 'zufrieden' und 'sehr zufrieden' sein. Wollen wir solche Daten jedoch computergestützt analysieren, so ist es notwendig, die in Worte gefaßten Merkmalsausprägungen in Zahlen zu fassen. Dies bedeutet weiter, daß die Zellen in unserer für die Datenanalyse notwendigen Datenmatrix Zahlen und nicht Worte enthalten sollen.

Den Prozeß der Umsetzung unserer Daten in Zahlen wird als Vercodung bezeichnet. Voraussetzung der Vercodung unserer Daten in Zahlen ist der Codeplan. Dieser stellt eine Liste aller erhobenen Variablen mit allen möglichen Merkmalsausprägungen jeder Variablen dar, wobei jeder möglichen Kategorie jeder Variablen genau ein spezieller Zahlenwert (Code) zugeordnet wird. Welcher Zahlenwert einer Merkmalsausprägung genau zugeordnet wird, hängt insbesondere bei nominalen und ordinalen Variablen von der Entscheidung des Vercoders ab. Es existiert so keine spezielle Regel der Zuordnung, doch es sollten schon allein aus Übersichtsgründen niedrige Zahlenwerte bzw. aufeinanderfolgende Zahlenwerte gewählt werden.

Aus Gründen der Vereinfachung und Zeitminimierung ist es nützlich, bspw. bei einer Fragebogenkonzipierung mit den Fragen auch schon deren entsprechende Codierung mitanzugeben[1]. Insbesondere bei einer beabsichtigten computergestützten Datenanalyse ist es auch sinnvoll, darüber hinaus schon die Position der codierten Werte im Datensatz zu benennen.

Oftmals werden diese Kennzeichnungen jedoch nicht vollständig am Originalfragebogen, sondern gesondert auf einem Codeplan vermerkt. Wie der einzelne Forscher nun vorzugehen hat, ist seiner Entscheidung überlassen: Er kann einen Fragebogen mit allen für die spätere Analyse notwendigen Informationen (Angabe der Codierung und Position der Werte im Datensatz) konzipieren, oder aber er kann gesondert einen Fragebogen und einen Codeplan mit Angabe der entsprechenden Positionen der Werte im Datensatz erstellen.

Wir wollen uns in diesem Buch letzterer Entscheidung anschließen. Zu Übungs- und Demonstrationszwecken haben wir einen Fragebogen (Abb.4-5) entwickelt, in dem wir Merkmale und Determinanten studentischen Arbeitens und Verhaltens erfragen wollen. Dieser Fragebogen enthält dabei Fragen (Variablen), die nicht notwendigerweise direkt in bezug zu unserer Fragestellung stehen, jedoch zu Demonstrationszwekken miteinbezogen wurden[2]. Dieser Fragebogen ist weder vollständig, noch in allen Einzelheiten korrekt, sondern bewußt mit Fehlern behaftet, die von den Studierenden erkannt und diskutiert werden sollen. Die Erhebung der Daten wurde von Studenten 1990 vorgenommen. Die Anzahl der Untersuchungseinheiten (Studenten an der Universität Tübin-

---

1 Ein solches Vorgehen ist jedoch nur dann möglich, wenn es sich um einen strukturierten Fragebogen handelt, der keine offenen Fragen beinhaltet. Beinhaltet ein strukturierter Fragebogen auch offene Fragen, so kann die Kategorisierung und Codierung dieser Antworten erst *nach* der Datenerhebung vorgenommen werden. Dieser Prozeß der nachträglich Codierung wird als 'induktives Codierungsverfahren' bezeichnet [MÜLLER, SCHMIDT 1979:62].

2 Dieser Fragebogen ist weder vollständig, noch in allen Einzelheiten korrekt, sondern *bewußt* mit Fehlern behaftet, die von den Studierenden erkannt und diskutiert werden sollen.

gen) beträgt N = 27. Mit diesen Daten werden wir im folgenden, wenn nicht anders vermerkt, in der Regel arbeiten.

Fragebogen zu
"Merkmale und Determinanten studentischen Arbeitens und Verhaltens"

1. Geschlecht:

männlich	☐	1
weiblich	☐	2

2. Alter: .... Jahre

3. Größe: .... cm

4. Wie beurteilen Sie das sozio-ökonomische Milieu, dem Sie entstammen

Unterschicht	☐	1
Mittelschicht	☐	2
Oberschicht	☐	3

5. Letzte berufliche Stellung des Vaters

Selbständiger	☐	1
Beamter	☐	2
Angestellter	☐	3
Arbeiter	☐	4

6. Welcher der angeführten politischen Parteien stehen Sie nahe:
[Kringeln Sie die für Sie in Frage kommende Partei]

1	2	3	4	5
PDS	GRÜNE	SPD	FDP	CDU

7. Welche Studienfächer studieren Sie:

1.Haupt-fach			2.Haupt-fach			1.Neben-fach			2.Neben-fach		
PW	☐	1	PW	☐	1	PW	☐	1	PW	☐	1
SOZ	☐	2	SOZ	☐	2	SOZ	☐	2	SOZ	☐	2
PÄD	☐	3	PÄD	☐	3	PÄD	☐	3	PÄD	☐	3
SPO	☐	4	SPO	☐	4	SPO	☐	4	SPO	☐	4
PSY	☐	5	PSY	☐	5	PSY	☐	5	PSY	☐	5
PHI	☐	6	PHI	☐	6	PHI	☐	6	PHI	☐	6
GER	☐	7	GER	☐	7	GER	☐	7	GER	☐	7
BWL	☐	8	BWL	☐	8	BWL	☐	8	BWL	☐	8
Son	☐	9	Son	☐	9	Son	☐	9	Son	☐	9

8. Welchen Abschluß streben Sie an:

Magister	☐	1
Staatsexamen	☐	2
Diplom	☐	3

9. In welchem Semester studieren Sie: ....

10. Wo wohnen Sie gegenwärtig:

Tübingen	☐	1
außerhalb von Tübingen	☐	2

11. Wieviel DM stehen Ihnen monatlich zur Verfügung:

DM ......

12. Wie finanzieren Sie Ihr Studium:

durch eigene Arbeit	☐	1
durch die Eltern	☐	2
durch BAföG	☐	3
durch andere Finanzierungsquellen	☐	4

13. Wieviel Stunden arbeiten Sie täglich für Ihr Studium:

Stunden ......

14. Welche Arbeitsformen bevorzugen Sie:

Einzelarbeit	☐	1
Gruppenarbeit (bis 4 Mitgl.)	☐	2
Gruppenarbeit (> 4 Mitgl.)	☐	3

15. Wie schätzen Sie Ihre Statistikkenntnisse ein:
[Kringeln Sie die für Sie zutreffende Einschätzung]

1	2	3	4	5
mangelhaft	ausreichend	befiedigend	gut	sehr gut

16. Wie zufrieden sind Sie mit Ihrem bisherigen Studium:

sehr unzufrieden — sehr zufrieden

☐	☐	☐	☐	☐	☐	☐	☐	☐	☐
1	2	3	4	5	6	7	8	9	10

Abb.4-5 Demonstrations-Fragebogen

Um die mit diesem Fragebogen erhaltenen Antworten computergestützt analysieren zu können, müssen diese gemäß unserer vorangegangenen Ausführungen vercodet werden. Die Anweisungen, welche Antworten, d.h. welche Merkmalsausprägungen, mit welchen Zahlen versehen werden sollen, sind im Codeplan festgelegt. Für unseren Demonstrationsfragebogen haben wir folgenden Codeplan entwickelt (Abb.4-6):

Item Nr.	Kurzbezeichnung	Merkmalsausprägungen	Kodierung	Position
	IdentifikationsNr			1-2
1	Geschlecht	männlich weiblich	1 2	3
2	Alter	Jahre	Zahl	4-5
3	Größe	Zentimeter	Zahl	6-8
4	Milieu	Unterschicht Mittelschicht Oberschicht	1 2 3	9
5	Beruf/ Vater	Selbständiger Beamter Angestellter Arbeiter	1 2 3 4	10
6	Parteipräferenz	PDS GRÜNE SPD FDP CDU	1 2 3 4 5	11
7	1. H.fach 2. H.fach 1. N.fach 2. N.fach	PW SOZ PÄD SPO PSY PHI GER BWL Son	1 2 3 4 5 6 7 8 9	12 13 14 15

Item Nr.	Kurzbezeichnung	Merkmalsausprägungen	Kodierung	Position
8	Abschluß	Magister Staatsexamen Diplom Mag./Dipl.	1 2 3 4	16
9	Semesterzahl	Semester	Zahl	17-18
10	Wohnort	Tübingen außerhalb von Tü.	1 2	19
11	Einkommen	DM-Betrag	Zahl	20-23
12	Finanzierungsform	eigene Arbeit Eltern BaFöG Sonstige	1000 0100 0010 0001	24-27
13	Tägliche Arbeitszeit	Stunden	Zahl	28
14	Arbeitsform	Einzelarbeit Gruppenarbeit <4 Gruppenarbeit >4	1 2 3	29
15	Statistikkenntnisse	mangelhaft ausreichend befriedigend gut sehr gut	1 2 3 4 5	30

Item Nr.	Kurzbezeichnung	Merkmalsausprägungen	Kodierung	Position
16	Studienzufriedenheit	sehr unzufrieden -1	1	31-32
		-2	2	
		-3	3	
		-4	4	
		durchschnittlich 0	5	
		0	6	
		+7	7	
		+8	8	
		+9	9	
		sehr zufrieden +10	10	

Abb.4-6 Codeplan für Demonstrations-Fragebogen

Die mittels der Fragebögen erhaltenen Antworten, die wir auf der Grundlage unseres Codeplans in 'Zahlen' umgesetzt haben, werden (bei einer beabsichtigten computergestützten Auswertung) mit Hilfe eines Editors über ein Terminal zeilenweise in den Rechner eingegeben[3]. Dabei entspricht eine Zeile des Codeplans einem sogenannten 'record', der maximal 80 Spalten umfassen kann. Reichen 80 Spalten nicht aus, um alle Informationen einer Untersuchungseinheit zu speichern, so müssen mehrere records, d.h. Zeilen, pro Untersuchungseinheit verwendet werden. Ein oder mehrere records umfassen alle Merkmalsausprägungen einer einzelnen Untersuchungseinheit bezüglich der in unserem Fragebogen gestellten Fragen. Die Summe aller records, d.h. die Summe aller Merkmalsausprägungen aller Untersuchungseinheiten bildet die Datendatei ('file'). Diese Datei enthält alle Informationen der Erhebung, sie stellt den sogenannten 'Datensatz' dar und "ist das physisch existierende Äquivalent des theoretischen Konzepts 'Datenmatrix'" [SCHNELL, HILL, ESSER 1989:396].

Die so entstandene Datei enthält ausschließlich aneinandergereihte Zahlen, deren Bedeutung wir nur über unseren Codeplan erfahren kön-

[3] Wie eine solche Eingabe im Rahmen des Statistikprogramms SPSS genau vorzunehmen ist, kann der Leser der in der Einleitung angeführten Literatur zu SPSS entnehmen.

nen. Denn in ihm sind sowohl die Zahlenzuschreibungen für die möglichen Merkmalsausprägungen jeder Variablen definiert als auch die Positionen dieser Merkmalsausprägungen im Datensatz.

Für die durch unseren Demonstrations-Fragebogen erhobenen Daten ergibt sich nach deren Eingabe in den Rechner folgender Datensatz (Abb.4-7):

```
012341602211651107107001100613 04
```

Abb.4-7 Datensatz für Demonstrations-Fragebogen

Gemäß unserem Codeplan sind die Zahlen in diesem Datensatz auszugsweise wie folgt zu interpretieren. Betrachten wir bspw. die dritte Zeile diesen Datensatzes 032211692338019303104500100514 07, so besagen die ersten beiden Ziffern (03) [Position 1-2], daß es sich um die dritte Untersuchungseinheit unserer Erhebung handelt; die dritte Ziffer (2) [3], daß diese Untersuchungseinheit weiblichen Geschlechts ist; die Ziffern 4 und 5 (21) [4-5], daß die Untersuchungseinheit 21 Jahre alt ist usw.

Diese Interpretation der im Datensatz abgespeicherten Zahlen mittels des Codeplans muß auch für das zur Analyse der Daten verwendete Statistikprogramm vorgenommen werden. Denn wie für uns, so ist auch für das jeweilige Statistikprogramm eine 'bloße' Zahlenreihe wie oben angeführt zunächst einmal prinzipiell bedeutungslos.

4.2.3 Datenbereinigung

Nachdem wir die Daten mittels eines Terminals in den Rechner eingegeben haben, ist der eigentlichen Analyse der Daten noch der Prozeß der Datenbereinigung vorzuschalten. Datenbereinigung bezeichnet dabei das Überprüfen des Datensatzes auf Fehler und deren Beseitigung.

Die Fehler in einem Datensatz können vielfacher Natur sein. So können bspw. bei der Eingabe nicht im Codeplan definierte Zahlen, Zahlen in der falschen Spalte oder andere Symbole als Zahlen eingegeben worden sein; es können Spalten vertauscht oder für Variablen falsch angegeben worden sein etc. Daß überhaupt Fehler in einem Datensatz vorhanden sind, kann nach einer ersten Häufigkeitsauszählung aller Variablen leicht ermittelt werden. Nehmen wir bspw. an, daß bei der Variablen 'Geschlecht' in unserer Haüfigkeitsauszählung die Zahl '3' angegeben wird, wir aber nur die Merkmalsausprägungen 'männlich' mit '1' und 'weiblich' mit '2' definiert haben, so können wir daraus einen Fehler in unserer Eingabe ableiten.

Das Erkennen und die Beseitigung solcher Fehler nimmt ohne Einsatz von speziellen Programmen sehr viel Zeit in Anspruch und ist mühselig.

4.3 Datenanalyse

Nach der Datenerhebung (-konstruktion) und ihrer Aufbereitung beginnt der eigentliche Prozeß der Datenanalyse. Dieser ist, wie bereits dargelegt, *der* Prozeß, dessen Ergebnis uns darüber Auskunft gibt, inwiefern unsere Forschungshypothesen (-theorien) als vorläufig bewährt anzusehen oder zu verwerfen sind. Datenanalyse ohne Rekurs auf eine explizit formulierte Forschungsfrage, die möglichst in empirisch überprüfbare Hypothesen übersetzt sein sollte, endet zumeist im 'Chaos' oder ist nicht mehr als nur 'fishing expedition'.

Nach diesen einleitenden Bemerkungen wollen wir uns nun der Datenanalyse in einem spezifischeren Sinne zuwenden und dabei zunächst einmal eine Antwort auf die Frage geben, was mit Datenanalyse eigentlich gemeint ist.

Zunächst kann mit Datenanalyse das Ordnen, Zerlegen und Verarbeiten von Daten bezeichnet werden, mit dem Ziel, Antworten auf Forschungsfragen zu finden. Nehmen wir eine solche Aufgabe mit Hilfe von statistischen Modellen und Methoden vor, so bedeutet Datenanalyse die Beschreibung, Ordnung, Vereinfachung und Zusammenfassung (Reduktion) einer zunächst unübersichtlichen Menge quantitativer Information (Daten) als auch die Suche nach Mustern (patterns) in ihr.

Die Art und Weise der Datenanalyse hängt dabei von drei Faktoren ab:

1. Der Anzahl der zu untersuchenden Variablen;
2. dem Meßniveau der Variablen; und
3. der Entscheidung darüber, ob wir unsere Daten für deskriptive (beschreibende) oder analytische (schließende) Zwecke verwenden wollen.

4.3.1 Formen der Datenanalyse

Voraussetzung einer, wenn nicht jeder computergestützten Datenanalyse ist die mit empirischen Daten gefüllte Datenmatrix. Diese kann spaltenweise, also vertikal, oder zeilenweise, also horizontal, ausgewertet werden.

Bei der zeilenweise vorgenommenen Auswertung werden die Merkmalsausprägungen mehrerer Merkmale einer Untersuchungseinheit betrachtet und zur Bildung von Skalen-, Index- oder Testwerten verwendet. Die dadurch neu entstandenen Variablen werden der Datenmatrix hinzugefügt und können dann auch spaltenweise ausgewertet werden.

Die spaltenweise Auswertung der Datenmatrix kann je nach Anzahl der zu analysierenden Variablen auf dreifache Weise durchgeführt werden, als:

1. Univariate Auswertung (eine Variable);
2. bivariate Auswertung (zwei Variablen); und
3. multivariate Auswertung (drei und mehr Variablen).

4.3.2 Datenanalyse und Statistik

Die Durchführung einer Datenanalyse unter Zuhilfenahme statistischer Modelle und Methoden kann je nach der Entscheidung darüber, ob wir unsere Daten für deskriptive oder für analytische Zwecke verwenden wollen, unter univariaten, bivariaten oder multivariaten Gesichtspunkten vorgenommen werden. Letztendlich stellt jedoch immer die deskriptive Datenanalyse den ersten Schritt einer Datenanalyse dar. In diesem Buch werden wir uns auf diese Form der Datenanalyse beschränken. Zu einer ersten Übersicht über die verschiedenen Analyseformen und deren Elemente sollen folgende Zusammenstellungen dienen (Abb.4-8, Abb.4-9 und Abb.4-10), wobei mit diesen kein Anspruch auf Vollständigkeit erhoben werden soll. Im weiteren Verlauf dieses Buches werden wir auch nicht alle angeführten Elemente vorstellen und erläutern, sondern uns nur auf die wichtigsten, grundlegenden beschränken.

	DESKRIPTIVE STATISTIK	ANALYTISCHE STATISTIK
ANALYSE-ELEMENTE	Häufigkeitsverteilung Modus Median Mittelwert Varianz Standardabweichung	Stichprobenverteilung Standardfehler Schätzung Wahrscheinlichkeitstheorie

Abb.4-8 Analyseverfahren und -elemente (I) Univariate Datenanalyse

	DESKRIPTIVE STATISTIK	ANALYTISCHE STATISTIK
ANALYSE-ELEMENTE	Kreuztabellen Assoziationsmaße Streudiagramm Korrelation Lineare Regression Mittelwertvergleich Korrelationsmatrizen Scheinkorrelation Intervenierende Variable Partialkorrelation	Signifikanztests

Abb.4-9 Analyseverfahren und -elemente (II) Bivariate Datenanalyse

	DESKRIPTIVE STATISTIK	ANALYTISCHE STATISTIK
ANALYSE-ELEMENTE	Partialkorrelation Partialer Regressions Co-Effizient Multiple Regression Multiple Regression Pfad-Analyse Varianz-Analyse Faktoren-Analyse Diskriminanz-Analyse Kausal-Analyse Multidimensionale Skalierung Conjoint-Analyse Korrespondenz-Analyse	Signifikanztests

Abb.4-10 Analyseverfahren und -elemente (III) Multivariate Datenanalyse

4.4 Literatur

BATESON, Nicholas (1984): Data Construction in Social Surveys. London: George Allen & Unwin

COOMBS, Clyde H. (1967): A Theory of Data (2nd.ed). New York, London: John Wiley & Son

GALTUNG, Johan (1967): Theory and Method of Social Research. New York u.a.: Columbia University Press

KROMREY, Helmut (1980): Empirische Sozialforschung. Modelle und Methoden der Datenerhebung und Datenauswertung. Opladen: Leske und Budrich

MÜLLER, Ferdinand F.; SCHMIDT, Manfred G. (1979): Empirische Politikwissenschaft. Stuttgart u.a.: Kohlhammer

PATZELT, Werner J. (1986): Sozialwissenschaftliche Forschungslogik. Einführung. München, Wien: Oldenbourg

POPPER, Karl R. (1982): Logik der Forschung (7.verb.u.erw.Aufl.). Tübingen: Mohr

SCHNELL, Rainer; HILL, Paul B.; ESSER, Elke (1989): Methoden der empirischen Sozialforschung (2.überar.u.erw.Aufl.). München, Wien: Oldenbourg

VOLLMER, Gerhard (1983): Evolutionäre Erkenntnistheorie (3.Aufl.). Stuttgart: S.Hirzel

VOLLMER, Gerhard (1986): Jenseits des Mesokosmos. Anschaulichkeit in Physik und Didaktik. In G.VOLLMER (1986-2), S.138-162

VOLLMER, Gerhard (1986-2): Was können wir wissen? Bd.2, Die Erkenntnis der Natur. Beiträge zur modernen Naturphilosophie. Stuttgart: S.Hirzel

5.0 Univariate Datenanalyse

5.1 Die Grundprinzipien der univariaten Datenanalyse. Beispiele zur Einführung

Bei der 1990 durchgeführten Stichproben-Befragung von 27 Studenten zur Ermittlung von Merkmalen und Determinanten studentischen Arbeitens und Verhaltens wurde u.a. das Geschlecht (Variable 1 des Fragebogens), die Statistikkenntnisse (Variable 15), das Alter (Variable 2) und das monatlich zur Verfügung stehende Einkommen (Variable 11) der Studenten erfragt. Für diese einzelnen Fragen ergaben sich für die 27 befragten Studenten folgende Werte (Rohwerte):

Geschlecht
2 2 2 2 2 1 1 1 2 2 1 1 1 2 2 1 2 2 1 1 1 1 2 2 2 1 2

Statistikkenntnisse
3 1 4 3 1 2 2 1 1 1 2 1 2 2 2 1 2 2 4 5 2 3 1 4 1 1 1

Alter
34 28 21 23 20 26 36 27 21 22 29 30 22 26 24 29 23 21 23 23 22 24 25 23 23 23 23

Monatlich zur Verfügung stehende Einkommen
700 0000[1] 450 900 900 1400 800 500 900 600 600 2000 750 900 850 1000 900 1000 800 1000 600 1200 1000 1000 1300 700 800

Solche Listen von Daten bezeichnen wir als Urlisten. Welche Informationen können wir nun solchen Urlisten entnehmen? Außer der Tatsache, daß wir 27 Werte bezüglich des Geschlechts, der Statistikkenntnisse, des Alters und des monatlich zur Verfügung stehenden Einkommens der Befragten besitzen, nicht sehr viel.

Im vorangegangenen Kapitel haben wir die Datenanalyse als das Ordnen, Zerlegen und Verarbeiten von Daten bezeichnet. Für die statistische Datenanalyse bedeutet dies, daß wir eine zunächst unübersichtliche

---

[1] Der Wert '0000' drückt in diesem Fall aus, daß die befragte Person keine Angabe gemacht hat. In der Auswertung durch SPSS wird dieser Wert als 'missing value' (fehlender Wert) betrachtet bzw. definiert.

Menge quantitativer Informationen (Urlisten der Geschlechts-, Statistikkenntnis-, Alters- Einkommenswerte) beschreiben, ordnen, vereinfachen und zusammenfassen. Nehmen wir diese Aufgabe nur für *eine* Variable vor, so sprechen wir von einer univariaten Datenanalyse. Eine univariate Datenanalyse können wir dabei für *jede* Variable unseres Datensatzes durchführen, nur mit der Beschränkung eben, daß wir immer nur eine Variable mit ihren Merkmalsausprägungen für alle Untersuchungseinheiten betrachten.

Die univariate Datenanalyse steht am Anfang jeder Datenanalyse, mit der wir Antworten auf unsere Forschungsfragen finden wollen. Erst nach einer solchen können wir die Beziehungen bzw. Nicht-Beziehungen zwischen unseren Variablen analysieren (Bivariate und Multivariate Datenanalyse) und unsere Forschungshypothesen überprüfen.

Die Durchführung einer univariaten Datenanalyse beinhaltet folgende Schritte und mit ihnen verbundene Elemente:

1. Zunächst gilt es, sich einen Überblick über die Verteilung der Häufigkeiten jeder Ausprägung eines Merkmals der Variablen für einen Datensatz zu verschaffen, d.h. wir erstellen eine Häufigkeitsverteilung der Merkmalsausprägungen. Ein solches Vorgehen impliziert darüber hinaus auch eine erneute Kontrolle des Meßverfahrens und der Übertragung auf Datenträger [SCHRADER 1971:157];
2. je nach dem Meßniveau unserer Daten können wir diese unterschiedlich graphisch präsentieren; und
3. wir ermitteln die statistischen Maßzahlen für die Häufigkeitsverteilungen.

5.2 Häufigkeitsverteilungen

Die Erstellung einer Häufigkeitsverteilung der Merkmalsausprägungen einer Variablen ist der erste Schritt, um sich einen Überblick über die Struktur der Daten zu verschaffen. Unter einer Häufigkeitsverteilung versteht man dabei die Zusammenfassung von Untersuchungseinheiten, in der die empirisch beobachteten Merkmalsausprägungen den möglichen Ausprägungen einer Variablen zugeordnet werden. Neben dem Meßniveau der Variablen ist bei der Erstellung von Häufigkeitsverteilungen zu beachten, ob sie zu Klassen zusammengefaßt werden müssen oder die Ausgangsdaten Verwendung finden können. Eine Zusammenfassung von Daten in Klassen ist bei stetigen Variablen wie bspw. 'Einkommen' oder

'Größe' unumgänglich. Ebenso ist eine Klassenbildung bei Variablen angebracht, bei denen sehr viele Merkmalsausprägungen vorliegen.

Grundsätzlich können wir vier Formen von Häufigkeiten unterscheiden:

1. Absolute Häufigkeiten;
2. prozentuale Häufigkeiten;
3. relative Häufigkeiten; und
4. kumulierte Häufigkeiten (absolute, prozentuale und relative).

Die absolute Häufigkeit bezeichnet die Häufigkeit des Auftretens einer bestimmten Merkmalsausprägung einer Variablen. Für unsere oben angeführte Variable 'Geschlecht' bspw. können wir durch Abzählen der Häufigkeiten der Werte '1' (für männlich) und '2' (für weiblich) 12 mal den Wert '1' und 15 mal den Wert '2' ermitteln. Als Ergebnis können wir die absolute Häufigkeit der Merkmalsausprägung 'männlich' somit mit 12 und die der Merkmalsausprägung 'weiblich' mit 15 angeben.

Die prozentuale Häufigkeit bezeichnet den prozentualen Anteil einer bestimmten Merkmalsausprägung an der Gesamtheit aller Fälle. Auf die Variable 'Geschlecht' bezogen beträgt die prozentuale Häufigkeit bei 27 Untersuchungseinheiten bspw. für die Merkmalsausprägung 'männlich' (12 mal) 44,4% und für die Merkmalsausprägung 'weiblich' (15 mal) 55,6%.

Die relative Häufigkeit bezeichnet das Verhältnis zwischen der absoluten Häufigkeit einer Merkmalsausprägung und der Gesamtzahl aller Fälle, wobei die relative Häufigkeit Werte zwischen Null und Eins annehmen kann. Für die Variable 'Geschlecht' bspw. beträgt die relative Häufigkeit für die Merkmalsausprägung 'männlich' 0,444 und die relative Häufigkeit für die Merkmalsausprägung 'männlich' 0,556.

Die kumulierte Häufigkeit schließlich stellt die Werte dar, die durch das jeweilige Addieren der Anteile der einzelnen Merkmalsausprägungen in absoluten Zahlen, Prozenten oder in relativen Anteilen bis zur Gesamtzahl der Untersuchungseinheiten, bis zu 100% oder bis zu Eins entstehen. Mit anderen Worten, die kumulierte Häufigkeit repräsentiert die aufsteigende Entwicklung der einzelnen Häufigkeiten. Für die Variable 'Geschlecht', die nur die zwei Merkmalsausprägungen 'männlich' und 'weiblich' besitzt, beträgt die kumulierte absolute Häufigkeit für 'weiblich' 12 und für 'männlich' 27 (12 + 15); die kumulierte prozentuale Häufigkeit für 'weiblich' 44,4% und für 'männlich' 100% (44,4% + 55,6%); und die kumulierte relative Häufigkeit für 'weiblich' 0,444 und für 'männlich' 1 (0,444 + 0,556).

Bis jetzt haben wir nur Formen von Häufigkeitsverteilungen vorgestellt, die innerhalb der univariaten Datenanalyse gebräuchlich sind. Zu einer besseren Übersicht sollten jedoch die einzelnen Merkmalsausprägungen einer Variablen entweder tabellarisch oder graphisch dargestellt werden. Betrachten wir zunächst die tabellarischen Darstellungsformen.

5.2.1 Die tabellarische Darstellung von Häufigkeitsverteilungen

Bei der tabellarischen Darstellung von Häufigkeitsverteilungen ist es von Bedeutung, daß wir das Meßniveau der Variablen beachten. Wir können Variablen bezüglich ihres Meßniveaus dabei in qualitative (nominal- und ordinalskalierte) und quantitative (intervall- und ratioskalierte) Variablen unterteilen. Darüber hinaus können quantitative Variablen noch in diskret-quantitative und in stetig-quantitative Variablen unterteilt werden. Für jede dieser Variablenformen existieren innerhalb der univariaten Datenanalyse unterschiedliche Formen der tabellarischen Darstellung.

Für unsere eingangs zur Illustration unserer Erläuterungen angeführten Variablen 'Geschlecht', 'Statistikkenntnisse', 'Alter' und 'monatlich zur Verfügung stehendes Einkommen' stellen die nominalskalierte Variable 'Geschlecht' und die ordinalskalierte Variable 'Statistikkenntnisse' qualitative Variablen, die intervallskalierten Variablen 'Alter' und 'monatlich zur Verfügung stehendes Einkommen' quantitative Variablen dar, wobei erstere diskret-quantitativer Natur und zweitere stetig-quantitativer Natur ist.

Im folgenden werden wir die Häufigkeitsverteilungen der Merkmalsausprägungen dieser vier Variablen in tabellarischer Form darstellen, wobei wir diese mittels des Statistikprogramms SPSS vornehmen werden. Dabei werden wir sukzessive auch die Besonderheiten der unterschiedlichen tabellarischen Darstellungsformen erläutern.

Qualitative Variablen

Ohne Inanspruchnahme eines computergestützten Statistikprogramms wie bspw. SPSS ist es sinnvoll, die zunächst ungeordneten Daten der Urliste zu ordnen, um sich einen ersten Überblick über die Verteilung zu verschaffen. Dies ist prinzipiell für jede Variable, unabhängig von ihrem Meßniveau sinnvoll. Als Beispiel soll uns die ordinalskalierte Variable 'Statistikkenntnisse' dienen, wir könnten aber auch jede andere unserer Variablen benützen.

Die geordnete Reihe der Merkmalsausprägungen der Variable 'Statistikkenntnisse' sieht folgendermaßen aus, wobei '1' 'mangelhaft', '2' 'ausreichend', '3' 'befriedigend', '4' 'gut' und '5' 'sehr gut' bedeutet:

1 1 1 1 1 1 1 1 1 1 1 2 2 2 2 2 2 2 2 2 3 3 3 4 4 4 5

Wie aus dieser geordneten Reihe der Merkmalsausprägungen schon rein optisch ersichtlich, ist die Anzahl derer, die mangelhafte und ausreichende Statistikkenntnisse besitzen weitaus größer als die jener, die gute und sehr gute Statistikkenntnisse besitzen.

Um eine solche geordnete Reihe zu erzeugen, kann ohne Unterstützung eines computergestützten Statistikprogramms, eine Strichliste angefertigt werden (Abb.5-1). Ein solches Vorgehen ist jedoch bei einer größeren Anzahl von Untersuchungseinheiten als in unserem Fall sehr zeitaufwendig und mühselig.

Merkmals-ausprägung	Strichmarke	Häufigkeit	kumulierte Häufigkeit
1	///// ///// /	11	11
2	///// ////	9	20
3	///	3	23
4	///	3	26
5	/	1	27

Abb.5-1 Strichliste mit Häufigkeiten für die Variable 'Statistikkenntnisse'

Wenn wir die Häufigkeitsverteilung der Variable 'Statistikkenntnisse' tabellarisch mit SPSS erzeugen, so erhalten wir folgenden Ausdruck (Abb.5-2):

STATISK Statistikkenntnisse

Value Label	Value	Frequency	Percent	Valid Percent	Cum Percent
mangelhaft	1	11	40.7	40.7	40.7
ausreichend	2	9	33.3	33.3	74.1
befriedigend	3	3	11.1	11.1	85.2
gut	4	3	11.1	11.1	96.3
sehr gut	5	1	3.7	3.7	100.0
	TOTAL	27	100.0	100.0	

Valid Cases 27 Missing Cases 0

Abb.5-2 Häufigkeitsverteilung der ordinalskalierten Variable 'Statistikkenntnisse'

Für die qualitative Variable 'Geschlecht' (nominalskaliert) erzeugt SPSS folgende tabellarische Häufigkeitsverteilung (Abb.5-3):

GESCHL Geschlecht

Value Label	Value	Frequency	Percent	Valid Percent	Cum Percent
männlich	1	12	44.4	44.4	44.4
weiblich	2	15	55.6	55.6	100.0
	TOTAL	27	100.0	100.0	

Valid Cases 27 Missing Cases 0

Abb.5-3 Häufigkeitsverteilung der nominalskalierten Variable 'Geschlecht'

Quantitative Variablen

Bei der tabellarischen Darstellung von Häufigkeitsverteilungen von quantitativen Variablen (in unserem Beispiel sind dies die intervallskalierten Variablen 'Alter' und 'monatlich zur Verfügung stehendes Einkommen') haben wir in einem ersten Schritt zu untersuchen, ob es sich bei diesen Variablen um diskrete oder stetige Variablen handelt.

Betrachten wir zunächst die Variable 'Alter'. Diese Variable stellt prinzipiell eine stetige Variable dar, weil die Abstände zwischen zwei aufeinanderfolgenden Altersangaben, bspw. zwischen 24 und 25 Jahren beliebig weit differenziert werden können. In unserem Beispiel wollen wir diese Variable jedoch als eine diskrete Variable betrachten, d.h. jemand ist entweder 24 Jahre alt oder 25, nicht aber 24 Jahre 7 Monate und 3 Tage. Die Variable 'monatlich zur Verfügung stehendes Einkommen' dagegen werden wir als eine stetige Variable betrachten.

Wie für unsere qualitativen Variablen 'Geschlecht' und 'Statistikkenntnisse' lassen wir uns auch für die quantitativen Variablen 'Alter' und 'monatlich zur Verfügung stehendes Einkommen' mittels SPSS eine tabellarische Häufigkeitsverteilung erstellen (Abb.5-4 und Abb.5-5).

ALTER Alter in Jahren

Value Label	Value	Frequency	Percent	Valid Percent	Cum Percent
	20	1	3.7	3.7	3.7
	21	3	11.1	11.1	14.8
	22	3	11.1	11.1	25.9
	23	8	29.6	29.6	55.6
	24	2	7.4	7.4	63.0
	25	1	3.7	3.7	66.7
	26	2	7.4	7.4	74.1
	27	1	3.7	3.7	77.8
	28	1	3.7	3.7	81.5
	29	2	7.4	7.4	88.9
	30	1	3.7	3.7	92.6
	34	1	3.7	3.7	96.3
	36	1	3.7	3.7	100.0
		-------	-------	-------	
	TOTAL	27	100.0	100.0	

Valid Cases 27 Missing Cases 0

Abb.5-4 Häufigkeitsverteilung der intervallskalierten Variable 'Alter'

EINK Monatliches Einkommen in DM

Value Label	Value	Frequency	Percent	Valid Percent	Cum Percent
	450	1	3.7	3.8	3.8
	500	1	3.7	3.8	7.7
	600	3	11.1	11.5	19.2
	700	2	7.4	7.7	26.9
	750	1	3.7	3.8	30.8
	800	3	11.1	11.5	42.3
	850	1	3.7	3.8	46.2
	900	5	18.5	19.2	65.4
	1000	5	18.5	19.2	84.6
	1200	1	3.7	3.8	88.5
	1300	1	3.7	3.8	92.3
	1400	1	3.7	3.8	96.2
	2000	1	3.7	3.8	100.0
	0	1	3.7	MISSING	
		-------	-------	-------	
	TOTAL	27	100.0	100.0	

Valid Cases 26 Missing Cases 1

Abb.5-5 Häufigkeitsverteilung der intervallskalierten Variable 'monatlich zur Verfügung stehendes Einkommen'

Wie aus den Häufigkeitsverteilungen der intervallskalierten Variablen 'Alter' und 'monatlich zur Verfügung stehendes Einkommen' leicht ersichtlich ist, besitzen diese eine sehr breite Skala von Merkmalsausprägungen. Aus Gründen einer besseren Übersichtlichkeit ist es deshalb angebracht, mehrere beieinanderliegende Merkmalsausprägungen zu Klassen zusammenzufassen, d.h. eine Gruppierung vorzunehmen.

Wie ist nun eine solche Bildung von Klassen vorzunehmen? Zunächst gilt es die Klassenbreite festzulegen. Diese Festlegung folgt jedoch nicht einer determinierenden Regel, sondern ist jeweils von sachlichen Gesichtspunkten abhängig. Grundsätzlich kann gesagt werden, daß je größer die Klassenbreite ist, desto kleiner die Anzahl der Klassen und, je kleiner die Klassenbreite ist, desto größer die Anzahl der Klassen. Beide Verhältnisse von Klassenbreite und Klassenanzahl besitzen ihre Vor- und Nachteile. Wird die Klassenbreite zu groß gewählt, so wird die Übersichtlichkeit zwar besser, aber wir verlieren zu viel Detailinformationen über die einzelnen Merkmalsausprägungen. Wird die Klassenbreite zu klein gewählt, so verfehlen wir mit der Klassenbildung die angestrebte bessere Übersichtlichkeit.

Trotz des Fehlens einer determinierenden Regel zur Bildung von Klassen, lassen sich jedoch nach BENNINGHAUS [BENNINGHAUS 1990: 102] einige mehr oder weniger einleuchtende Faustregeln zur Festlegung der Breite und Anzahl von Klassen angeben:

1. Die Klassen sollten eine gemeinsame (möglichst dieselbe) Breite aufweisen;
2. die Anzahl der Klassen sollte aus Gründen der Übersichtlichkeit 20 nicht überschreiten; und
3. in der Mitte der Verteilung sollten alle Klassen besetzt sein, d.h. es sollten dort keine Lücken auftreten.

Im folgenden werden wir nun gemäß dieser Faustregeln eine Klassierung der Variablen 'Alter' und 'monatlich zur Verfügung stehendes Einkommen' vornehmen.

Für die Variable 'Alter' haben wir zwei Klassierungen vorgenommen. In einer ersten Klassierung der Variable 'Alter' (R_ALTER1) haben wir für die Klassenbreite 3 Jahre gewählt (Abb.5-6), in einer zweiten Klassierung (R_ALTER2) haben wir für die Klassenbreite 5 Jahre gewählt (Abb.5-7).

R_ALTER1

Value Label	Value	Frequency	Percent	Valid Percent	Cum Percent
20-22	1.00	7	25.9	25.9	25.9
23-25	2.00	11	40.7	40.7	66.7
26-28	3.00	4	14.8	14.8	81.5
29-31	4.00	3	11.1	11.1	92.6
32-34	5.00	1	3.7	3.7	96.3
35-37	6.00	1	3.7	3.7	100.0
	TOTAL	27	100.0	100.0	

Valid Cases 27 Missing Cases 0

Abb.5-6 Klassierte Häufigkeitsverteilung der intervallskalierten Variable 'Alter' (1)

R_ALTER2

Value Label	Value	Frequency	Percent	Valid Percent	Cum Percent
20-24	1.00	17	63.0	63.0	63.0
25-29	2.00	7	25.9	25.9	88.9
30-34	3.00	2	7.4	7.4	96.3
35-39	4.00	1	3.7	3.7	100.0
	TOTAL	27	100.0	100.0	

Valid Cases 27 Missing Cases 0

Abb.5-7 Klassierte Häufigkeitsverteilung der intervallskalierten Variable 'Alter' (2)

Welche dieser beiden vorgeschlagenen Klassenbildungen wir letztendlich verwenden, hängt von sachlichen Gesichtspunkten ab. Für die Bildung von Klassen für Altersvariablen wird im allgemeinen eine Klassenbreite von 5 Jahren vorgeschlagen [BENNINGHAUS 1990:103] (Abb.5-7). Da unsere Stichprobe nur aus 27 Fällen besteht, sie also verhältnismäßig klein ist, können wir uns auch für eine Klassenbreite von 3 Jahren entscheiden (Abb.5-6), um unsere Verteilung nicht zu sehr zu reduzieren und das heißt auch, um nicht zuviel Detailinformation der ursprünglichen, nicht klassierten Häufigkeitsverteilung zu verlieren.

Ein Charakteristikum unserer beiden klassierten Häufigkeitsverteilungen besteht darin, daß das jeweils erste und letzte Klassenintervall geschlossen ist. Wir bestimmten bspw. das erste Klassenintervall in der ersten klassierten Häufigkeitsverteilung mit '20-23' und nicht etwa mit 'bis 23' sowie das letzte Klassenintervall dieser Verteilung mit '35-37' und nicht etwa mit 'über 35'. Mit offenen Klassengrenzen wird oftmals gearbeitet, wenn nur ein kleiner Abschnitt einer Häufigkeitsverteilung interessant ist und an den Enden der Skala wenig interessante Bereiche liegen, trotzdem aber alle Fälle vollständig erfaßt werden sollen.

Wie für die Variable 'Alter' ist es zwecks einer besseren Übersicht auch für die Variable 'monatlich zur Verfügung stehendes Einkommen' notwendig eine Klassierung vorzunehmen. Wir haben uns dabei für eine Klassenbreite von 200 DM entschieden, wobei wir am Ende der Skala eine offene Klassengrenze verwenden ('ab 1401') (Abb.5-8). Diese Entscheidung beruht auf folgender Überlegung: Da bei der Klassenbildung darauf geachtet werden soll, daß keine unbesetzten Klassenintervalle entstehen, dies aber bei geschlossenen Intervallgrenzen in unserem Beispiel der Fall wäre (höchster Wert 2000, vorangehender höchster Wert 1400), nämlich für die beiden Klassen '1401-1600' und '1601-1800', ist es angebracht, die letzte Klasse als eine offene zu bestimmen.

R_EINK

Value Label	Value	Frequency	Percent	Valid Percent	Cum Percent
401-600	2.00	5	18.5	19.2	19.2
601-800	3.00	6	22.2	23.1	42.3
801-1000	4.00	11	40.7	42.3	84.6
1001-1200	5.00	1	3.7	3.8	88.5
1201-1400	6.00	2	7.4	7.7	96.2
ab 1401	7.00	1	3.7	3.8	100.0
	.	1	3.7	MISSING	
	TOTAL	27	100.0	100.0	

Valid Cases 26 Missing Cases 1

Abb.5-8 Klassierte Häufigkeitsverteilung der intervallskalierten Variable 'monatlich zur Verfügung stehendes Einkommen'

Abschließend wollen wir noch einige Bemerkungen zur Genauigkeit oben vorgestellter tabellarischer Häufigkeitsverteilungen machen, wobei wir uns insbesondere auf die Prozentangaben (Percent) der relativen Häufigkeiten der Merkmalsausprägungen unserer Variablen beziehen. Diese täuschen "keine in Wirklichkeit nicht vorhandene Genauigkeit" vor [LAATZ 1993:363]. So sind bspw. Angaben von Kommastellen bei Prozentzahlen, die aus weniger als 100 Fällen, wie in unseren Beispielen, gewonnen wurden, scheingenau. Denn schon bei 100 Fällen beträgt die kleinste denkbare Veränderung 1 Prozent. Dies kann leicht an unserer qualitativen Variable 'Geschlecht' illustriert werden. Bei unseren Originaldaten (27 Fälle = 100 %) verteilen sich die Merkmalsausprägungen wie folgt: 12 Personen sind männlich, was 44,4 % entspricht, und 15 Personen sind weiblich, was 55,6 % entspricht. Nehmen wir jetzt an, daß statt 12 Personen *13* männlich und statt 15 Personen *14* weiblich sind, so entspricht dies einer prozentualen relativen Häufigkeitsverteilung für männlich von *48,1 %* und für weiblich von *51,9 %*. Wie wir sehen, macht bei 27 Fällen schon die kleinste Veränderung (Geschlecht einer Person) 3,7 % (*48,1 %* - 44,4 % bzw. 55,6 % - *51,9 %*) bei den prozentualen relativen Häufigkeitsverteilungen der Merkmalsausprägungen aus.

Dieses Merkmal der Scheingenauigkeit von prozentualen Angaben von relativen Häufigkeiten, insbesondere bei einer kleinen Anzahl von Fällen, sollte der Sozialforscher bei der Interpretation seiner Daten immer mitbedenken.

5.2.2 Die graphische Darstellung von Häufigkeitsverteilungen

Neben der tabellarischen Darstellung von Daten können diese auch graphisch dargestellt werden. Dabei beinhaltet eine graphische Darstellung von Daten immer einen Gewinn an Anschaulichkeit. Daneben besitzt sie jedoch prinzipiell denselben Informationsgehalt wie die tabellarische Darstellung einer Häufigkeitsverteilung, sie übersetzt diese nur visuell.

Wie die tabellarische Darstellung von Häufigkeitsverteilungen ist auch die graphische Darstellung vom jeweiligen Meßniveau der zu repräsentierenden Variablen abhängig.

Innerhalb der empirischen Sozialforschung sind die folgenden graphischen Darstellungsformen von Häufigkeitsverteilungen am verbreitesten:

1. Das Streifendiagramm (bar chart);
2. das Histogramm;
3. das Polygon;
4. das Stamm und Blatt (stem & leaf); und
5. der Box-Plot (box & whisker).

Streifendiagramm

Das Streifendiagramm (auch Stabdiagramm genannt) stellt eine graphische Häufigkeitsverteilung dar, indem es die Werte der einzelnen Merkmalsausprägungen in Streifen unterschiedlicher Länge übersetzt. Dabei bildet die Länge eines Streifens die Häufigkeit der Merkmalsausprägung proportional ab. Das heißt, daß unterschiedliche Häufigkeiten der einzelnen Merkmalsausprägungen durch unterschiedliche Längen der Streifen zum Ausdruck gebracht werden.

Streifendiagramme sind insbesondere für nominal- und ordinalskalierte Variablen eine adäquate graphische Darstellungsform. Mittels SPSS lassen sich für die nominalskalierte Variable 'Geschlecht' und für die ordinalskalierte Variable 'Statistikkenntnisse' folgende Streifendiagramme erzeugen (Abb.5-9 und Abb.5-10), wobei bei der Darstellung in SPSS die Häufigkeitsachse um 90^0 nach rechts gedreht wird:

```
GESCHL     Geschlecht
              männlich ███████ 12
              weiblich █████████ 15
 Valid Cases        27     Missing Cases      0
```

Abb.5-9 Streifendiagramm für die nominalskalierte Variable 'Geschlecht'

```
STATISK     Statistikkenntnisse
              mangelhaft ███████ 11
             ausreichend ██████ 9
            befriedigend ███ 3
                     gut ███ 3
                sehr gut ██ 1
Valid Cases          27     Missing Cases      0
```

Abb.5-10 Streifendiagramm für die ordinalskalierte Variable 'Statistikkenntnisse'

Stellen wir nominal- und ordinalskalierte Merkmalsausprägungen in Streifendiagrammen dar, so müssen der Erstellung wie auch bei der Interpretation folgende Unterschiede beachtet werden: Erstens, bei nominalskalierten Daten ist die Reihenfolge der einzelnen Streifen ohne Bedeutung, d.h. es ist bspw. bei der Variable 'Geschlecht' beliebig, ob wir zuerst den Streifen für 'männlich' oder zuerst den für 'weiblich' abbilden, da keine Rangordnung zwischen diesen beiden Merkmalsausprägungen besteht. Im Gegensatz zu der Variable 'Geschlecht' ist es aber bei der ordinalskalierten Variable 'Statistikkenntnisse' erforderlich, bei der Anordnung der Streifen für die einzelnen Merkmalsausprägungen die bestehende Rangordnung einzuhalten, wir haben bei ihr deshalb nicht die Möglichkeit einer beliebigen Anordnung. Zweitens, die Abstände zwischen den einzelnen Streifen eines Streifendiagramms sind zwar immer gleich, doch dürfen sie nicht dahingehend interpretiert werden, daß sie 'wirkliche' Abstände zwischen den einzelnen Merkmalsausprägungen repräsentieren.

Histogramm und Polygon

Für quantitative Variablen, sowohl für diskrete als auch für stetige, stellen das Histogramm und das Polygon die geeignetesten graphischen Darstellungsformen dar. Bei ihnen liegt im Gegensatz zu qualitativen Variablen eine sinnvolle Ordnung der Merkmalsausprägungen vor, wobei es sich bei diesen um einen Abschnitt oder eine Klasse auf einem Kontinuum handelt. Aus diesem Grund schon müssen Merkmalsausprägungen von quantitativen Daten in Streifen oder Säulen dargestellt werden, die einander anschließen und bei denen neben der Länge auch die Breite von Bedeutung ist. Im Gegensatz zum Streifendiagramm gibt beim Histogramm nicht nur die Länge des Streifen bzw. der Säule die Häufigkeit für eine Merkmalsausprägung an, sondern die Gesamtfläche des Streifens bzw. der Säule.

Im folgenden werden wir die Prinzipien der Erstellung und Interpretation eines Histogramms am Beispiel unserer Variable klassierten Variablen 'R_Alter1' (Klassenbreite 3 Jahre) näher erläutern. Zu diesem Zweck erstellen wir mit SPSS zunächst ein Histogramm für die Variable 'R_Alter1', wobei wir zur besseren Lesbarkeit auch noch einmal die tabellarische Häufigkeitsverteilung mitangeben (Abb.5-11).

R_ALTER1

Value Label	Value	Frequency	Percent	Valid Percent	Cum Percent
20-22	1.00	7	25.9	25.9	25.9
23-25	2.00	11	40.7	40.7	66.7
26-28	3.00	4	14.8	14.8	81.5
29-31	4.00	3	11.1	11.1	92.6
32-34	5.00	1	3.7	3.7	96.3
35-37	6.00	1	3.7	3.7	100.0
	TOTAL	27	100.0	100.0	

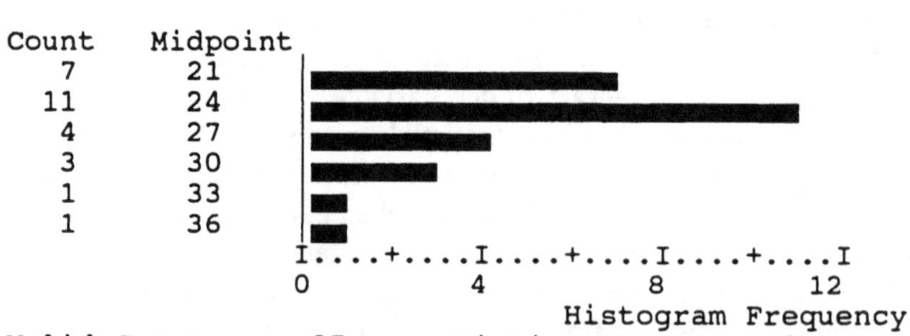

Valid Cases 27 Missing Cases 0

Abb.5-11 Häufigkeitsverteilung und Histogramm der intervallskalierten klassierten Variable 'R_Alter1'

Die Konstruktion dieses Histogramms erfolgt in folgenden Schritten: Zunächst wird die Merkmalsachse (in SPSS vertikal angeordnet) in Abschnitte gleicher Breite aufgeteilt und mit Variablenwerten beschriftet. Da wir es in unserem Beispiel mit Klassen zu tun haben, stellen die Werte die Mitten der Klassenintervalle dar (Midpoint). Danach wird die Häufigkeit jedes Meßwertes oder wie in unserem Beispiel jeder Meßwertklasse durch die Fläche des Rechtecks repräsentiert, das über der Klassenmitte errichtet ist. Sind die Klassenintervalle gleich groß wie in unserem Fall, dann werden die absoluten oder relativen Häufigkeiten der einzelnen Merkmalsklassen durch die Länge der Rechtecke zum Ausdruck gebracht.

Aus einem Histogramm kann durch Verbindung der Mittelpunkte der oberen Rechteckseiten bzw. bei SPSS erzeugten Histogrammen durch Verbindung der Mittelpunkte der Enden der Rechteckseiten ein Polygon entwickelt werden. Wir wollen dies am Beispiel der intervallskalierten klasssierten Variable 'monatlich zur Verfügung stehendes Einkommen' (R_Eink) illustrieren (Abb.5-12).

R_EINK

Value Label	Value	Frequency	Percent	Valid Percent	Cum Percent
401-600	2.00	5	18.5	19.2	19.2
601-800	3.00	6	22.2	23.1	42.3
801-1000	4.00	11	40.7	42.3	84.6
1001-1200	5.00	1	3.7	3.8	88.5
1201-1400	6.00	2	7.4	7.7	96.2
ab 1401	7.00	1	3.7	3.8	100.0
	.	1	3.7	MISSING	
	TOTAL	27	100.0	100.0	

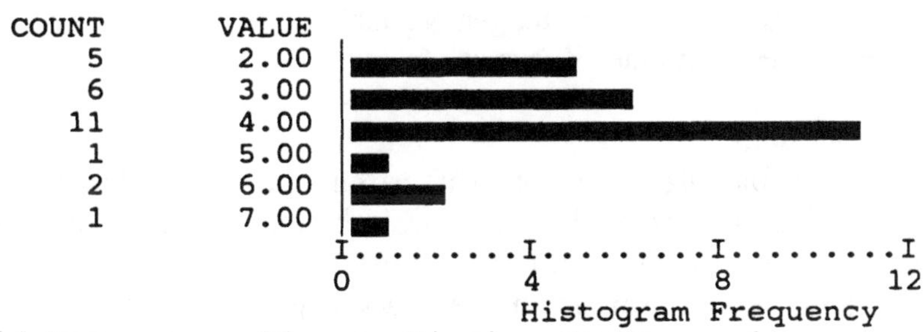

Valid Cases 26 Missing Cases 1

Abb.5-12 Häufigkeitsverteilung und Histogramm der intervallskalierten klassierten Variable 'R_Eink'

Gehen wir bei diesem Histogramm gemäß der oben angeführten Konstruktionsvorschrift vor, so können wir aus diesem ein Polygon entwikkeln (Abb.5-13). Dabei wird an den Enden des Linienzugs so vorgegangen, daß man ihn auf die X-Achse herunterbringt (in SPSS vertikal angeordnet), und zwar auf die Mittelpunkte der den beiden äußeren Klassen nächstliegenden Klassen mit der Häufigkeit Null. Leider erzeugt SPSS keine solchen Polygone, so daß wir dies an unserem Beispiel durch Manipulation selbst vornehmen müssen. Grundsätzlich gilt es zu bemerken, daß die Fläche des Polygons und des Histogramms gleich sind.

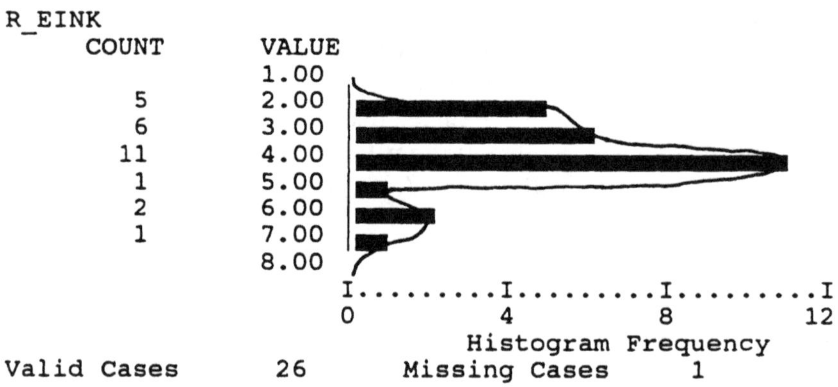

Abb.5-13 Polygon der intervallskalierten klassierten Variable 'R_Eink'

Polygone werden zur graphischen Darstellung von Häufigkeitsverteilungen gegenüber der Darstellung durch Histogramme meist dann verwendet, wenn wir es mit stetigen Variablen zu tun haben. Je differenzierter dabei die Messungen einer stetigen Variablen sind, desto mehr gleicht sich der Polygonzug einer Kurve an.

Stamm und Blatt

Das 'Stamm und Blatt' (stem & leaf) ist eine graphische Darstellungsform von Häufigkeitsverteilungen, die insbesondere dann Anwendung findet, wenn eine Menge von Daten schnell und übersichtlich dargestellt werden soll. Diese Form graphischer Darstellung wird bevorzugt in der Explorativen Datenanalyse angewendet. Der Vorteil des 'Stamm und Blatt' gegenüber den bis jetzt angeführten graphischen Darstellungsformen besteht darin, daß es nicht nur eine rein graphische Umsetzung einer Verteilung erzeugt, sondern auch die einzelnen Werte der Merkmalsausprägungen beinhaltet. So gesehen ist das 'Stamm und Blatt' auch keine rein graphische Darstellungsform, sondern eine semigraphische. Semigraphisch deshalb, weil mit Hilfe einer geschickten Anordnung der Werte selbst ein graphischer Eindruck erweckt wird.

Die Grundidee des 'Stamm und Blatt' ist, daß jeder Zahlenwert einer quantitativen Merkmalsausprägung in einen Stammteil und in einen Blatteil getrennt wird. Die Anzahl der Klassen wird durch symbolhafte Anordnung der Stammteile am Stamm erzeugt, die Merkmalsausprägungen selbst werden geordnet und ablesbar im Stammteil dargestellt. Erstellen wir für unsere Variable 'Alter' ein 'Stamm und Blatt', so erhalten wir mit SPSS folgenden Ausdruck (Abb.5-14):

```
ALTER

 Frequency    Stem &  Leaf

     4.00      2  *  0111
    11.00      2  t  22233333333
     3.00      2  f  445
     3.00      2  s  667
     3.00      2  .  899
     1.00      3  *  0
     2.00 Extremes    (34), (36)

  Stem width:   10
  Each leaf:          1 case(s)
```

Abb.5-13 Stamm und Blatt für die intervallskalierte Variable 'Alter'

Dieses 'Stamm und Blatt' der Variable 'Alter' ist wie folgt zu lesen:

1. Die Stammbreite beträgt 10, d.h. die Ziffer 2 des Stammes ist als 20 zu lesen, die Ziffer 3 als 30;
2. über die Definition der Stammbreite erfolgt im Blatteil die aufsteigende Anordnung der einzelnen Merkmalsausprägungen; so bedeutet die Ziffer 2 im Stammteil in Verbindung mit der Ziffer 0 im Blatteil die Merkmalsausprägung '20 Jahre', in Verbindung mit der Ziffer 1 im Blatteil die Merkmalsausprägung '21 Jahre' usw.;
3. durch die Symbole '*, t, f, s, .' wird ausgedrückt, daß die Alter von 20 bis 30 Jahren in fünf Klassen mit der jeweilgen Klassenbreite von 2 Jahren unterteilt werden. (Diese Klasseneinteilung kann natürlich auch anders gewählt werden);

4. innerhalb der Häufigkeitsverteilung der Variable 'Alter' gibt es zwei sogenannte Extremwerte (34 und 36 Jahre), die von den anderen Werten stark abweichen. Diese Werte werden im 'Stamm und Blatt' gesondert als Extremwerte ausgewiesen.

Wie aus dem 'Stamm und Blatt' leicht ersichtlich, vermittelt es durch die explizite Anordnung der Werte der Merkmalsausprägung 'Alter' auch eine graphische Verteilung der Werte im Blatteil. Das 'Stamm und Blatt' ist so auch informationsreicher als etwa das Streifendiagramm oder das Histogramm. Trotz dieses Vorteils muß jedoch beachtet werden, daß wir durch Änderung der Klassenintervalle einen anderen visuellen Eindruck von der Verteilung bekommen.

Box-Plot

Wie das 'Stamm und Blatt' wird auch die graphische Darstellungsform des Box-Plot bevorzugt in der Explorativen Datenanalyse verwendet. Wir werden uns an dieser Stelle deshalb auch nur auf die Vorstellung seiner Grundprinzipien beschränken und ihn in Kap.8 eingehender behandeln.

Box-Plots werden hauptsächlich benutzt, um eine Einschätzung über die Symmetrie einer Verteilung, die Lage der zentralen Tendenz, die Variabilität und die Werte an den Enden einer Verteilung zu erhalten. Ein Box-Plot ist dabei graphischer als ein 'Stamm und Blatt'. Insbesondere wird die Mitte einer Verteilung betont, d.h. der Median[2] ist das dominierende Maß der zentralen Tendenz. Ein besonderer Vorteil des Box-Plot gegenüber anderen graphischen Darstellungsformen besteht darin, daß extreme Werte leichter identifiziert und sogenannte Ausreißer leichter erkannt werden können. Zudem eignen sich Box-Plots sehr gut zum Vergleich von Verteilungen.

Ein Box-Plot besitzt folgende Grundform (Abb.5-14) und ist gemäß der dieser nachfolgenden Anleitung zu interpretieren.

---

[2] Der Median ist neben dem Modus und dem arithmetischen Mittelwert einer der gebräuchlichsten Maße der zentralen Tendenz. Er teilt eine geordnete Reihe von Beobachtungswerten in zwei gleich große Hälften auf. Dies nur zu einem vorläufigen Verständnis des Median, wir werden ihn in Punkt 5.3 in diesem Kapitel noch eingehender vorstellen.

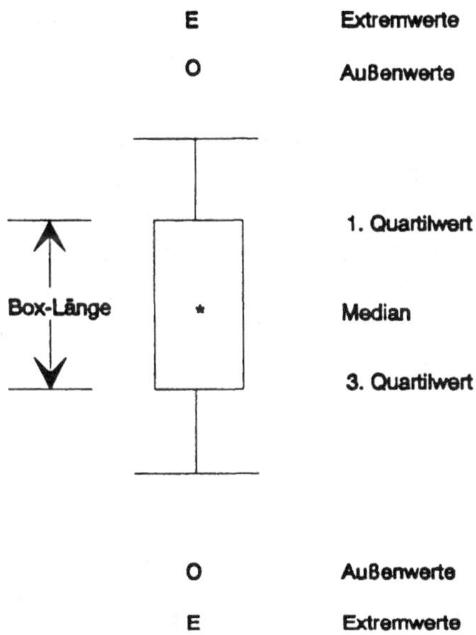

Abb.5-14 Die Grundstruktur eines Box-Plot

Der Box-Plot besteht aus der Box, die 50 % der Verteilung umfaßt und deren Länge zur Definition der Außenpunkte (Outlier) und Extremwerte (Extreme) des Box-Plots verwendet wird. Neben der Box verfügt der Box-Plot des weiteren über zwei abgeschlossene Strecken über- und unterhalb der Box. Der obere Abschnitt ist durch die Strecke vom 1. Quartilwert (Abschluß der Box nach oben) bis zum größten Wert, der nicht zu den Außenpunkten gehört, definiert. Der untere Abschnitt ist durch die Strecke vom 3. Quartilwert (Abschluß der Box nach unten) bis zum kleinsten Wert, der nicht mehr zu den Quartilwerten gehört, definiert. Beide so abgeschlossenen Strecken umfassen jeweils 25 % der Verteilung.

Die Außenwerte und Extremwerte, d.h. alle Fälle, die außerhalb der Box und der sich ihr anschließenden abgeschlossenen Strecken befinden, sind wie folgt definiert: Unter den höchsten Werten sind die Werte Außenwerte, die zwischen 1,5 und 3 Box-Längen oberhalb des 1. Quartilwerts liegen, und die Werte Extremwerte, die mehr als 3 Box-Längen oberhalb des 1. Quartilwerts liegen. Unter den kleinsten Werten sind die Werte Außenwerte, die zwischen 1,5 und 3 Box-Längen unterhalb des 3. Quartilwerts liegen, und die Werte Extremwerte, die mehr als 3 Box-Längen unterhalb des 3. Quartilwerts liegen.

Der Median schließlich, der innerhalb des Box-Plots durch einen Stern (*) symbolisiert wird, gliedert die Verteilung in zwei Hälften zu jeweils

50 %. Unterhalb des 1. Quartilwerts und oberhalb des 3. Quartilwerts liegen dabei jeweils 25 % der Verteilung.

Im folgenden soll die graphische Darstellung einer Häufigkeitsverteilung durch einen Box-Plot am Beispiel der quantitativen Variablen 'Semesterzahl' unserer Beispielsstichprobe gezeigt werden (Abb.5-17). Um die Unterschiede zwischen den verschiedenen graphischen Darstellungsformen zu veranschaulichen und vergleichen zu können, werden wir für die Häufigkeitsverteilung der Variable 'Semesterzahl' zunächst auch die tabellarische Häufigkeitsverteilung mit dem Histogramm (Abb.5-15) und das 'Stamm und Blatt' dieser Verteilung mit angeben (Abb.5-16).

SEMESTER

Value	Frequency	Percent	Valid Percent	Cum Percent
1	4	14.8	14.8	14.8
3	8	29.6	29.6	44.4
4	1	3.7	3.7	48.1
5	4	14.8	14.8	63.0
6	1	3.7	3.7	66.7
7	4	14.8	14.8	81.5
8	2	7.4	7.4	88.9
9	1	3.7	3.7	92.6
15	2	7.4	7.4	100.0
	-------	-------	-------	
TOTAL	27	100.0	100.0	

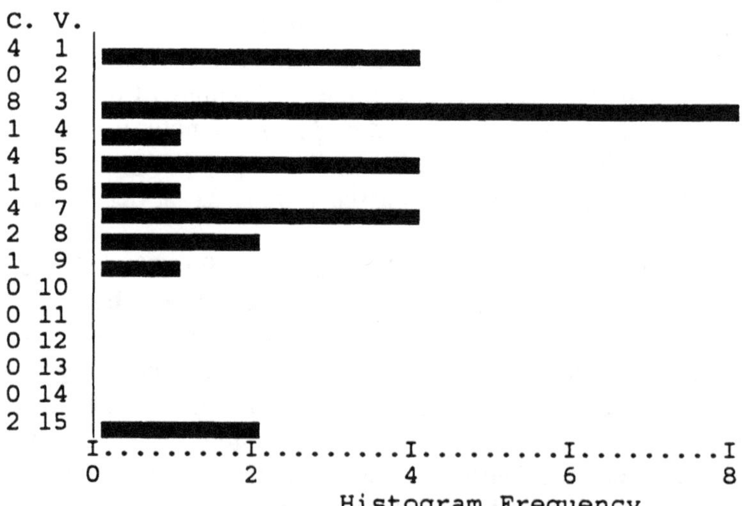

Valid Cases 27 Missing Cases 0

Abb.5-15 Häufigkeitsverteilung und Histogramm der intervallskalierten Variable 'Semesterzahl'

```
SEMESTER

 Frequency    Stem &  Leaf

     4.00        1 .  0000
      .00        2 .
     8.00        3 .  00000000
     1.00        4 .  0
     4.00        5 .  0000
     1.00        6 .  0
     4.00        7 .  0000
     2.00        8 .  00
     1.00        9 .  0
     2.00 Extremes    (15)

 Stem width:   1
 Each leaf:       1 case(s)
```

Abb.5-16 'Stamm und Blatt' der intervallskalierten Variable 'Semesterzahl'

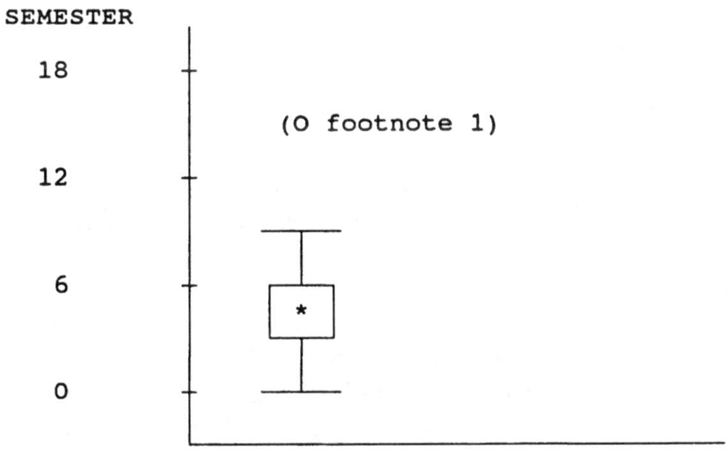


```
Variables        SEMESTER
N of Cases         27.00

Symbol Key: *  - Median   (O)  - Outlier  (E)  - Extreme
 Boxplot footnotes denote the following:
   1)    CASE11, CASE14
```

Abb.5-17 Box-Plot der intervallskalierten Variable 'Semesterzahl'

Vergleichen wir diese vier Darstellungsformen der Häufigkeitsverteilung der Variable 'Semesterzahl' (tabellarische Darstellung, graphische Darstellungen mittels eines Histogramms, 'Stamm und Blatt' und Box-Plot), so können wir folgende Vorteile des Box-Plot gegenüber den anderen Darstellungsformen ausmachen:

1. Der Box-Plot bietet uns eine Vorstellung von der Symmetrie der Verteilung als einer Normalverteilung. Diese Feststellung erfolgt aus der Tatsache, daß der Median, der die Verteilung in zwei Hälften gliedert, sich in der Mitte der Box befindet. Diese Feststellung ist aus den anderen Darstellungsformen nicht ohne weiteres ersichtlich.
2. Der Box-Plot gibt explizit die Werte an, die außerhalb einer solchen Normalverteilung liegen, in diesem Fall handelt es sich um Außenwerte.
3. Der Box-Plot gibt explizit an, welche Fälle innerhalb der Gesamtverteilung Außenwerte sind, nämlich die Fälle 11 und 14 der Datenmatrix.

5.2.3 Typologie von typischen Verteilungsformen

Wir haben bei der Präsentation graphischer Darstellungsformen für Häufigkeitsverteilungen von stetigen-quantitativen Variablen das Polygon angegeben. Ein solches Polygon kann bei sehr kleinen Intervallen und bei einer sehr großen Anzahl von Meßwerten in eine Kurve überführt werden. Solche aus Polygonen entwickelbare Kurven werden als Häufigkeitskurven bezeichnet.

Solche Häufigkeitskurven lassen sich ihrer Form nach, so bspw. nach der Anzahl ihrer Hochpunkte (Gipfel), nach der Symmetrie oder Abweichungen von dieser und nach ihrer Steilheit, unterscheiden. Im folgenden sind einige nach diesen Kriterien typische Häufigkeitsformen angeführt (Abb.5-18 - Abb.5-25).

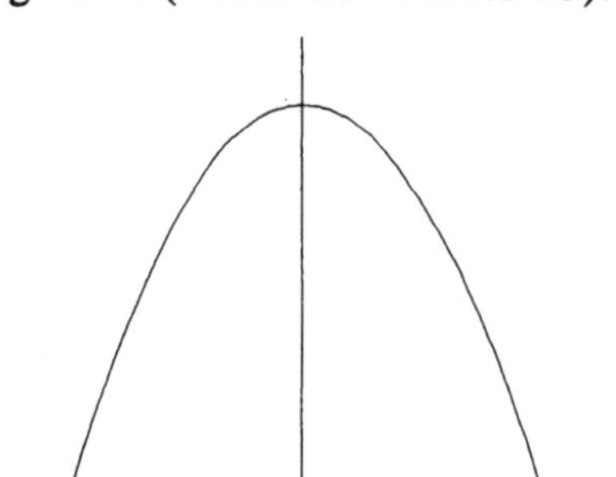

Abb.5-18 Unimodale Häufigkeitskurve

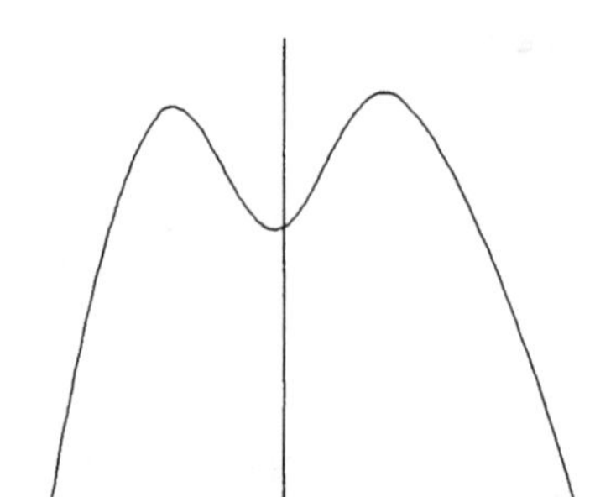

Abb.5-19 Bimodale Häufigkeitskurve

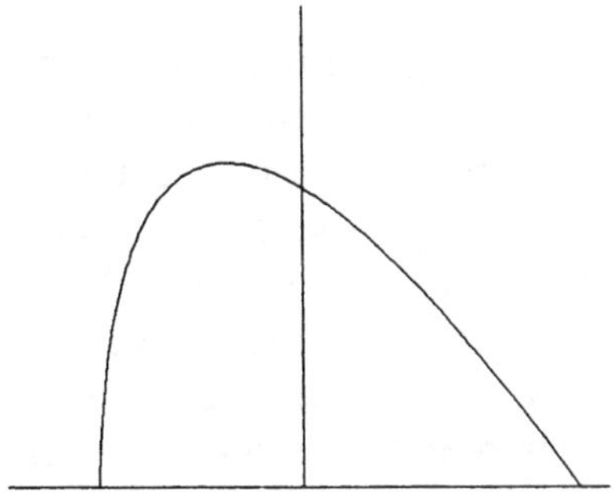

Abb.5-20 Rechtsschiefe Häufigkeitskurve

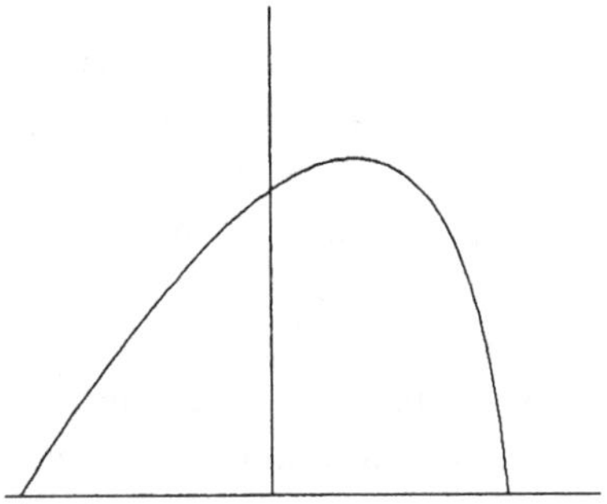

Abb.5-21 Linksschiefe Häufigkeitskurve

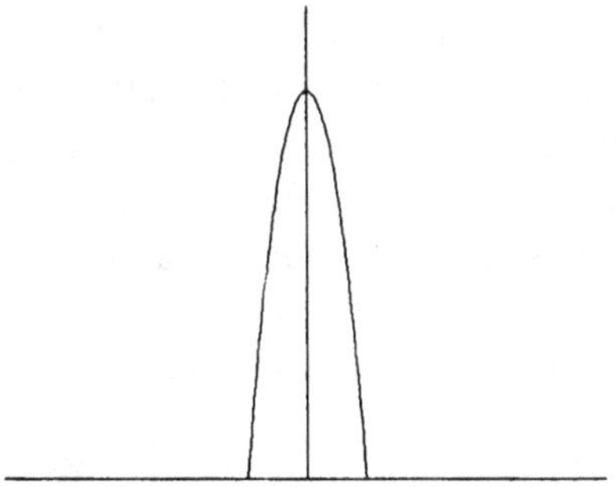

Abb.5-22 Schmalgipflige Häufigkeitskurve

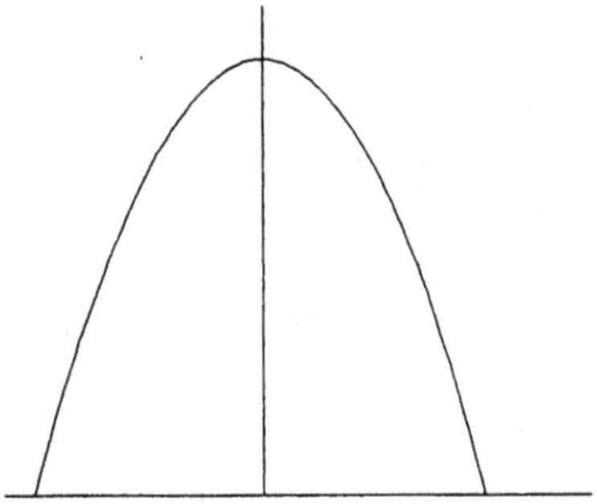

Abb.5-23 Breitgipflige Häufigkeitskurve

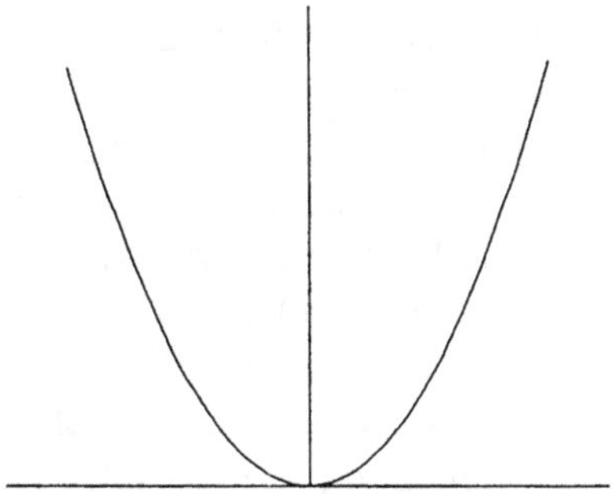

Abb.5-24 U-förmige Häufigkeitskurve

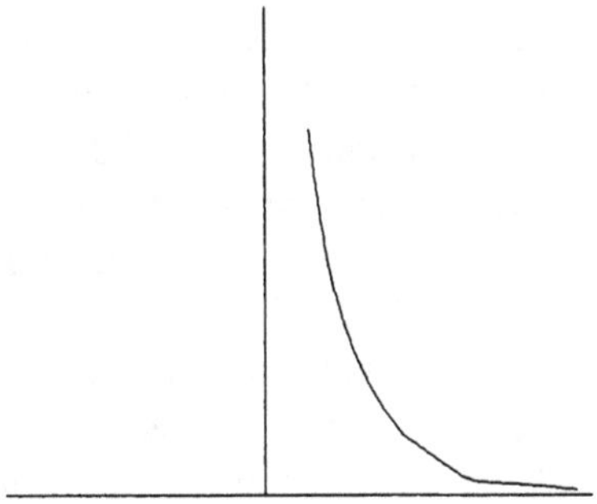

Abb.5-25 J-förmige Häufigkeitskurve

5.3 Maßzahlen zur Beschreibung univariater Verteilungen

Mit Hilfe der in den vorangegangen Punkten angeführten Darstellungsformen von Häufigkeitsverteilungen, seien sie tabellarischer oder graphischer Form, haben wir dargelegt, wie Daten übersichtlich organisiert und zusammengefaßt werden können. Um jedoch eine präzisere Beschreibung von Häufigkeitsverteilungen zu erreichen, wurden innerhalb der deskriptiven Statistik bestimmte Maßzahlen entwickelt, um Häufigkeitsverteilungen auch unter mathematischen Gesichtspunkten besser organisieren und zusammenfassen zu können. Diese Maßzahlen stellen gewissermaßen eine Informationsverdichtung dar, da sie dazu benutzt werden können, eine verteilungsinhärente Information auf eine einzige Zahl zu reduzieren. Zweifellos ist mit dieser Form der Informationsverdichtung auch ein Informationsverlust verbunden, doch ermöglicht die Verwendung von Maßzahlen einen leichteren Vergleich von verschiedenen Häufigkeitsverteilungen als bspw. tabellarische Häufigkeitsverteilungen oder Histogramme. Die Analyse von Häufigkeitsverteilungen sollte jedoch nicht nur auf die Ermittlung von solchen Maßzahlen beschränkt bleiben, sondern parallel mit der Erstellung von tabellarischen und/oder graphischen Darstellungsformen von Häufigkeitsverteilungen erfolgen.

Die gebräuchlichsten Maßzahlen der deskriptiven Statistik beziehen sich auf zwei Sachverhalte:

1. Sie beziehen sich auf die Frage nach den typischen Werten einer Verteilung; und
2. sie beziehen sich auf die Frage, wie typisch ein solcher typischer Wert für die Gesamtverteilung ist.

Maßzahlen der ersten Form sind solche, die den 'Durchschnitt' einer Verteilung repräsentieren. Mit anderen Worten, es sind Maßzahlen, die das Zentrum einer Verteilung repräsentieren (Lageparameter).

Maßzahlen der zweiten Form sind solche, die die Streuung (Variation) der Verteilung repräsentieren. Durch sie wird angegeben, inwieweit die Lageparameter für eine Verteilung typisch sind bzw. inwieweit sie von dieser Annahme abweichen. Wir bezeichnen solche Maßzahlen deshalb auch als Streuungsparameter oder als Maße der Dispersion.

Welche dieser verschiedenen Maßzahlen für die Repräsentation einer Häufigkeitsverteilung angewendet werden kann, hängt wiederum, wie auch bei der Auswahl der graphischen Darstellungsformen, vom jeweiligen Meßniveau der Variablen ab. Die im folgenden vorzustellenden Maßzahlen wie auch ihre vom Meßniveau der Variablen abhängige Verwendungsweise sind in Abb.5-26 zusammengefaßt.

PARAMETER	MESSNIVEAU			
	nominal	ordinal	intervall	ratio
LAGEPARAMETER				
Modus (mode)	x	x	x	x
Median (median)		x	x	x
arithm. Mittel (mean)		(x)	x	x
STREUUNGSPARAMETER				
Spannweite (range)			x	x
Varianz u. Standardabweichung (variance u. standard derivation)			x	x

Abb.5-26 Maßzahlen zur Beschreibung von Häufigkeitsverteilungen und ihre meßniveauspezifischen Verwendungsweisen

5.3.1 Lageparameter

Als Lageparameter werden die repräsentativen Werte bezeichnet, die den typischen Wert einer Verteilung wiedergeben. Sie werden auch als Durchschnittswerte oder zentrale Werte einer Verteilung bezeichnet. Die gebräuchlichsten Lageparameter sind:

1. Der Modus (auch Modalwert, Gipfelwert, Dichtemittel oder häufigster Wert genannt);
2. der Median (auch Zentralwert oder 50. Zentil genannt); und
3. das arithmetische Mittel (auch Durchschnitt oder Mittelwert genannt).

5.3.1.1 Der Modus

Der Modus (h) kennzeichnet innerhalb einer Häufigkeitsverteilung diejenige Merkmalsausprägung einer Variablen, die die größte Häufigkeit aufweist. Der Modus ist an kein bestimmtes Meßniveau gebunden, für nominalskalierte Daten ist er jedoch der einzig sinnvolle Lageparameter. Gegenüber den Lageparametern des Median und des arithmetischen Mittels ist der Modus das informationsärmste Maß, da er nicht den Charakter der Verteilung zum Ausdruck bringt.

Der Modus ist leicht durch Ablesen an der Häufigkeitsverteilung (in tabellarisch oder graphischer Darstellung) zu ermitteln. Zwei Möglichkeiten sollten jedoch bei der Ermittlung des Modus einer Verteilung nicht unberücksichtigt bleiben: Zum einen kann es vorkommen, daß in einer Verteilung zwei aufeinanderfolgende Werte in ihrer Häufigkeit gleich und am häufigsten sind, dann stellt der Mittelwert dieser beiden Werte den Modus dar; zum anderen kann es vorkommen, daß wir es bei einer Verteilung mit einer bimodalen Verteilung zu tun haben, also einer Verteilung, die zwei Gipfelpunkte aufweist, dann besitzt die Verteilung nicht nur einen Modus, sondern zwei.

Als ein Beispiel zur Ermittlung des Modus soll uns die Variable 'Alter' unserer Beispielsstichprobe dienen, für die wir zunächst noch einmal die tabellarische Häufigkeitsverteilung angeben werden (Abb.5-27).

ALTER Alter in Jahren

Value Label	Value	Frequency	Percent	Valid Percent	Cum Percent
	20	1	3.7	3.7	3.7
	21	3	11.1	11.1	14.8
	22	3	11.1	11.1	25.9
	23	8	29.6	29.6	55.6
	24	2	7.4	7.4	63.0
	25	1	3.7	3.7	66.7
	26	2	7.4	7.4	74.1
	27	1	3.7	3.7	77.8
	28	1	3.7	3.7	81.5
	29	2	7.4	7.4	88.9
	30	1	3.7	3.7	92.6
	34	1	3.7	3.7	96.3
	36	1	3.7	3.7	100.0
		-------	-------	-------	
	TOTAL	27	100.0	100.0	

Abb.5-27 Häufigkeitsverteilung der intervallskalierten Variable 'Alter'

An dieser Häufigkeitsverteilung kann nun leicht der Modus abgelesen werden: Wir inspizieren die Spalte 'Frequency' (Häufigkeit) der tabellarischen Verteilung und können durch Ablesen den Wert '8' als höchsten Wert ermitteln. Rücken wir auf der gleichen Zeile eine Spalte nach links (zu Value), so haben wir die Merkmalsausprägung mit der höchsten Häufigkeit (8), nämlich den Wert '23'. Für unsere Stichprobe bedeutet dies, daß von 27 Studenten die meisten, nämlich acht 23 Jahre alt sind. Der Modus dieser Verteilung ist folglich h = 23.

5.3.1.2 Der Median

Der Median ($\tilde{x}$) ist der Wert, der eine nach der Größe geordnete Reihe von Meßwerten halbiert, d.h. der Median ist der Wert, unter dem 50 % und über dem 50 % aller Meßwerte der Verteilung liegen. Dieser Definition zufolge ist der Median so auch nur für Daten ermittelbar, für die eine Ordnungsrelation definiert ist, also für ordinal-, intervall- und verhältnisskalierte Daten. Der Median ist gegenüber dem Modus informationsstärker, da er als mittlerer Fall von Zufallsfehlern weniger beeinflußt ist.

Bei der Berechnung des Median ist zu beachten, ob die Anzahl der Fälle gerade oder ungerade ist. Bei ungerader Anzahl der Fälle ist der Median der Wert des mittleren Falls und nach folgender Formel zu berechnen, wobei N die Anzahl der Fälle bedeutet:

$$\tilde{x} = \frac{(N + 1)}{2}$$

Bei gerader Anzahl der Fälle ist der Median der halbierte Wert der mittleren beiden Fälle, also das arithmetische Mittel aus den beiden mittleren Merkmalswerten.

Als ein Beispiel zur Ermittlung des Median soll uns wieder die Variable 'Alter' unserer Beispielsstichprobe dienen. Zunächst ordnen wir ihre Merkmalsausprägungen der Größe nach und erhalten folgende Reihe:

20 21 21 21 22 22 22 23 23 23 23 23 23 23 23 24 24 25 26 26 27 28 29 29 30 34 36

50 % * 50 %

(14. Wert)

Unsere Beispielsstichprobe umfaßt N = 27 Fälle. Wir haben es also mit einer ungeraden Anzahl von Fällen zu tun und zur Berechnung des Medians auf obige Formel zurückzugreifen. Durch Einsetzen in diese Formel ist der Median

$$\tilde{x} = \frac{(27 + 1)}{2} = 14$$

Der 14. Wert (*) unserer geordneten Meßreihe ist der Median, also 23 (Jahre).

Wäre unsere Fallzahl gerade, d.h. für unser Beispiel, daß wir die Reihe zu Illustration um einen Wert ergänzen zu

20 21 21 21 22 22 22 23 23 23 23 23 23 23 23 24 24 25 26 26 27 28 29 29 30 34 36 36
50 % * * 50 %
(14. und 15. Wert)

dann wäre der Median bei N = 28 das arithmetische Mittel der beiden mittleren Fälle, also (23 + 23)/2 = 23.

Sind die Merkmalsausprägungen jedoch zu Merkmalsklassen zusammengefaßt, eine Vorgehensweise, die oft bei quantitativen Variablen angewendet wird, so kann die Bestimmung des Median nicht mehr nach obiger Vorgehensweise vorgenommen werden. In einem solchen Fall ist zunächst die Medianklasse zu finden und anschließend der Wert des Medians mit Hilfe einer linearen Interpolation zu schätzen. Auf die Medianklasse weist die Verteilungsfunktion f(x) hin. Der Median befindet sich stets in der Klasse, deren kumulierte Häufigkeit größer gleich 0,5 (50 %) ist. Danach erfolgt die Interpolation nach folgender Formel:

$$\tilde{x} = + x_{i,u} \frac{0,5 - f(x_{i-1})}{p_i} (x_{i,o} - x_{i,u})$$

Diese Formel ist wie folgt zu interpretieren: $x_{i,u}$ bezeichnet den untersten Wert der Mediianklasse, $f(x_{i-1})$ die kumulierte Häufigkeit, die unter der kumulierten Häufigkeit der Medianklasse liegt, $x_{i,o}$ den obersten Wert der Medianklasse und p_i die relative Häufigkeit der Medianklasse.
Zur Illustration der Schätzung des Medians bei klassierten Variablen werden wir unsere erste klassierte Variable 'R_Alter1' unserer Beispielsstichprobe verwenden, die folgende tabellarische Häufigkeitsverteilung aufweist (Abb.5-28):

R_ALTER1

Value Label	Value	Frequency	Percent	Valid Percent	Cum Percent
20-22	1.00	7	25.9	25.9	25.9
23-25	2.00	11	40.7	40.7	66.7
26-28	3.00	4	14.8	14.8	81.5
29-31	4.00	3	11.1	11.1	92.6
32-34	5.00	1	3.7	3.7	96.3
35-37	6.00	1	3.7	3.7	100.0
		-------	-------	-------	
	TOTAL	27	100.0	100.0	

Abb.5-28 Häufigkeitsverteilung der klassierten intervallskalierten Variable 'R_Alter1'

Aus dieser tabellarischen Häufigkeitsverteilung geht hervor, daß durch die Klassen 1-2 insgesamt 66,7 % aller Fälle erfaßt werden, durch die Klasse 1 jedoch nur 25,9 %. Da der Median so bestimmt ist, daß er die Reihe genau halbiert, ist er offensichtlich in Klasse 2 zu suchen, sie ist die Medianklasse. Setzen wir die entsprechenden Werte aus unserer Häufigkeitsverteilung in unsere obige Formel ein, wobei $x_{i,u} = 23$, $f(x_{i-1}) = 0{,}259$, $x_{i,o} = 25$ und $p_i = 0{,}407$ ist, so erhalten wir

$$\tilde{x} = 23 + \frac{0{,}5 - 0{,}259}{0{,}407}(25 - 23) \approx 25 \ (24{,}67)$$

Der Median für die Variable 'R-Alter1' beträgt geschätzte 25 Jahre.

5.3.1.3 Das Arithmetisches Mittel

Das arithmetische Mittel ($\bar{x}$) ist definiert als die Summe der Merkmalsausprägungen (Meßwerte) einer Variable, geteilt durch ihre Anzahl. Das arithmetische Mittel ist die Maßzahl, den alle Untersuchungseinheiten einer statistischen Menge (Stichprobe oder Gesamtpopulation) haben müßten, wenn bei derselben Anzahl von Untersuchungseinheiten alle untereinander dieselbe Maßzahl hätten. Die Verwendung des arithmetischen Mittels ist dann angebracht, wenn es sich bei den Variablen um quantitative Variablen handelt. Gegenüber dem Median ist das arithmetische Mittel weniger resistent, da innerhalb einer Verteilung ein sehr hoher Wert zu verzerrten Ergebnissen des arithmetischen Mittels führen kann.

Die Berechnung des arithmetischen Mittels erfolgt über die Aufsummierung der einzelnen Meßwerte und der anschließenden Teilung dieser Summe durch die Anzahl der Untersuchungseinheiten. Auch hier gilt es zwei Berechnungsweisen zu unterscheiden: Die Berechnung des arithmetischen Mittels bei ungeordneten und bei geordneten Daten.

Für ungeordnete Daten ist das arithmetische Mittel über folgende Formel definiert, wobei N die Anzahl der Untersuchungseinheiten symbolisiert:

$$\bar{x} = \frac{x_1 + x_2 + x_3 + \ldots + x_i + \ldots + x_n}{N}$$

oder in abgekürzter Schreibweise:

$$\bar{x} = \frac{\sum_{i=1}^{n} x_i}{N}$$

Das in dieser Formel verwendete Zeichen $\sum$ ist der griechische Buchstabe Sigma, das Gegenstück zu dem Buchstaben S, dem Anfangsbuchstaben des Wortes 'Summe'. Sigma wird als Summationszeichen bezeichnet und bedeutet soviel wie 'addiere oder summiere das Folgende'. Das unter dem Sigma stehende 'i = 1' bedeutet, daß die Quantität, die dem Summenzeichen folgt, 'i' enthält und daß dieses durch jede ganze Zahl nacheinander von i = 1 bis zur Angabe über dem Summenzeichen (n) ersetzt werden soll.

Für geordnete Daten ist das arithmetische Mittel über folgende Formel definiert, wobei x_i die Meßwerte, f_i die Häufigkeit gleicher Meßwerte und N die Anzahl der Untersuchungseinheiten symbolisiert:

$$\bar{x} = \frac{f_1x_1 + f_2x_2 + f_3x_3 + \ldots + f_ix_i \ldots + f_kx_k}{N}$$

oder in abgekürzter Schreibweise:

$$\bar{x} = \frac{\sum_{i=1}^{k} f_ix_i}{N}$$

Zur Illustration der Berechnung des arithmetischen Mittels von quantitativen Variablen werden wir wieder die Variable 'Alter' unserer Beispielsstichprobe verwenden. Zunächst noch einmal die geordnete Reihe der Merkmalsausprägungen dieser Variable:

20 21 21 21 22 22 22 23 23 23 23 23 23 23 23 24 24 25 26 26 27 28 29 29 30 34 36

Bei dieser geordneten Reihe haben wir es mit N = 27 Fällen zu tun, wobei einige Merkmalsausprägungen öfters als einmal vorkommen, so daß wir zur Berechnung des arithmetischen Mittels die Formel für geordnete Daten verwenden können. In ausgeschriebener Schreibweise ist das arithmetische Mittel wie folgt zu berechnen:

$$\bar{x} = \frac{1(20) + 3(21) + 3(22) + 8(23) + 2(24) + 1(25) + 2(26) + 1(27) + 1(28) + 2(29) + 1(30) + 1(34) + 1(36)}{27}$$

$$= \frac{20 + 63 + 66 + 184 + 48 + 25 + 52 + 27 + 28 + 58 + 30 + 34 + 36}{27}$$

$$= \frac{671}{27} = 24{,}85$$

Das arithmetische Mittel für die Variable 'Alter' beträgt 24,85. Das heißt, daß das Durchschnittsalter der Studenten der Stichprobe 24,85 Jahre beträgt.

5.3.1.4 Eigenschaften und Vergleich der Lageparameter

Die Lageparameter Modus, Median und arithmetisches Mittel zeichnen sich durch folgende Eigenschaften aus:

1. Eine mehrgipfligen Verteilung kann am besten durch die Angabe mehrerer Modalwerte gekennzeichnet werden;
2. haben wir es mit einer asymmetrischen Verteilung zu tun, so eignet sich zu deren Beschreibung am besten der Median;
3. das arithmetische Mittel eignet sich am besten zur Beschreibung von unimodalen und symmetrischen Verteilungen. Denn nur bei solchen Verteilungen macht die Identifikation des Schwerpunkts einer Verteilung durch das arithmetische Mittel einen Sinn. Ist hingegen eine Verteilung bimodal und/oder asymmetrisch, so stellt die Angabe des arithmetischen Mittels eine stark verzerrte Darstellung der Verteilung dar; und
4. Median und arithmetisches Mittel zeichnen sich gegenüber dem Modus dadurch aus, weil in sie alle Informationen der Meßwerte mit in die Berechnung eingehen.

Mit Hilfe eines Vergleichs der Lageparameter Modus, Median und arithmetisches Mittel kann eine Verteilung auf ihre Symmetrie hin überprüft werden. Bei einer unimodalen und symmetrischen Verteilung sind die drei Lageparameter identisch, d.h. es gilt $h = x = x$ (Abb.5-29).

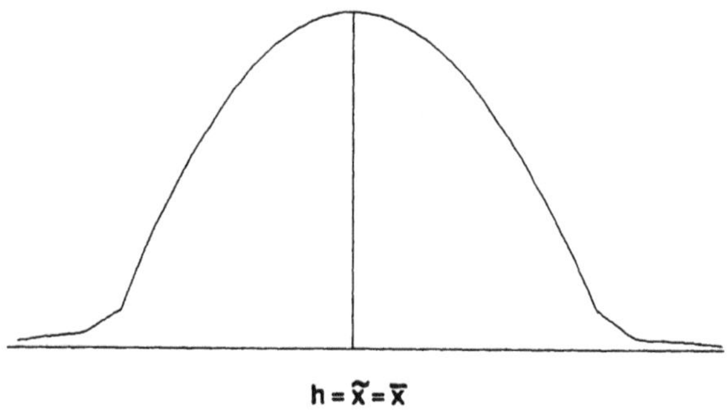

Abb.5-29 Die Lageparameter in einer unimodalen und symmetrischen Verteilung

Bei unimodalen und nicht-symmetrischen Verteilungen wie der rechtsschiefen und linksschiefen Verteilung treten die Lageparameter in einer bestimmten Reihenfolge auf:

1. Bei unimodalen rechtsschiefen Verteilungen in der Reihenfolge $h < \tilde{x} < \bar{x}$ (Abb.5-30); und
2. bei unimodalen linksschiefen Verteilungen in der Reihenfolge $h > \tilde{x} > \bar{x}$ (Abb.5-31).

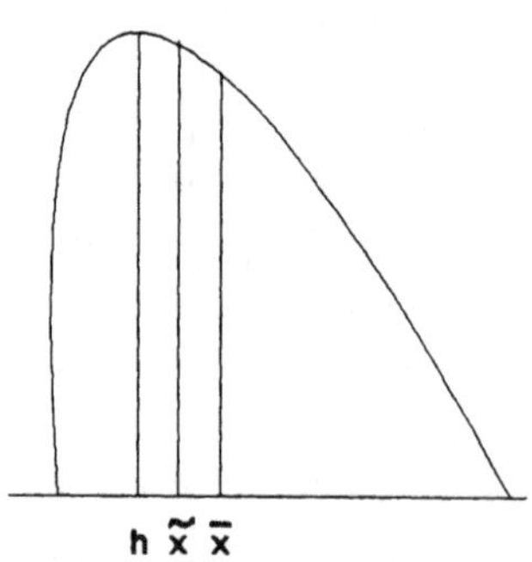

Abb.5-30 Die Lageparameter in einer unimodalen und rechtsschiefen Verteilung

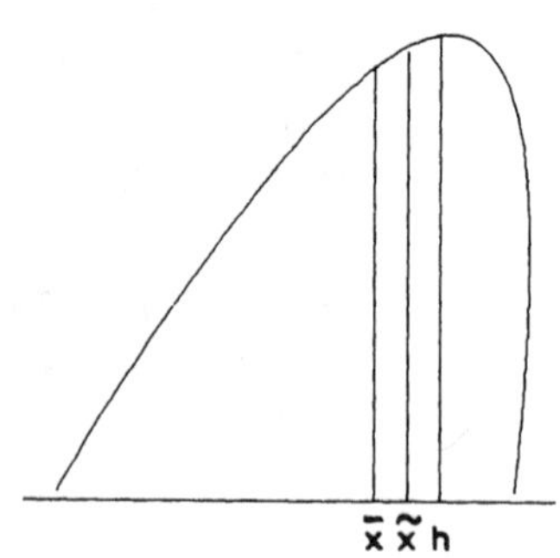

Abb.5-31 Die Lageparameter in einer unimodalen und linksschiefen Verteilung

Wir können bspw. anhand der Lageparameter unserer Variable 'Alter' überprüfen, ob die Häufigkeitsverteilung ihrer Merkmalsausprägungen eher den Schluß auf eine symmetrische oder rechts-/linksschiefe Verteilung zuläßt. Dazu benötigen wir zunächst die einzelnen Werte der Lageparameter.

Für den Modus (h) und den Median ($\tilde{x}$) haben wir h = 23 und $\tilde{x}$ = 23 ermittelt, für das arithmetische Mittel ($\bar{x}$) haben wir $\bar{x}$ = 24,85 berechnet. Diese drei Werte stehen in folgender Reihenfolge:

$$(h=23) = (\tilde{x} = 23) < (\bar{x} = 24{,}85)$$

welche auf eine rechtsschiefe Verteilung schließen läßt.

5.3.2 Streuungsparameter

Lageparameter allein geben noch keine erschöpfende Information über eine univariate Häufigkeitsverteilung. So sagt das arithmetische Mittel von sich aus nichts über die Streuung der Werte aus. Was uns an einer Verteilung jedoch gerade interessiert, ist die Beantwortung der Frage, inwieweit ein für die Verteilung ermittelter typischer Wert wie bspw. das arithmetische Mittel, für die Gesamtheit der Beobachtungswerte typisch ist. Mit anderen Worten, wir wollen wissen, inwieweit ein Lageparameter für alle individuellen Meßwerte repräsentativ ist. Diese Frage können wir jedoch nur dadurch beantworten, indem wir untersuchen, wie stark die einzelnen Fälle von einem Lageparameter abweichen bzw. inwieweit sie um diesen streuen. Ist die Streuung der einzelnen Meßwerte um den Lageparameter sehr groß, so stellt er keinen typischen Wert für die Verteilung dar, ist die Streuung sehr gering, um so typischer ist er für die Verteilung.

Innerhalb der Statistik wurden zur Beantwortung dieser Fragen verschiedene Parameter, sogenannte Streuungsparameter entwickelt, von den wir die zwei gebräuchlichsten hier vorstellen werden[3]. Es sind dies

1. Die Spannweite (auch absoluter Streubereich, Streuungsbreite oder Variationsbreite genannt); und
2. die Varianz und die eng mit ihr verbundene Standardabweichung.

---

[3] Weitere Streuungsparameter sind der mittlere Quartilabstand und die durchschnittliche Abweichung. Der Leser kann sich über diese beiden Parameter in BARTEL [BARTEL 1983:44-48] oder EHRENBERG [EHRENBERG 1986:21ff, 29] informieren.

5.3.2.1 Die Spannweite

Die Spannweite einer univariaten Verteilung ist definiert als die Differenz zwischen dem höchsten und dem niedrigsten Wert einer Reihe von Meßwerten durch:

$$\text{Spannweite} = x_{max} - x_{min}$$

Wie wir sehen, ist die Spannweite leicht zu errechnen und gewiß die natürlichste und gewöhnlichste Ausdrucksform der Streuung. Ihr Informationswert ist jedoch eher gering, da bspw. zufällige Extremwerte einer Verteilung für die Gesamtverteilung ohne Bedeutung sein können. Darüber hinaus ist ein Vergleich verschiedener Meßreihen mit Hilfe der Spannweite sehr schwierig, da sie immer in absoluten Werten angegeben wird.

Anwendung findet die Spannweite in der statistischen Qualitätskontrolle. In ihr wird bspw. der Umfang der Stichprobe wiederholt verwendet, so daß Vergleiche zwischen Spannweiten nicht durch Differenzen im Stichprobenumfang beeinträchtigt sind. Ebenso ist die Spannweite für schnelle, annähernde Prüfungen in bezug auf die Genauigkeit von Berechnungen anderer Streuungsparameter nützlich.

Trotz ihrer überwiegenden Nachteile erfordert die Spannweite intervallskalierte Daten.

5.3.2.2 Die Varianz und die Standardabweichung

Unter den Streuungsparametern sind die Varianz (s^2) und die aus ihr berechenbare Standardabweichung (s) die wohl berühmtesten Streuungsparameter. Der grundlegende Gedanke dieser beiden Parameter besteht darin, die Abweichungen der einzelnen Werte einer Meßreihe vom arithmetischen Mittel erst zu quadrieren, diese zu summieren und dann ihren Durchschnitt zu berechnen. Durch die Rechenoperation der Quadrierung wird erreicht, daß die Werte der Abweichungen vom arithmetischen Mittel immer positiv sind und die Summe dieser Werte nicht Null ergibt.

Betrachten wir zunächst die Varianz. Sie ist definiert als die Summe der quadrierten Abweichungen der einzelnen Werte vom arithmetischen Mittel ($\bar{x}$), dividiert durch die Anzahl der Fälle (N). Durch diese Berechnungsweise fallen größere Abweichungen vom arithmetischen Mittelwert stärker ins Gewicht als kleinere. Dadurch kann vermieden werden, daß ein arithmetisches Mittel als für die Gesamtverteilung hinreichend repräsentativ interpretiert wird, wenn es durch einige wenige und einseitig extreme Abweichungen stark nach unten oder oben verschoben wurde. In ausgeschriebener Schreibweise ist die Varianz durch folgende Formel definiert:

$$s^2 = \frac{(x_1 - \bar{x})^2 + (x_2 - \bar{x})^2 + (x_3 - \bar{x})^2 + \dots + (x_i - \bar{x})^2 + \dots + (x_n - \bar{x})^2}{N}$$

und in abgekürzter Schreibweise durch:

$$s^2 = \frac{\sum_{i=1}^{n} (x_i - \bar{x})^2}{N}$$

Die Berechnung der Varianz kann nur für intervall- und/oder verhältnisskalierte Meßdaten durchgeführt werden. Darüber hinaus verlangt die Anwendung des Streuungsparameters Varianz eine Normalverteilung, zumindest aber eine unimodale und symmetrische Häufigkeitsverteilung der Daten. Das heißt, daß die Varianz für schiefe Verteilungen keine gute Kennzeichnung ist.

Durch die quadratische und nicht lineare Angabe der Abweichungen $(x_i - \bar{x})^2$ ergibt die Varianz eine etwas verzerrte Darstellung der Streuung in einer Häufigkeitsverteilung. Diese kann jedoch dadurch behoben werden, indem wir die Varianz radizieren ('die Wurzel ziehen', in der Mathematik durch das Symbol $\sqrt{\ }$ ausgedrückt). Durch diese Rechenoperation wird die Varianz auf ein lineares Maß zurückgeführt. Das Ergebnis dieser Rechenoperation wird als die Standardabweichung (s) bezeichnet. Sie ist durch folgende Formel definiert:

$$s = \sqrt{\frac{\sum_{i=1}^{n} (x_i - \bar{x})^2}{N}}$$

oder kürzer durch:

$$s = \sqrt{s^2}$$

Zur Illustration der Berechnung der Varianz und der Standardabweichung wollen wir wiederum die Variable 'Alter' unserer Beispielsstichprobe heranziehen. Ihre Verteilung ist unimodal und nur leicht rechtsschief. Zum besseren Verständnis der Berechnung der Varianz werden wir diese mit Hilfe einer Rechentabelle vorstellen (Abb.5-32).

x_i	$\bar{x}$	$(x_i - \bar{x})$	$(x_i - \bar{x})^2$
20	24,85	-4,85	023,5225
21	24,85	-3,85	014,8225
21	24,85	-3,85	014,8225
21	24,85	-3,85	014,8225
22	24,85	-2,85	008,1225
22	24,85	-2,85	008,1225
22	24,85	-2,85	008,1225
23	24,85	-1,85	003,4225
23	24,85	-1,85	003,4225
23	24,85	-1,85	003,4225
23	24,85	-1,85	003,4225
23	24,85	-1,85	003,4225
23	24,85	-1,85	003,4225
23	24,85	-1,85	003,4225
23	24,85	-1,85	003,4225
24	24,85	-0,85	000,7225
24	24,85	-0,85	000,7225
25	24,85	00,15	000,0225
26	24,85	01,15	001,3225
26	24,85	01,15	001,3225
27	24,85	02,15	004,6225
28	24,85	03,15	009,9225
29	24,85	04,15	017,2225
29	24,85	04,15	017,2225
30	24,85	05,15	026,5225
34	24,85	09,15	083,7225
36	24,85	11,15	124,3225
N = 27		$\sum (x_i - \bar{x}) = 0$	$\sum (x_i - \bar{x})^2 = 445,0075$

Abb.5-32 Rechentabelle zur Ermittlung der Varianz der Variable 'Alter'

Setzen wir N = 27 und $\sum (x_i - \bar{x})^2 = 445,0075$ in die Formel der Varianz (s^2) ein, so erhalten wir:

$$s^2 = \frac{445,0075}{27} = 16,4818$$

und für die Standardabweichung (s):

$$s = \sqrt{16,4818} = 4,06$$

5.3.2.3 Zur Standardisierung der Standardabweichung

Wollen wir die Variabilität der Merkmalsausprägungen zweier Variablen miteinander vergleichen, so kann ein solcher Vergleich nur dann vorgenommen werden, wenn den entsprechenden Meßdaten auch gleiche Meßskalen zugrunde liegen. Dies ist jedoch bei den meisten Variablen nicht der Fall. Um dennoch einen Vergleich durchführen zu können, wurde der Variabilitätskoeffizient (V) entwickelt, dessen Berechnung auf dem Mittelwert ($\bar{x}$) und der Standardabweichung (s) beruht. Er ist durch folgende Formel definiert:

$$V = \frac{s}{\bar{x}} \, 100$$

Der Variabilitätskoeffizient bringt folglich in relativer Form zum Ausdruck, wieviel Prozent des arithmetischen Mittelwertes die Standardabweichung ausmacht.

Zum besseren Verständnis des Variabilitätskoeffizienten wollen wir seine Funktion an einem Beispiel aus unserer Beispielsstichprobe erklären. Wir wollen untersuchen, ob die Studenten unserer Beispielsstichprobe stärker hinsichtlich des Alters oder hinsichtlich des monatlich zur Verfügung stehenden Einkommens variieren.

In einem ersten Schritt berechnen wir zunächst die arithmetischen Mittelwerte und die Standardabweichungen der Häufigkeitsverteilungen der Variablen 'Alter' und 'monatlich zur Verfügung stehendes Einkommen'. Wir erhalten folgende Werte: Für die Variable 'Alter' $\bar{x}_{Alter}$ = 24,85 und s_{Alter} = 3,95[4]; und für die Variable 'monatlich zur Verfügung stehendes Einkommen' $\bar{x}_{Eink}$ = 905,77 und s_{Eink} = 317,91.

---

[4] Dieser Wert der Standardabweichung für die Variable 'Alter' unterscheidet sich geringfügig von dem Wert, den wir durch unsere Rechentabelle ermittelt haben. Der Grund liegt darin, daß der Wert von 3,96 durch SPSS erstellt und dabei nicht so viele Stellen hinter dem Komma berücksichtigt wurden.

Mit diesen Werten können folgende Variabilitätskoeffizienten berechnet werden: Für die Variable 'Alter'

$$V_{Alter} = \frac{3,95}{24,85} 100 = 15,9$$

und für die Variable 'monatlich zur Verfügung stehendes Einkommen'

$$V_{Eink} = \frac{317,91}{905,77} 100 = 35,1$$

Aus diesen beiden Variabilitätskoeffizienten können wir folgenden Schluß ziehen: Die Studenten unserer Beispielsstichprobe sind variabler im Hinblick auf das Alter, d.h. das Einkommen wirkt stärker homogenisierend als das Alter. Genauer kann dieser Schluß noch dadurch gemacht werden, wenn wir einen Quotienten bilden, indem wir V_{Alter} durch V_{Eink} dividieren und mit 100 multiplizieren:

$$\frac{15,9}{35,1} 100 = 45,3$$

Die Variabilität des Einkommens beträgt demnach 45,3 % der Variabilität bezüglich des Alters, sie ist also nur etwa halb so groß.

5.3.2.4 Standardabweichung und Normalverteilung

Einen besonderen Typus von Verteilungen stellt die von GAUSS und LAPLACE theoretisch fundierte Normalverteilung dar. Ihr kommt insbesondere in der schließenden Statistik (Inferenz-Statistik) eine besondere Bedeutung zu. Obwohl wir in diesem Buch nur Elemente der deskriptiven Statistik besprechen, werden wir hier kurz auf die Normalverteilung eingehen, da an ihr bestimmte Eigenschaften der Standardabweichung demonstriert werden können.

Die Normalverteilung ist eine Wahrscheinlichkeitsverteilung in der Statistik und deshalb von besonderem analytischen Interesse, weil in vielen Anwendungen in der Praxis davon ausgegangen werden kann, daß die Häufigkeitsverteilungen von Variablen annäherungsweise normalverteilt sind. Sind die ursprünglichen Werte einer Verteilung nicht normalverteilt, so kann eine solche durch geeignete mathematische Transformationen erreicht werden.

Die Normalverteilung als Verteilung einer Zufallsvariablen X ist durch folgende Formel definiert, die wir hier ohne besondere Erläuterung angeben werden[5]. Wir wollen nur darauf hinweisen, daß wir nicht die Parameter einer Stichprobe wie $\bar{x}$ und s verwenden, sondern die entsprechenden Parameter für die Grundgesamtheit μ (Mittelwert) und σ (Standardabweichung), wie dies bei theoretischen Verteilungen die Konvention ist. Die beiden Symbole π und e stellen die aus der Mathematik bekannte LUDOLFsche Zahl π = 3,14159... und die EULERsche Zahl e = 2,71828 dar.

$$f(X) = \frac{1}{\sigma\sqrt{2\pi}} e^{-0,5\,((X - \mu)/\sigma)\,2}$$

Veranschaulichen wir uns die so definierte Normalverteilung graphisch (Abb.5-33):

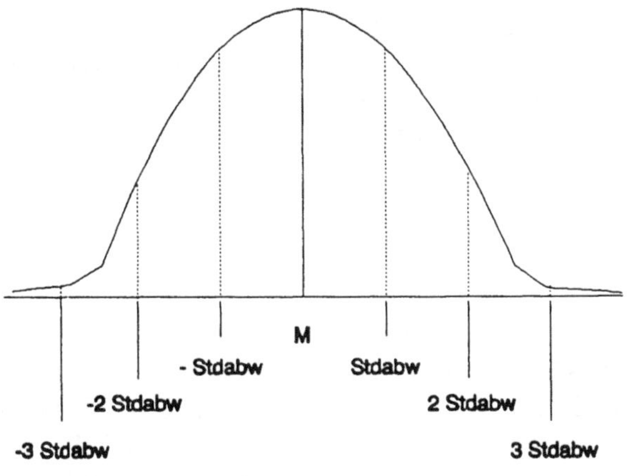

Abb.5-33 Graphische Darstellung der Normalverteilung

---

[5] Wer sich mehr über die Normalverteilung informieren möchte, der sei auf BARTEL [BARTEL 1983:55ff], BLALOCK [BLALOCK 1985: 89ff] BORTZ [BORTZ 1989:95ff], CLAUSS und EBNER [CLAUSS, EBNER 1977:147ff] HELLMUND, KLITZSCH und SCHUMANN [HELLMUND, KLITZSCH, SCHUMANN 1992:108ff] oder WONNACOTT und WONNACOTT [WONNACOTT, WONNACOTT 1985:103ff] hingewiesen.

Die Normalverteilung besitzt folgende Eigenschaften:

1. Sie ist eine stetige Wahrscheinlichkeitsverteilung;
2. sie ist durch den Mittelwert μ und die Varianz σ^2 der Zufallsvariablen X vollständig beschrieben;
3. sie ist unimodal und symmetrisch (glockenförmige Gestalt);
4. das Maximum der Dichte liegt an der Stelle des Mittelwertes μ;
5. die Wendepunkte der Wahrscheinlichkeitsdichte sind $\pm\sigma$ von μ entfernt;
6. die Wahrscheinlichkeitsdichte nähert sich asymptotisch gegen $\pm\infty$ der Abszisse; und
7. je kleiner/größer die Standardabweichung ist, desto steiler/flacher ist die Wahrscheinlichkeitsdichte.

Für die Praxis ist diese Form der Normalverteilung, abgekürzt durch $N(\mu;\sigma)$ jedoch ungeeignet. Deshalb ist es erforderlich, $N(\mu;\sigma)$ zu normieren bzw. zu standardisieren. Diese Standardisierung erfolgt durch Einführung der standardisierten Zufallsvariablen

$$Z = \frac{X - \mu}{\sigma}$$

Durch die Zufallsvariable Z, welche die Werte von der Zufallsvariablen X als Abweichung von ihrem Mittelwert in Einheiten der Standardabweichung angibt, wird $N(\mu;\sigma)$ in N(0;1) überführt. Für N(0;1) gilt dabei, daß der Erwartungswert von Z (E(Z)) gleich Null und die Varianz von Z (VAR(Z)) gleich Eins ist, so daß N(0;1) nur noch von Z abhängig ist.

Transformieren wir ebenso unsere empirischen Meßwerte (intervallskaliert) in z-Werte durch die Formel

$$z_i = \frac{x_i - \bar{x}}{s}$$

und sind diese Werte normalverteilt, so kann die Anzahl der Fälle unter der normierten Normalverteilung in Abhängigkeit von Einheiten der Standardabweichung, wobei der Mittelwert den Wert Null erhält, wie folgt graphisch veranschaulicht werden (Abb.5-34):

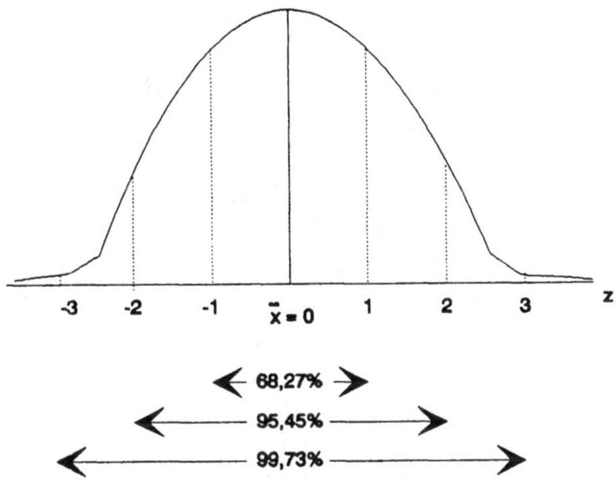

Abb.5-34 Anzahl der Fälle unter der Normalverteilung (N(0;1) in Prozent

5.4 Literatur

BARTEL, Hans (1983): Statistik I für Psychologen, Pädagogen und Sozialwissenschaftler (4.verb.Aufl.). Stuttgart: Fischer

BENNINGHAUS, Hans (1990): Einführung in die sozialwissenschaftliche Datenanalyse. München, Wien: Oldenbourg

BLALOCK, Hubert M. (1985): Social Statistics (2nd.rev.ed.). Singapore u.a.: McGraw-Hill

BORTZ, Jürgen (1989): Statistik. Für Sozialwissenschaftler (3.neubearb.Aufl.). Berlin u.a.: Springer

CLAUSS, Günter; EBNER, Heinz (1977): Grundlagen der Statistik. Für Psychologen, Pädagogen und Soziologen (2.neubearb.u.erw.Aufl.). Thun, Frankfurt am Main: Harri Deutsch

EHRENBERG, Andrew S.C. (1986): Statistik oder der Umgang mit Daten. Eine praktische Einführung mit Übungen. Weinheim: VCH

HELLMUND, Uwe; KLITZSCH, Walter; SCHUMANN, Klaus (1992): Grundlagen der Statistik. Landsberg/Lech: moderne industrie

LAATZ, Wilfried (1993): Empirische Methoden. Ein Lehrbuch für Sozialwissenschaft ler. Thun, Frankfurt am Main: Harri Deutsch

SCHRADER, Achim (1971): Einführung in die empirische Sozialforschung. Ein Leitfaden für die Planung, Durchführung und Bewertung von nicht-experimentellen Forschungsprojekten. Stuttgart u.a.: Kohlhammer

WONNACOTT, Ronald J.; WONNACOTT, Thomas H. (1985): Introductory Statistics (4th.ed.). New York u.a.: Wiley & Sons

6.0 Bivariate Datenanalyse (I): Bivariate Analyse sozialwissenschaftlicher Daten mittels Kreuztabellen

6.1 Die Grundprinzipien der bivariaten Datenanalyse. Ein Beispiel zur Einführung

Im vorangegangenen Kapitel zur univariaten Datenanalyse ging es uns darum, die empirische Verteilung einer einzelnen Variablen zu untersuchen. Diese Untersuchung beinhaltete die tabellarische und graphische Darstellung der Häufigkeitsverteilung einer einzelnen Variablen sowie die Angabe von Maßzahlen zur Beschreibung einer solchen hinsichtlich ihrer Lage und Streuung. Prinzipiell ging es uns dabei um die Zusammenfassung durch und Reduktion von Merkmalsausprägungen auf eine einzelne Zahl. Empirische sozialwissenschaftliche Forschung kann jedoch nicht auf diese Form der Datenanalyse beschränkt bleiben. Die univariate Datenanalyse ist zwar Ausgangspunkt jeder Datenanalyse, doch können Hypothesen nur dann überprüft werden, wenn wir unser Interesse anstatt auf eine einzelne Variable auf mehrere Variablen richten und untersuchen, welche Beziehungen zwischen ihnen bestehen. Liegt dabei unsere Interesse in der Analyse von statistischen Beziehungen zwischen zwei verschiedenen Variablen, so bezeichnen wir diese Analyse als bivariate Datenanalyse.

Unter bezug auf unsere Beispielstichprobe könnten wir bspw. daran interessiert sein, ob zwischen den Variablen 'Milieu' und 'Parteipräferenz' eine statistische Beziehung besteht, etwa in der Form, daß bei Personen aus niedrigem Milieu eine stärkere Tendenz besteht, 'linke' Parteien zu präferieren als 'rechte' und umgekehrt. Das heißt in anderen Worten, daß wir die Variable 'Parteipräferenz' (abhängige Variable) durch die Variable 'Milieu' (unabhängige Variable) erklären wollen. Die Frage lautet nun, wie kann eine solche, zunächst nur theoretisch angenommene Beziehung statistisch ermittelt werden? Um diese Frage zu beantworten, müssen wir uns zunächst einmal darüber Klarheit verschaffen, was mit dem Begriff 'Beziehung' in diesem Zusammenhang überhaupt gemeint ist.

Sprechen wir von einer statistischen Beziehung zwischen zwei Variablen, so kann damit zweierlei gemeint sein:

1. Daß Veränderungen in einer Variablen systematisch von Veränderungen einer anderen Variablen begleitet werden. Wir sagen in diesem Fall, daß die Variablen miteinander assoziiert sind bzw. in einer Korrelation miteinander stehen; und

2. daß Veränderungen in einer Variablen ursächlich Veränderungen einer anderen Variablen bewirken, d.h. einen Effekt auf diese besitzen. Wir sagen in diesem Fall, daß die Variablen in einem 'Ursache-Wirkungs-Verhältnis', d.h. in einem Kausalzusammenhang zueinander stehen.

Diese beiden Formen von Beziehungen sind bei der Interpretation von Analyseergebnissen immer sorgfältig zu unterscheiden. Eine korrelative Beziehung zwischen zwei Variablen kann auf einen Kausalzusammenhang hindeuten, doch ist ein solcher nicht schon allein dadurch gegeben, daß zwei Variablen hoch miteinander korrelieren. Eine korrelative Beziehung ist so immer Voraussetzung einer kausalen Beziehung, jedoch nicht schon notwendigerweise eine kausale Beziehung.[1] Wenn wir in der bivariaten Datenanalyse Beziehungen von zwei Variablen untersuchen heißt das, daß wir nur untersuchen, ob eine statistische Beziehung zwischen ihnen besteht, ob und wie stark die Merkmale gemeinsam miteinander variieren. Eine Kausalbeziehung kann aus einer solchen Analyse allein nicht gefolgert werden, dazu bedarf es sachlogischer, nicht statistisch begründeter Argumente.

Zu der Analyse zweier Variablen im Hinblick auf das Vorliegen oder Nichtvorliegen einer statistischen Beziehung wurden innerhalb der Statistik verschiedene Verfahrensweisen und Maßzahlen (Koeffizienten) entwickelt. Welche dieser Verfahrensweisen und Maßzahlen zur Analyse herangezogen werden können, ist dabei primär vom Meßniveau der zu untersuchenden Variablen abhängig. Für qualitative Daten, also für nominal- und ordinalskalierte Daten empfiehlt es sich, die Analyse mittels Kreuztabellen vorzunehmen. Für quantitative Daten, also für intervall- und ratioskalierte Daten, ist das Streudiagramm zu empfehlen (Kap.7).

Kommen wir auf unser Beispiel zurück. Bei den Variablen 'Milieu' und 'Parteipräferenz' handelt es sich um nominale Variablen. Für die Analyse über eine Beziehung zwischen diesen Variablen empfiehlt sich folglich eine Kreuztabelle. SPSS liefert uns für diese beiden Variablen folgende, noch einfach gehaltene Kreuztabelle (crosstabulation) (Abb.6-1):

---

[1] Zur Problematik des Begriffs der Kausalität in den empirisch orientierten Wissenschaften findet der Leser ein umfangreiches Angebot an wissenschaftstheoretischen Untersuchungen. Für einen ersten Überblick in diese Problematik sei auf WENTURIS, VAN HOVE und DREIER [WENTURIS, VAN HOVE, DREIER 1992:319ff] verwiesen.

Crosstabulation: PARTEIPR Parteipräferenz
By MILIEU

MILIEU-> PARTEIPR	Count Tot Pct	Unterschicht 1	Mittelschicht 2	Oberschicht 3	Row Total
PDS	1		4 14.8		4 14.8
GRÜNE	2		3 11.1		3 11.1
SPD	3	2 7.4	12 44.4	1 3.7	15 55.6
FDP	4		2 7.4	1 3.7	3 11.1
CDU	5		1 3.7		1 3.7
	9		1 3.7		1 3.7
	Column Total	2 7.4	23 85.2	2 7.4	27 100.0

Number of Missing Observations = 0

Abb.6-1 Kreuztabelle für die nominalskalierten Variablen 'Parteipräferenz' und 'Milieu'

Eine solche Kreuztabelle stellt die gemeinsame Häufigkeitsverteilung der beiden Variablen 'Parteipräferenz' und 'Milieu' dar. Sie entstand durch die vertikale Anordnung der Kategorien der einen Variablen ('Parteipräferenz' und durch die horizontale Anordnung der Kategorien der anderen Variablen ('Milieu'). Dabei stellt die Variable am Tabellenkopf ('Milieu') die unabhängige Variable dar und die Variable am Tabellenrand ('Parteipräferenz') die abhängige. Die in dieser Tabelle gebildeteten 15 Zellen enthalten die gemeinsamen Häufigkeiten der Merkmalsausprägungen unserer beiden Beispielvariablen. Eine jede Zelle informiert uns darüber, wie häufig eine bestimmte Kombination von Merkmalsausprägungen vorkommt; wie oft also bspw. eine Person aus dem Milieu 'Mittelschicht' kommt *und* eine Parteipräferenz für die 'SPD' angibt. Durch die zeilenweise und spaltenweise Addition der Fälle in den einzelnen

Zellen erhalten wir die Randhäufigkeiten der Zeilenvariablen und die Randhäufigkeiten der Spaltenvariablen. Die Summe dieser beiden Häufigkeiten ergibt die Summe der Gesamtzahl der Fälle (rechts unten). In unserem Beispiel sind dies 27 Fälle.

Wir können jetzt die Frage stellen: Was sagt uns diese Kreuztabelle über die Beziehung zwischen den Variablen 'Milieu' und 'Parteipräferenz'? Zum einen wohl, daß die Mehrheit der Studenten, die die SPD präferieren, aus der Mittelschicht kommt. Doch kann aus dieser singulären Feststellung allein schon ein starker oder schwacher Zusammenhang zwischen den beiden Variablen abgeleitet werden? Bestimmt nicht mit der vorliegenden Tabelle. Wollen wir einen solchen feststellen, so ist es notwendig, diesen in einer Maßzahl auszudrücken.

Innerhalb der bivariaten Analyse sozialwissenschaftlicher Daten wurden mehrere Maßzahlen zur Feststellung von Beziehungen zwischen zwei Variablen entwickelt. Wie die Verfahrensweisen Kreuztabelle und Streudiagramm auch, sind diese vom Meßniveau der beteiligten Variablen abhängig.

In diesem Kapitel werden wir die Maßzahlen für Beziehungsfeststellungen zwischen nominalskalierten Daten (wie im vorliegenden Beispiel) und zwischen ordinalskalierten Daten vorstellen. Grundlage für diese beiden Datenskalen ist die Kreuztabelle. In Kapitel 7 werden wir die Maßzahlen für höher skalierte Daten vorstellen, deren Grundlage das Streudiagramm bildet.

Zunächst werden wir uns jedoch genauer der Struktur einer Kreuztabelle und dem Begriff der statistischen Beziehung zuwenden.

6.2 Die Kreuztabelle

Eine Kreuztabelle (Kontingenztafel, contingency table) stellt die Kombination von Merkmalsausprägungen zweier Variablen dar, die zueinander in Beziehung gesetzt werden. Sie ist das Ergebnis einer sogenannten Kreuztabulation von zwei Variablen. Bezeichnen wir die eine Variable mit X (Spaltenvariable) und die andere Variable mit Y (Zeilenvariable), so kann in einem Fall X als die unabhängige Variable und Y als die abhängige Variable bezeichnet werden. In diesem Fall gehen wir von einer asymmetrischen Beziehung aus. Im Gegensatz dazu sprechen wir von einer symmetrischen Beziehung, wenn aus theoretischen Überlegungen heraus, keine der beiden Variablen als unabhängige oder abhängige Variable bezeichnet werden kann. Konventionellerweise steht bei beiden Fällen X am Tabellenkopf und Y am linken Tabellenrand.

Die Merkmalsausprägungen der Variable X bezeichnen wir mit x_1, x_2, x_3, ... ,x_j und die der Variablen Y mit y_1, y_2, y_3, ... ,y_i. Die einzelnen Zellen sind durch die Subskripte (i,j) identifiziert. So stellt die Zelle Z_{32} bspw. die Zelle mit der kombinierten Häufigkeit der Merkmalsausprägungen y_3 und x_2 dar, die mit f_{32} abgekürzt wird.

Am rechten Tabellenrand sind die relativen Häufigkeiten der einzelnen Zeilen angebracht, mit $n_{1.}$, $n_{2.}$, $n_{3.}$, ... $n_{i.}$ Am unteren Tabellenrand sind die relativen Häufigkeiten der einzelnen Spalten angebracht, mit $n_{.1}$, $n_{.2}$, $n_{.3}$, ...,$n_{.j}$. N schließlich gibt an der unteren rechten Seite der Tabelle die Summe der Untersuchungseinheiten an.

Die Spalten der Variablen X können darüber hinaus als konditionale Verteilungen betrachtet werden. Besitzt die Variable X bspw. drei Merkmalsausprägungen, so spezifizieren diese die Bedingungen von drei konditionale Verteilungen über die Merkmalsausprägungen der Variable Y.

In einer Abbildung können die generelle Struktur einer Kreuztabelle und ihre Bezeichnungen wie folgt veranschaulicht werden (Abb.6-2):

		VARIABLE X					
		x_1	x_2	x_3	...	x_j	
	y_1	f_{11}	f_{12}	f_{13}	...	f_{1j}	$n_{1.}$
	y_2	f_{21}	f_{22}	f_{23}	...	f_{2j}	$n_{2.}$
VARIABLE Y	y_3	f_{31}	f_{32}	f_{33}	...	f_{3j}	$n_{3.}$
	...	...	...	...	...	...	...
	y_i	f_{i1}	f_{i2}	f_{i3}	...	f_{ij}	$n_{i.}$
		$n_{.1}$	$n_{.2}$	$n_{.3}$	...	$n_{.j}$	N

Abb.6-2 Die generelle Struktur einer Kreuztabelle und ihre Bezeichnungen

Über die Anzahl der Zeilen und Spalten, d.h. der Zahl der Merkmalsausprägungen der Zeilenvariable Y und der Zahl der Merkmalsausprägungen der Spaltenvariablen X, ist die Kreuztabelle als eine y_i mal x_j-Tabelle definiert. Besitzt bspw. die Variable Y fünf Merkmalsausprägungen und die Variable X drei Merkmalsausprägungen, so erhalten wir eine 5 x 3-Tabelle.

6.3 Zum Begriff der statistischen Beziehung (Assoziation)

Die statistische Beziehung zwischen zwei Variablen können wir wie folgt definieren [BENNINGHAUS 1990:183]:

1. Zwischen zwei Variablen besteht eine statistische Beziehung, wenn die konditionalen Verteilungen verschieden sind; und
2. zwischen zwei Variablen besteht keine statistische Beziehung, wenn die konditionalen Verteilungen gleich sind.

Wir können uns diese beiden Definitionen einer statistischen Beziehung an folgenden vier 2 x 2 Beispieltabellen zur Beziehung zwischen Geschlecht und beruflicher Stellung veranschaulichen (Abb.6-3 - Abb.6-6), die unterschiedliche Grade von Beziehungen repräsentieren. Die Zellenhäufigkeiten sind in Prozent angegeben.

		GESCHLECHT		
		männlich	weiblich	
BERUFLICHE STELLUNG	niedrig	25	25	50
	hoch	25	25	50
		50	50	100

Abb.6-3 2 x 2-Beispieltabelle: Keine Beziehung

BERUFLICHE STELLUNG	GESCHLECHT männlich	GESCHLECHT weiblich	
niedrig	27	23	50
hoch	23	27	50
	50	50	100

Abb.6-4 2 x 2-Beispieltabelle: Schwache Beziehung

BERUFLICHE STELLUNG	GESCHLECHT männlich	GESCHLECHT weiblich	
niedrig	40	10	50
hoch	10	40	50
	50	50	100

Abb.6-5 2 x 2-Beispieltabelle: Starke Beziehung

BERUFLICHE STELLUNG	GESCHLECHT männlich	GESCHLECHT weiblich	
niedrig	50		50
hoch		50	50
	50	50	100

Abb.6-6 2 x 2-Beispieltabelle: Perfekte Beziehung

In den Abbildungen Abb.6-3 und Abb.6-4 weisen die konditionalen Verteilungen (Spaltenverteilungen) der Kreuztabellen keine und nur sehr geringe Unterschiede auf. Es besteht folglich keine und nur eine sehr schwache Beziehung zwischen den beiden Variablen 'Geschlecht' und 'beruflicher Stellung'. In den Abbildungen Abb.6-5 und Abb.6-7 dagegen weisen die konditionalen Verteilungen mehr oder weniger starke Unterschiede auf. Es besteht folglich eine starke bzw. perfekte Beziehung zwischen den beiden Variablen.

Eine solche statistische Beziehung bzw. Nichtbeziehung zwischen zwei Variablen kann unter zwei Gesichtspunkten betrachtet werden [BENNINGHAUS 1990:187]:

1. Als die Abweichung von der statistischen Unabhängigkeit; und
2. als die Vorhersagbarkeit der einen Variablen auf der Basis der anderen.

Die Betrachtungsweise einer statistischen Beziehung zwischen zwei Variablen, die über die Abweichung von der statistischen Unabhängigkeit definiert ist, kann als die klassische Betrachtungsweise bestimmt werden. Diese Betrachtungsweise basiert auf folgendem Gedankengang [DAVIS 1971:36]: Ausgehend von der Annahme, daß zwei Variablen einer Kreuztabelle zueinander in Beziehung stehen oder auch nicht, prüft man zunächst, wie die Kreuztabelle beschaffen wäre, wenn die zwei Variablen nicht in einer Beziehung zueinander stünden. Eine solche Tabelle wird als Indifferenztabelle bezeichnet. Anschließend vergleicht man diese Tabelle mit der Tabelle der aktuellen Daten, der Kontingenztabelle. Besteht nun zwischen den Daten dieser beiden Tabellen ein Unterschied, so können wir deduzieren, daß zwischen den beiden Variablen eine statistische Beziehung besteht.

Im Gegensatz dazu unterliegt die zweite Betrachtungsweise folgendem Gedankengang [BENNINGHAUS 1990:188]: Ob zwischen zwei Variablen eine statistische Beziehung besteht oder nicht, wird über die Untersuchung geklärt, in welchem Maße eine Schätzung der unabhängigen Variablen ohne Ausnutzung der Information über die abhängige Variable verbessert werden kann, wenn man in einer zweiten Schätzung die Information über die unabhängige Variable miteinbezieht.

Für beide Betrachtungsweisen wurden innerhalb der modernen Statistik verschiedenen Koeffizienten (Maße der Assoziation) entwickelt, um eine statistische Beziehung zwischen zwei Variablen mathematisch ausdrücken zu können. Solche Koeffizienten sind Kennwerte, die der zusammenfassenden Beschreibung zwischen zwei Variablen, d.h. die dem zentralen Element der Datenanalyse, der Datenreduktion, dienen.

Koeffizienten, die auf der Grundlage der statistischen Abweichung von der statistischen Unabhängigkeit entwickelt wurden, basieren auf Chi-Quadrat. Koeffizienten, die auf der Grundlage der Vorhersagbarkeit der einen Variablen auf der Basis der anderen entwickelt wurden, basieren auf dem Modell der proportionalen Fehlerreduktion (Wir werden dieses Modell ausführlicher darstellen, wenn wir die auf ihm basierenden Koeffizienten besprechen werden).

Allen Kennwerten ist gemeinsam, daß sich zwischen den Zahlenwerten "0" und "1" bewegen, wobei der Wert "1" eine perfekte Beziehung und der Wert "0" eine Nichtbeziehung anzeigt. Wird bei Kennwerten auch die Richtung der Beziehung angegeben, so zeigt der Wert "-1" eine perfekte negative und der Wert "+1" eine perfekte positive Beziehung an.

Neben diesen wertmäßigen Eigenschaften sollten Kennwerte zur Charakterisierung von statistischen Beziehungen zwischen zwei Variablen folgende weiteren Eigenschaften besitzen [BENNINGHAUS 1976:85ff; 1990:190ff]:

1. Sie sollten eine eindeutige Aussage über die Beziehung ermöglichen. Diese Forderung wird am besten durch die Koeffizienten ermöglicht, die auf dem Modell der proportionalen Fehlerreduktion basieren. Koeffizienten, die auf Chi-Quadrat basieren, können diese Forderung nicht erfüllen, da sie für jeweils unterschiedlich große Tabellen entwickelt wurden und somit kaum sinnvoll miteinander verglichen werden können;
2. die Koeffizienten sollten mit dem Grad der Beziehung variieren, d.h. daß unterschiedlich starke Beziehungen durch unterschiedliche Werte zum Ausdruck gebracht werden sollen;
3. die Koeffizienten sollten gegenüber unterschiedlichen absoluten Häufigkeiten invariant sein, d.h. sie sollten nur für unterschiedliche Proportionen variant sein; und
4. die Koeffizienten sollten ebenso gegenüber unterschiedlichen Anzahlen von Merkmalsausprägungen von Variablen invariant sein, d.h. bspw., daß bei einer Zusammenfassung von Merkmalsausprägungen die Koeffizienten den gleichen (annäherenden) Wert annehmen wie bei den unzusammengefaßten Merkmalsausprägungen.

Welche der entwickelten Koeffizienten zur Zusammenfassung einer statistischen Beziehung zwischen zwei Variablen herangezogen werden können, ist vom jeweiligen Meßniveau der zueinander in Beziehung gesetzten Variablen abhängig. In Abhängigkeit von den verschiedenen Meßniveaus werden wir in diesem und im folgenden Kapitel folgende Koeffizienten (Maße der Assoziation) behandeln[2] (Abb.6-7):

Meßniveau	Koeffizienten
nominal/nominal	Prozentsatzdifferenz (d%) *Maßzahlen auf der Basis von Chi-Quadrat*: Phi-Koeffizient Cramer's V Kontingenzkoeffizient C *Maßzahl auf der Basis des Modells der proportionalen Fehlerreduktion*: Goodmann & Kruskal's Lambda
ordinal-ordinal	Sommers' D Kendall's Tau A Kendall's Tau B Kendall's Tau C *Maßzahl auf der Basis des Modells der proportionalen Fehlerreduktion*: Goodmann & Kruskal's Gamma
metrisch-metrisch	Pearson's Korrelationskoeffizient r *Maßzahl auf der Basis des Modells der proportionalen Fehlerreduktion*: r^2
metrisch-nominal/ ordinal/ metrisch	*Maßzahl auf der Basis des Modells der proportionalen Fehlerreduktion*: Eta-Quadrat

Abb.6-7 Maße der Assoziation in Abhängigkeit vom Meßnivieau der Variablen

2 Für weitere, hier nicht angeführte Maße der Assoziation siehe BLALOCK [BLALOCK 1985:Chap.13,15,18], CLAUSS und EBNER [CLAUSS, EBNER 1976:273ff], EVERITT [EVERITT 1977:56ff], DENZ [DENZ 1989:101ff] und GOODMANN und KRUSKAL [GOODMAN, KRUSKAL 1954, 1959, 1963, 1972].

6.4 Die Analyse der Beziehung zwischen nominalen Variablen

6.4.1 Die Prozentsatzdifferenz (d%)

Die Prozentsatzdifferenz ist ein einfaches, leicht errechenbares Maß der Assoziation für nominal skalierte Daten. Ihr Vorteil besteht neben der leichten Errechenbarkeit vor allem darin, daß sie geeignet ist, uns schnell einen Eindruck über die Beziehung zwischen zwei Variablen zu verschaffen. Sie findet insbesondere dann Anwendung, wenn wir es mit Variablen zu tun haben, die nur zwei Merkmalsausprägungen besitzen, also mit 2 x 2-Tabellen.

Eine 2 x 2-Tabelle stellt einen Sonderfall von Kreuztabellen dar. Ihre besondere Bedeutung besteht darin, daß im Prinzip jede Variable durch geeignete Zusammenfassung ihrer Merkmalsausprägung auf eine Dichotomie reduziert und mit einer anderen Dichotomie kreuztabuliert werden kann [BENNINGHAUS 1990:180f].

Die vier Felder einer 2 x 2-Tabelle werden symbolisch mit den Buchstaben a, b, c und d gekennzeichnet, womit folgende generelle Struktur einer 2 x 2-Tabelle erzeugt wird (Abb.6-8):

		VARIABLE X		
		x_1	x_2	
VARIABLE Y	y_1	a	b	a+b
	y_2	c	d	c+d
		a+c	b+d	N=a+b+c+d

Abb.6-8 Die generelle Struktur einer 2 x 2-Tabelle

In bezug auf eine solche 2 x 2-Tabelle ist das Assoziationsmaß der Prozentsatzdifferenz d% wie folgt definiert:

$$d\% = \frac{100\,(ad - bc)}{(a + c)\,(b + d)}$$

Die Prozentsatzdifferenz kann Werte zwischen "0" (vollständige Unabhängigkeit) und "-100" bzw. "+100" (vollständige Abhängigkeit) annehmen.

Illustrieren wir uns dieses Maß der Assoziation an einem Beispiel aus unserer Beispielstichprobe. Wir kreuztabulieren dazu die Variable 'Geschlecht' mit der Variablen 'Wohnort' (Abb.6-9). Die erkenntnisleitende Hypothese ist dabei, ob der Wohnort von Studenten (innerhalb oder außerhalb Tübingens) durch die Variable 'Geschlecht' erklärt werden kann, bspw. dahingehend, daß Frauen es bei der Wohnungssuche leichter haben als Männer, am Studienort eine Wohnung zu finden.

```
Crosstabulation:          WOHNORT
                       By GESCHL     Geschlecht

                Count  |männlich|weiblich|
GESCHL->      Col Pct  |        |        |  Row
                       |       1|       2| Total
WOHNORT        --------+--------+--------+
                    1  |      8 |      6 |    14
  Tübingen             |   66.7 |   40.0 |  51.9
                       +--------+--------+
                    2  |      4 |      9 |    13
  ausserhalb           |   33.3 |   60.0 |  48.1
                       +--------+--------+
                Column       12       15      27
                 Total     44.4     55.6   100.0

Number of Missing Observations =        0
```

Abb.6-9 Kreuztabelle für die nominalskalierten Variablen 'Wohnort' und 'Geschlecht'

Durch Einsetzen in die Formel für die Prozentsatzdifferenz können wir für die in Beziehung zueinander gesetzten Variablen 'Wohnort' und 'Geschlecht' folgende Prozentsatzdifferenz berechnen, wobei die Symbole der generellen 2 x 2-Tabelle (a,b,c und d) die Werte a = 8, b = 6, c = 4 und d = 9 besitzen:

$$d\% = \frac{100\,(8 * 9 - 4 * 6)}{(8 + 4)\,(6 + 9)} = \frac{4800}{180} = 26{,}67$$

Der ermittelte Wert für die Prozentsatzdifferenz (d% = 26,67) kann nun dahingehend interpretiert werden, daß zwischen den Variablen 'Wohnort' und 'Geschlecht' eine statistische Beziehung besteht, wenn auch keine sehr starke. Mit anderen Worten, die Variable 'Wohnort' kann zu 26,67% erklärt werden. Wir müssen jedoch auch bei dieser Interpretation wieder anmerken, daß wir *nur* eine statistische Beziehung zwischen den zwei Variablen festgestellt haben, nicht aber zwingend auch eine kausale.

6.4.2 Maßzahlen auf der Basis von Chi-Quadrat

Da die Prozentsatzdifferenz als Maß der Assoziation im Prinzip nur für 2 x 2-Tabellen verwendet werden kann, sind Maßzahlen für Tabellen entwickelt worden, die auch größer als 2 x 2-Tabellen sein können. Die hier vorzustellenden Maßzahlen beruhen auf Chi-Quadrat. Der diesen Maßzahlen zugrundeliegende Gedankengang besteht in dem Vergleich der Häufigkeiten h der Tabelle mit den Originaldaten (Kontingenztabelle) mit den Häufigkeiten e der Tabelle mit den erwarteten Daten (Indifferenztabelle).

Aufgrund dieser Bestimmungen wird die Maßzahl Chi-Quadrat (χ^2) nach folgender Formel berechnet:

$$\chi^2 = \sum \frac{(h - e)^2}{e}$$

Die Häufigkeiten der Kontingenz- und Indifferenztabelle h und e, die zur Berechnung von χ^2 erforderlich sind, wollen wir am Beispiel der Kreuztabulierung von 'Wohnort' und 'Geschlecht' unserer Beispielstichprobe ermitteln.

Die Kontingenztabelle h, d.h. die Tabelle mit den Originaldaten, können wir einfach von oben übernehmen (Abb.6-10). Die Häufigkeiten der Indifferenztabelle e müssen wir errechnen. Für jede der vier Zellen werden diese Häufigkeiten wie folgt berechnet: Für jede Zelle werden die entsprechenden Randsummen miteinander multipliziert und durch die Gesamtzahl der Fälle dividiert. Führen wir diese Berechnungen für alle Zellen unserer 2 x 2-Tabelle durch, so erhalten wir die Indifferenztabelle (Abb.6-11), d.h. die Tabelle, bei der wir keine Beziehung zwischen den Variablen erwarten.

GESCHL-->	Count	männlich 1	weiblich 2	Row Total
WOHNORT				
Tübingen	1	8	6	14
außerhalb	2	4	9	13
	Column	12	15	27

Abb.6-10 Kontingenztabelle h für die nominalskalierten Variablen 'Wohnort' und 'Geschlecht'

GESCHL-->	Count	männlich 1	weiblich 2	Row Total
WOHNORT				
Tübingen	1	14*12/27 = 6,22	14*15/27 = 7,78	14
außerhalb	2	13*12/27 = 5,78	13*15/27 = 7,22	13
	Column	12	15	27

Abb.6-11 Indifferenztabelle e für die nominalskalierten Variablen 'Wohnort' und 'Geschlecht'

Mit den Werten der einzelnen Zellen (Häufigkeiten) der Kontingenztabelle h und der Indifferenztabelle e können wir nun Chi-Quadrat berechnen. Diese Berechnung kann sehr leicht mit Hilfe einer Arbeitstabelle vorgenommen werden (Abb.6-12).

Zeile i	Spalte j	h	e	h - e	$(h - e)^2$	$(h - e)^2/e$
1	1	8	6,22	1,78	3,17	0,51
1	2	6	7,78	-1,78	3,17	0,41
2	1	4	5,78	-1,78	3,17	0,55
2	2	9	7,22	1,78	3,17	0,44
		27	0,00	Chi-Quadrat =		1,91

Abb.6-12 Arbeitstabelle zur Berechnung für χ^2 (Abb.6-11 und 6-12)

Wie ist dieser von uns berechnete Chi-Quadrat-Wert von $\chi^2 = 1{,}91$ nun zu interpretieren? Wir können sagen, daß er in einer bestimmten Weise die Abweichung unserer Tabelle mit den Originaldaten von der Indifferenztabelle reflektiert. Aber kann er auch als ein sinnvoller Kennwert für die Beziehung zwischen unseren beiden Variablen fungieren? Eine bejahende Antwort auf diese Frage ist problematisch, denn verdoppeln wir bspw. unsere Häufigkeitswerte in den einzelnen Zellen unter Beibehaltung der konditionalen Verteilungen, so ergibt sich ein von unserem berechneten Chi-Quadrat-Wert höherer Chi-Quadrat-Wert ($\chi^2 = 3{,}24$) (Abb.6-13, Abb.6-14 und Abb.6-15). Das bedeutet, daß wir, obwohl die statistische Beziehung zwischen den beiden Variablen die gleiche ist, einen anderen Kennwert bekommen.

GESCHL-> / WOHNORT	Count	männlich 1	weiblich 2	Row Total
Tübingen	1	16	12	28
außerhalb	2	8	18	36
	Column	24	30	54

Abb.6-13 Kontingenztabelle h für die nominalskalierten Variablen 'Wohnort' und 'Geschlecht' bei Verdopplung der Zellenhäufigkeiten

GESCHL-> / WOHNORT	Count	männlich 1	weiblich 2	Row Total
Tübingen	1	28*24/54 = 12,44	28*30/54 = 15,56	28
außerhalb	2	26*24/54 = 11,56	26*30/54 = 14,44	26
	Column	24	30	54

Abb.6-14 Indifferenztabelle e für die nominalskalierten Variablen 'Wohnort' und 'Geschlecht' bei Verdopplung der Zellenhäufigkeiten

Zeile i	Spalte j	h	e	h - e	$(h-e)^2$	$(h-e)^2/e$
1	1	16	12,44	3,56	12,67	1,02
1	2	12	15,56	-3,56	12,67	0,81
2	1	8	11,56	-3,56	12,67	1,10
2	2	18	14,44	3,56	12,67	0,88
		54	0,00	Chi-Quadrat =		3,24

Abb.6-15 Arbeitstabelle zur Berechnung für χ^2 (Abb.6-13 und 6-14)

Die Folgerung aus der Tatsache, daß in Abhängigkeit von unterschiedlichen Fallzahlen bei identischen konditionalen Verteilungen verschiedene Chi-Quadrat-Werte errechnet werden, ist, daß der Chi-Quadrat-Wert allein kein sinnvoller Kennwert zur Beschreibung der Beziehung zwischen zwei Variablen sein kann; wir müssen in irgendeiner Weise auch die Anzahl der Fälle berücksichtigen.

Zu diesem Zweck wurde der Phi-Koeffizient (mean square contingency coefficient) entwickelt. Er ist ein Maß der Assoziation, das auf Chi-Quadrat basiert *und* die Anzahl der Fälle berücksichtigt. Der Phi-Koeffizient (Φ) ist durch folgende Formel definiert:

$$\Phi = \sqrt{\frac{\chi^2}{N}}$$

Bei statistischer Unabhängigkeit nimmt Phi den Wert "0" an, bei totaler statistischer Abhängigkeit errechnet sich der Phi-Koeffizient einer 2 x 2-Tabelle zu "1".

Daß Phi besser geeignet ist als Chi-Quadrat, um eine Assoziation zwischen zwei Variablen zu beschreiben, können wir leicht zeigen, wenn wir unsere beiden zuvor errechneten Chi-Quadrat-Werte $\chi^2 = 1,91$ mit 27 Fällen und $\chi^2 = 3,24$ mit 54 Fällen in die Formel für Phi einsetzen und miteinander vergleichen.

$$\Phi_1 = \sqrt{\frac{1,91}{27}} = 0,264$$

$$\Phi_2 = \sqrt{\frac{3{,}24}{54}} = 0{,}245$$

Die beiden Phi-Koeffizienten sind annähernd gleich (die Unterschiede basieren auf der Berücksichtigung der Stellen hinter dem Komma aus unseren Arbeitstabellen).

Der Koeffizient Phi ist durch Berücksichtigung der Fälle ein geeigneteres Maß der Assoziation als Chi-Quadrat allein. Doch auch er besitzt zwei Nachteile: Zum einen variiert sein Wert nur zwischen "0" und "1", es ist jedoch oftmals auch notwendig, daß durch den Koeffizienten die Richtung der Beziehung ausgedrückt wird, er also Werte zwischen "-1" und "+1" annehmen kann; zum anderen kann Phi bei Tabellen, die größer als 2 x 2 sind, einen höheren Wert als "1" annehmen.

Für 2 x 2-Tabellen mag der Phi-Koeffizient ein geeignetes Assoziationsmaß sein, haben wir es jedoch mit größeren Tabellen zu tun, so empfiehlt es sich, den von PEARSON [PEARSON 1904] vorgeschlagenen Kontingenz-Koeffizienten C zu verwenden, welcher eine Variation des Phi-Koeffizienten darstellt. Der Kontingenz-Koeffizient ist durch folgende Formel definiert:

$$C = \sqrt{\frac{\chi^2/N}{1 + \chi^2/N}}$$

Der Kontingenz-Koeffizient C kann zwar für größere Tabellen verwendet werden und zieht daraus auch seinen Vorteil gegenüber dem Phi-Koeffizienten, doch er kann bei vollständiger statistischer Abhängigkeit nie den Wert "1" erreichen, sondern nur bei vollständiger statistischer Unabhängigkeit den Wert "0".

Um diesen Nachteil des Koeffizienten C zu beheben, entwickelte CRAMER [CRAMER 1946] einen Koeffizienten, der auf Chi-Quadrat basiert und bei vollständiger statistischer Abhängigkeit den Wert "+1" annehmen kann. Dieser Koeffizient, der als CRAMERs V bezeichnet wird, ist durch folgende Formel definiert, wobei der Ausdruck 'N min(r-1,c-1)' bedeutet, daß die kleinere Anzahl der Zeilen (rows) oder der Spalten (columns) in die Berechnung des Koeffizienten eingeht:

$$V = \sqrt{\frac{\chi^2}{N \min(r-1,c-1)}}$$

Der Koeffizient V besitzt gegenüber den Koeffizienten Phi und C den Vorteil, daß er auch für größere als 2 x 2-Tabellen verwendet werden und auch bei vollständiger statistischer Abhängigkeit den Wert "+1" annehmen kann.

Grundsätzlich ist jedoch bei allen Maßzahlen der Assoziation, die auf Chi-Quadrat basieren, zu bemängeln, daß ein Vergleich ihrer Zahlenwerte infolge einer mangelnden "operationalen Interpretation" sehr schwierig ist [BENNINGHAUS 1990:217; EVERITT 1977:57].

Wegen des Fehlens einer geeigneten "operationalen Interpretation" für die auf Chi-Quadrat basierenden Assoziationsmaße, entwickelten GOODMAN und KRUSKAL [GOODMAN, KRUSKAL 1954] alternative Maßzahlen zur Beschreibung der Beziehung zwischen zwei Variablen, die auf dem Modell der proportionalen Fehlerreduktion beruhen.

6.4.3 Das Modell der proportionalen Fehlerreduktion und das Assoziationsmaß Lambda (λ)

Das Modell der proportionalen Fehlerreduktion stellt eine gegenüber der Abweichung von der statistischen Unabhängigkeit alternative Perspektive dar, um die statistische Beziehung zwischen zwei Variablen zu beschreiben. Der diesem Modell zugrundeliegende Gedanke ist, daß die Beziehung zwischen zwei Variablen über die Vorhersage der einen Variablen auf der Basis der anderen Variablen ermittelt wird. Diese Form der Assoziation wird deshalb auch als vorhersagende Assoziation oder 'predictive association' bezeichnet [HAYS 1978:742,744ff]. Maße, die auf Grundlage dieses Modells entwickelt wurden, werden als PRE-Maße bezeichnet (proportional reduction in error measures).

Die Ermittlung eines solchen PRE-Maßes folgt prinzipiell immer dem gleichen Dreierschritt [BENNINGHAUS 1990:193]:

1. Zunächst wird eine Regel für die Vorhersage der abhängigen Variablen ohne Auswertung der Information über die unabhängige Variable formuliert;
2. dann wird eine Regel für die Vorhersage der abhängigen Variablen mit Auswertung der Information über die unabhängige Variable formuliert; und
3. schließlich wird das Verhältnis berechnet, das die graduelle Verbesserung der Vorhersage als proportionale Fehlerreduktion ausdrückt, die bei der Anwendung dieser zwei Regeln erzielt wird.

Ein auf diesem Modell basierendes Assoziationsmaß für nominal skalierte Variablen ist das von GOODMAN und KRUSKAL [GOODMAN, KRUSKAL 1954] im Anschluß an GUTTMAN [GUTTMAN 1941] entwickelte PRE-Maß Lambda (λ). Lambda ist ein Assoziationsmaß, das für alle bivariaten Tabellen verwendet werden kann. Es variiert zwischen den Werten "0" und "1" (einschließlich) und besitzt eine klare Interpretation. Lambda kann sowohl als asymmetrisches Maß (abhängige-unabhängige Variable) als auch als symmetrisches Maß (keine der Variablen wird als von der anderen abhängig betrachtet) berechnet werden.

Um Lambda zu bestimmen, müssen wir den oben angeführten generellen Dreierschritt zur Ermittlung von PRE-Maßen auf Lambda hin spezifizieren [BENNINGHAUS 1990:222ff]. Dies werden wir im folgenden unter Bezug auf unser Beispiel der Erklärung der Variable 'Wohnort' durch die Variable 'Geschlecht' durchführen. Zur Erinnerung noch einmal die Kreuztabelle dieser beiden Variablen (Abb.6-16):

GESCHL-> / WOHNORT	Count	männlich 1	weiblich 2	Row Total
Tübingen	1	→ 8	6	14 ←
außerhalb	2	4	→ 9	13
	Column	12 ↑	15 ↑	27

Abb.6-16 Kreuztabelle für die nominalskalierten Variablen 'Wohnort' und 'Geschlecht'

Die erste Regel kann wie folgt formuliert werden: Anhand der marginalen Häufigkeiten der Tabelle ermitteln wir die typische Kategorie der abhängigen Variable und nehmen sie als beste Vorhersage für alle Fälle an. In unserem Beispiel ist die abhängige Variable die Variable 'Wohnort' und die typische Kategorie 'Wohnort in Tübingen' mit dem Wert 14. Jeder von dieser Vorhersageregel abweichende Fall ist ein Fehler. Um die Anzahl der Fehler der abhängigen Variablen 'Wohnort' auf der Basis ihrer eigenen Verteilung zu ermitteln, müssen wir die Differenz zwischen der Gesamthäufigkeit (N = 27) und der Häufigkeit der vorhergesagten typischen Kategorie dieser Variablen (14) bilden. Die Anzahl der Fehler nach dieser ersten Vorhersageregel beträgt folglich:

$$F_1 = 27 - 14 = 13.$$

Die zweite Regel besteht in der Vorhersage der abhängigen Variable 'Wohnort' auf der Basis der unabhängigen Variablen 'Geschlecht'. Grundlage dieser Vorhersage ist, daß es für jede Kategorie der unabhängigen Variablen 'Geschlecht' eine konditionale Verteilung der Fälle über die Kategorien der abhängigen Variablen 'Wohnort' gibt. Die Errechnung der Fehler nach dieser zweiten Vorhersageregel erfolgt folgendermaßen: Zunächst ermitteln wir die Differenzen zwischen den marignalen Häufigkeiten der Kategorien der unabhängigen Variablen und den höchsten Zellenhäufigkeiten dieser Kategorien, dann summieren wir diese Differenzwerte. In unserem Beispiel betragen die marginalen Häufigkeiten der Kategorien für die Variable 'Geschlecht' für 'männlich' 12 und für 'weiblich' 15, die höchsten Zellenhäufigkeiten für 'männlich' 8 und für 'weiblich' 9. Daraus ergeben sich folgende Differenzen:

$$12 - 8 = 4 \text{ und } 15 - 9 = 6$$

Durch Addition dieser Differenzen errechnet sich der Wert der Anzahl der Fehler, die man bei der Vorhersage der abhängigen Variable 'Wohnort' auf der Basis der unabhängigen Variablen 'Geschlecht' begeht, als

$$F_2 = 4 + 6 = 10$$

Auf der Basis der Anzahl der Fehler F_1 und F_2 berechnet sich dann die proportionale Fehlerreduktion, d.h. λ, wie folgt:

$$\lambda = \frac{F_1 - F_2}{F_1} = \frac{13 - 10}{13} = 0{,}231$$

Wie ist dieser Wert von $\lambda = 0{,}231$ zu interpretieren? Erinnern wir uns, Lambda-Werte informieren über die proportionale bzw. relative Eliminierung (oder Reduktion) der Fehler, die bei der Anwendung von zwei Vorhersageregeln auf die Daten einer Kreuztabelle erzielt wird. Der ermittelte Wert von 0,231 sagt daraus folgernd aus, daß man bei der Vorhersage der abhängigen Variablen 'Wohnort' 23 % weniger Fehler begeht, wenn man die Information über die unabhängige Variable 'Geschlecht' ausnutzt, gegenüber einer Vorhersage, die sich *nur* auf die Verteilung der abhängigen Variablen 'Wohnort' stützt.

Ebenso ist es natürlich auch möglich, einen Lambda-Wert für die proportionale Fehlerreduktion anzugeben, bei der die Variable 'Geschlecht' die abhängige und die Variable 'Wohnort' die unabhängige Variable darstellt, oder aber für den Fall, daß angenommen wird, daß keine der beiden Variablen von der anderen Variablen abhängt.

Wir können folglich immer drei verschiedene Lambda-Werte errechnen, zwei asymmetrische und einen symmetrischen. Die allgemeinen Formeln für diese drei Lambda-Werte lauten wie folgt, wobei λ_r den Lambda-Wert für die Zeilen, λ_c den Lambda-Wert für die Spalten und λ_s den symmetrischen Lambda-Wert symbolisiert[3]:

$$\lambda_r = \frac{(N - \max n_{i.}) - (\sum_{j=1}^{c} (n_{.j} - \max n_j))}{(N - \max n_{i.})}$$

$$\lambda_c = \frac{(N - \max n_{.j}) - (\sum_{i=1}^{r} (n_{i.} - \max n_i))}{(N - \max n_{.j})}$$

$$\lambda_s = \frac{\sum_{j=1}^{c} \max n_j + \sum_{i=1}^{r} \max n_i - \max n_{i.} - \max n_{.j}}{2N - \max n_{i.} - \max n_{.j}}$$

---

[3] Bei den Notationen für die Formeln der drei Lambda-Werte beziehen wir uns auf die Notationen, die wir bei der Darstellung der generellen Struktur einer Kreuztabelle verwendet haben (Abb.6-2).

6.4.4 Abschließende Bemerkungen

Wegen des Fehlens einer geeigneten "operationalen Definition" der auf Chi-Quadrat basierenden Assoziationsmaße für nominal skalierte Variablen in bivariaten Tabellen empfiehlt es sich, für solche Variablen das Assoziationsmaß Lambda zu verwenden. Es ist leicht errechenbar und erlaubt eine klare Definition der Beziehung zwischen zwei nominalskalierten Variablen.

Zur Vervollständigung unserer Darlegungen wollen wir abschließend noch die durch SPSS erzeugte Kreuztabulierung (crosstabulation) der Variablen 'Geschlecht' und 'Wohnort' und die durch SPSS errechneten Assoziationsmaße abdrucken (Abb.6-16). Die einzelnen Werte der Assoziationskoeffizienten weichen dabei geringfügig von unseren selbst errechneten Werten infolge einer durch SPSS anders vorgenommenen Berücksichtigung der Stellen hinter dem Komma wie auch durch anders vorgenommene Rundungen ab.

```
Crosstabulation:        WOHNORT  By GESCHL     Geschlecht

                 Count  |männlich|weiblich|
GESCHL->       Tot Pct  |        |        |   Row
                        |       1|       2|  Total
WOHNORT        ---------+--------+--------+
                     1  |      8 |      6 |     14
  Tübingen              |   29.6 |   22.2 |   51.9
                        +--------+--------+
                     2  |      4 |      9 |     13
  außerhalb             |   14.8 |   33.3 |   48.1
                        +--------+--------+
                 Column       12       15       27
                  Total     44.4     55.6    100.0

Chi-Square  D.F.  Signifi.   Min E.F.  Cells with E.F.< 5
  .98098    1      .3220     5.778       None
 1.89890    1      .1682     ( Before Yates Correction )

                                With WOHNORT   With GESCHL
Statistic         Symmetric     Dependent      Dependent
Lambda            .20000        .23077         .16667

Statistic                         Value        Significance
Phi                               .26520
Contingency Coefficient           .25634
Number of Missing Observations =          0
```

Abb.6-16 Kreuztabulierung der nominal skalierten Variablen 'Geschlecht und 'Wohnort' mit Assoziationsmaßen

6.5 Die Analyse der Beziehung zwischen ordinalen Variablen

6.5.1 Grundüberlegungen zur Konzeption von Assoziationsmaßen für ordinale Variablen: Zum Begriff der Paare

Eine charakteristische Eigenschaft von ordinalen Variablen im Gegensatz zu nominalen Variablen ist, daß sie mehr Informationen beinhalten als nominale. Schon allein aus diesem Grund ist es empfehlenswert, zur Beschreibung einer Beziehung zwischen ordinalen Variablen nicht die für nominale Variablen entwickelten Assoziationsmaße zu verwenden.

Da die Merkmalsausprägungen von ordinalen Variablen eine Rangordnung besitzen, sollten Assoziationsmaße, die die Beziehung zwischen zwei ordinalen Variablen beschreiben, diese auch berücksichtigen. Wie kann nun eine solche Berücksichtigung aussehen?

Die Beantwortung dieser Frage kann an folgendem Beispiel verdeutlicht werden. Zwei Studenten A und B sollen in bezug auf ihre Studienzufriedenheit (ordinale Variable) und ihre Statistikkenntnisse (ordinale Variable) miteinander verglichen werden, wobei wir für die Studenzufriedenheit eine Skala von 1 - 5 angeben (1 entspricht 'sehr unzufrieden'und 5 'sehr zufrieden') und für Statistikkenntnisse eine Skala von 1 - 6 (1 entspricht 'mangelhaft' und 5 'sehr gut'). Theoretisch stehen uns für einen solchen Vergleich drei Möglichkeiten offen:

1. A ist gegenüber B mit seinem Studium zufriedener und besitzt auch bessere Statistikkenntnisse (Abb.6-17);
2. A ist gegenüber B mit seinem Studium zufriedener, aber er besitzt schlechtere Statistikkenntnisse als B (Abb.6-18); und
3. A und B sind mit ihrem Studium gleichzufrieden (bspw. mit dem Wert 3) und besitzen auch die gleichen Statistikkenntnisse (bspw. den Wert 4) (Abb.6-19).

Student	Studienzufriedenheit	Statistikkenntnisse
A	5	4
B	4	2

Abb.6-17 Vergleich der Variablen 'Studienzufriedenheit' mit 'Statistikkenntnisse' bei zwei Studenten (Fall 1)

Student	Studienzufriedenheit	Statistikkenntnisse
A	3	2
B	5	1

Abb.6-18 Vergleich der Variablen 'Studienzufriedenheit' mit 'Statistikkenntnisse' bei zwei Studenten (Fall 2)

Student	Studienzufriedenheit	Statistikkenntnisse
A	3	4
B	3	4

Abb.6-19 Vergleich der Variablen 'Studienzufriedenheit' mit 'Statistikkenntnisse' bei zwei Studenten (Fall 3)

Auf solchen Paar-Vergleichen beruhen die Assoziationsmaße zur Beschreibung der Beziehung zwischen ordinal skalierten Variablen. Paare des Falles 1 bezeichnen wir als konkordante (gleichgerichtete) Paare und Paare des Falles 2 als diskordante (entgegengesetzt gerichtete) Paare. Mit anderen Worten, ein Paar ist konkordant, wenn zwischen zwei Merkmalsausprägungen zweier ordinaler Variablen dieselbe Rangordnung besteht und es ist diskordant, wenn zwischen zwei Merkmalsausprägungen zweier ordinaler Variablen eine unterschiedliche Rangordnung besteht.

Für die Ermittlung eines Assoziationsmaßes ist es nun notwendig, für alle Paare einer bivariaten Tabelle einen Vergleich durchzuführen. Wir haben folglich die Anzahl aller konkordanten Paare (N_c), die Anzahl aller diskordanten Paare (N_d) und die Anzahl aller möglichen Paare zu ermitteln. Die Anzahl aller mögliche Paare läßt sich leicht unter Kenntnis der Anzahl N der Fälle wie folgt ermitteln:

$$\text{Anzahl der möglichen Paare} = \frac{N(N-1)}{2}$$

Die Ermittlung der Anzahl der konkordanten und diskordanten Paare werden wir anhand eines Beispiels mit den Variablen 'Studienzufriedenheit' und 'Statistikkenntnisse' unserer Beispielstichprobe vornehmen. Zu diesem Zweck wollen wir uns zuerst die Kreuztabelle dieser beiden Variablen durch SPSS erstellen lassen (Abb.6-20):

```
Crosstabulation:      STUDZ  Studienzufriedenheit
                   By STATK  Statistikkenntnisse
```

Count / STATK-> / STUDZ	mangelhaft 1	ausreichend 2	befriedigend 3	gut 4	sehr gut 5	Row Total
unzufrieden 2	4	2	1			7 25.9
teils teils 3	2	4		1		7 25.9
zufrieden 4	3	3	2	2		10 37.0
sehr zufrieden 5	2				1	3 11.1
Column Total	11 40.7	9 33.3	3 11.1	3 11.1	1 3.7	27 100.0

Number of Missing Observations = 0

Abb.6-20 Kreuztabelle der ordinal skalierten Variablen 'Studienzufriedenheit' und 'Statistikkenntnisse'

Die Ermittlung der Anzahl der konkordanten Paare (N_c) dieser Tabelle besteht aus folgenden sich auf die Tabellenzeilen beziehenden Schritten, wobei als Ausgangspunkt immer die jeweilige Zellenhäufigkeit genommen wird. Ist diese, wie in unserer Tabelle vorkommend, leer, so wird sie übergangen:

1. Wir beginnen mit den vier Fällen der ersten Zelle mit der kombinierten Merkmalsausprägung 'unzufrieden - mangelhaft'. Die Anzahl der Paare, für die diese Bedingung zutrifft, beträgt:
   $4(4 + 3 + 2 + 1 + 2 + 1) = 52$
2. Die zwei Fälle 'unzufrieden - ausreichend'. Die Anzahl der Paare beträgt:
   $2(2 + 1 + 2 + 1) = 12$
3. Der eine Fall 'unzufrieden - befriedigend'. Die Anzahl der Paare beträgt:
   $1(1 + 2 + 1) = 4$

4. Die zwei Fälle 'teils teils - mangelhaft'. Die Anzahl der Paare beträgt:
   2(3 + 2 + 2 + 1) = 16
5. Die vier Fälle 'teils teils - ausreichend'. Die Anzahl der Paare beträgt:
   4(2 + 2 + 1) = 20
6. Der eine Fall 'teils teils - gut'. Die Anzahl der Paare beträgt:
   1(1) = 1
7. Die drei Fälle 'zufrieden - mangelhaft'. Die Anzahl der Paare beträgt:
   3(1) = 3
8. Die drei Fälle 'zufrieden - ausreichend'. Die Anzahl der Paare beträgt:
   3(1) = 3
9. Die zwei Fälle 'zufrieden - befriedigend'. Die Anzahl der Paare beträgt:
   2(1) = 2
10. Die zwei Fälle 'zufrieden - gut'. Die Anzahl der Paare beträgt:
    2(1) = 2

Summieren wir die in diesen zehn Schritten ermittelten konkordanten Paare auf, so erhalten wir die Anzahl aller konkordanten Paare N_c:

$$\begin{aligned} N_c &= 52 + 12 + 4 + 16 + 20 + 1 + 3 + 3 + 2 + 2 \\ &= 115 \end{aligned}$$

Die Ermittlung der Anzahl der diskordanten Paare (N_d) obiger Tabelle erfolgt nun analog, nur daß wir in den folgenden Schritten der Ermittlung auf die Tabellenspalten bezugnehmen.

1. Wir beginnen mit den zwei Fällen der zweiten Zelle 'unzufrieden - ausreichend. Die Anzahl der Paare beträgt:
   2(2 + 3 + 2) = 14
2. Der eine Fall 'unzufrieden - befriedigend'. Die Anzahl der Paare beträgt:
   1(2 + 3 + 2 + 4 + 3) = 14
3. Die vier Fälle 'teils teils - ausreichend'. Die Anzahl der Paare beträgt:
   4(3 + 2) = 20

4. Der eine Fall 'teils teils - gut'. Die Anzahl der Paare beträgt:
   1(3 + 2 + 3 + 2) = 10
5. Die drei Fälle 'zufrieden - ausreichend'. Die Anzahl der Paare beträgt:
   3(2) = 6
6. Die zwei Fälle 'zufrieden - befriedigend'. Die Anzahl der Paare beträgt:
   2(2) = 4
7. Die zwei Fälle 'zufrieden - gut'. Die Anzahl der Paare beträgt:
   2(2) = 4

Summieren wir die in diesen sieben Schritten ermittelten diskordanten Paare auf, so erhalten wir die Anzahl aller diskordanten Paare N_d:

$$N_d = 14 + 14 + 20 + 10 + 6 + 4 + 4 = 72$$

Mit den konkordanten und diskordanten Paaren haben wir für unsere Tabelle insgesamt $N_c + N_d = 115 + 72 = 187$ Paare ermittelt. Berechnen wir jedoch die Gesamtanzahl aller möglichen Paare (N = 27), so kommen wir auf einen Paare-Wert von

$$\frac{N(N-1)}{2} = \frac{27(27-1)}{2} = 351$$

Bilden wir die Differenz zwischen der Anzahl aller möglichen Paare und der Summe der konkordanten und diskordanten Paare (351 - 187), so bekommen wir 164 Paare, die noch nicht berücksichtigt sind. In unserer Kreuztabelle sind folglich noch andere Paare verborgen, die weder konkordant noch diskordant sind. Folgende Formen von Paaren kommen dafür in Frage:

1. Paare, bei denen die Untersuchungseinheiten im Hinblick auf die Variable X verknüpft, jedoch im Hinblick auf die Variable Y verschieden sind. Wir bezeichnen solche Paare mit dem Symbol T_x (tied).
2. Paare, bei denen die Untersuchungseinheiten im Hinblick auf X verschieden, jedoch im Hinblick auf Y verknüpft sind. Wir bezeichnen solche Paare mit dem Symbol T_y.

3. Paare, bei denen die Untersuchungseinheiten im Hinblick auf X *und* Y verknüpft sind. Wir bezeichnen solche Paare mit dem Symbol T_{xy}.

In unserer Beispieltabelle finden wir alle diese drei weiteren Formen von Paaren, deren Anzahl wir im folgenden ermitteln werden. Wenden wir uns zuerst der Ermittlung von Paaren des ersten Typs zu (T_x). Wir gehen bei der Ermittlung dieser Paare spaltenweise vor.

1. Wir beginnen mit den vier Fällen der ersten Zelle 'zufrieden - mangelhaft'. Die Anzahl der verknüpften Paare beträgt:
   $4(2 + 3 + 2) = 28$
2. Die zwei Fälle 'teils teils - mangelhaft'. Die Anzahl der verknüpften Paare beträgt:
   $2(3 + 2) = 10$
3. Die drei Fälle 'zufrieden - mangelhaft'. Die Anzahl der verknüpften Paare beträgt:
   $3(2) = 6.$
4. Die zwei Fälle 'unzufrieden - ausreichend'. Die Anzahl der verknüpften Paare beträgt:
   $2(4 + 3) = 14$
5. Die vier Fälle 'teils teils - ausreichend'. Die Anzahl der verknüpften Paare beträgt:
   $4(3) = 12$
6. Der eine Fall 'unzufrieden - befriedigend'. Die Anzahl der verknüpften Paare beträgt:
   $1(2) = 2$
7. Der eine Fall 'teils teils - gut'. Die Anzahl der verknüpften Paare beträgt:
   $1(2) = 2$

Summieren wir die in diesen sieben Schritten ermittelten, im Hinblick auf X verknüpften Paare auf, so erhalten wir die Anzahl aller Paare T_x:

$$
\begin{aligned}
T_x &= 28 + 10 + 6 + 14 + 12 + 2 + 2 \\
&= 74
\end{aligned}
$$

Zur Ermittlung der Anzahl der im Hinblick auf Y verknüpften Paare (T_y) gehen wir analog vor, nur gehen wir dabei jetzt zeilenweise vor.

1. Wir beginnen wieder mit den vier Fällen der ersten Zelle 'unzufrieden - mangelhaft'. Die Anzahl der verknüpften Paare beträgt:
   $4(2 + 1) = 12$

2. Die zwei Fälle 'unzufrieden - ausreichend'. Die Anzahl der verknüpften Paare beträgt:
   2(1) = 2
3. Die zwei Fälle 'teils teils - mangelhaft'. Die Anzahl der verknüpften Paare beträgt:
   2(4 + 1) = 10
4. Die vier Fälle 'teils teils - ausreichend'. Die Anzahl der verknüpften Paare beträgt:
   4(1) = 4
5. Die drei Fälle 'zufrieden - mangelhaft'. Die Anzahl der verknüpften Paare beträgt:
   3(3 + 2 + 2) = 21
6. Die drei Fälle 'zufrieden - ausreichend'. Die Anzahl der verknüpften Paare beträgt:
   3(2 + 2) = 12
7. Die zwei Fälle 'zufrieden - befriedigend'. Die Anzahl der verknüpften Paare beträgt:
   2(2) = 4
8. Die zwei Fälle 'sehr zufrieden - mangelhaft'. Die Anzahl der verknüpften Paare beträgt:
   2(1) = 2

Summieren wir die in diesen acht Schritten ermittelten, im Hinblick auf Y verknüpften Paare auf, so erhalten wir die Anzahl aller Paare T_y:

$$\begin{aligned} T_y &= 12 + 2 + 10 + 4 + 21 + 12 + 4 + 2 \\ &= 67 \end{aligned}$$

Abschließend wollen wir untersuchen, wieviele Paare sowohl mit X als auch mit Y verknüpft sind (T_{xy}). Grundlage dieser Ermittlung sind die Untersuchungseinheiten mit gleichen X- und Y-Werten, die sich in jeweils gleichen Zellen befinden. Bezeichnen wir mit n die Häufigkeit einer gegebenen Zelle, so kann mit der Formel

$$\frac{n(n-1)}{2}$$

für jede Zelle die Anzahl der x- und y-verknüpften Paare berechnet werden. Zellen mit nur einem Fall berechnen wir nicht gesondert, da das Ergebnis immer 0 ist.

1. Wir beginnen mit den vier Fällen der ersten Zelle 'unzufrieden - mangelhaft'. Die Anzahl der mit X und Y verknüpften Paare beträgt:
   4(4 - 1)/2 = 6
2. Die beiden Fälle 'unzufrieden - ausreichend'. Die Anzahl der mit X und Y verknüpften Paare beträgt:
   2(2 - 1)/2 = 1
3. Die beiden Fälle 'teils teils - mangelhaft'. Die Anzahl der mit X und Y verknüpften Paare beträgt:
   2(2 - 1)/2 = 1
4. Die vier Fälle 'teils teils - ausreichend'. Die Anzahl der mit X und Y verknüpften Paare beträgt:
   4(4 - 1)/2 = 6
5. Die drei Fälle 'zufrieden - mangelhaft'. Die Anzahl der mit X und Y verknüpften Paare beträgt:
   3(3 - 1)/2 = 3
6. Die drei Fälle 'zufrieden - ausreichend'. Die Anzahl der mit X und Y verknüpften Paare beträgt:
   3(3 - 1)/2 = 3
7. Die beiden Fälle 'zufrieden - befriedigend'. Die Anzahl der mit X und Y verknüpften Paare beträgt:
   2(2 - 1)/2 = 1
8. Die beiden Fälle 'zufrieden - gut'. Die Anzahl der mit X und Y verknüpften Paare beträgt:
   2(2 - 1)/2 = 1
9. Die beiden Fälle 'sehr zufrieden - mangelhaft'. Die Anzahl der mit X und Y verknüpften Paare beträgt:
   2(2 - 1)/2 = 1

Summieren wir die in diesen neun Schritten ermittelten, im Hinblick auf X und Y verknüpften Paare auf, so erhalten wir die Anzahl aller Paare T_{xy}:

$$
\begin{aligned}
T_{xy} &= 6 + 1 + 1 + 6 + 3 + 3 + 1 + 1 + 1 \\
&= 23
\end{aligned}
$$

Die Summe aller fünf Paartypen N_c, N_d, T_x, T_y und T_{xy} stellt nun die Summe aller möglichen Paare dar, wie leicht zu berechnen ist:

$$N_c + N_d + T_x + T_y + T_{xy} = 115 + 72 + 74 + 67 + 23 = 351$$

6.5.2 Maßzahlen der ordinalen Assoziation

Die für die Beschreibung von Beziehungen zwischen ordinalen Variablen entwickelten Maßzahlen, die wir hier vorstellen werden, basieren alle auf Kombinationen oben erwähnter Paartypen.

6.5.2.1 KENDALLs Tau A, B und C

KENDALL [KENDALL 1970] entwickelte das nach ihm benannte Assoziationsmaß KENDALLs TAU A (τ_a), das als das Verhältnis des Übergewichts konkordanter oder diskordanter Paare zur Gesamtzahl der möglichen Paare definiert ist:

$$\tau_a = \frac{N_c - N_d}{N(N - 1)/2}$$

τ_a kann Werte zwischen "-1" und "+1" annehmen, wobei bei einem Wert von "-1" nur diskordante Paare (perfekter negativer Zusammenhang) und bei "+1 nur konkordante Paare (perfekter positiver Zusammenhang) vorliegen. Ist die Anzahl der konkordanten und diskordanten Paare gleich, so ergibt sich der Wert "0" (kein Zusammenhang).

Bei τ_a wird nicht spezifiziert, welche der beiden Variablen von der anderen abhängig ist. τ_a ist folglich ein symmetrischer Koeffizient.

Wie wir aus der Formel für τ_a leicht entnehmen können, beruht seine Berechnung ausschließlich auf konkordanten und diskordanten Paaren, andere Paartypen werden nicht berücksichtigt. Dies führt dazu, daß ein Wert dieses Koeffizienten nicht eindeutig definiert werden kann, denn ein niedriger Wert bspw. kann sowohl eine schwache Beziehung bedeuten als aber auch auf einem hohen Anteil von Vernüpfungen beruhen.

Um solche Schwierigkeiten bei der Interpretation von τ_a zu vermeiden, modifizierte KENDALL diesen Koeffizienten durch Einbindung von Verknüpfungen (T_x und T_y) zu Tau B (τ_b):

$$\tau_b = \frac{N_c - N_d}{\sqrt{(N_c + N_d + T_x)(N_c + N_d + T_y)}}$$

Ebenso wie τ_a ist τ_b ein symmetrisches Assoziationsmaß, das durch Einbindung der Verknüpfungen T_x und T_y (und auch dem tatsächlichen Vorliegen solcher) den Wert des Koeffizienten erhöht. τ_b kann wie τ_a Werte zwischen "-1" und "+1" annehmen, erreicht den Wert "1" aber nur, wenn beide Variablen dieselbe Anzahl von Merkmalsausprägungen besitzen, es sich also um eine quadratische Tabelle handelt.

Da wir es aber oft mit nicht-quadratischen Tabellen zu tun haben und auch bei solchen der Wert "1" erreicht werden soll, entwickelte KENDALL einen weiteren Koeffizienten, KENDALLs Tau C (τ_c). Dieser Koeffizient wurde speziell für Kontingenztabellen entwickelt und ist ebenso ein symmetrisches Maß. Er ist durch folgende Formel definiert, wobei m die jeweils kleinere Anzahl der Spalten oder Zeilen bezeichnet:

$$\tau_c = \frac{N_c - N_d}{0{,}5N^2((m - 1)/m)}$$

Eine Problematik von τ_c besteht jedoch darin, daß er nur sehr schwer zu interpretieren ist [BLALOCK 1985:441]. Bei der Benutzung von KENDALLs Tau's sollte deshalb eher τ_b verwendet werden.

6.5.2.2 GOODMAN und KRUSKALs Gamma

Innerhalb der bivariaten Analyse von ordinal skalierten Variablen stellt das von GOODMAN und KRUSKAL [GOODMAN, KRUSKAL 1954] entwickelte Assoziationsmaß Gamma (γ) das weit verbreiteste Maß dar. γ ist ein symmetrisches Maß und kann für beliebig große Tabellengrößen berechnet werden. Es ist unabhängig von der Anzahl der verknüpften Paare und kann Werte zwischen "-1" und "+1" annehmen. Ein Wert von "1" bezeichnet dabei einen perfekten und ein Wert von "0" keinen Zusammenhang. Eine weitere Eigenschaft von γ besteht darin, daß es folglich stets höhere Werte als τ_a und τ_b annimmt.

Der Assoziationskoeffizient γ ist wie folgt definiert:

$$\gamma = \frac{N_c - N_d}{N_c + N_d}$$

Nach einem Vorschlag von COSTNER [COSTNER 1965] kann γ auch als ein Maß der proportionalen Fehlerreduktion (PRE-Maß] interpretiert werden. Auf der Grundlage des Modells der proportionalen Fehlerreduktion ist dann γ wie folgt definiert:

$$\gamma = \frac{(0{,}5(N_c + N_d)) - (\min (N_c, N_d))}{(0{,}5(N_c - N_d))}$$

Zur Illustration der Berechnung von γ als einem PRE-Maß wollen wir auf unsere Kreuztabulierung der Variablen 'Studienzufriedenheit' und 'Statistikkenntnisse' zurückgreifen. Für diese Tabelle haben wir folgende Anzahl von konkordanten und diskordanten Paaren errechnet:

$$N_c = 115 \text{ und } N_d = 72$$

Setzen wir diese Werte in unsere Formel ein, so ergibt sich folgender Gamma-Wert:

$$\gamma = \frac{(0{,}5(115 + 72)) - 72}{(0{,}5(115 - 72)} = \frac{93{,}5 - 72}{93{,}5} = \frac{21{,}5}{93{,}5} = 0{,}22995$$

Dieser Gamma-Wert von $\gamma = 0{,}22995$ ist noch der Logik des Modells der proportionalen Fehlerreduktion wie folgt zu interpretieren:
Ohne Ausnutzung der Kenntnis, daß die Anzahl der konkordanten Paare die der diskordanten überwiegt und somit eine positive ordinale Beziehung vorliegt, ist eine Vorhersage der Rangordnung der Untersuchungseinheiten im Hinblick auf die abhängige Variable ('Studienzufriedenheit') mit einem zahlenmäßigen Fehler von 93,5 behaftet.
Mit Ausnutzung der Information, daß die Anzahl der konkordanten Paare die der diskordanten überwiegt, sagen wir vorher, daß die Untersuchungseinheiten im Hinblick auf die abhängige Variable die umgekehrte Rangordnung aufweisen wie im Hinblick auf die unabhängige Variable. Der zahlenmäßige Fehler, den wir bei dieser Vorhersage begehen, ist 72. Diesen beiden Feststellungen zufolge ist die proportionale Fehlerreduktion $\gamma = (93{,}5 - 72)/93{,}5 = 0{,}22995$ oder mit 100 multipliziert 23 %. Die Vorhersageverbesserung beträgt so 23 %.

6.5.2.3 SOMERS's d

Im Gegensatz zu den Assoziationsmaßen von KENDALL, GOODMAN und KRUSKAL sind die von SOMERS [SOMERS 1962] vorgeschlagenen Maße asymmetrisch und auf Tabellen beliebiger Größe anwendbar.

SOMERS entwickelte drei Assoziationsmaße, zwei asymmetrische (d_{yx} und d_{xy}) und ein symmetrisches (d_s).

Bei dem ersten asymmetrischen Maß d_{yx} ist Y die abhängige und X die unabhängige Variable und durch folgende Formel definiert:

$$d_{yx} = \frac{N_c - N_d}{N_c + N_d + T_y}$$

Eine Eigenschaft von d_{yx} ist, daß dieses Maß nie einen höheren Wert als γ annehmen kann, sondern höchstens nur den gleichen, wenn die Anzahl der verknüpften Paare T_y Null ist.

Bei dem zweiten asymmetrischen Maß d_{xy} ist X die abhängige und Y die unabhängige Variable und durch folgende Formel definiert:

$$d_{xy} = \frac{N_c - N_d}{N_c + N_d + T_x}$$

Bei dem symmetrischen Maß d_s schließlich, wird keine der beiden Variablen X und Y als abhängige oder unabhängige bestimmt. d_s ist durch folgende Formel definiert:

$$d_s = \frac{N_c - N_d}{N_c + N_d + 0{,}5(T_y + T_x)}$$

6.5.3 Assoziationsmaße der Beispieltabelle

Zum Vergleich der einzelnen Assoziationsmaße für ordinal skalierte Variablen wollen wir abschließend zur Illustration noch die durch SPSS errechneten Assoziationsmaße für die Kreuztabulierung der Variablen 'Studienzufriedenheit' und 'Statistikkenntnisse' unserer Beispielstichprobe angeben (Abb.6-21).

```
Crosstabulation:      STUDZ  Studienzufriedenheit
                   By STATK  Statistikkenntnisse
```

Count STATK-> STUDZ	mangel haft 1	ausrei chend 2	befrie digend 3	gut 4	sehr gut 5	Row Total
unzufrie-den 2	4	2	1			7 25.9
teils teils 3	2	4		1		7 25.9
zufrie-den 4	3	3	2	2		10 37.0
sehr zu-frieden 5	2				1	3 11.1
Column Total	11 40.7	9 33.3	3 11.1	3 11.1	1 3.7	27 100.0

Number of Missing Observations = 0

Statistic	Symmetric	With STUDZUFR Dependent	With STATISK Dependent
Somers' D	.16699	.16929	.16475

Statistic	Value	Significance
Kendall's Tau B	.16701	.1591
Kendall's Tau C	.15729	.1591
Gamma	.22995	

Number of Missing Observations = 0

Abb.6-21 Kreuztabelle und Assoziationsmaße der ordinal skalierten Variablen 'Studienzufriedenheit' und 'Statistikkenntnisse'

6.6 Literatur

BENNINGHAUS, Hans (1976): Deskriptive Statistik. Stuttgart: Teubner

BENNINGHAUS, Hans (1990): Einführung in die sozialwissenschaftliche Datenanalyse. München, Wien: Oldenbourg

BLALOCK, Hubert M. (1985): Social Statistics (2nd.rev.ed.). Singapore u.a.: McGraw-Hill

CLAUSS, Günter; EBNER, Heinz (1977): Grundlagen der Statistik. Für Psychologen, Pädagogen und Soziologen (2.neubearb.u.erw.Aufl.). Thun, Frankfurt am Main: Harri Deutsch

COSTNER, Herbert L. (1965): Criteria for Measures of Association. *American Sociological Review 30*, S.341-351

CRAMER, H. (1946): Mathematical Methods for Statistics. Princeton: Princeton University Press

DAVIS, James A. (1971): Elementary Survey Analysis. Englewood Cliffs: Prentice-Hall

DENZ, Hermann (1989): Einführung in die empirische Sozialforschung. Wien, New York: Springer

EVERITT, Brian S. (1977): The Analysis of Contingency Tables. London, New York: Chapman and Hall

GOODMAN, Leo A.; KRUSKAL, William H. (1954): Measures of Association for Cross-Classifications, Part I. *Journal of the American Statistical Association 49*, S.732-764

GOODMAN, Leo A.; KRUSKAL, William H. (1959): Measures of Association for Cross-Classifications, Part II. *Journal of the American Statistical Association 54*, S.123-163

GOODMAN, Leo A.; KRUSKAL, William H. (1963): Measures of Association for Cross-Classifications, Part III, Approximate Sampling Theory. *Journal of the American Statistical Association 58*, S.310-364

GOODMAN, Leo A.; KRUSKAL, William H. (1972): Measures of Association for Cross-Classifications, Part IV, Simplification of Asymptotic Variances. *Journal of the American Statistical Association 67*, S.415-421

GUTTMAN, Louis (1941): An Outline of the Statistical Theory of Prediction. Supplement Study B-1. In P.HORST et.al.(Eds.) (1941)

HAYS, William L. (1978): Statistics for the Social Sciences (2nd.ed.). London u.a.: Holt, Rinehart and Winston

HORST, Paul et.al. (Eds.) (1941): The Prediction of Personal Adjustment. Bulletin 48, Social Science Council. New York

KENDALL, Maurice G. (1970): Rank Correlation Methods (4th.ed.). London: Charles Griffin & Company

PEARSON, K. (1904): On the Theory of Contingency and Its Relation to Association and Normal Correlation, Biometric Series No.1. London: Drapers' Co. Memoirs

SOMERS, Robert H. (1962): A New Asymmetric Measure of Association for Ordinal Variables. *American Sociological Review 27*, S.799-811

WENTURIS, Nikolaus; VAN HOVE, Walter; DREIER, Volker (1992): Methodologie der Sozialwissenschaften. Eine Einführung. Tübingen: Francke

7.0 Bivariate Datenanalyse (II): Lineare Regression und Korrelation

7.1 Die Analyse der Beziehung zwischen metrischen Variablen

Bei der Analyse einer Beziehung zwischen zwei Variablen, seien diese jeweils nominal oder ordinal skaliert, oder allgemeiner ausgedrückt, qualitativer Natur, so ist ein geeigneter Ausgangspunkt zur Veranschaulichung ihrer gemeinsamen Verteilungen die Kreuztabelle (Kap.6). Sind Variablen jedoch metrisch skaliert, so steht uns zur Analyse der Beziehung zweier solcher Variablen das statistische Modell der Regression als Ausgangspunkt zur Verfügung und zur Analyse der Beziehung selbst die Korrelationsanalyse.

7.1.2 Das statistische Modell der Regression: Grundlagen, Formen und Berechnung

7.1.2.1 Das Streudiagramm

Sind zwei zueinander in Beziehung gesetzte Variablen intervallskaliert, also quantitativer Natur, so können ihre gemeinsamen Verteilungen in Form eines Streudiagramms veranschaulicht werden. Ein solches Streudiagramm vermittelt uns einen ersten visuellen Eindruck von der Form und von der Stärke der Beziehung. Ein Streudiagramm ist konventionellerweise so konzipiert, daß die X-Achse die unabhängige und die Y-Achse die abhängige Variable repräsentiert.

Verdeutlichen wir uns die Form eines Streudiagramms an zwei Beispielen aus unserer Beispielstichprobe. Im ersten Fallbeispiel sind wir daran interessiert, ob zwischen der Variable 'tägliche Arbeitszeit für das Studium' (abhängige Variable) und der Variable 'monatliches Einkommen' (unabhängige Variable) ein Zusammenhang besteht, etwa in der Form, daß bei steigendem monatlichen Einkommen weniger Zeit für das Studium aufgewendet wird (Abb.7-1). Im zweiten Fallbeispiel sind wir daran interessiert, ob zwischen der Variable 'tägliche Arbeitszeit für das Studium' (abhängige Variable) und der Variable 'Semesterzahl' (unabhängige Variable) ein Zusammenhang besteht, etwa in der Form, daß bei steigender Semesterzahl, d.h. bei zunehmendem Erreichen der

Prüfungszeit, auch die Zeit, die für das Studium verwendet wird, ansteigt (Abb.7-2).

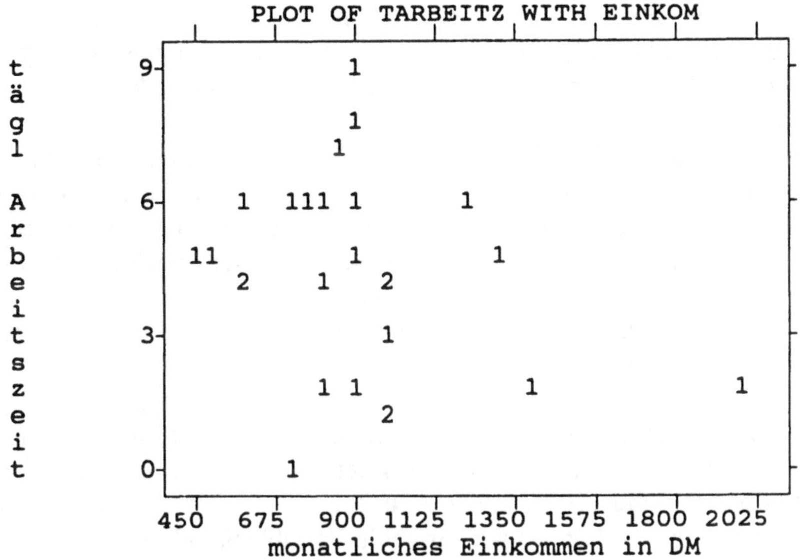

Abb.7-1 Fallbeispiel 1: Streudiagramm der Variablen 'tägliche Arbeitszeit für das Studium' und 'monatliches Einkommen'

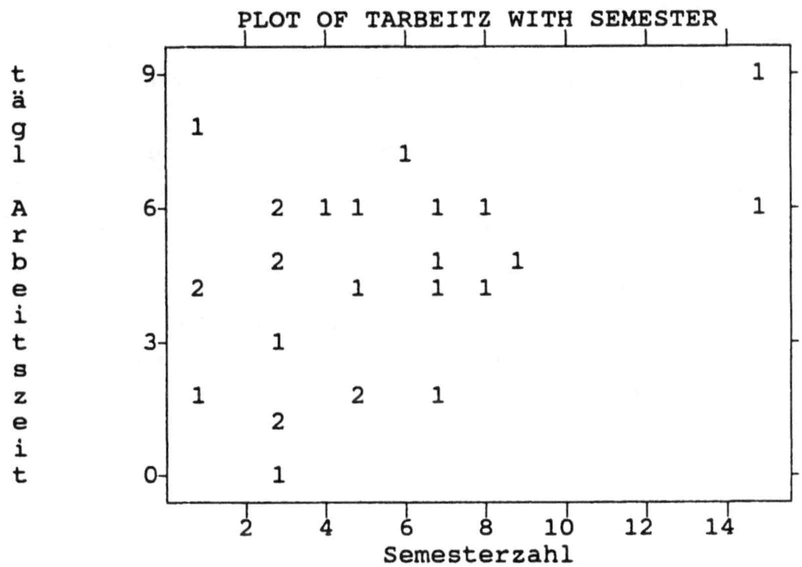

Abb.7-2 Fallbeispiel 2: Streudiagramm der Variablen 'tägliche Arbeitszeit für das Studium' und 'Semesterzahl'

In diesen beiden Streudiagrammen wird durch die Eintragung der Zahl "1" ausgedrückt, daß es sich um einen Fall der Untersuchungseinheiten handelt, der die entsprechende Merkmalskombination aufweist; durch die Eintragung der Zahl "2", daß es sich um zwei Fälle der Untersuchungseinheiten handelt, die beide die entsprechende Merkmalskombination aufweisen.

Schon allein durch Inspektion dieser beiden Streudiagramme können wir eine Hypothese darüber aufstellen, ob zwischen den beiden Variablen in den beiden Streudiagrammen eine Beziehung besteht. Eine solche Beziehung können wir hypothetisch in beiden Fällen bejahen, da die eingetragenen Werte eine gewisse Struktur aufweisen. Was dabei die Stärke der Beziehungen angeht, so ist anhand der Streudiagramme zu vermuten, daß diese nicht sehr stark sind.

Eine entscheidende Frage, die wir auf dieser noch hypothetischen Ebene beantworten müssen, ist, ob wir bei unserer vermuteten Beziehung von der Annahme ausgehen können, daß der Zusammenhang linear oder nicht-linear ist. Gehen wir von der Annahme aus, daß die Beziehungen jeweils linear sind, so können wir für beide Variablenkombinationen eine Gerade ermitteln, um die die einzelnen Punkte mehr oder weniger stark streuen, d.h. wir können unsere vermuteten linearen Annahmen präzisierender durch jeweils eine Gerade ausdrücken. Eine solche Gerade wird als Regressionsgerade bezeichnet bzw. die Beziehung zwischen den jeweils beiden Variablen als lineare Regression. Eine solche lineare Beziehung zwischen zwei Variablen kann nun positiv oder negativ, stark oder schwach sein.

Würden wir im Gegensatz zu obiger Festlegung davon ausgehen, daß die Beziehungen zwischen den Variablen jeweils nicht-linear sind und beide nur durch eine Kurve ausgedrückt werden können, so wird eine solche als Regressionskurve bezeichnet bzw. die Beziehung zwischen den jeweils beiden Variablen als kurvilineare Regression.

In Abhängigkeit von der Frage der Linearität und der Richtung der Beziehung zwischen zwei Variablen können wir vier theoretische Grundtypen von Streudiagrammen angeben (Abb.7-3 - Abb.7-6)[1]:

---

[1] Diese vier Grundtypen sind natürlich nicht erschöpfend, sondern stellen nur vier verschiedene Beispiele dar.

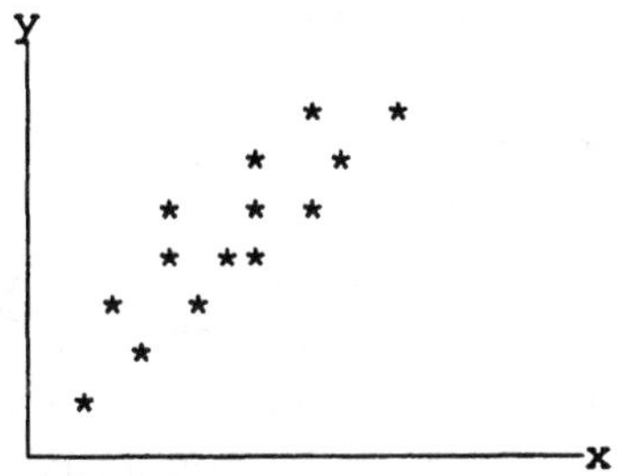

Abb.7-3 Lineare positive Beziehung

Abb.7-4 Lineare negative Beziehung

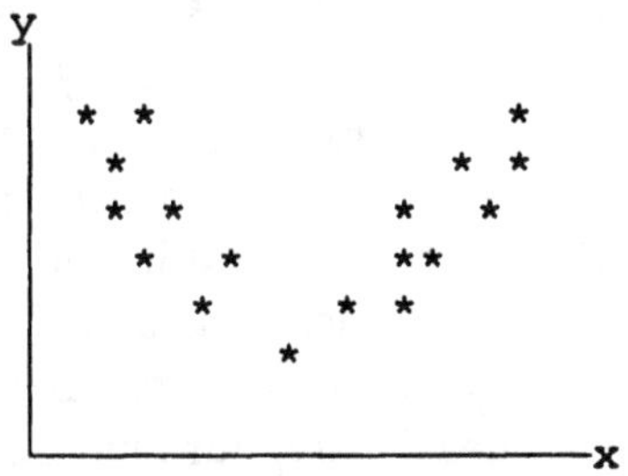

Abb.7-5 kurvilinare u-förmige Beziehung

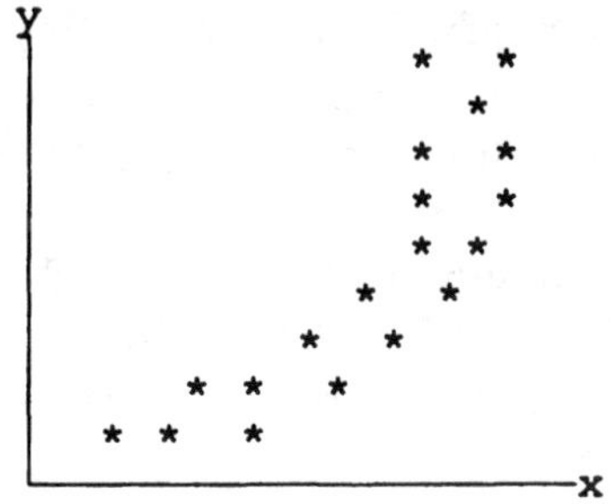

Abb.7-6 kurvilinare j-förmige Beziehung

7.1.2.2 Das Modell der linearen Regression

Das Streudiagramm kann uns einen ersten Eindruck einer Beziehung zwischen zwei Variablen vermitteln. Letztendlich beruht aber die Interpretation, die wir auf der Grundlage eines Streudiagramms anstellen, primär immer auf subjektiven Eindrücken. Der Übergang von solchen subjektiven Eindrücken zu deren mathematischer Präzisierung und Konkretisierung kann mit Hilfe der Regressionsanalyse geleistet werden.

Allgemein formuliert wird in der Regressionsanalyse das Ziel verfolgt, die Tendenz des Zusammenhangs zwischen zwei metrischen Variablen durch eine mathematische Funktion ($y = f(x)$) zu beschreiben. Welchen Typ von mathematischer Funktion (Regressionsfunktion) wir dabei verwenden, ist abhängig von unserer Annahme des Typs der Beziehung, d.h. ob wir eine lineare oder kurvilineare Beziehung annehmen.

Bei der Annahme einer Linearität ist die Regressionsfunktion für eine Gerade wie folgt definiert:

$$y = bx + a$$

Bei der Annahme einer Kurvilinearität kann die Regressionsfunktion durch folgende oder andere hier nicht gesondert aufgeführte Funktionstypen beschrieben werden: Für eine Parabel: $y = bx^2 + ax + c$, für eine Potenzfunktion: $y = ax^2$ und für eine Exponentialfunktion: $y = ab^x$.

Im Rahmen unsere Ausführungen werden wir uns nur auf die Regressionsfunktion für eine Gerade beziehen, d.h. für Beziehungen zwischen zwei Variablen, von denen wir annehmen, daß sie linear sind.[2]

Haben wir uns für einen Funktionstyp zur Beschreibung der Beziehungen entschieden (hier: Funktionstyp für eine Gerade), so ist damit das Problem der Bestimmung einer geeigneten Regressionsfunktion jedoch noch nicht gelöst, sind doch prinzipiell unendlich viele Geraden möglich, die den Zusammenhang beschreiben können. Dies kann der Leser selbst leicht nachvollziehen, wenn er versucht, die die Werte am besten repräsentierende Gerade in die Streudiagramme der Abbildungen Abb.7-1 und Abb.7-2 von Hand einzuzeichnen.

Wir benötigen folglich ein mathematisches Verfahren, das es uns gestattet, von allen möglichen Geraden die Gerade zu bestimmen, die die Werte am besten repräsentiert. Ein solches Verfahren ist die Methode der

---

[2] Wer sich über kurvilineare Beziehungen informieren möchte sei auf HAYS [1973:675ff], LINDER und BERCHTOLD [LINDER, BERCHTTOLD 1982-II: 153ff] und MAYER [MAYER 1989:87ff] verwiesen.

kleinsten Quadrate. Dieser Methode zufolge ist von allen möglichen Geraden, die die beste, bei der die Summe der vertikalen Abweichungen der empirischen Werte (Eintragungen im Streudiagramm) von der Geraden gleich Null und die Summe der quadrierten Abweichungen ein Minimum ist.

Im folgendem werden wir die auf dieser Methode beruhenden Schritte zur Ermittlung einer Regressionsgeraden an einem fallreduzierten Beispiel unserer Beispielstichprobe erläutern. Wir wählen für dieses Beispiel die Fälle 14 - 18 und deren kombinierte Merkmalsausprägungen der Variablen 'Semesterzahl' und 'tägliche Arbeitszeit für das Studium' aus. Folgende Wertepaare ergeben sich für diese fünf Fälle:

Fall	Semesterzahl X	tägliche Arbeitszeit für das Studium Y
14	15	9
15	06	7
16	08	4
17	05	2
18	03	1

Diese Wertkombinationen erzeugen folgendes Streudiagramm (Abb.7-7):

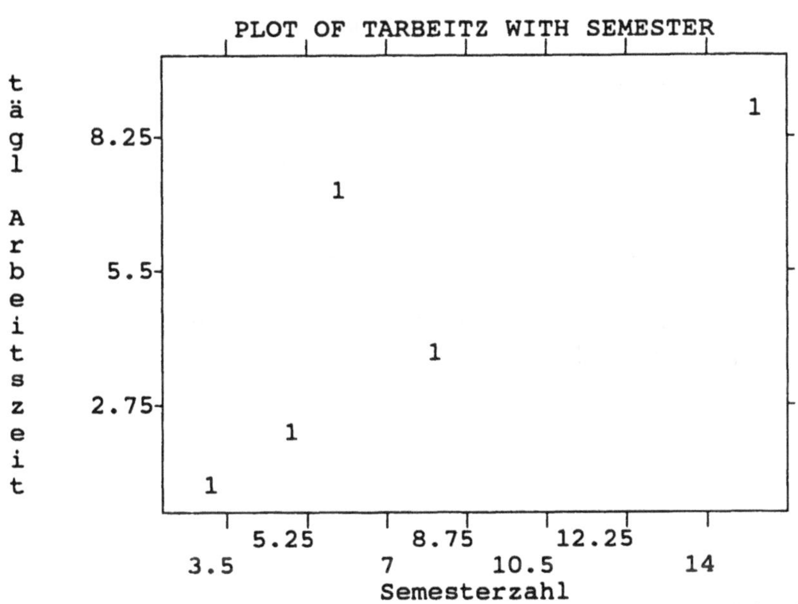

Abb.7-7 Streudiagramm der Variablen 'Semesterzahl' und 'tägliche Arbeitszeit für das Studium' der Fälle 14 - 18 der Beispielstichprobe

Im Rahmen der Regressionsanalyse besteht unsere Aufgabe nun, unter der Annahme einer linearen Beziehung zwischen den beiden Variablen, eine Gerade, d.h. eine lineare Funktion zu finden, die die Wertepaare im Streudiagramm am besten repräsentiert.

Eine lineare Funktion ist eine funktionale Beziehung zwischen zwei Variablen und kann, wie schon erwähnt, in Form einer linearen Gleichung wie folgt ausgedrückt werden:

$$y = bx + a$$

y und x sind die Variablen, a und b sind Konstanten oder Parameter. Genauer ausgedrückt: y ist die abhängige Variable und x die unabhängige Variable; a gibt den Schnittpunkt der Geraden mit der Y-Achse an (im englischen als 'intercept' bezeichnet) und b gibt die Steigung der Geraden an (im englischen mit 'slope' bezeichnet).

Wie wir anhand unseres Streudiagramms (Abb.7-7) leicht feststellen, können die einzelnen Werte nicht so miteinander verbunden werde, daß daraus eine Gerade resultiert. Eine perfekte lineare Beziehung zwischen den Variablen wäre nur gegeben, wenn die kombinierten Merkmalsausprägungen folgende Werte *hätten*:

Fall	Semesterzahl X	tägliche Arbeitszeit für das Studium Y
14	15	*7*
15	06	*2,5*
16	08	*3,5*
17	05	*2*
18	03	1

Das aus diesen Werten resultierende Streudiagramm würde dann folgendermaßen aussehen (Abb.7-8):

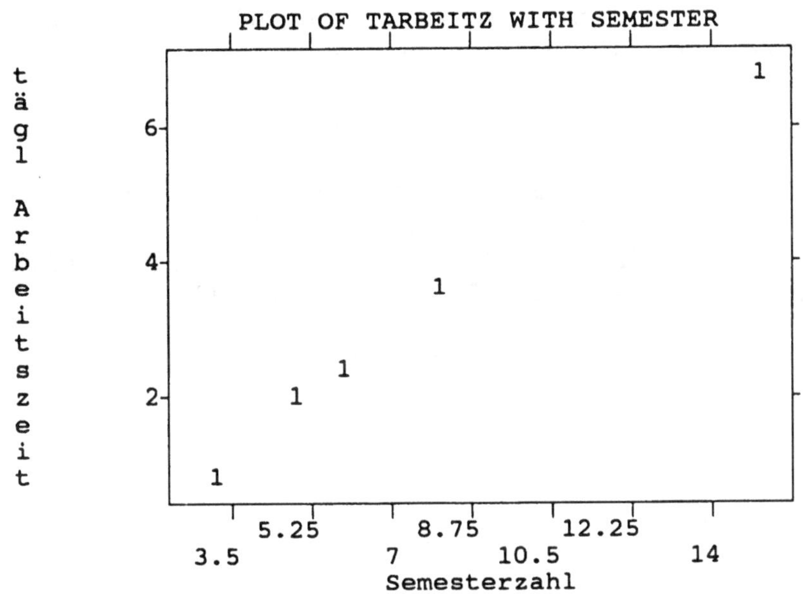


```
5 cases plotted.
Regression statistics of TARBEITZ on SEMESTER:
Correlation 1.00000              R Squared 1.00000
Intercept (a)     -.50000        Slope (b)      .50000
```

Abb.7-8 Streudiagramm der Variablen 'Semesterzahl' und 'tägliche Arbeitszeit für das Studium' der Fälle 14 - 18 der Beispielstichprobe (modifizierte Werte)

In diesem Streudiagramm (Abb.7-8) liegen alle Werte auf einer Geraden, d.h. zwischen den Variablen 'Semesterzahl' und 'tägliche Arbeitszeit für das Studium' besteht ein perfekter linearer Zusammenhang. Dieser kann durch eine lineare Funktionsgleichung der Form

$$y = bx + a$$

ausgedrückt werden als:

$$y = 0{,}5x - 0{,}5$$

Ist eine Beziehung zwischen zwei Variablen durch eine lineare Funktion beschreibbar, so können wir bei Kenntnis des x-Wertes den y-Wert voraussagen. Wissen wir bspw., daß jemand im 7. Semester ist, so können wir durch Einsetzen dieses Wertes in obige Gleichung errechnen, wieviel Zeit er täglich für sein Studium aufwendet, nämlich 3 Stunden:

$$y = 0{,}5 * 7 - 0{,}5 = 3{,}5 - 0{,}5 = 3$$

Anhand des Streudiagramms läßt sich dieses Ergebnis auch geometrisch ermitteln, indem wir auf der x-Achse bei dem Wert 7 senkrecht nach oben gehen bis er die Gerade schneidet und an diesem Schnittpunkt dann im rechten Winkel nach links auf die y-Achse (Abb.7-9).

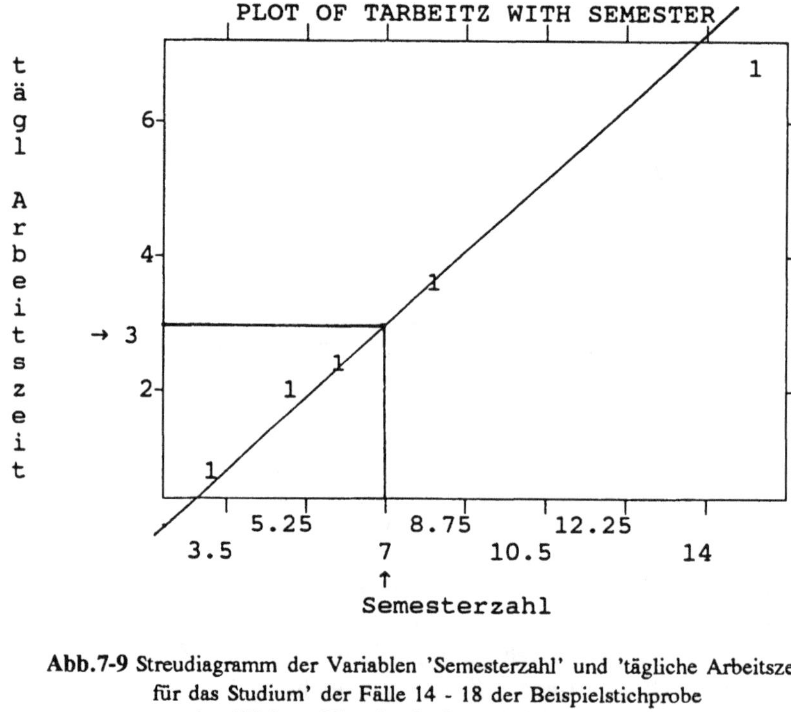

Abb.7-9 Streudiagramm der Variablen 'Semesterzahl' und 'tägliche Arbeitszeit für das Studium' der Fälle 14 - 18 der Beispielstichprobe (modifizierte Werte) mit eingezeichneter Geraden

Diese Vorhersage der y-Werte auf der Basis der x-Werte ist auch die Basis der Ermittlung der besten Geraden für ein Streudiagramm, in dem die einzelnen Punkte nicht auf einer Geraden liegen, d.h. für den Fall, bei dem die Beziehung zwischen zwei Variablen nicht durch eine perfekte lineare Funktion ausgedrückt werden kann wie in unserem ursprünglichen Streudiagramm mit den 5 Original-Wertepaaren unseres obigen Streudiagramms (Abb.7-7). In diesem Streudiagramm müssen wir die beste Gerade, die diese Beziehung repräsentiert erst ermitteln. Im Rahmen der Methode der keinsten Quadrate gehen wir dabei so vor, daß wir zunächst einmal die vertikalen Abweichen der Originalwerte von einer die Beziehung repräsentierenden möglichen Gerade y* ermitteln. Solche Abweichungen bezeichnen wir dann als Fehler. Wir wollen dieses Prinzip am Streudiagramm unserer fallreduzierten Beispielstichprobe illustrieren (Abb.7-10):

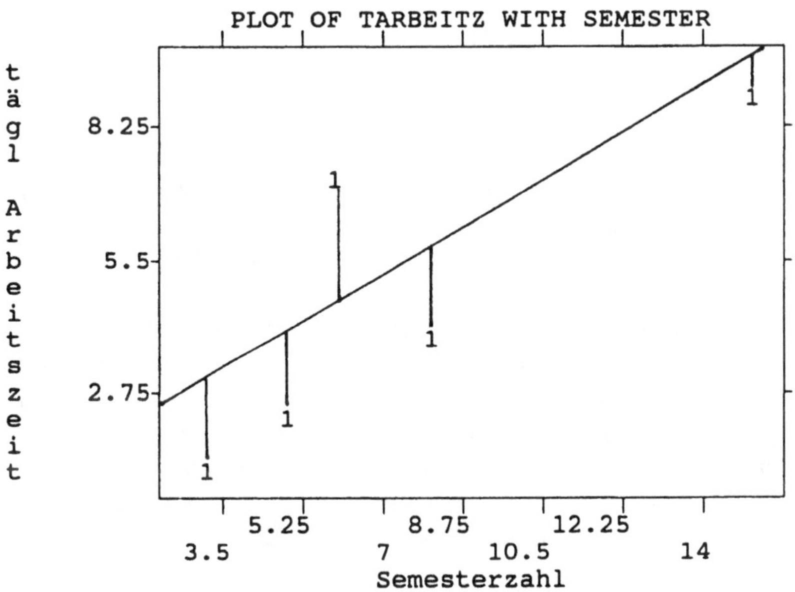

Abb.7-10 Streudiagramm der Variablen 'Semesterzahl' und 'tägliche Arbeitszeit für das Studium' der Fälle 14 - 18 der Beispielstichprobe mit y* und Fehlerermittlung

Dieses in Abbildung 7-10 vorgenommene Verfahren ist wie folgt zu interpretieren: Wenn wir eine Gerade in unserer Streudiagramm einzeichnen (y*), bekommen wir für jeden x-Wert zwei mögliche y-Werte. Die einen y-Werte sind unsere empirisch ermittelten Originalwerte, die normalerweise neben unserer Geraden y* liegen. Die anderen y-Werte sind durch die Funktion y* bestimmt und liegen genau auf dieser. Die Differenz zwischen diese beiden Mengen von y-Werten mißt die Fehler zwischen den Originalwerten und den vorhergesagten Werten der Funktion y*.

Die Gerade, die unsere Originalwerte am besten repräsentiert, könnte nun jene sein, deren Summe aller dieser Differenzen, d.h. aller Fehler, am geringsten ist. Nehmen wir eine solche Summierung der Fehler vor, so erhalten wir jedoch den Wert "0", da sich die Differenzen gegenseitig aufheben. In einer Gleichung für unser Beispiel ausgedrückt:

$$(y_1 - y^*_1) + (y_2 - y^*_2) + (y_3 - y^*_3) + (y_4 - y^*_4) + (y_5 - y^*_5) = 0$$

oder kürzer:

$$\sum_{i=1}^{5} (y_i - y^*_i) = 0$$

Es bestehen nun zwei Möglichkeiten, um ein solches inadäquates Ergebnis (Summe = 0) zu vermeiden:

1. Wir können die Werte der einzelnen Differenzen als absolute Werte nehmen; und
2. wir können die Werte der einzelnen Differenzen quadrieren.

Im ersten Fall bekommen wir zwar immer ein von Null verschiedenes positives Ergebnis, doch werden bei dieser Berechnung sehr große Differenzen zu stark berücksichtigt. Angemessener ist deshalb der zweite Fall, in dem wir die jeweiligen Differenzen zuerst quadrieren und dann aufsummieren und dann die Gerade ermitteln, deren Summe die kleinste ist. Diese Vorgehensweise beschreibt die Methode der kleinsten Quadrate. In einer Gleichung für unser Beispiel ausgedrückt:

$$(y_1 - y^*_1)^2 + (y_2 - y^*_2)^2 + (y_3 - y^*_3)_2 + (y_4 - y^*_4)^2 + (y_5 - y^*_5)^2 = \min$$

oder kürzer:

$$\sum_{i=1}^{5} (y_i - y^*_i)^2 = \min$$

Wir können nun dazu übergehen, die Regressionsgerade y* zu ermitteln, d.h. eine lineare Funktion der Form

$$y^* = bx + a$$

bei der gilt:

$$\sum_{i=1}^{5} (y_i - y^*_i)^2 = \min$$

oder anders ausgedrückt, bei der gilt:

$$\sum_{i=1}^{5} (y_i - (bx_i + a))^2 = \min$$

Wenn wir eine Differenz, d.h. einen Fehler mit e (error) bezeichnen, dann gilt:

$$e = y_i - y^*_i$$

und daraus folgernd:

$$\sum_{i=1}^{5} e_i^2 = \sum_{i=1}^{5} (y_i - (bx_i + a))^2 = \min$$

Die Summe der Differenzen erreicht nun dann ein Minimum, wenn die ersten partiellen Ableitungen von $\sum e^2$ in bezug auf a und b Null und die zweiten partiellen Ableitungen positiv sind. Um diese Ableitungen durchzuführen, verwenden wir folgende Ableitungsregel, wobei $y = f(u)$ und $u = f(x)$ ist:

$$\frac{dy}{dx} = \frac{dy}{du} * \frac{du}{dx}$$

Im Fall unserer obigen Funktion ist dann

$$u = (y_i - bx_i - a) \text{ und } \sum e^2 = \sum u^2$$

Zunächst führen wir die Ableitung für b durch mit

$$\frac{\vartheta \sum e^2}{\vartheta b} = \frac{\vartheta \sum e^2}{\vartheta u} * \frac{\vartheta u}{\vartheta b} = 0$$

$$\frac{\vartheta \sum e^2}{\vartheta a} = 2 \sum (y_i - bx_i - a) * (-x_i)$$

$$= -2 \sum x_i(y_i - bx_i - a)$$

Die Ableitung für a lautet:

$$\frac{\vartheta \sum e^2}{\vartheta a} = \frac{\vartheta \sum e^2}{\vartheta u} * \frac{\vartheta u}{\vartheta a}$$

$$\frac{\vartheta \sum e^2}{\vartheta a} = 2 \sum (y_i - bx_i - a) * (-1)$$

$$= -2 \sum (y_i - bx_i - a)$$

Setzen wir diese beiden Gleichungen gleich Null (Forderung für die Ableitungen), so erhalten wir:

$$\sum x_i y_i = a \sum x_i + b \sum x_i^2 \text{ und}$$
$$\sum y_i = na + b \sum x_i$$

n bezeichnet die Anzahl der Fälle. In unserem Beispiel wäre dies n = 5. In einem letzten Rechenschritt lösen wir diese beiden Gleichungen nach b und a auf und erhalten:

$$b = \frac{n \sum x_i y_i - \sum x_i \sum y_i}{n \sum x_i^2 - (\sum x_i)^2}$$

$$a = \frac{\sum x_i^2 \sum y_i - \sum x_i \sum x_i y_i}{n \sum x_i^2 - (\sum x_i)^2}$$

Mit Hilfe dieser beiden Gleichungen können wir nun die Regressionsgerade für die Werte unseres Streudiagramms (Abb.7-7) ermitteln, durch die diese am besten repräsentiert wird bzw. um die diese am wenigsten streuen. Zweckmäßigerweise führt man eine solche Berechnung mit Hilfe einer Arbeitstabelle durch (Abb.7-11).

(Fall) i		x_i	y_i	x_i^2	x_iy_i
14	1	15	9	225	135
15	2	06	7	36	42
16	3	08	4	64	32
17	4	05	2	25	10
18	5	03	1	9	3
$\sum$		37	23	359	222

Abb.7-11 Arbeitstabelle zur Berechnung der Regressionsgeraden zu Beispiel Abb.7-7

Für die Regressionskoeffizienten b und a erhalten wir demnach:

$$b = \frac{5 * 222 - 37 * 23}{5 * 359 - 37^2}$$

$$= \frac{1110 - 851}{1795 - 1369}$$

$$= \frac{259}{426} = 0,61$$

$$a = \frac{359 * 23 - 37 * 222}{5 * 359 - 37^2}$$

$$= \frac{8257 - 8214}{1795 - 1369}$$

$$= \frac{43}{426} = 0,10$$

Mit diesen errechneten Regressionskoeffizienten erhalten wir folgende Regressionsfunktion y* für unser Beispiel:

$$y^* = 0,61x + 0,1$$

Führen wir diese Operation mit SPSS durch, so erhalten wir folgenden Ausdruck (Abb.7-12):

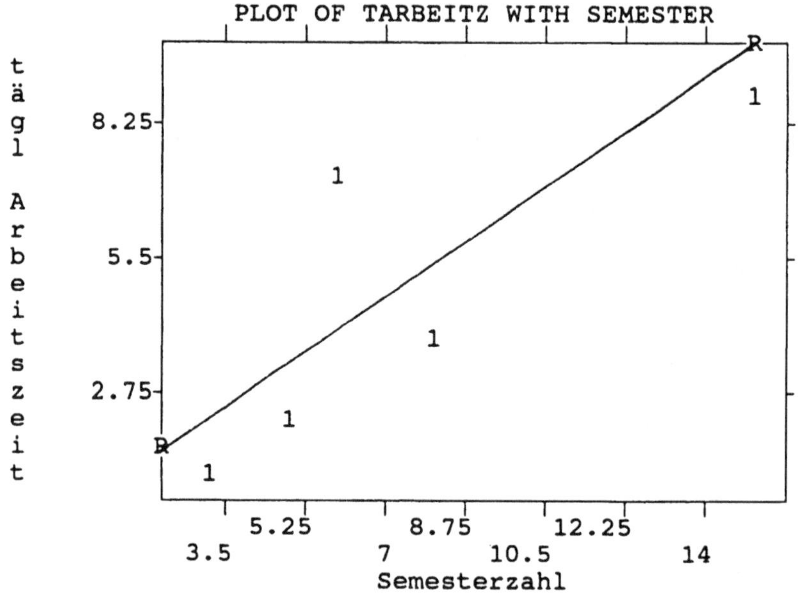


```
5 cases plotted.
Regression statistics of TARBEITZ on SEMESTER:
Correlation  .83472      R Squared  .69676
Intercept (a)      .10094      Slope (b)      .60798
```

Abb.7-11 Streudiagramm und Regressionsgerade für die Variablen 'Semesterzahl' und 'tägliche Arbeitszeit für das Studium' der Fälle 14 -18 der Beispielstichprobe

Die von uns ermittelte Regressionsfunktion $y^* = 0{,}61x + 0{,}1$ für die beiden Variablen 'Semesterzahl' und 'tägliche Arbeitszeit für das Studium' erlaubt es uns, zu jedem Wert der Merkmalsausprägung x (Semesterzahl) eindeutig eine durchschnittlichen Wert der Merkmalsausprägung y (tägliche Arbeitszeit für das Studium) zu errechnen.

Ist der Wert der Merkmalsausprägung x "0", so kann jedoch das Einsetzen in die Regressionsfunktion zu einem unsinnigen Ergebnis führen, nämlich, daß eine Person, die nicht studiert, täglich 0,1 Stunden für das Studium aufwendet.

Der Regressionskoeffizient b gibt an, um wieviel sich der Wert der Merkmalsausprägung y durchschnittlich ändert, wenn man den Wert der Merkmalsausprägung x um eine Einheit erhöht.

Nach dem wir die Prinzipien der Ermittlung der Regressionsgeraden an unserem vereinfachten Beispiel vorgestellt haben, wollen wir uns nun anschließend noch einmal unseren beiden Eingangsbeispielen (gesamter Datensatz) zuwenden. SPSS liefert uns für diese beiden Beispiele folgende Regressionsgeraden und -koeffizienten (Abb.7-12 und Abb.7-13).

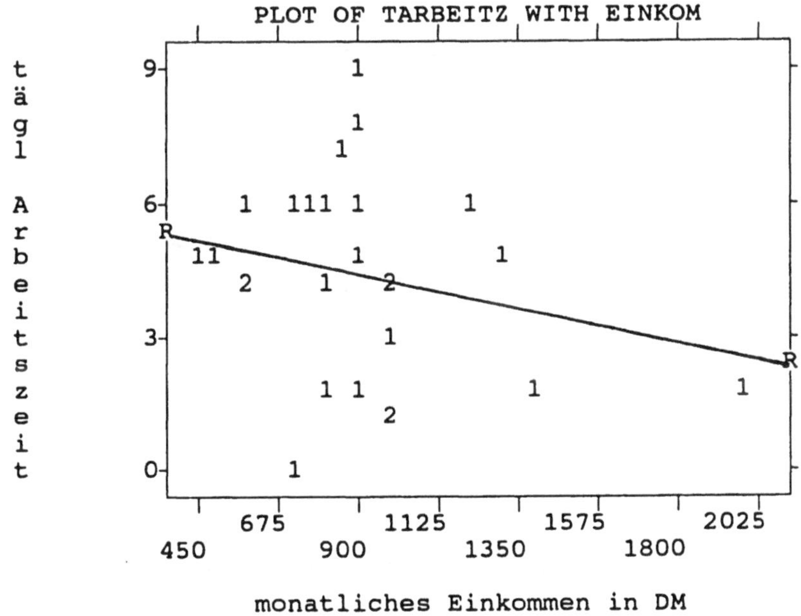


```
26 cases plotted.
Regression statistics of TARBEITZ on EINKOM:
Correlation -.24963      R Squared  .06231
Intercept (a)    5.94212        Slope (b)    -.00176
```

Abb.7-12 Streudiagramm und Regressionsgerade für die Variablen 'monatliches Einkommen' und 'tägliche Arbeitszeit für das Studium' der Beispielstichprobe

Aus den von SPSS errechneten Regressionskoeffizienten ergibt sich für die beiden Variablen 'monatliches Einkommen' und 'tägliche Arbeitszeit für das Studium' folgende Regressionsgerade:

$$y^* = -0{,}002x + 5{,}94$$

Wir haben es folglich mit einer negativen Beziehung zwischen diesen beiden Variablen zu tun, die wie folgt interpretiert werden kann: Je höher das monatliche Einkommen, desto niedriger die tägliche Arbeitszeit für das tägliche Studium. Die Beurteilung, warum eine solche Beziehung besteht, ist aus den Werten nicht ersichtlich, sie kann nur aufgrund theoretischer Überlegungen angestellt werden, etwa in der Form, daß Studenten, die ein höheres Einkommen besitzen, für dieses auch mehr arbeiten müssen. Diese Zeit, die zur Erarbeitung des Einkommens aufgewendet werden muß, vermindert die Zeit, die noch übrig bleibt, um für das Studium zu arbeiten.

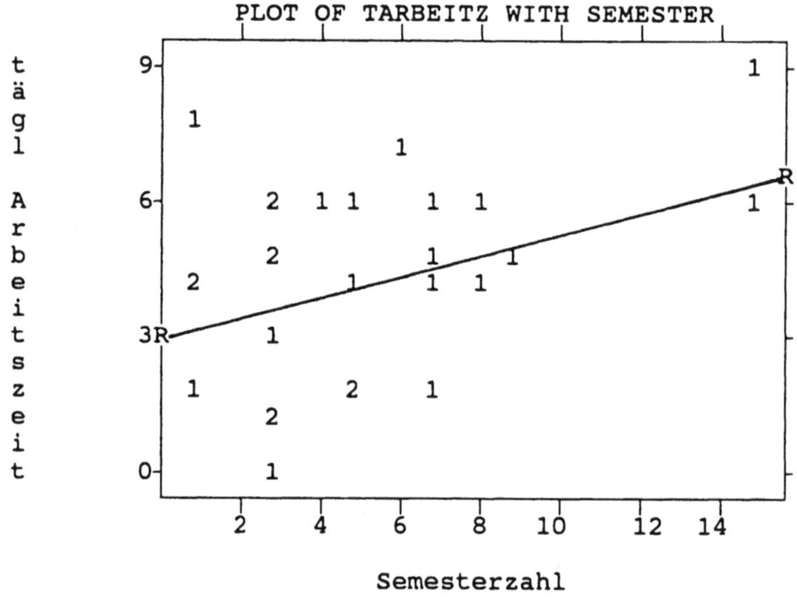


```
27 cases plotted.
Regression statistics of TARBEITZ on SEMESTER:
Correlation   .39112      R Squared  .15297
Intercept (b)    3.16378       Slope (b)      .23814
```

Abb.7-13 Streudiagramm und Regressionsgerade für die Variablen 'Semesterzahl' und 'tägliche Arbeitszeit für das Studium' der Beispielstichprobe

Aus den von SPSS errechneten Regressionskoeffizienten ergibt sich für die beiden Variablen 'Semesterzahl' und 'tägliche Arbeitszeit für das Studium' folgende Regressionsgerade:

$$y^* = 0{,}24x + 3{,}16$$

Wir haben es folglich mit einer positiven Beziehung zwischen diesen beiden Variablen zu tun, die wie folgt interpretiert werden kann: Je höher die Semesterzahl, desto höher die tägliche Arbeitszeit für das tägliche Studium. Die Beurteilung, warum eine solche Beziehung besteht, ist auch hier aus den Werten nicht ersichtlich, sie kann nur aufgrund theoretischer Überlegungen angestellt werden, etwa in der Form, daß Studenten, die sich in einem höheren Semester befinden, für die also der Prüfungstermin näher rückt, täglich mehr Zeit für das Studium aufwenden.

7.1.3 Grundzüge der Korrelationsanalyse: Der Korrelationskoeffizient r

Im Rahmen der Regressionsanalyse haben wir die lineare Beziehung zwischen zwei metrisch skalierten Variablen spezifiziert. Darüber hinaus ist es jedoch notwendig, auch zu wissen, wie gut die Regressionsbeziehung die Streuung der kombinierten Merkmalsausprägungen dieser Variablen repräsentiert. Um dies festzustellen, greifen wir auf das Modell der Korrelationsanalyse zurück. Dieses Modell gestattet es uns, einen Koeffizienten, den Korrelationskoeffizienten zu berechnen, der die Stärke der Beziehung zwischen zwei Variablen angibt. Die Berechnung des Korrelationskoeffizienten hängt dabei von dem Typ der Regressionsfunktion ab, also davon, ob wir es mit einer linearen oder kurvilinearen Regression zu tun haben. In unseren Darstellungen werden wir uns nur auf Korrelationskoeffizienten für lineare Regressionsfunktionen beschränken.

An dieser Stelle ist auch auf einen fundamentalen Unterschied zwischen der Regressionsanalyse und der Korrelationsanalyse hinzuweisen. In der Regressionanalyse spezifizieren wir die beiden zueinander in Beziehung gesetzten Variablen in eine unabhängige und in eine abhängige Variable, d.h. daß in der Regressionanalyse von einer Asymmetrie zwischen den Variablen ausgegangen wird. In der Korrelationsanalyse dagegen wird von einer Symmetrie der Variablen ausgegangen, d.h. wir nehmen keine Spezifizierung der zueinander in Beziehung gesetzten Variablen in eine unabhängige und in eine abhängige Variable vor [GUJARATI 1988:19f].

Mit dem Begriff der Korrelation wird ausgedrückt, in welcher Stärke zwei Variablen miteinander variieren, bspw. daß große Werte der einen Variablen mit großen Werten einer anderen Variablen assoziiert sind. Einschränkend muß jedoch auch hier angeführt werden, daß ein Korrelationskoeffizient zunächst einmal nur formal die Stärke einer Beziehung zwischen zwei Variablen ausdrücken kann, nicht jedoch, ob auch ein kausaler Zusammenhang besteht. Einen nur formalen Zusammenhang bezeichnen wir als Scheinkorrelation.

Haben wir einen formalen Zusammenhang nachgewiesen, so ist darauf aufbauend auch immer zu prüfen [MAYER 1989:92]:

1. ob zwischen den beiden Variablen ein innerer Zusammenhang besteht;
2. ob sie beide durch eine dritte Variable gesteuert werden; oder
3. ob sie völlig ohne Bezug zueinander sind.

Die Schritte zur Berechnung eines Korrelationskoeffizienten werden wir im folgenden an unserem fallreduzierten Beispiel (Fälle 14 - 18) der Variablen 'Semesterzahl' und 'tägliche Arbeitszeit für das Studium' unserer Beispielstichprobe vornehmen[3].

In diesem Beispiel besitzen wir folgende Wertepaare (x_i, y_i):

$$(15, 9), (6, 7), (8, 4), (5, 2), (3, 1)$$

Wir sind interessiert, mit welcher Stärke diese beiden Variablen miteinander variieren. Um dies festzustellen, transformieren wir zunächst diese Werte in Werte, die die Differenzen der Originalwerte von ihrem jeweiligen Mittelwert darstellen. Diese Werte bezeichnen wir mit x'_i und y'_i. Allgemein formuliert nehmen wir folgende Operationen vor:

$$x'_i = x_i - \bar{x}$$
$$y'_i = y_i - \bar{y}$$

Ermitteln wir zuerst die beiden Mittelwerte:

$$\bar{x} = \frac{15 + 6 + 8 + 5 + 3}{5} = \frac{37}{5} = 7{,}4$$

$$\bar{y} = \frac{9 + 7 + 4 + 2 + 1}{5} = \frac{23}{5} = 4{,}6$$

---

3 Bei unserer Vorgehensweise nehmen wir hauptsächlich bezug auf die Darstellungen von BLALOCK [BLALOCK 1985:396ff] und WONNACOTT und WONNACOTT [WONNACOTT, WONNACOTT 1985:426ff] zur Korrelationsanalyse.

Anhand einer Arbeitstabelle können wir nun die transformierten Werte x'_i und y'_i berechnen (Abb.7-14):

(Fall)	i	x_i	y_i	x'_i	y'_i
14	1	15	9	7,6	4,4
15	2	06	7	-1,4	2,4
16	3	08	4	0,6	-0,6
17	4	05	2	-2,4	-2,6
18	5	03	1	-4,4	-3,6
$\sum$		37	23	0	0

Abb.7-14 Arbeitstabelle zur Ermittlung der transformierten Werte x'_i und y'_i

Daraus ergeben sich folgende neue Wertepaare (x'_i, y'_i):

(7,6 , 4,4) , (-1,4 , 2,4) , (0,6 , -0,6) , (-2,4 , -2,6) , (-4,4 , -3,6)

Für diese Werte erzeugt SPSS folgendes Streudiagramm (Abb.7-15):

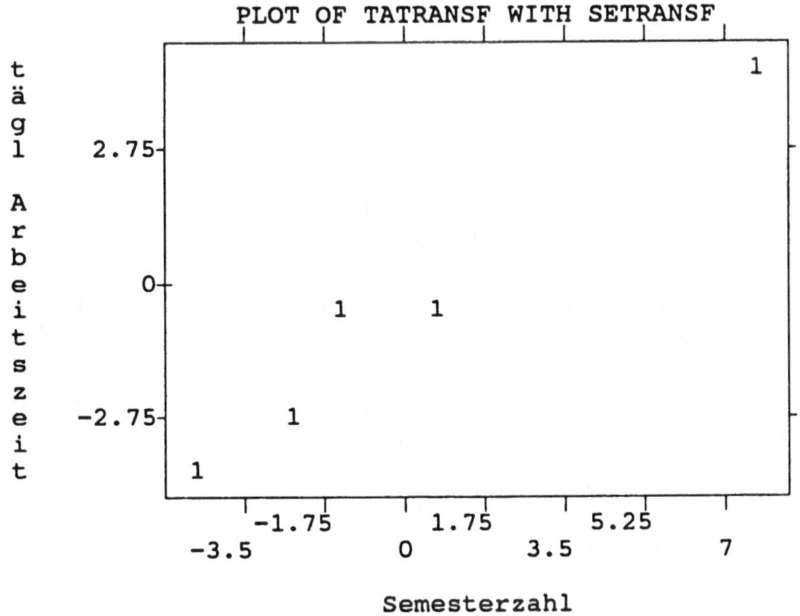

Abb.7-15 Streudiagramm der transformierten Werte der Variablen 'Semesterzahl' und 'tägliche Arbeitszeit für das Studium' der fallreduzierten Beispielstichprobe

Betrachten wir dieses Streudiagramm der Wertepaare (x'_i, y'_i) in Verbindung mit den beiden Mittelwerten der Originalwerte, so erhalten wir folgendes Streudiagramm (Abb.7-16), das die Grundlage zur Ermittlung des Korrelationskoeffizienten darstellt:

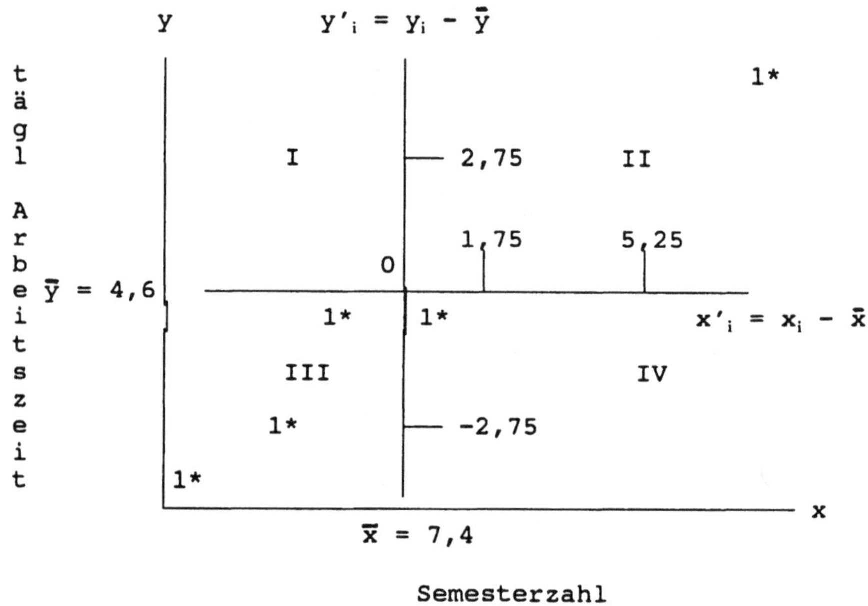

Abb.7-15 Streudiagramm der transformierten Werte der Variablen 'Semesterzahl' und 'tägliche Arbeitszeit für das Studium' der fallreduzierten Beispielstichprobe mit Mittelwerten

Ein typischer Punkt in diesem Streudiagramm (x'_i, y'_i) wird anstatt in Einheiten der Achsen x und y jetzt in Einheiten der Achsen x' und y' gemessen. Das Streudiagramm wird dabei in vier Quadranten aufgeteilt. Für alle vier Quadranten können wir ein Produkt von x'_i und y'_i bilden. Für die Quadranten I und IV ist dieses Produkt negativ und für die Quadranten II und III positiv. Die Summe dieser Produkte $\sum x'_i * y'_i$ können wir nun dazu benutzen, um die Stärke der Beziehung zwischen den beiden Variablen zu ermitteln, müssen sie jedoch zuvor noch um zwei Bestandteile ergänzen.

Zum einen kann der numerische Wert von $\sum x'_i * y'_i$ willkürlich ansteigen, wenn die Anzahl der Items in der Stichprobe ansteigt. Um dies auszuschließen, dividieren wir die Produktsumme durch die Anzahl der Fälle der Stichprobe N.

Zum anderen ist die Produktsumme willkürlich durch die Meßeinheiten der ursprünglichen Variablen beeinflußt. Um dies auszuschließen, müssen die Daten standardisiert werden. Dies kann durch Division der Produktsumme durch das Produkt der Standardabweichungen der beiden Variablen s_x und s_y geleistet werden.

Mit Hilfe dieser Ergänzungen können wir auf der Grundlage der Produktsumme $\sum x'_i * y'_i$ den Korrelationskoeffizienten r definieren, der von PEARSON entwickelt wurde und als Produkt-Moment-Korrelationskoeffizient bezeichnet wird:

$$r = \frac{\sum x'_i * y'_i}{N * s_x * s_y}$$

Diese Definition des Korrelationskoeffizienten r kann durch Ausschreiben seiner einzelnen Bestandteile auch ausführlicher angegeben werden. Erinnern wir uns:

$$\sum x'_i * y'_i = \sum (x_i - \bar{x}) (y_i - \bar{y})$$

$$s_x = \sqrt{\sum 1/N (x_i - \bar{x})^2}$$

$$s_y = \sqrt{\sum 1/N (y_i - \bar{y})^2}$$

Setzen wir diese Ausdrücke in unsere obige Definition des Korrelationskoeffizienten r ein, so erhalten wir:

$$r = \frac{\sum (x_i - \bar{x}) (y_i - \bar{y})}{N (\sqrt{\sum 1/N (x_i - \bar{x})^2}) (\sqrt{\sum 1/N (y_i - \bar{y})^2})}$$

Anhand einer Arbeitstabelle (Abb.7-16) sind wir nun in der Lage, den Korrelationskoeffizienten für unsere fallreduzierte Beispielstichprobe zu berechnen, wobei N = 5, $\bar{x}$ = 7,4 und $\bar{y}$ = 4,6 ist.

x_i	y_i	$x_i - \bar{x}$	$(x_i - \bar{x})^2$	$y_i - \bar{y}$	$(y_i - \bar{y})^2$	$(x_i - \bar{x})(y_i - \bar{y})$
15	9	7,6	57,76	4,4	19,36	33,44
6	7	-1,4	1,96	2,4	5,76	-3,36
8	4	0,6	0,36	-0,6	0,36	-0,36
5	2	-2,4	5,76	-2,6	6,76	6,24
3	1	-4,4	19,36	-3,6	12,96	15,84
$\sum$		0	85,2	0	45,2	51,8

Abb.7-16 Arbeitstabelle zur Berechnung des Korrelationskoeffizienten r für die fallreduzierte Beispielstichprobe

Setzen wir die an Hand der Arbeitstabelle ermittelten Werte in die Gleichung für den Regressionskoeffizienten r ein, so erhalten wir:

$$r = \frac{51,8}{5\,(\sqrt{1/5 * 85,2}\,)\,(\sqrt{1/5 * 45,2})}$$

$$= \frac{51,8}{5\,(\sqrt{17,04}\,)\,(\sqrt{9,04})}$$

$$= \frac{51,8}{5 * 4,128 * 3,01}$$

$$= \frac{51,8}{62,13}$$

$$= 0,83$$

Wie wir leicht feststellen können, ist dieser von Hand errechnete Korrelationswert von r = 0,83 der gleiche, wie der von SPSS errechnete (Abb.7-11). Er sagt aus, daß zwischen den Variablen 'Semesterzahl' und 'tägliche Arbeitszeit für das Studium' der fallreduzierten Beispielstichprobe eine positive Beziehung mit der Stärke 0,83 besteht, welche als stark interpretiert werden kann.

Grundsätzlich kann der Korrelationskoeffizient r Werte zwischen "-1" und "+1" annehmen, wobei "-1" eine perfekte negative und "+1" eine perfekte positive Beziehung bezeichnet.

Nachfolgend führen wir einige typische Korrelationen auf (Abb.7-17).

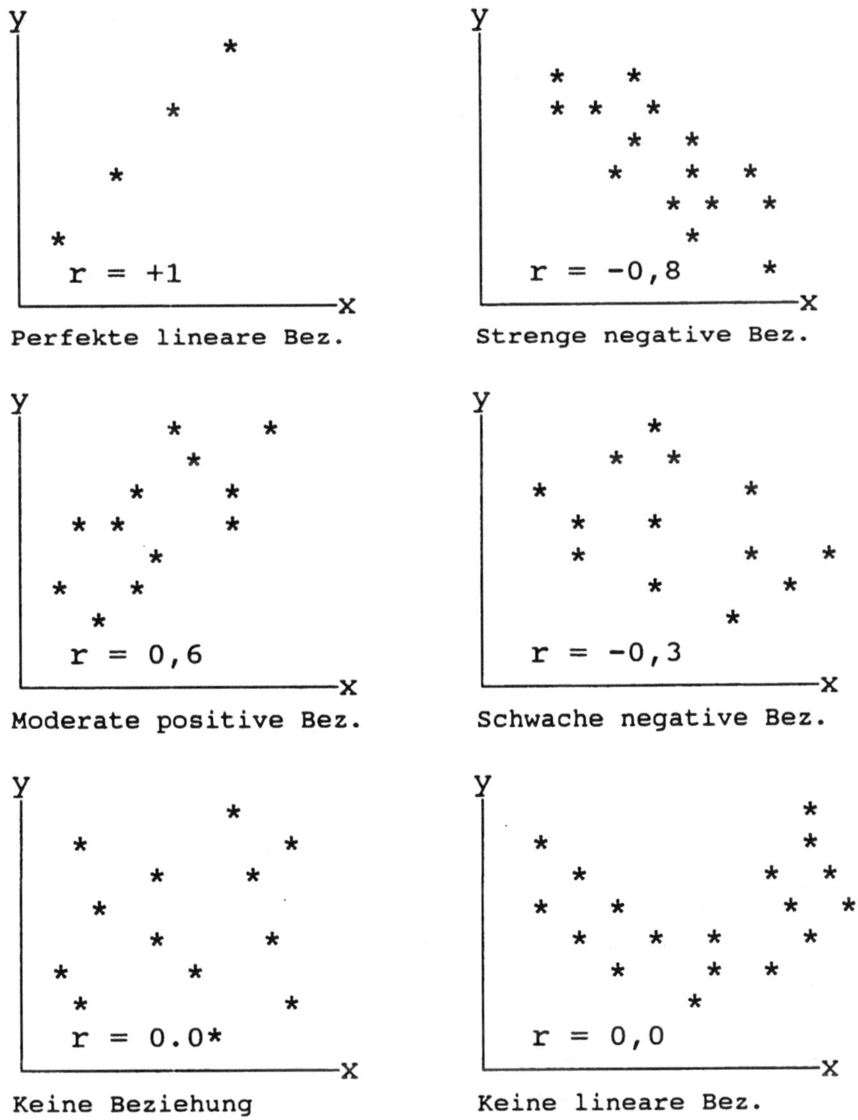

Abb.7-17 Korrelationsformen

7.1.4 Die Beziehung zwischen Regression und Korrelation: Der Determinationskoeffizient r^2

Um die Güte der Anpassung einer Regressionsgeraden an die Werte eines Streudiagramms zu ermitteln wird in der Statistik auf Eigenschaften der Beziehung zwischen Regression und Korrelation rekurriert. Ein Maß, das die Güte der Anpassung numerisch zum Ausdruck bringt, ist der Determinationskoeffizient r^2 (das Quadrat des Korrelationskoeffizienten r), dessen Berechnung auf den Konzepten der erklärten und unerklärten Variation bzw. auf der Gesamtvariation beruht[4].

Betrachten wir zunächst diese beiden Konzepte, deren Zusammenhang durch folgendes Diagramm (Abb.7-18) veranschaulicht werden kann:

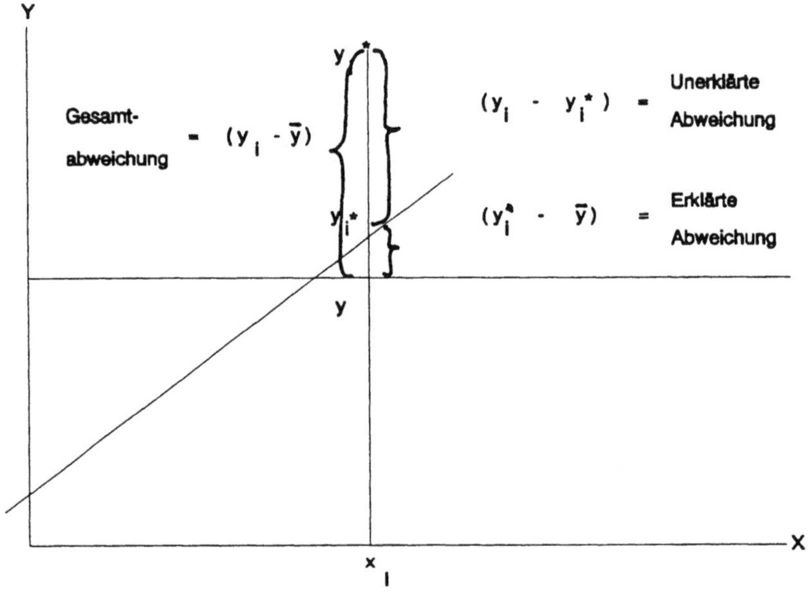

Abb.7-18 Die Zerlegung der Gesamtvariation in erklärte und unerklärte Variation

In Abb.7-18 wird an einem einzelnen Wert y_i im Streudiagramm der Zusammenhang zwischen erklärter Variation (y_i^* - y) und unerklärter Variation (y_i - y_i^*) für diesen Wert aufgezeigt, deren Summe die Gesamt-

[4] Es gilt zu beachten, daß die Variation nicht mit der Varianz identisch ist. Die Varianz können wir aus der Variation errechnen, indem wir sie durch die Anzahl der Fälle dividieren.

variation (y_i - y) für diesen Wert ergibt. Für einen einzelnen Wert y_i kann die Gesamtvariation folglich in zwei Teilvariationen zerlegt werden:

$$(y_i - \bar{y}) = (y_i^* - \bar{y}) + (y_i - y_i^*)$$

Dieser Zusammenhang kann wie folgt interpretiert werden: Die erklärte Variation ist die Abweichung des Wertes y_i von der Regressionsgeraden, der unter Kenntnis des Wertes x_i vorausgesagt werden kann, die unerklärte Variation dagegen ist die Abweichung des Wertes y_i von der Regressionsgeraden, der ohne Kenntnis des Wertes x_i vorausgesagt werden kann.

Besitzen wir mehr als einen Wert im Streudiagramm, so sind die jeweiligen Differenzen zu summieren. Zuvor sind sie jedoch zu quadrieren, um negative Werte zu eliminieren. Dies ergibt dann folgende Variationsgleichung:

$$\sum (y_i - \bar{y})^2 = \sum (y_i^* - \bar{y})^2 + \sum (y_i - y_i^*)^2$$

In Worten:

Gesamtvariation = Erklärte Variation + Unerklärte Variation

Aus dieser Gleichung kann nun der Determinationskoeffizient r^2 entwickelt werden, der jenen Teil der Gesamtvariation der abhängigen Variablen Y repräsentiert, der durch die unabhängige Variable X erklärt wird.

Zu diesem Zweck dividieren wir die beiden Bestandteile obiger Variationsgleichung durch die Gesamtvariation $\sum (y_i - \bar{y})^2$:

$$\frac{\sum (y_i - \bar{y})^2}{\sum (y_i - \bar{y})^2} = \frac{\sum (y_i^* - \bar{y})^2}{\sum (y_i - \bar{y})^2} + \frac{\sum (y_i - y_i^*)^2}{\sum (y_i - \bar{y})^2}$$

In Worten:

$$\frac{\text{Gesamtvariation}}{\text{Gesamtvariation}} = \frac{\text{Erklärte Variation}}{\text{Gesamtvariation}} + \frac{\text{Unerklärte Variation}}{\text{Gesamtvariation}}$$

Durch Kürzen der Verhältnisse bekommen wir:

$$1 = r^2 + (1 - r^2)$$

Damit ergibt sich für den Determinationskoeffizienten r^2 folgende Definition:

$$r^2 = \frac{\sum (y_i^* - \bar{y})^2}{\sum (y_i - \bar{y})^2}$$

Zur Illustration wollen wir r^2 für unsere fallreduzierte Beispielstichprobe (Abb.7-11) errechnen. Zunächst ermitteln wir dafür die relevanten Werte anhand einer Arbeitstabelle (Abb.7-19). Zur Erinnerung: Der Mittelwert von y_i beträgt $\bar{y} = 4{,}6$ und Regressionsgerade $y^* = 0{,}61x + 0{,}1$.

x_i	y_i	y_i^*	$y_i^* - \bar{y}$	$(y_i^* - \bar{y})^2$	$y_i - \bar{y}$	$(y_i - \bar{y})^2$
15	9	9,25	4,65	21,62	4,4	19,36
6	7	3,76	-0.84	0,71	2,4	5,76
8	4	4,98	0,38	0,14	-0,6	0,36
5	2	3,15	-1,45	2,10	-2,6	6,76
3	1	1,93	-2,67	7,13	-3,6	12,96
$\sum$			0[5]	31,70	0	45,00

Abb.7-19 Arbeitstabelle zur Berechnung von r^2 für die Variablen 'Semesterzahl' und 'tägliche Arbeitszeit für das Studium' der fallreduzierten Beispielstichprobe

Setzen wir die errechneten Werte in die Gleichung für r^2 ein, so erhalten wir

$$r^2 = \frac{31{,}7}{45} = 0{,}70$$

Dieser Wert von $r^2 = 0{,}70$ ist folgendermaßen zu interpretieren: Unter der Annahme, daß zwischen den beiden Variablen X (Semesterzahl) und

[5] Der Summenwert ergibt wegen Rundungen nicht exakt den Wert "0".

Y (tägliche Arbeitszeit für das Studium) ein linearer Zusammenhang besteht, sagt $r^2 = 0,70$ aus, daß 70 % der Variation der Variablen Y der Variablen X zugerechnet werden kann bzw., daß die Variable X 70 % der Variation der Variablen Y linear erklärt (determiniert).

Neben der dargelegten Definition des Determinationskoeffizienten r^2 kamm dieser auch auf der Basis des Modells der proportionalen Fehlerreduktion bestimmt werden [BENNINGHAUS 1976:205ff; 1990:323ff]. Er ist dann definiert als:

$$r^2 = \frac{E_1 - E_2}{E^1}$$

Dabei kommt wieder folgende Vorgehensweise zur Anwendung:

1. Wir sagen den Wert der abhängigen Variablen Y auf der Basis ihrer eigenen Verteilung voraus ($E_1 = \sum (y_i - \bar{y})^2$ = Gesamtvariation);
2. wir sagen den Wert der abhängigen Variablen Y auf der Basis der unabhängigen Variablen X voraus ($E_2 = \sum (y_i - y_i^*)^2$ = unerklärte Variation); und
3. wir definieren aus 1. und 2. das Maß der proportionalen Fehlerreduktion r^2 ($r^2 = (E_1 - E_2)/E_1$)

Wir wollen zur Illustration den nach dieser Formel definierten r^2-Wert ebenso für unsere fallreduzierte Beispielstichprobe berechnen. Den Wert der Gesamtvariation $E_1 = \sum (y_i - y)^2 = 45$ entnehmen wir obiger Arbeitstabelle (Abb.7-19). Der Wert der unerklärten Variation kann leicht aus der Gleichung

$$\text{Gesamtvariation} = \text{erklärte Variation} + \text{unerklärte Variation}$$

errechnet werden mit:

$$\text{unerklärte Variation} = \text{Gesamtvariation} - \text{erklärte Variation}$$

$$\text{unerklärte Variation} = 45 - 31{,}7 = 13{,}3$$

Setzen wir die Werte in die Formel

$$r^2 = \frac{E_1 - E_2}{E^1}$$

so erhalten wir

$$r^2 = \frac{45 - 13{,}3}{45} = 0{,}70$$

Dieser r^2-Wert ist folgendermaßen zu interpretieren: Unter Kenntnis der Information über die Variable X (Regressionswert) verbessert sich die Vorhersage eines Wertes der Variablen Y um 70 % gegenüber einer Vorhersage der Variable Y, die nur auf der Basis ihrer eigenen Verteilung (Mittelwert) erfolgte.

7.1.5 Der Korrelationskoeffizient r und der Determinationskoeffizient r^2: Zusammenfassung und Vergleich

Wie wir ausgeführt haben, kann für die Bestimmung der Stärke zwischen zwei metrisch skalierten Variablen, sowohl der von PEARSON entwickelte Korrelationskoeffizient r als auch der auf der Basis des Modells der proportionalen Fehlerreduktion entwickelbare Determinationskoeffizient r^2 herangezogen werden. Obwohl r leicht aus r^2 durch Ziehen der Quadratwurzel berechnet werden kann, weisen beide Koeffizienten jedoch in bezug auf ihre Logik und Interpretation wesentliche Unterschiede auf.

Der Determinationskoeffizient r^2 drückt die proportionale Reduktion des Vorhersagefehlers aus, die durch die Differenz zwischen 1 und dem Verhältnis der beiden Vorhersagefehler E_2 und E_1 definiert ist:

$$r^2 = 1 - \frac{E_2}{E_1}$$

Diese Bestimmung von r^2 ergibt sich aus folgenden Umformungen:

$$r^2 = \frac{E_1 - E_2}{E_1} = \frac{E_1}{E_1} - \frac{E_2}{E_1} = 1 - \frac{E_2}{E_1}$$

Der Determinationskoeffizient r^2 besitzt folgende Eigenschaften:

1. r^2 ist ein symmetrisches Maß;
2. r^2 nimmt den Wert "1" an, wenn alle Punkte auf der Regressionsgeraden liegen;
3. r^2 nimmt einen Wert kleiner als "1" an, wenn die Punkte mehr oder weniger weit von der Regressionsgeraden entfernt liegen; und
4. r^2 nimmt den Wert "0" an, wenn die Punkte derart weit von der Regressionsgeraden entfernt liegen, daß E_1 durch Auswertung der Information über die Variable X nicht reduziert wird.

Generell kann in bezug auf r^2 festgehalten werden, daß er ein Maß darstellt, das die Stärke der Beziehung der einen Variablen auf die andere Variable beschreibt.

Im Gegensatz zu r^2 stellt der Korrelationskoeffizient r ein Maß dar, das den dynamischen Aspekt einer Beziehung mißt und über den Grad informiert, in dem eine Veränderung der einen Variablen mit einer Veränderung der anderen Variablen koinzidiert.

Der Korrelationskoeffizient r besitzt folgende Eigenschaften:

1. r ist ein asymmetrisches Maß für lineare Beziehungen, d.h. es wird von einer unabhängigen und einer abhängigen Variablen ausgegangen;
2. r nimmt die Werte "-1" oder "+1" an, wenn eine perfekte positive oder negative lineare Beziehung zwischen den Variablen vorliegt, d.h. wenn alle Punkte auf der Regressionsgeraden liegen; und
3. r nimmt den Wert "0" an, wenn die Punkte im Streudiagramm als richtungslose Punktwolke angeordnet sind.

Vergleichen wir die beiden Maße r^2 und r miteinander, so ist auf folgenden Unterschied hinzuweisen: Bestimmen wir die Stärke einer Beziehung zwischen zwei metrisch skalierten Variablen mit r^2 und r, so ist der Wert von r immer größer als der von r^2. Dies kann zur Folge haben, daß wir in einer Interpretation der Stärke nur durch r diese überbetonen. Wie BENNINGHAUS [BENNINGHAUS 1990:340] ausführt, kann bspw. ein Wert von $r = 0,5$ eine beträchtliche Beziehung ausdrükken, obwohl der korrespondierende Wert von r^2 nur 0,25 beträgt und nur ein Viertel und nicht die Hälfte der Variation der einen Variablen durch die andere erklärt. Erst bei $r = 0,7$ erklärt r^2 mit 0,49 rund die Hälfte der Variation. Um solche offensichtlichen Mißinterpretationen in der Stärke der Beziehung zwischen zwei metrisch skalierten Variablen zu vermeiden, ist es deshalb angebracht, anstatt dem verbreiteten Maß r das Maß r^2 zu verwenden.

7.2 Die Analyse der Beziehung zwischen einer nominalen/ordinalen und einer metrischen Variablen

In unseren bisherigen Darstellungen von Maßen zur Beschreibung der Stärke einer Beziehung zwischen zwei Variablen sind wir immer davon ausgegangen, daß beide Variablen gleich skaliert sind. Oftmals wollen wir jedoch auch die Stärke einer Beziehung zwischen zwei nicht gleichskalierten Variablen bestimmen. Ein Koeffizient, der zur Beschreibung solcher Beziehungen verwendet werden kann, ist der Koeffizient Eta-Quadrat (η^2).

7.2.1 Der Koeffizient Eta-Quadrat (η^2)

Eta-Quadrat ist ein von PEARSON entwickelter Koeffizient, der für Beziehungsanalysen zwischen nominalen/ordinalen und metrischen Variablen verwendet werden kann. Zu beachten ist bei seiner Anwendung nur, daß die abhängige Variable Y immer metrisch skaliert sein muß. Die unabhängige Variable X kann nominal, ordinal oder selbst auch metrisch skaliert sein. Eine wesentliche Eigenschaft von η^2 besteht darin, daß seine Anwendung keine Vorannahme über die Linearität der Beziehung benötigt, d.h. er kann sowohl für lineare als auch für kurvilineare Beziehungen verwendet werden. η^2 kann Werte zwischen "0" und "1" annehmen, wobei der Wert "1" eine perfekte lineare oder kurvilineare Beziehung bezeichnet, und der Wert "0" keine lineare oder kurvilineare Beziehung.

Der Koeffizient η^2 ist durch folgende Formel definiert:

$$\eta^2 = \frac{\sum_{i=1}^{N} (y_i - \bar{y})^2 - \sum_{j=1}^{k} \sum_{i=1}^{nj} (y_{ij} - y_j)^2}{\sum_{i=1}^{N} (y_i - \bar{y})^2}$$

Erläuterung: "k" beschreibt die Anzahl der verschiedenen Merkmalsausprägungen der Variable X. Bei der Doppelsumme ($\sum \sum$) im Zähler der

Gleichung wird zunächst über die Werte jeder einzelnen Gruppe summiert und anschließend über die Summenwerte aller Gruppen. (Wir werden diese Vorgehensweise später an einem Beispiel demonstrieren).

Wie die Koeffizienten Lambda, Gamma und r^2 kann auch η^2 auf der Basis des Modells der proportionalen Fehlerreduktion interpretiert werden. Die für dieses Modell grundlegende Vorgehensweise besteht, wie bereits schon mehrfach dargelegt, in der Definition von zwei Fehlern E_1 und E_2 und der daraus abgeleiteten Formel zur Berechnung der proportionalen Fehlerreduktion, so daß:

$$\eta^2 = \frac{E_1 - E_2}{E_1}$$

Wie sind diese Fehler nun definiert? Sagen wir auf der Basis der Verteilung der Variablen Y das arithmetische Mittel (y) als Merkmalsausprägung einer Untersuchungseinheit voraus, so ist der Vorhersagefehler E_1 gleich der Gesamtvariation, also:

$$E_1 = \sum_{i=1}^{N} (y_i - \bar{y})^2$$

Sagen wir unter Kenntnis der gemeinsamen Verteilung der Variablen X und Y für eine Untersuchungseinheit, die bezüglich X die Ausprägung x_j besitzt, das arithmetische Mittel aller Y-Werte (y_j) in der Gruppe aller Untersuchungseinheiten voraus, die für die Variable X den Wert x_j besitzen, so ist der Fehler E_2 wie folgt bestimmt:

$$E_2 = \sum_{j=1}^{k} \sum_{i=1}^{nj} (y_{ij} - y_j)^2$$

Wir wollen die Berechnung von η^2 auf der Basis des Modells der proportionalen Fehlerreduktion nun an einem Beispiel aus unserer Beispielstichprobe demonstrieren. Als Beispiel wählen wir die beiden Variablen 'Milieu' und 'Semesterzahl'. Die nominal skalierte Variable 'Milieu' ist unsere unabhängige Variable, die metrisch skalierte Variable 'Semesterzahl' unsere abhängige Variable. Unsere Frage in bezug auf diese beiden Variablen könnte dann lauten: Zu welchem Anteil kann die Semesterzahl eines Studenten durch das Milieu, dem er entstammt, erklärt werden.

Zu einer ersten Übersicht geben wir zunächst die Kreuztabulierung dieser beiden Variablen an (Abb.7-20):

MILIEU-> / SEMESTER	Count	Unterschicht 1	Mittelschicht 2	Oberschicht 3	Row Total
	1	1	3		4
	3		8		8
	4	1			1
	5		3	1	4
	6		1		1
	7		4		4
	8		2		2
	9		1		1
	15		1	1	2
	Column	2	23	2	27

Abb.7-20 Kreuztabulierung der beiden Variablen 'Milieu' und 'Semesterzahl' der Beispielstichprobe

Um für diese beiden Variablen die Stärke der Beziehung durch η^2 zu berechnen, müssen wir in einem ersten Schritt zunächst einmal die Mittelwerte für alle Werte der Variablen 'Semesterzahl' ($\bar{y}$), für die Werte der Variablen 'Semesterzahl', auf die das Merkmal 'Unterschicht' ($\bar{y}_U$), das Merkmal 'Mittelschicht' ($\bar{y}_M$) und das Merkmal 'Oberschicht' ($\bar{y}_O$) zutrifft, berechnen. Die Gesamtanzahl der Fälle beträgt N = 27, für die einzelnen Gruppen $n_U = 2$, $n_M = 23$ und $n_O = 2$.

$$\bar{y} = \frac{1 + 1(4) + 3(1) + 8(3) + 3(5) + 1(6) + 4(7) + 2(8) + 1(9) + 1(15) + 1(5) + 1(15)}{27}$$

$$= \frac{1 + 4 + 3 + 24 + 15 + 6 + 28 + 16 + 9 + 15 + 5 + 15}{27}$$

$$= \frac{141}{27} = 5{,}22$$

$$\bar{y}_U = \frac{1(1) + 1(4)}{2}$$

$$= \frac{1 + 4}{2}$$

$$= \frac{5}{2} = 2{,}5$$

$$\bar{y}_M = \frac{3(1) + 8(3) + 3(5) + 1(6) + 4(7) + 2(8) + 1(9) + 1(15)}{23}$$

$$= \frac{3 + 24 + 15 + 6 + 28 + 16 + 9 + 15}{23}$$

$$= \frac{116}{23} = 5{,}04$$

$$\bar{y}_O = \frac{1(5) + 1(15)}{2}$$

$$= \frac{5 + 15}{2}$$

$$= \frac{20}{2} = 10$$

Nach der Berechnung der einzelnen Mittelwerte $\bar{y} = 5{,}22$, $\bar{y}_U = 2{,}5$, $\bar{y}_M = 5{,}04$ und $\bar{y}_O = 10$ besteht der nächste Rechenschritt nun darin, die einzelnen Variationen zu berechnen, d.h. die Gesamtvariation $\sum (y_i - \bar{y})^2$, die Variationen für y_i bezüglich der Merkmalsausprägungen der Variablen X 'Unterschicht' $\sum (y_i - \bar{y}_U)^2$, 'Mittelschicht' $\sum (y_i - \bar{y}_M)^2$ und 'Oberschicht' $\sum (y_i - \bar{y}_O)^2$. Wir werden diese Berechnungen anhand zweier Arbeitstabellen (Abb.7-21/1 und Abb.7-21/2) durchführen.

y_i	$x_U(f_i)$	$x_M(f_i)$	$x_O(f_i)$	$f_i(y_i - \bar{y})$	$f_i(y_i - \bar{y})^2$	$f_i(y_i - \bar{y}_U)$	$f_i(y_i - \bar{y}_U)^2$
1	1	3	0	4(-4,22)	71,23	1(-1,5)	2,25
3	0	8	0	8(-2,22)	39,43	0	0
4	1	0	0	1(-1,22)	1,49	1(-1,5)	2,25
5	0	3	1	4(-0,22)	0,19	0	0
6	0	1	0	1(0,78)	0,61	0	0
7	0	4	0	4(1,78)	12,67	0	0
8	0	2	0	2(2,78)	15,46	0	0
9	0	1	0	1(3,78)	14,29	0	0
15	0	1	1	2(9,78)	191,23	0	0
$\sum$	2	23	2		346,6		5

Abb.7-21/1 Arbeitstabelle zur Berechnung der Variationen der Variablen 'Semesterzahl' bezüglich der Merkmalsausprägungen der Variablen 'Milieu'

y_i	$x_U(f_i)$	$x_M(f_i)$	$x_O(f_i)$	$f_i(y_i - \bar{y}_M)$	$f_i(y_i - \bar{y}_M)^2$	$f_i(y_i - \bar{y}_O)$	$f_i(y_i - \bar{y}_O)^2$
1	1	3	0	3(-4,04)	48,96	0	0
3	0	8	0	8(-2,04)	33,29	0	0
4	1	0	0	0	0	0	0
5	0	3	1	3(-0,04)	0,005	1(-5)	25
6	0	1	0	1(0,96)	0,92	0	0
7	0	4	0	4(1,96)	15,37	0	0
8	0	2	0	2(2,96)	17,52	0	0
9	0	1	0	1(3,96)	15,68	0	0
15	0	1	1	1(9,96)	99,20	1(5)	25
Σ	2	23	2		230,95		50

Abb.7-21/2 Arbeitstabelle zur Berechnung der Variationen der Variablen 'Semesterzahl' bezüglich der Merkmalsausprägungen der Variablen 'Milieu'

Anhand der beiden Arbeitstabellen haben wir folgende zur Berechnung von η^2 erforderlichen Variationen ermittelt:

$$\Sigma (y_i - \bar{y})^2 = \Sigma (y_i - 5{,}22)^2 = 346{,}6$$

$$\Sigma (y_i - \bar{y}_U)^2 = \Sigma (y_i - 2{,}5)^2 = 5$$

$$\Sigma (y_i - \bar{y}_M)^2 = \Sigma (y_i - 5{,}04)^2 = 230.95$$

$$\Sigma (y_i - \bar{y}_O)^2 = \Sigma (y_i - 10)^2 = 50$$

Aufgrund dieser Variationen können wir nun η^2 als ein auf dem Modell der proportionalen Fehlerreduktion basierendes Beziehungsmaß errechnen. Zunächst berechnen wir E_1:

$$E_1 = \Sigma (y_i - \bar{y})^2 = 346{,}6 \text{ (Gesamtvariation)}$$

E_2 berechnet sich aus der Summe der Gruppenvariationen:

$$\begin{aligned} E_2 &= \Sigma (y_i - \bar{y}_U)^2 + \Sigma (y_i - \bar{y}_M)^2 + \Sigma (y_i - \bar{y}_O)^2 \\ &= 5 + 230{,}95 + 50 \\ &= 285{,}95 \end{aligned}$$

Daraus folgernd ergibt sich dann für η^2:

$$\eta^2 = \frac{E_1 - E_2}{E_1} = \frac{346{,}6 - 285{,}95}{346{,}6} = \frac{60{,}65}{346{,}6} = 0{,}175$$

Dieser Wert von $\eta^2 = 0{,}175$ ist als Maß der proportionalen Fehlerreduktion folgendermaßen zu interpretieren: Gegenüber der Vorhersage eines Wertes der abhängigen Variable 'Semesterzahl' auf ihrer eigenen Verteilung reduziert sich der Fehler, den wir begehen, wenn wir die Information über die gemeinsame Verteilung der Variablen 'Semesterzahl' und 'Milieu' ausnutzen um 17,5%. Oder anders ausgedrückt: der Wert von $\eta^2 = 0{,}175$ kennzeichnet den Anteil der Gesamtvariation, der dadurch erklärt wird, daß für jedes x_j das arithmetische Mittel der Werte der Variablen 'Semesterzahl' (y) innerhalb der durch x_j bestimmten Gruppe vorhergesagt wird.

Wollen wir nur die Stärke der Beziehung zwischen unseren beiden Variablen ermitteln, so können wir dies durch η ausdrücken, d.h. durch Ziehen der Quadratwurzel aus η^2. Dies ergibt für unser Beispiel:

$$\eta = \sqrt{\eta^2} = \sqrt{0{,}175} = 0{,}42$$

η kann Werte zwischen "0" und "1" annehmen, wobei der Wert "0" keine und der Wert "1" eine perfekte Beziehung bezeichnet. In unserem Beispiel haben wir es so mit einer moderaten Beziehung zu tun.

Abschließend wollen wir noch die Beziehungen ansprechen, die zwischen r^2 und η^2 bestehen. Vergleichen wir bspw. die Werte dieser beiden Koeffizienten für zwei zueinander in Beziehung gesetzte Variablen miteinander, so können wir feststellen, ob die sie determinierende Beziehung linear oder kurvilinear ist.

Allgemein gilt, daß η^2 stets größer oder gleich r^2 ist. Die Differenz zwischen η^2 und r^2 ist als ein Maß für die Kurvilinearität einer Beziehung zu interpretieren, d.h. als ein Maß für das Abweichen von einer linearen Beziehung. Das heißt: Je größer die Differenz zwischen den beiden Koeffizienten ist, desto eher ist die Annahme gerechtfertigt, daß wir es mit einer kurvilinearen Beziehung zwischen den beiden Variablen zu tun haben.

Wir wollen diese Überprüfung an unserem Beispiel durchführen. SPSS errechnet uns für die beiden Variablen eine r_2-Wert von $r_2 = 0{,}162$. Bilden wir die Differenz der beiden Koeffizienten, d.h. $\eta^2 - r^2 = 0{,}175 - 0{,}162$, so erhalten wir einen Wert von 0,013. Dieser Wert kann dahingehend interpretiert werden, daß zwischen den Variablen 'Milieu' und 'Semesterzahl' berechtigterweise eine lineare Beziehung angenommen werden kann.

7.3 Literatur

BENNINGHAUS, Hans (1976): Deskriptive Statistik (2.durchgeseh.Aufl.). Stuttgart: Teubner

BENNINGHAUS, Hans (1990): Einführung in die sozialwissenschaftliche Datenanalyse. München, Wien: Oldenbourg

BLALOCK, Hubert M. (1985): Social Statistics (2nd.rev.ed.). Singapore u.a.: McGraw-Hill

GUJARATI, Damodar N. (1988): Basic Econometrics (2nd.ed.). New York u.a.: McGraw-Hill

HAYS, William L. (1973): Statistics for the Social Sciences (2nd.ed.). London u.a.: Holt, Rinehart and Winston

LINDER, Arthur; BERCHTOLD, Willi (1982-II): Statistische Methoden II. Varianzanalyse und Regressionsrechnung. Basel u.a.: Birkhäuser

MAYER, Horst (1989): Beschreibende Statistik (2.durchgeseh.Aufl.). München, Wien: Hanser

WONNACOTT, Ronald J.; WONNACOTT, Thomas H. (1985): Introductory Statistics (4th.ed.). New York u.a.: Wiley & Sons

8.0 Multivariate Datenanalyse

8.1 Einführende Vorbemerkung

In den drei vorangegangenen Kapiteln haben wir Methoden der Datenanalyse und Datenpräsentation für eine einzelne (univariate Datenanalyse) und für zwei Variablen (bivariate Datenanalyse) behandelt. Wie wir jedoch bereits in unserem Kapitel zu den 'Grundlagen der Theoriebildung in den Sozialwissenschaften' (Kap.2) ausgeführt haben, beinhalten sozialwissenschaftliche Theorien in der Regel mehr als nur eine Hypothese über den Zusammenhang von zwei Variablen. Eine sozialwissenschaftliche Theorie stellt vielmehr ein Hypothesengeflecht dar, das Annahmen über die Beziehung mehrerer Variablen zueinander beinhaltet. Um dieser auf theoretischer Basis entwickelten Konzeption von Theorie auch in der empirischen Überprüfung Rechnung tragen zu können, ist es erforderlich, Analysemethoden anzuwenden, die mehr als nur die Analyse von einer oder zwei Variablen zum Inhalt haben. Solche Analysemethoden werden als Methoden der multivariaten Datenanalyse bezeichnet.

Im Gegensatz zu den Methoden der uni- und bivariaten Datenanalyse beruhen die Methoden der multivariaten Datenanalyse jedoch nicht auf einheitlichen, überwiegend einfachen, leicht verständlichen und abgesicherten methodischen Rechenverfahren (Algorithmen), sondern sind durch eine Vielzahl unterschiedlicher Verfahren und Berechnungsmethoden bestimmt.

Alle diese Verfahren und die sie jeweils beinhaltenden unterschiedlichen Berechnungsverfahren in diesem Buch darstellen zu wollen, würde jedoch sowohl den Rahmen dieses Buches sprengen als auch seinen Charakter als Einführung in Abrede stellen. Wir werden uns deshalb in diesem Kapitel auf einen kursorischen Überblick über die in der sozialwissenschaftlichen Datenanalyse am häufigsten verwendeten Verfahren der multivariaten Datenanalyse beschränken und dabei auch nur einige wenige zumindest in ihren Grundzügen darstellen. Für den Leser, der sich ausführlicher über die in diesem Kapitel dargestellten bzw. nur angesprochenen Verfahren informieren möchte, sei auf die jeweiligen Literaturangaben zu den einzelnen Verfahren hingewiesen.

8.2 Multivariate Verfahren der Datenanalyse: Grundlagen, Problemstellung und Klassifikation

Die grundlegende Idee, die allen multivariaten Verfahren der Datenanalyse zugrundeliegt, besteht in der Einbeziehung aller problemrelevanten Variablen in die Datenanalyse und ihrer gleichzeitigen Analyse. Mit der Formulierung 'gleichzeitige Analyse' ist dabei gemeint, daß die Vielzahl von Einflüssen und Wechselbeziehungen zwischen den Merkmalsausprägungen der in die Analyse einbezogenen Variablen *gleichzeitig* untersucht und zu einem gemeinsamen Resultat verarbeitet werden. Neben dieser für alle multivariaten Verfahren bestehenden Gemeinsamkeit bestehen jedoch oftmals beträchtliche Unterschiede zwischen den einzelnen Verfahren, sei dies in bezug auf die erforderlichen Meßniveaus der Variablen oder in bezug auf deren Anwendungsfelder und Problemstellungen.

Grundsätzlich lassen sich die verschiedenen Verfahren nach folgenden Gesichtspunkten unterscheiden [HELLMUND, KLITZSCH, SCHUMANN 1992:298f]:

1. Verfahren, die endogene Variablen durch den Einfluß exogener Variablen erklären (Dependenzanalyse) oder Verfahren, die die Wechselbeziehungen zwischen den einbezogenen Variablen untersuchen (Interdependenzanalyse);
2. Verfahren, deren Untersuchung auf Variablen gerichtet sind und deren Zielsetzung in der Analyse von Zusammenhängen zwischen diesen bestimmt ist, und Verfahren, deren Untersuchung auf Objekte gerichtet sind und deren Zielsetzung im Auffinden von Gemeinsamkeiten/ Unterschieden der Objekte besteht;
3. Verfahren, deren Anwendung ein bestimmtes Meßniveau der Variablen erfordern; und
4. Verfahren, die konfirmatorischen Charakter besitzen (strukturüberprüfende Verfahren), und Verfahren, die explorativen Charakter besitzen (strukturentdeckende Verfahren).

Auf der Grundlage der Klassifizierung multivariate Methoden der Datenanalyse in strukturüberprüfende und in strukturentdeckende Verfahren, finden innerhalb der modernen Datenanalyse insbesondere folgende angeführten Verfahren Verwendung:

1. Strukturüberprüfende Verfahren:
   - Multiple Regression
   - Kausalanalyse
   - Varianzanalyse
   - Diskriminanzanalyse
   - Kontingenzanalyse
   - Conjoint-Analyse
2. Strukturentdeckende Verfahren:
   - Clusteranalyse
   - Faktorenanalyse
   - Multidimensionale Skalierung
   - Korrespondenzanalyse

8.2.1 Strukturüberprüfende Verfahren in der multivariaten Datenanalyse

Als strukturüberprüfende Verfahren in der multivariaten Datenanalyse werden alle solchen Verfahren bezeichnet, "deren primäres Ziel in der *Überprüfung von Zusammenhängen* zwischen Variablen liegt" [BACKHAUS et.al. 1989:XIII]. Dies bedeutet, daß der Anwender solcher Verfahren, schon vor ihrer Anwendung sachlogische oder theoretische Annahmen über die Zusammenhänge zwischen den Variablen aufgestellt hat. Solche Verfahren werden folglich dazu verwendet, Theorien anhand von empirisch erhobenen (konstruierten) Daten zu überprüfen. Diese Verfahren sind deshalb auch der konfirmatorischen Datenanalyse zuzuordnen.

8.2.1.1 Multiple Regression

Das statistische Modell der multiplen Regression ist eine Erweiterung des Modells der Regression für zwei metrisch skalierte Variablen, wie wir es in Kapitel 7 vorgestellt haben, um eine oder mehrere Variablen. Der grundlegende Gedanke dieses Modells besteht in dem funktionellen Ansatz, daß eine abhängige (endogene) Variable y als Funktion mehrerer unabhängiger (exogener) Variablen $x_1,\ldots,x_n$ betrachtet wird. In den meisten Fällen wird dabei von einer linearen Beziehung ausgegangen, so daß dieser Ansatz wie folgt symbolisiert angegeben werden kann:

$$y = b_1x_1 + b_2x_2 + \ldots + b_nx_n + a$$

Verdeutlichen wir uns diesen Ansatz an dem fallreduzierten Beispiel aus unserer Beispielstichprobe, in dem wir die Beziehung zwischen den Variablen 'tägliche Arbeitszeit für das Studium' (abhängige Variable) und 'Semesterzahl' (unabhängige Variable) analysierten. Für diese Beziehung errechnete uns SPSS eine Regressionsgleichung (vgl. Abb.7-11) mit:

$$y^* = 0{,}61x + 0{,}1$$

Der Korrelationswert für diese Beziehung betrug $r = 0{,}83472$ und der Wert für r^2 betrug $r^2 = 0{,}69676$. Das heißt, daß die unabhängige Variable 'Semesterzahl' rund 70% der Variablen 'tägliche Arbeitszeit für das Studium' erklärte.

Durch Hinzunahme einer weiteren Variablen, bspw. der Variablen 'monatlich zur Verfügung stehendes Einkommen', können wir überprüfen, ob diese Variable zu einer Verbesserung der Erklärung der Variablen 'tägliche Arbeitszeit für das Studium' beiträgt.

Die Hinzunahme einer dritten Variablen zu unserem Zwei-Variablen-Modell führt uns von der einfachen Regressionsanalyse zur multiplen Regressionsanalyse. Behalten wir weiter die Annahme der Linearität bei, so erhalten wir für unsere drei Variablen folgende allgemeine Gleichung, wobei x_1 die Variable 'Semesterzahl' und x_2 die Variable 'monatlich zur Verfügung stehendes Einkommen' symbolisiert:

$$y = b_1x_1 + b_2x_2 + a$$

Analog zum Modell der einfachen Regressionsanalyse besteht unsere Aufgabe bei der multiplen Regressionsanalyse in *der* Bestimmung der Parameter a, b_1 und b_2 bei der die Summe der quadrierten Abweichungen minimiert wird.

Führen wir diese Ermittlung mit SPSS durch, so erhalten wir folgende Werte (Abb.8-1, 8-2, 8-3 und 8-4):

------------------ Variables in the Equation ----------

Variable	B	SE B	Beta	T	Sig T
SEMESTER	.60798	.23157	.83472	2.625	.0786
(Constant)	.10094	1.96221		.051	.9622

Abb.8-1 Statistische Maße der Variablen in der Regressionsgleichung (unabhängige Variable 'Semesterzahl') (fallreduziertes Beispiel)

```
Multiple R             .83472
R Square               .69676
Adjusted R Square      .59568
Standard Error        2.13749

F =        6.89306         Signif F =  .0786
```

Abb.8-2 Gütemaße der Regressionsgleichung (unabhängige Variable 'Semesterzahl) (fallreduziertes Beispiel)

```
----------------- Variables in the Equation ----------
Variable            B        SE B      Beta           T   Sig T

SEMESTER        .53217    .19990    .73064      2.662   .1169
EINKOM         -.02083    .01375   -.41577     -1.515   .2690
(Constant) 20.03826 13.26245                    1.511   .2699
```

Abb.8-3 Statistische Maße der Variablen in der Regressionsgleichung (unabhängige Variablen 'Semesterzahl' und 'monatlich zur Verfügung stehendes Einkommen') (fallreduziertes Beispiel)

```
Multiple R             .92671
R Square               .85879
Adjusted R Square      .71758
Standard Error        1.78642

F =        6.08174         Signif F =  .1412
```

Abb.8-4 Gütemaße der Regressionsgleichung (unabhängige Variablen 'Semesterzahl' und 'monatlich zur Verfügung stehendes Einkommen') (fallreduziertes Beispiel)

Wie sind diese durch SPSS erzeugten Werte zu lesen und zu interpretieren? In den Abbildungen Abb.8-1 und Abb.8-2 sind noch einmal die Werte der Regressionsgleichung für die abhängige Variable 'tägliche Arbeitszeit für das Studium' und die unabhängige Variable 'Semesterzahl' angegeben sowie die Stärke der Beziehung zwischen diesen beiden Variablen. Der Wert r^2 = 0,69676 sagt dabei aus, daß rund 70% der Variablen 'tägliche Arbeitszeit für das Studium' durch die Variable 'Semesterzahl' erklärt werden.

Durch die Hinzunahme der Variable 'monatlich zur Verfügung stehendes Einkommen' wollen wir untersuchen, ob diese Variable zu einer Verbesserung der Erklärung der Variable 'tägliche Arbeitszeit für das

Studium' beiträgt. Aus der Abbildung Abb.8-3 ergibt sich für diese drei Variablen folgende Regressionsgleichung:

$$y^* = 0{,}53x_1 - 0{,}2x_2 + 20{,}01$$

Für diese Regressionsgleichung erhalten wir einen r^2-Wert (Abb.8-4) von $r^2 = 0{,}86$. Vergleichen wir diesen Wert mit dem r^2-Wert für zwei Variablen (Abb.8-2), der $r^2 = 0{,}70$ betrug, so können wir schlußfolgern, daß die Hinzunahme der Variable 'monatlich zur Verfügung stehendes Einkommen' zu einer Erhöhung der Erklärung der Variable 'tägliche Arbeitszeit für das Studium' um rund 16% beiträgt.

Mit diesem Resultat sind die Analysen im Rahmen der multiplen Regression natürlich noch nicht abgeschlossen. Wir haben nur an einem Beispiel, das dazu nur fünf Untersuchungseinheiten beinhaltet, die elementaren Grundzüge der multiplen Regression erläutert.[1] Für eine eingehendere Beschäftigung mit dem Modell der multiplen Regression sei der Leser auf BORTZ [BORTZ 1989:550ff], GUJARATI [GUJARATI 1988:165ff], LINDER und BERCHTOLD [LINDER, BERCHTOLD 1982-III:155ff], MAXWELL [MAXWELL 1977:70ff] sowie ZELLER und CARMINES [ZELLER, CARMINES 1978:150ff] verwiesen.

8.2.1.2 Kausalanalyse

Die multivariaten Verfahren der Kausalanalyse beinhalten die Überprüfung kausaler Abhängigkeiten zwischen den Variablen eines Datensatzes und rekurrieren im allgemeinen auf Regressionsmodellen. Eine solche Kausalanalyse kann mit unterschiedlichen Verfahren durchgeführt werden [SARIS, STRONKHORST 1984:286ff]: der Kreuztabellen-Analyse, der Korrelations-Analyse, der Pfadanalyse, dem ökonometrischen Ansatz oder mit LISREL (Linear Structural Relationships).

Allen diesen Verfahren ist vor ihrer Anwendung eine intensive Überlegung über die Beziehungen zwischen den Variablen vorzuschalten. Denn erst auf der Basis eines theoretisch fundierten Hypothesensystems kann mit Hilfe der Kausalanalyse überprüft werden, ob die theoretisch behaupteten Beziehungen (theoretische Postulate) zwischen den Variablen mit den empirisch gewonnenen Daten (Datensatz) übereinstimmen.

---

1 Ein praktisches Beispiel der Anwendung des Verfahrens der Multiplen Regression in der Politikwissenschaft gibt TUFTE [TUFTE 1974:135ff].

Ein solches theoretisch fundiertes Hypothesensystem, das kausale Beziehungen zwischen Variablen beinhaltet, wobei diese direkt oder nicht direkt beobachtbar sein können, stellt, wie wir aus Kapitel 2 wissen, die logische Grundstruktur einer sozialwissenschaftlichen Theorie dar. Kausalanalysen können deshalb als die grundlegenden Verfahren zur Überprüfung von Theorien bezeichnet werden.

Der innerhalb der Wissenschaftstheorie kontrovers diskutierte Begriff der 'Kausalität' ist in diesen Kausalanalysen, die auf der Grundlage von sogenannten Kausalmodellen durchgeführt werden, wie folgt bestimmt: Eine Variable X ist dann eine direkte Ursache der Variablen Y ($X \rightarrow Y$), wenn eine Veränderung von Y durch eine Veränderung von X hervorgerufen wird und alle anderen Variablen, die nicht von Y kausal abhängen, in einem Kausalmodell konstant gehalten werden (vgl. dazu und eingehender [ALKER 1965; ASHER 1976; BLALOCK 1964, 1968, 1969; DUNCAN 1975 und SIMON 1957, 1968]). Für den wissenschaftstheoretisch interessierten Leser sei in diesem Zusammenhang darauf hingewiesen, daß diese Bestimmung von 'Kausalität' als eine sehr 'weiche' Definition aufgefaßt werden kann. Denn im Gegensatz zu der angeführten Definition ist bspw. die Kausalitätsdefinition von STEGMÜLLER [STEGMÜLLER 1960] um einiges restriktiver, fordert sie doch mindestens ein deterministisches, in der Regel quantitatives Ablaufgesetz als Bestandteil kausaler Erklärungen.

In der Kausalanalyse werden nun Modelle, sogenannte Kausalmodelle, die die erstgenannte Definition von Kausalität zu Grundlage haben, entwickelt, um die Beziehungen zwischen Variablen (kausale Effekte) zu erfassen. Solche Kausalmodelle haben folgende Bedingungen zu erfüllen [HUMMEL, ZIEGLER 1976:21f]:

1. Alle für die Problemstellung expliziten Variablen müssen berücksichtigt werden. Diese expliziten Variablen sind in exogene und endogene Variablen zu unterscheiden.
2. Die Hypothesen über die Struktur und die Art (funktionelle Abhängigkeit) der kausalen Beziehungen zwischen den expliziten Variablen sind zu spezifizieren.
3. Werden nicht alle für die Problemstellung relevanten Variablen im Kausalmodell explizit berücksichtigt, so sind Annahmen über das Verhalten dieser nicht berücksichtigten Variablen zu formulieren. Nicht berücksichtigte Variablen sind implizite Faktoren, Residuen oder "Irrtums"-Variablen im Kausalmodell.

Die mittels eines solchen Kausalmodells aufgestellten kausalen Beziehungen zwischen den expliziten Variablen werden durch ein lineares

Gleichungssystem beschrieben. In diesem Gleichungssystem stellt jede Gleichung jeweils eine endogene Variable in Abhängigkeit von anderen exogenen Variablen, eventuell auch endogenen Variablen und einem zusätzlichen Term dar, in dem die Wirkungen aller impliziter Faktoren auf die jeweilige endogene Variable zusammengefaßt sind.

Das Ziel der Kausalanalyse besteht dann darin, die Koeffizienten dieses Gleichungssystems, in denen Richtung und Stärke der Beziehungen zum Ausdruck kommen, zu bestimmen.

Da die Beziehungen zwischen den Variablen a priori festgelegt werden, ist es von Vorteil, diese zunächst in Form eines Pfaddiagramms festzuhalten.

Ein Verfahren, um eine solche Kausalanalyse vorzunehmen, ist das eingangs schon erwähnte Verfahren LISREL. Wir werden an dieser Stelle nur eine kurze Einführung in die Grundkonzeption dieses Verfahrens vornehmen. Wer sich für das in der empirischen Sozialforschung nicht mehr sehr häufig verwendete Verfahren der Pfadanalyse interessiert, sei für einen ersten Überblick auf die grundlegende Arbeit von DUNCAN [DUNCAN 1966] hingewiesen.

LISREL

LISREL ist ein von JÖRESKOG [JÖRESKOG 1973] entwickelter Ansatz und gleichnamiges Statistikprogramm [JÖRESKOG, SÖRBOM 1983] für die Analyse linearer Strukturgleichungsmodelle mit nicht direkt beobachtbaren Variablen, d.h. theoretischen Konstrukten.

Gegenüber der hier nicht dargestellten Pfadanalyse besteht die Besonderheit von LISREL darin, daß mit seiner Hilfe nicht nur Beziehungen zwischen direkt beobachtbaren Variablen überprüft werden können, sondern auch Beziehungen zwischen nicht direkt beobachtbaren Variablen, d.h. zwischen theoretischen Konstrukten. Daneben ist LISREL explizit zur Untersuchung von Kausalzusammenhängen entwickelt worden, während die Pfadanalyse primär nur auf der Analyse von Korrelationen zwischen Variablen beruht und dabei keine eindeutige Kausalstruktur behauptet wird [HOLM 1977:58].

Betrachten wir zunächst die Grundkonzeption des LISREL-Verfahrens:

1. Die aufgrund theoretischer Vorüberlegungen aufgestellten Kausalbeziehungen zwischen latenten Variablen (exogene und endogene) werden in einem Strukturmodell (Kausaldiagramm) abgebildet.
2. Für die endogenen und exogenen Variablen im Strukturmodell werden Meßmodelle formuliert.

Ein vollständiges LISREL-Modell besteht daraus folgernd aus einem Strukturmodell und den Meßmodellen für die exogenen und endogenen Variablen.

Verdeutlichen wir uns das bisher Gesagte an einem Beispiel.[2] Wir stellen in diesem Beispiel die Hypothese auf, daß die gewünschte Schulbildung des Kindes sowohl durch unsere eigene Schulbildung als auch durch unseren sozioökonomischen Status kausal erklärt werden kann. Wir haben es folglich mit drei Variablen zu tun: Die Variable 'Schulbildung des Kindes' ist dabei die endogene Variable, die Variable 'eigene Schulbildung' die exogene Variable. Die Variable 'sozioökonomischer Status' ist in erster Hinsicht eine exogene Variable, da von ihr aus ein kausaler Effekt auf die Variable 'Schulbildung des Kindes' behauptet wird. Da mit der Variable 'eigene Schulbildung' aber auch ein kausaler Effekt auf die Variable 'sozioökonomischer Status' behauptet wird, stellt die Variable 'sozioökonomischer Status' im Gesamtsystem dieser drei Variablen eine endogene Variable dar. Verdeutlichen wir uns das Beziehungsgefüge dieser drei Variablen in einem Kausaldiagramm (Abb.8-5) (Die Pfeile symbolisieren die Richtung des kausalen Effekts):

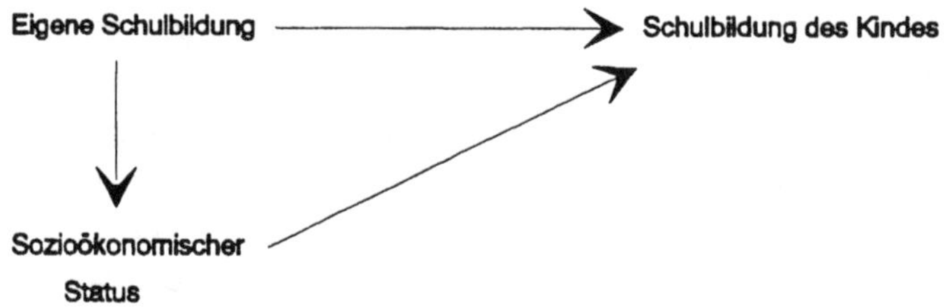

Abb.8-5 Kausaldiagramm für die drei Variablen 'eigene Schulbildung', 'sozioökonomischer Status' und 'Schulbildung des Kindes'

Innerhalb dieses Kausalmodells sind die Variablen 'eigene Schulbildung' und 'Schulbildung des Kindes' direkt beobachtbare Variablen. Wir postulieren, daß diese Variablen halbwegs intervallskaliert sind (streng genommen sind sie ordinal skaliert). Die Variable 'sozioökonomischer Status' dagegen ist eine nicht direkt beobachtbare Variable, d.h. ein theoretisches Konstrukt. Für ein vollständiges LISREL-Modell ist es deshalb erforderlich, für diese Variable ein Meßmodell zu entwickeln,

2 Dieses Beispiel haben wir [GRAFF 1989:275ff] entnommen.

d.h. Indikatoren anzugeben, die diese Variable anzeigen. Wir geben folgende Indikatoren für die Variable 'sozioökonomischer Status' an: Haushaltseinkommen, Berufsprestige und Schichteinstufung. Daraus ergibt sich folgendes Meßmodell (Abb.8-6):

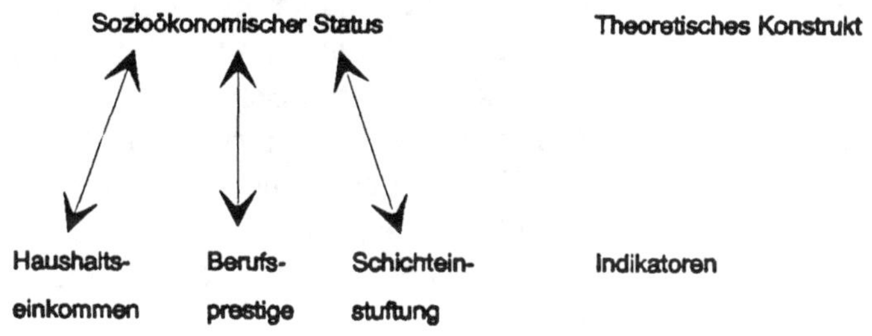

Abb.8-6 Meßmodell für die Variable 'sozioökonomischer Status'

Bevor wir nun das vollständige LISREL-Modell angeben, werden wir zunächst die in LISREL verwendeten Notationen der einzelnen Modellelemente vorstellen [GRAFF 1989:278]:

1. Die exogenen Variablen werden mit den griechischen Buchstaben $\xi_1 \ldots \xi_n$ bezeichnet. Sind die exogenen Variablen theoretische Konstrukte, so werden die sie anzeigenden Indikatoren mit $x_1 \ldots x_q$ bezeichnet. Die Meßfehler dieser Indikatoren werden mit $\delta_1 \ldots \delta_q$ bezeichnet.
2. Die endogenen Variablen werden mit den griechischen Buchstaben $\eta_1 \ldots \eta_m$ bezeichnet. Die Residuen der endogenen Variablen werden mit $\varsigma_1 \ldots \varsigma_m$ bezeichnet. Sind die endogenen Variablen theoretische Konstrukte, so werden die sie anzeigenden Indikatoren mit $y_1 \ldots y_p$ und die dazugehörigen Meßfehler mit $\epsilon_1 \ldots \epsilon_p$ bezeichnet.

Für unser vollständiges LISREL-Modell ergeben sich folgende die Variablen bezeichnenden Modellelemente:

$\xi_1 = x_1 =$	'eigene Schulbildung' (exogene, direkt beobachtbare Variable)
$\delta_1 =$	Meßfehler des Indikators für 'eigene Schulbildung'
$\eta_1 =$	'sozioökonomischer Status' (endogene, nicht direkt beobachtbare Variable)
$\varsigma_1 =$	Residuum der Variable 'sozioökonomischer Status'

y_1 =	Indikator 'Haushaltseinkommen' für die Variable 'sozioökonomischer Status'
ϵ_1 =	Meßfehler des Indikators 'Haushaltseinkommen'
y_2 =	Indikator 'Berufsprestige' für die Variable 'sozioökonomischer Status'
ϵ_2 =	Meßfehler des Indikators 'Berufsprestige'
y_3 =	Indikator 'Schichteinstufung' für die Variable 'sozioökonomischer Status'
ϵ_3 =	Meßfehler des Indikators 'Schichteinstufung'
$\eta_2 = y_4$ =	'Schulbildung des Kindes' (endogene, direkt beobachtbare Variable)
ς_2 =	Residuum der Variable 'Schulbildung des Kindes'
ϵ_4 =	Meßfehler des Indikators für 'Schulbildung des Kindes'

Unter Verwendung der LISREL-spezifischen Notation kann das vollständige LISREL-Modell unseres Beispiels nun formal wie folgt dargestellt werden (Abb.8-7):

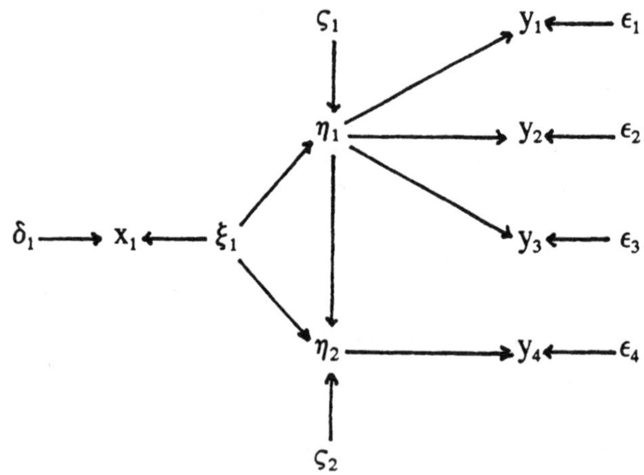

Abb.8-7 Vollständiges formales LISREL-Modell

Im Rahmen des LISREL-Verfahrens gilt es nun, die im formalen LISREL-Modell aufgestellten Beziehungen in ein lineares Gleichungssystem zu überführen. Dazu ist es zunächst erforderlich einige weitere Notationen einzuführen.

Mit dem griechischen Buchstaben β bezeichnen wir einen kausalen Effekt von einer endogenen Variable auf eine andere endogene Variable. Spezifizieren wir diesen kausalen Effekt β durch Subskripte, so bezeichnet bspw. β_{21} den kausalen Effekt der endogenen Variable η_1 auf die endogene Variable η_2.

Mit dem griechischen Buchstaben γ bezeichnen wir einen kausalen Effekt von einer exogenen Variable auf eine endogene Variable. Spezifizieren wir diesen kausalen Effekt γ durch Subskripte, so bezeichnet bspw. γ_{21} den kausalen Effekt der exogenen Variable ξ_1 auf die endogene Variable η_2.

Neben den Variablenbeziehungen selbst, werden auch die einzelnen Indikatoren der jeweiligen Variablen in Gleichungen erfaßt. Die dafür verwendete Notation in LISREL lautet wie folgt: Die Ladung eines Indikators x oder y wird mit dem griechischen Buchstaben λ bezeichnet. Spezifizieren wir diese Ladung λ im Hinblick auf die Variablenart und den Indikator, so bezeichnet bspw. λy_{21} die Ladung des Indikators y_2 für die endogene Variable η_1.

Mit Hilfe dieser LISREL-spezifischen Notationen können wir nun die linearen Gleichungen für die Variablen und Indikatoren des vollständigen LISREL-Modells wie folgt angeben:

$$\eta_1 = \gamma_{11} * \xi_1 + \varsigma_1$$
$$\eta_2 = \beta_{21} * \eta_1 + \gamma_{21} * \xi_1 + \varsigma_2$$
$$y_1 = \lambda y_{11} * \eta_1 + \epsilon_1$$
$$y_2 = \lambda y_{21} * \eta_1 + \epsilon_2$$
$$y_3 = \lambda y_{31} * \eta_1 + \epsilon_3$$
$$y_4 = \lambda y_{42} * \eta_2 + \epsilon_4 = \eta_2, \text{ da } \lambda y_{42} = 1 \text{ und } \epsilon_4 = 0$$
$$x_1 = \lambda x_{11} * \xi_1 + \delta_1 = \xi_1, \text{ da } \lambda x_{11} = 1 \text{ und } \delta_1 = 0$$

Soll dieses Modell mit LISREL gerechnet werden, so kann dies nur unter Vorliegen folgender Voraussetzungen erfolgen:

1. Alle Variablen im Modell (exogene, endogene und Indikatoren) und ihrer postulierten Beziehungen müssen definiert sein.
2. Für alle Indikatoren und gegebenenfalls direkt beobachtbare Variablen müssen empirische Daten vorliegen, die intervall- oder zumindest aber ordinal skaliert sind.

Liegen diese Voraussetzungen vor, so kann LISREL die quantitative Struktur schätzen und Schlußfolgerungen darüber liefern, inwieweit das Modell durch die Daten bewährt oder aber modifiziert werden muß, bspw. durch Hinzufügen oder Wegnehmen problemrelevanter Variablen.

Zu beachten ist beim LISREL-Verfahren, daß die Berechnung nicht mit den Rohdaten der Datenmatrix erfolgt, sondern mit der aus dem empirischen Datensatz errechneten Kovarianzmatrix oder der Korrelationsmatrix.

Damit wollen wir unsere Ausführungen zur Kausalanalyse mit LISREL beenden. Es muß noch einmal darauf hingewiesen werden, daß unsere Ausführungen nur das Grundprinzip dieses Ansatzes betreffen. Für den an LISREL Interessierten empfehlen wir die Einführung in LISREL von SARIS und STRONKHORST [SARIS, STRONKHORST 1984], die diesen Ansatz an einem Beispiel in fast allen seinen Facetten durcharbeiten. Eine weitere beispielorientierte Einführung in LISREL geben auch PFEIFER und SCHMIDT [PFEIFER, SCHMIDT 1987]. Eine primär untechnische und zuweilen auch kritische Einführung in LISREL gibt JAGODZINSKI [JAGODZINSKI 1986]. Für den fortgeschrittenen Leser seien die Bücher über LISREL von BOLLEN [BOLLEN 1989] und HAYDUK [HAYDUK 1988] empfohlen.

8.2.1.3 Weitere strukturüberprüfende Verfahren

Die Varianzanalyse

Die Varianzanalyse ist ein Verfahren zur Untersuchung des Einflusses einer oder mehrerer nominalskalierter unabhängiger Variablen auf eine oder mehrere metrisch skalierter Variablen.

Wird mit der Regressionsanalyse versucht, einen vermuteten bzw. auch tatsächlich existierenden Zusammenhang zwischen Variablen zu erfassen und zu repräsentieren, so wird mit der Varianzanalyse lediglich erkundet, ob bestimmte Faktoren überhaupt einen Einfluß auf die abhängige(n) Variable(n) ausüben.

Geprüft wird bei der Varianzanalyse die Nullhypothese, in der behauptet wird, daß die Variabilität der Mittelwerte der jeweiligen Variablen aufgrund der Stichprobenziehung erklärt werden kann. Demgegenüber steht die Alternativhypothese, in der behauptet wird, daß die Variabilität der Mittelwerte der Variablen signifikant größer ist, als zu erwarten wäre.

Für einen ersten Einstieg in die Varianzanalyse verweisen wir auf BACKHAUS et.al. [BACKHAUS et.al. 1989:43-66], BORTZ [BORTZ 1989:713-725], BRAY und MAXWELL [BRAY, MAXWELL 1985], GLASER [GLASER 1978] und MARINELL [MARINELL 1990:24-40].

Die Diskriminanzanalyse

Die Diskriminanzanalyse ist ein Verfahren, das im Aufdecken von Unterschieden zwischen gegebenen Gruppen besteht und darauf aufbauend die Zuordnung neuer Einheiten zu bestehenden Gruppen ermöglicht.

Voraussetzung für die Anwendung der Diskriminanzanalyse ist, daß die unabhängigen Variablen mindestens intervallskaliert und normalverteilt sind, während die abhängige Variable, d.h. die Variable, die den Gruppen zugeordnet wird, nur nominales Skalenniveau erfordert.

Die Grundlage einer Diskriminanzanalyse besteht darin, daß eine Gesamtheit von Untersuchungsfällen sich durch ein beliebiges kategoriales Merkmal in mindestens zwei Gruppen aufteilen läßt. Dabei sind sowohl das Unterscheidungsmerkmal als auch die Zuordnung der Fälle zu den Gruppen von vornherein bekannt.

Bei der Diskriminanzanalyse ist die Frage zu beantworten, worin die wichtigsten Ursachen zu sehen sind, die zu der beobachteten Einteilung in Gruppen führten. Die Antwort auf diese Frage besteht darin, daß man an den Untersuchungsfällen aller Gruppen mehrere Merkmale mißt, um aufgrund der unterschiedlichen Merkmalsausprägungen die Begründung für die Zugehörigkeit der Fälle zu dieser oder jener Gruppe zu finden. Das heißt mit anderen Worten, daß untersucht wird, welche Kombination von Merkmalsausprägungen die einheiten einer beliebigen Gruppe verbindet bzw. welche Kombination die beobachteten Gruppen am deutlichsten voneinander trennt (diskriminiert).

Für einen ersten Einstieg in die Diskriminanzanalyse verweisen wir auf BACKHAUS et.al. [BACKHAUS et.al. 1989:161-220], DEICHSEL und TRAMPISCH [DEICHSEL, TRAMPISCH 1985:57-130], KLECKA [KLECKA 1980] und MARINELL [MARINELL 1990:53-66].

Die Kontingenzanalyse

Die Kontingenzanalyse ist ein Verfahren zur Analyse von Assoziationsstrukturen in einem Text anhand der Häufigkeit des gemeinsamen Auftretens von Items in dem Text. Dabei wird die im Text beobachtete Häufigkeit des gemeinsamen Auftretens von inhaltsanalytischen Kategorien mit der theoretisch zu erwartenden Häufigkeit vergleichen. Besteht das Ergebnis dieses Vergleichs in einem überzufällig häufigen gemeinsamen Auftreten wird dieses als Assoziation im Denken des Autors interpretiert.

Für einen ersten Einstieg in die Kontingenzanalyse verweisen wir auf OSGOOD und ANDERSON [OSGOOD, ANDERSON 1957].

Die Conjoint-Analyse

Die Conjoint-Analyse ist ein Verfahren, das der Erklärung von Nutzenvorstellungen dient, die Einzelpersonen von einem Objekt oder Sachverhalt haben. Grundlage einer Conjoint-Analyse sind dabei nicht Variablen, sondern Präferenzen.

Das Vorgehen bei einer Conjoint-Analyse kann grob wie folgt angegeben werden. Zunächst werden die zur Analyse heranzuziehenden Eigenschaften eines in Frage stehenden Objekts bestimmt. Daran anschließend werden aus diesen Eigenschaften Eigenschaftskombinationen gebildet, wobei jede Kombination ein hypothetisches Objekt darstellt. Die befragten Personen müssen diese hypothetischen Objekte in eine Rangordnung bringen. Die sich daraus ergebenden Rangdaten werden dann dazu verwendet, den Beitrag für jede Eigenschaftsausprägung zu ermitteln, den diese zur Bildung der Gesamtpräferenz liefert.

Für einen ersten Einstieg in die Conjoint-Analyse verweisen wir auf BACKHAUS et.al. [BACKHAUS et.all. 1989:345-375] und THOMAS [THOMAS 1979].

8.2.2 Strukturentdeckende Verfahren in der multivariaten Datenanalyse

Als strukturentdeckende Verfahren in der multivariaten Datenanalyse werden alle solchen Verfahren bezeichnet, "deren primäres Ziel in der *Entdeckung von Zusammenhängen* zwischen Variablen oder zwischen Objekten liegt" [BACKHAUS et.al. 1989:XIII]. Dies bedeutet, daß der Anwender solcher Verfahren, vor ihrer Anwendung noch keine sachlogischen oder theoretischen Annahmen über die Zusammenhänge zwischen den Variablen aufgestellt hat. Solche Verfahren werden folglich dazu verwendet, Hypothesen bzw. Theorien zu generieren. Diese Verfahren sind deshalb auch der explorativen Datenanalyse zuzuordnen.

8.2.2.1 Die Clusteranalyse

Die Clusteranalyse ist ein Verfahren, das dazu benutzt wird, die Fälle einer Stichprobe in Gruppen von Fällen, d.h. Clustern, zusammenzufassen. Diese Zusammenfassung wird dabei so vorgenommen, daß die Fälle innerhalb eines Clusters möglichst homogen, die Cluster untereinander aber deutlich verschieden sind.

Ausgangspunkt einer Clusteranalyse ist die Datenmatrix, welche aus n Untersuchungsfällen und m Variablen besteht. Diese beiden Mengen von Elementen lassen zwei Darstellungsformen zu: Erstens, wir können die Variablen als Punkte in einem n-dimensionalen Raum (Untersuchungsfälle); und zweitens, wir können die Untersuchungsfälle in einem m-dimensionalen Raum (Variablen) darstellen. Cluster werden dann von solchen Teilmengen des jeweiligen Punkteschwarms gebildet, deren Punkt möglichst nahe beieinanderliegen, d.h. eine homogene Gruppe bilden. Es ist dabei von Vorteil, wenn die einzelnen Punkte eindeutig einem Cluster zugeordnet sind, so daß es zu keinen Überlappungen der Cluster kommt.

Der Ablauf einer Clusteranalyse kann in zwei Schritte unterteilt werden [BACKHAUS et.al. 1989:116]:

1. Wahl des Proximitätsmaßes: Man überprüft für jeweils zwei Untersuchungsfälle die Ausprägungen der zur Analyse herangezogenen Merkmalsausprägungen und versucht, durch einen Zahlenwert die Unterschiede bzw. Übereinstimmungen zu messen.
2. Wahl des Fusionsalgorithmus: Unter bezug auf die Ähnlichkeitswerte werden die Untersuchungsfälle so zu Clustern zusammengefaßt, daß sich Untersuchungsfälle mit weitgehend übereinstimmenden Eigenschaftsstrukturen in einem Cluster finden.

Bei den Proximitätsmaßen wird zwischen Ähnlichkeitsmaßen und Distanzmaßen unterschieden. Ein Ähnlichkeitsmaß spiegelt die Ähnlichkeit zwischen zwei Untersuchungsfällen wieder, wobei ein hoher Wert eine hohe Ähnlichkeit repräsentiert. Ein Distanzmaß dagegen mißt die Unähnlichkeit zwischen zwei Untersuchungsfällen, wobei ein hoher Wert, eine starke Unähnlichkeit repräsentiert.

Die Wahl eines wie auch immer gearteten Proximitätsmaßes hängt vom Skalenniveau der Variablen ab. Wir wollen uns hier nur mit dem Maß der Euklidischen Distanz für metrisch skalierte Variablen befassen.[3] Mit Hilfe eines Proximitätsmaßes kann dann aus der Datenmatrix eine Distanz- oder Ähnlichkeitsmatrix ermittelt werden.

Auf der Grundlage der so ermittelten Distanz- oder Ähnlichkeitsmatrix erfolgt die Wahl eines Fusionsalgorithmus. Ein solcher kann monothetisch oder polythetisch sein. Bei einem monothetischen Fusionsalgorith-

---

3 Siehe für weitere Proximitätsmaße [BACKHAUS et.al. 1989:118ff].

mus wird nur eine Variable berücksichtigt, bei einen polythetischen dagegen mehrere simultan.

Die häufigsten Fusionsalgorithmen, die auch mit SPSS gerechnet werden können, sind [BROSIUS 1989:182f]:

1. Minimum-Methode (single linkage): Die Distanz zwischen zwei Clustern bestimmt sich über die Distanz, die ihre am nächsten beieinander liegenden Fälle haben;
2. Maximum-Methode (complete linkage): Die Distanz zwischen zwei Clustern bestimmt sich über die Distanz, die ihre am weitesten auseinander liegenden Fälle haben;
3. Durchschnittliche Distanz zwischen Gruppen (average linkage between groups): Die Distanz zwischen zwei Clustern bestimmt sich aus dem Durchschnitt der Distanzen aller Paare von Untersuchungsfällen, die zwischen diesen Clustern gebildet werden können;
4. Durchschnittliche Distanz innerhalb der Cluster (average linkage within groups): Die beiden zu vergleichenden Cluster werden theoretisch zu einem Cluster zusammengefaßt, für den die Distanzen und der Durchschnitt für sämtliche mögliche Paare von Untersuchungsfällen errechnet werden. Der Durchschnitt wird dann als Distanz zwischen den beiden ursprünglich zu vergleichenden Clustern genommen;
5. Ward-Methode (Wards's method): Für jedes Cluster werden zunächst die Mittelwerte der Variablen berechnet, dann für jeden Fall die quadrierte Euklidische Distanz zu den Mittelwerten und schließlich diese Distanzen aufsummiert. Es werden dann die beiden Cluster vereinigt, für die sich der kleinste Zuwachs der Gesamtsumme aus den quadrierten Distanzen innerhalb der Cluster ergibt; und
6. Zentroid- und Median-Methode (centroid clustering und median method): Es werden zunächst für jedes Cluster die Mittelwerte der Variablen berechnet und anschließend die Distanz zwischen zwei Clustern über diese Mittelwerte. Bei der Zentroid-Methode ist der Zentroid eines neuen Clusters das gewogene Mittel aus den beiden Zentroiden der Ausgangscluster mit Gewichtung durch deren Fallzahlen, bei der Median-Methode dagegen gehen die Zentroide beider Ausgangscluster mit gleichem Gewicht in das Zentroid des neuen Clusters ein.

Zur Illustration werden wir im folgenden eine Clusteranalyse mit Daten unserer Beispielstichprobe durchführen. Wir werden dabei untersuchen, welche Cluster gebildet werden können, wenn wir die Variablen 'Alter', 'Semesterzahl' und 'monatlich zur Verfügung stehendes Einkommen' simultan betrachten.

Zunächst führen wir zur Information die Merkmalsausprägungen dieser drei Variablen für alle Fälle auf (Abb.8-8). Zusätzlich geben wir auch die z-transformierten Werte dieser Merkmalsausprägungen an (Differenzen der Originalwerte von den Mittelwerten, dividiert durch die Standardabweichung). Die weiteren Berechnungen erfolgen mit diesen transformierten Werten. Eine solche Transformation ist erforderlich, da die einzelnen Variablen mit verschiedenen Meßeinheiten gemessen werden.

FALL	ALT	SEM	EIN	ZALT	ZSEM	ZEIN
1	34	7	700	2.31	.487	-.48
2	28	3	0	.795	-.61	-2.4
3	21	3	450	-.97	-.61	-1.2
4	23	7	900	-.47	.487	.078
5	20	1	900	-1.2	-1.2	.078
6	26	7	1400	.290	.487	1.48
7	36	1	800	2.82	-1.2	-.20
8	27	3	500	.543	-.61	-1.0
9	21	5	900	-.97	-.06	.078
10	22	1	600	-.72	-1.2	-.76
11	29	15	600	1.05	2.68	-.76
12	30	1	2000	1.30	-1.2	3.16
13	22	3	750	-.72	-.61	-.34
14	26	15	900	.290	2.68	.078
15	24	6	850	-.22	.213	-.06
16	29	8	1000	1.05	.761	.358
17	23	5	900	-.47	-.06	.078
18	21	3	1000	-.97	-.61	.358
19	23	4	800	-.47	-.33	-.20
20	23	7	1000	-.47	.487	.358
21	22	5	600	-.72	-.06	-.76
22	24	8	1200	-.22	.761	.918
23	25	3	1000	.037	-.61	.358
24	23	3	1000	-.47	-.61	.358
25	23	9	1300	-.47	1.03	1.20
26	23	3	700	-.47	-.61	-.48
27	23	5	800	-.47	-.06	-.20

Abb.8-8 Original- und z-transformierte Werte der Merkmalsausprägungen der Variablen 'Alter', 'Semesterzahl' und 'monatlich zur Verfügung stehendes Einkommen' der Beispielstichprobe

Ausgehend von der Matrix der z-transformierten Daten besteht der erste Schritt der Clusteranalyse in der Wahl eines Proximitätsmaßes. Wir wählen das Distanzmaß der quadrierten Euklidischen Distanz[4]. Mit diesem Maß berechnen wir für alle möglichen Paare von Untersuchungsfällen (in unserem Beispiel sind dies Studenten) die Distanzen. Diese Distanzen bilden eine Distanzmatrix, die in der SPSS-Ausgabe folgende Form aufweist (Abb.8-9):

```
Squared Euclidean measure used.

1 Agglomeration method specified.

Squared Euclidean Dissimilarity Coefficient Matrix
```

Case	1	2	3	4
2	7.3387			
3	12.4752	4.7145		
4	8.0356	9.1452	3.0427	
5	15.5219	10.7341	1.9513	3.2744
6	7.9256	16.8201	9.8703	2.5342
7	3.0337	9.4014	15.6194	13.5637
8	4.6407	2.0236	2.3171	3.4754
9	11.3988	9.7768	1.8874	.5553
10	11.9682	5.4196	.5402	3.4693
11	6.4738	13.6859	15.0607	7.8030
12	16.9693	31.9121	24.3029	15.3125
13	10.4094	6.7070	.7693	1.4402
14	9.1979	17.4050	13.9829	5.3744
15	6.6332	7.3599	2.5036	.1584
16	2.3760	9.7780	8.3307	2.4508
17	8.3356	8.2452	2.1427	.3000
18	12.6908	10.9663	2.3714	1.5337
19	8.4754	6.6875	1.2906	.7534
20	8.4275	10.6347	3.8266	.0784
21	9.5682	5.4196	.5402	1.0693
22	8.4166	14.1845	6.8589	.8443
23	7.0748	8.4136	3.3924	1.5337
24	9.6275	9.4347	2.6266	1.2784
25	10.8441	17.5437	8.6191	1.5543
26	8.9220	5.4367	.7452	1.5136
27	8.1004	6.9125	1.5156	.3784

4 Die quadrierte Euklidische Distanz d^2 ist definiert durch $d^2_{ij} = \Sigma (x_{i1} - x_{j1})^2$. Das erste Subskript bezeichnet das Objekt, das zweite die Dimension.

(Fortsetzung)

Case	5	6	7	8
6	6.9573			
7	16.4158	11.9039		
8	4.6814	7.6136	6.1748	
9	1.2638	3.8553	15.6375	3.8517
10	.9608	8.7382	12.8219	1.9738
11	20.5748	10.3914	18.1407	11.1337
12	15.8672	6.5432	13.5859	18.5126
13	.7317	5.5332	12.8280	2.0854
14	16.9975	6.7598	21.1602	12.1181
15	2.9157	2.7016	11.0844	2.2097
16	8.9227	1.9036	7.1157	4.0901
17	1.7744	2.8342	12.0637	2.5754
18	.4422	4.0497	14.9727	4.2573
19	1.3278	4.0715	11.4603	1.8016
20	3.3528	1.8286	13.7988	4.1809
21	2.1608	6.3382	14.0219	1.9738
22	5.4016	.6438	14.1191	6.2906
23	1.9738	2.5181	8.3356	2.2151
24	.9528	3.0286	11.3988	2.9809
25	6.6286	.9528	17.5451	8.7382
26	1.1879	5.6156	11.1637	1.3347
27	1.8528	3.6965	11.9853	2.0266

Case	9	10	11	12
10	1.9693			
11	12.2899	17.8271		
12	15.8547	19.4492	30.1286	
13	.5402	.4764	14.1035	16.6331
14	9.0955	16.4266	1.2799	25.2065
15	.6690	2.6202	8.1604	14.5398
16	4.8378	8.0564	4.9293	11.5780
17	.2553	1.9693	10.5030	13.8125
18	.3784	1.6181	16.1386	13.3085
19	.4087	1.0524	11.6860	15.0905
20	.6337	4.0181	8.3517	13.6663
21	.7693	1.2000	10.6271	20.6492
22	1.9549	6.7524	8.0926	10.9895
23	1.3995	2.1286	13.0754	9.7347
24	.6337	1.6181	14.3517	11.2663
25	2.7095	8.7050	8.8387	11.7683
26	.8688	.4422	13.1758	16.6753
27	.3337	1.5774	10.1110	15.6155

(Fortsetzung)

Case	13	14	15	16
14	11.9975			
15	1.0087	6.3499		
16	5.4920	4.3278	2.0718	
17	.5402	8.0744	.1584	3.0508
18	.5538	12.4738	1.4257	5.9594
19	.1584	9.7278	.3834	3.8110
20	1.7538	5.4528	.3152	2.3725
21	.4764	9.2266	.8202	5.0564
22	3.7177	4.6358	1.2603	1.9090
23	1.0643	10.9422	.9152	2.8961
24	.5538	11.4528	.9152	4.1725
25	5.1352	4.5286	2.3263	3.0780
26	.0834	11.6879	.9152	4.8780
27	.3834	8.1528	.1584	3.2860

Case	17	18	19	20
18	.6337			
19	.1534	.6438		
20	.3784	1.4553	.9886	
21	.7693	1.6181	.4524	1.6181
22	1.4443	2.7629	2.5181	.4524
23	.6337	1.0211	.6438	1.4553
24	.3784	.2553	.3886	1.2000
25	2.4543	3.6608	3.8348	1.0055
26	.6136	.9608	.1534	1.9055
27	.0784	.8688	.0750	.6136

Case	21	22	23	24
22	3.7524			
23	2.1286	2.2524		
24	1.6181	2.2524	.2553	
25	5.1050	.2172	3.6608	3.4055
26	.4422	3.8986	.9608	.7055
27	.3774	1.9931	.8688	.6136

Case	25	26
26	5.5221	
27	3.1598	.3784

Abb.8-9 Distanzmatrix für die simultane Betrachtung der Variablen 'Alter', 'Semesterzahl' und 'monatlich zur Verfügung stehendes Einkommen' der Beispielstichprobe

Diese Matrix mit Distanz-Koeffizienten ist die Basis für die weiteren Schritte der Clusteranalyse. In ihr sind zwar die Distanzen festgelegt, aber es ist noch nicht bestimmt, welche Cluster sich ergeben. Der nächste Schritt der Clusteranalyse besteht deshalb in der Wahl eines Fusionsalgorithmus. Da wir es in unserem Beispiel mit der simultanen Betrachtung von drei Variablen zu tun haben, kommt dafür nur ein polythetischer Fusionsalgorithmus in Frage. Wir wählen für unser Beispiel die durchschnittliche Distanz zwischen Gruppen (average linkage between groups).

Die einzelnen Schritte der Clusteranalyse mit diesem Fusionsalgorithmus lassen sich sehr gut mit Hilfe des sogenannten Eiszapfendiagramms (icicle plot) nachvollziehen. Für unser Beispiel ergibt sich folgendes Eiszapfendiagramm (Abb.8-10):

```
Vertical Icicle Plot using Average Linkage (Between
Groups)
(Down) Number of Clusters  (Across) Case Label and num-
ber
```

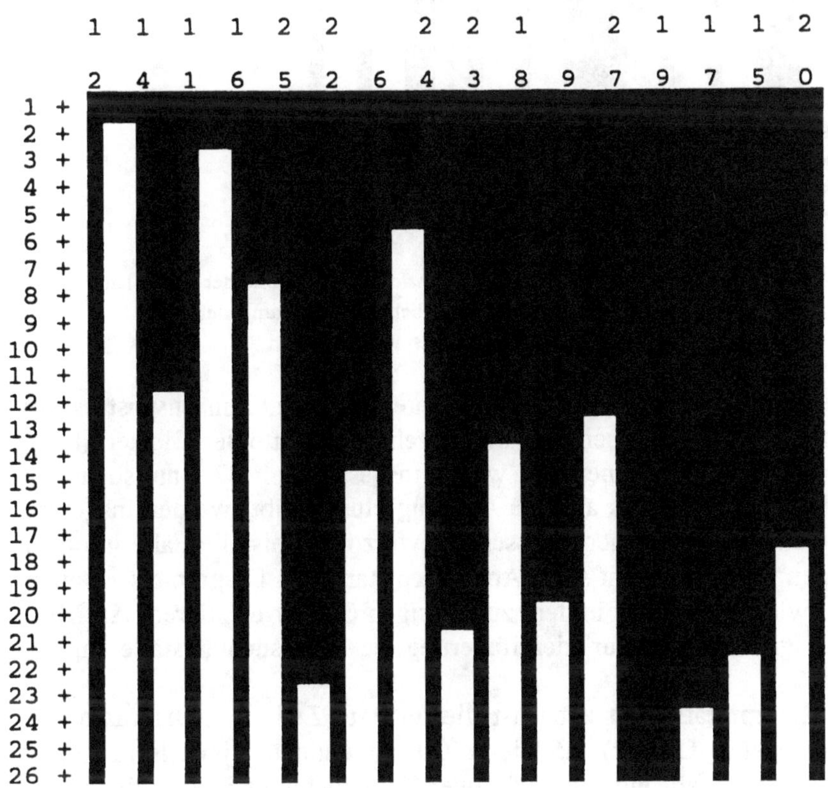

(Fortsetzung)

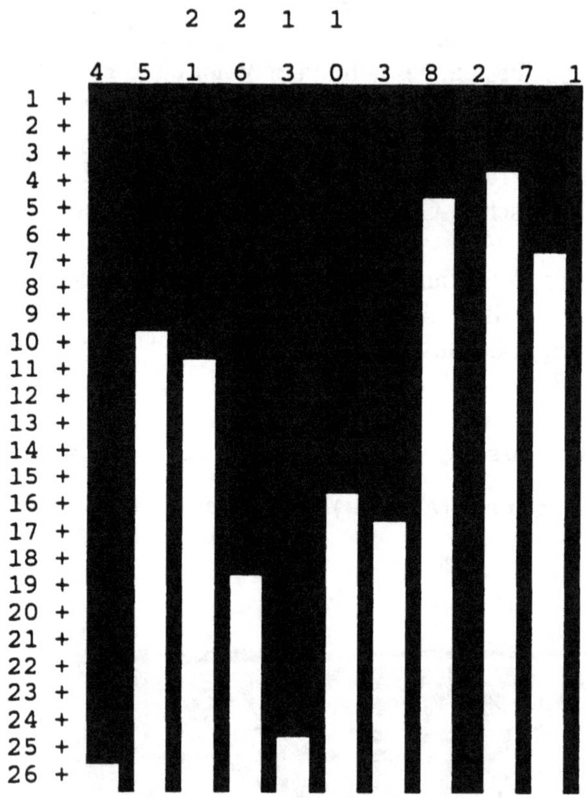

Abb.8-10 Eiszapfendiagramm der z-transformierten Werte der Variablen 'Alter', 'Semesterzahl' und 'monatlich zur Verfügung stehendes Einkommen' der Beispielstichprobe

Dieses Diagramm ist wie folgt zu interpretieren. Zunächst ist es von unten nach oben zu lesen, um die einzelnen Schritte der Clusterbildung nachvollziehen zu können. Da wir es insgesamt mit 27 Untersuchungsfällen zu tun haben, es also 20 Ausgangscluster gibt, werden insgesamt 26 sogenannte Agglomerationsschritte vollzogen, bis alle Fälle in einem einzigen Cluster vereint sind. Am linken Rand des Diagramms ist angeführt, wieviele Cluster in dem zugehörigen Cluster existieren. Am Kopf des Diagramms sind zur Identifizierung die Untersuchungsfälle angegeben.

Zur Interpretation ist zunächst die unterste Zeile des Diagramms zu betrachten (26 Cluster). 25 dieser Cluster enthalten jeweils nur einen Untersuchungsfall, eines umfaßt zwei Untersuchungsfälle (Fälle 27 und

19). Dies ist daran zu erkennen, daß zwischen diesen beiden Fällen im Diagramm kein Leerzeichen steht. Wir können nun Agglomerationschritt für Agglomerationsschritt nach oben steigen und unser Interesse auf den spezifischen Agglomerationsschritt konzentrieren, der nur wenige Cluster enthält.

Aus dem Eiszapfendiagramm können wir entnehmen, welche Untersuchungsfälle kleinere und welche größere Distanzen zu den Clustern besitzen. Es ist jedoch nicht zu entnehmen, wie groß dieser Unterschied ist. Mit Hilfe einer Agglomerationstabelle (Abb.8-11) kann dies jedoch festgestellt werden, die darüber hinaus auch die Interpretation erleichtert.

Agglomeration Schedule using Average Linkage (Between Groups)

Stage	Clusters Combined Cluster 1	Cluster 2	Coefficient	Stage Cluster 1st Appears Cluster 1	Cluster 2	Next Stage
1	19	27	.075000	0	0	4
2	4	20	.078392	0	0	10
3	13	26	.083416	0	0	9
4	17	19	.115892	0	1	6
5	22	25	.217210	0	0	13
6	15	17	.233416	0	4	10
7	23	24	.255273	0	0	14
8	9	18	.378392	0	0	14
9	13	21	.459296	3	0	12
10	4	15	.485741	2	6	15
11	3	10	.540200	0	0	12
12	3	13	.695560	11	9	17
13	6	22	.798298	0	5	20
14	9	23	.827378	8	7	15
15	4	9	.843381	10	14	18
16	11	14	1.279891	0	0	25
17	3	5	1.398488	12	0	18
18	3	4	1.566404	17	15	22
19	2	8	2.023617	0	0	23
20	6	16	2.296880	13	0	22
21	1	7	3.033665	0	0	24
22	3	6	4.147174	18	20	23
23	2	3	6.375179	19	22	24
24	1	2	10.741764	21	23	25
25	1	11	11.105713	24	16	26
26	1	12	16.498936	25	0	0

Abb.8-11 Agglomerationstabelle der z-transformierten Werte der Variablen 'Alter', 'Semesterzahl' und 'monatlich zur Verfügung stehendes Einkommen' der Beispielstichprobe

Diese Agglomerationstabelle ist wie folgt zu lesen. Im Gegensatz zum Eiszapfendiagramm ist sie von oben nach unten zu lesen. Die linke Spalte liefert dabei im Prinzip die gleichen Informationen wie das Eiszapfendiagramm, nur daß nicht angegeben wird, wieviele Cluster existieren, sondern die Ordnungsnummern in der Reihenfolge der Agglomerationsschritte (stage). Mit dem Wert des Koeffizienten wird in jedem Agglomerationsschritt die Distanz zwischen den vereinigten Clustern angegeben, wobei zu bemerken ist, daß auch ein einzelner Fall ein Cluster sein kann. In unserem Beispiel werden auf der ersten Agglomerationsstufe bspw. die beiden Cluster miteinander vereint, zwischen denen eine Distanz von 0,75 besteht.

In den beiden Spalten mit der Überschrift 'Clusters Combined' wird angegeben, welche Cluster auf den einzelnen Stufen miteinander vereinigt werden. Ein Cluster, der aus mehreren Fällen besteht, wird bis zum Ende mit der kleineren der beiden Fallnummern bezeichnet, die bei der Vereinigung von zwei einzelnen Fällen einbezogen waren. So tritt in der ersten Spalte bpsw. die Zahl '3' in mehreren Stufen auf, sie bezeichnet dabei jedesmal das Cluster, das sich zunächst aus den Fällen 3 und 10 (Stufe 11) gebildet hatte und im weiteren Verlauf immer größer wurde.

Den beiden Spalten mit der gemeinsamen Überschrift 'Stage Cluster 1st Appears' ist zu entnehmen, auf welcher Stufe die beiden Cluster, die in der jeweiligen Stufe vereinigt werden, das erstemal in eine Vereinigung einbezogen wurden. Nehmen wir bspw. den neunten Agglomerationsschritt, so können wir an dieser Stelle der Spalte 'Cluster 1' unter der Überschrift 'Stage Cluster 1st Appears' entnehmen, daß das Cluster 13 zum erstenmal auf der Stufe 3 an einer Vereinigung beteiligt war, das zweite Cluster auf Stufe 9 (Cluster 21) jedoch auf Stufe 0, d.h. noch gar nicht. Aufgrund der Tatsache, daß in den beiden Spalten unter der Überschrift 'Stage Cluster 1st Appears' in den ersten Stufen oftmals nur Nullen stehen, ist zu erkennen, daß auf diesen Stufen jeweils nur einzelne Fälle an Vereinigungen beteiligt waren.

Die Spalte unter der Überschrift 'Next Stage' schließlich gibt an, auf welcher Stufe das neu gebildete Cluster das nächstemal berührt wird. So ist bspw. das auf der ersten Stufe gebildete Cluster aus den Fällen 19 und 27 das nächste Mal auf Stufe 4 an einer Vereinigung beteiligt.

Sowohl aus dem Eiszapfendiagramm als auch aus der Agglomerationstabelle kann eine Beurteilung darüber abgeleitet werden, wieviele und welche Cluster zur weiteren Analyse ausgewählt werden sollen. In unserem Beispiel bieten sich, je nach Untersuchungszweck, 4 bis 5 Cluster an.

Einen zusammenfassenden optischen Eindruck von Eiszapfendiagramm und Agglomerationstabelle liefert das Baumdiagramm (Dendrogramm), das für unser Beispiel folgende Form aufweist (Abb.8-12):

Dendrogram using Average Linkage (Between Groups)

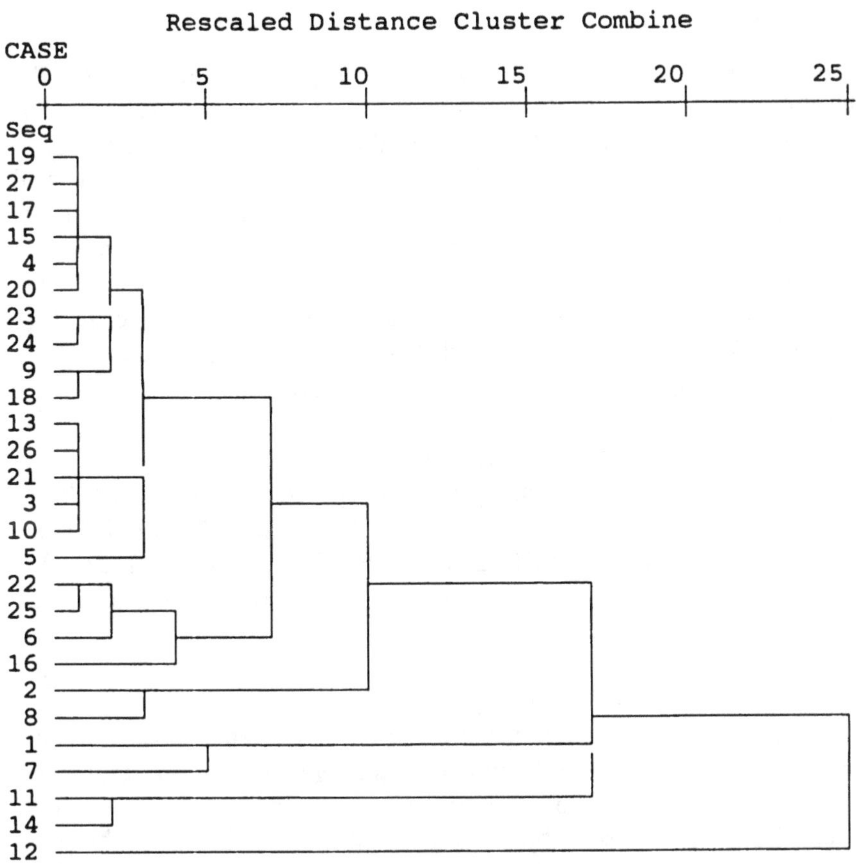

Abb.8-11 Baumdiagramm der z-transformierten Werte der Variablen 'Alter', 'Semesterzahl' und 'monatlich zur Verfügung stehendes Einkommen' der Beispielstichprobe

Die hier dargestellte Clusteranalyse beschränkt sich nur auf eine Explikation ihrer wesentlichsten Grundzüge. Für eine intensivere Beschäftigung mit diesem strukturentdeckenden Verfahren verweisen wir für einen ersten Einstieg auf ALDENDERFER und BLASHFIELD [ALDENDERFER, BLASHFIELD 1984], BACKHAUS et.al [BACKHAUS et.al. 1989:159ff] sowie DEICHSEL und TRAMPISCH [DEICHSEL, TRAM-

PISCH 1985:3-54]. Eine mehr mathematisch orientierte Einführung gibt MARINELL [MARINELL 1990:66-92].

8.2.2.2 Weitere strukturentdeckende Verfahren

Die Faktorenanalyse

Die Faktorenanalyse ist ein Verfahren, das zur Aufdeckung und Beschreibung latenter (nichtbeobachtbarer) Strukturen komplexer Prozesse und Erscheinungen dient. Dieses Verfahren wird insbesondere dann angewendet, wenn im Rahmen einer Datenerhebung eine große Anzahl von Variablen zu einer bestimmten Fragestellung erhoben wurde und der Sozialforscher an einer Reduktion der Daten interessiert ist. Von besonderer Bedeutung ist dabei, ob sich mehrere Merkmale in bezug auf einen bestimmten Sachverhalt auf einige wenige zentrale Faktoren zurückführen lassen. Zu beachten ist dabei, daß die Existenz von solchen möglichen Faktoren kein Ergebnis darstellt, sondern nur ein Postulat des Modells.

Sowohl für einen ersten Einstieg als auch für eine weitergehende Beschäftigung mit der Faktorenanalyse verweisen wir auf BACKHAUS et. al. [BACKHAUS et.al. 1989:67-113], CLAUSS und EBNER [CLAUSS, EBNER 1977:353-437], MARINELL [MARINELL 1990:152-173], KIM und MUELLER [KIM, MUELLER 1978] und ÜBERLA [ÜBERLA 1971].

Die Multidimensionale Skalierung

Die Multidimensionale Skalierung ist ein Verfahren zur Bestimmung von Objekten in einem mehrdimensionalen geometrischen Raum. Im Gegensatz zur Cluster- und Faktorenanalyse werden bei diesem Verfahren die betrachteten Objekte nicht durch Variablen beschrieben, sondern es werden nur globale Ähnlichkeiten zwischen den Objekten erfragt. Dabei wird eine gefundene Objektkonfiguration dann als richtig angenommmen, wenn die Lage der Objekte zueinander bestmöglich der Anordnung entspricht, wie sie im Wahrnehmungsraum einer beurteilenden Person oder Personengruppe existiert.

Mit dem Verfahren der Multidimensionalen Skalierung wird versucht, die erhobenen Ähnlichkeiten zwischen Objekten in einem möglichst gering dimensionierten Raum abzubilden, d.h. die Reduktion bezieht sich auf die Reduktion des Darstellungsraumes der Ähnlichkeiten zwischen Objekten.

Die Dimensionen eines solchen reduzierten Darstellungsraumes können dann zur Interpretation möglicher Beurteilungsdimensionen der Objekte verwendet werden. Damit erhält der Anwender im Ergebnis Informationen über mögliche Beschreibungsmerkmale der betrachteten Objekte.

Für einen ersten Einstieg in die Multidimensionale Skalierung verweisen wir auf BACKHAUS et.al. [BACKHAUS et.al. 1989:317-343], BORG [BORG 1981], BORG und STAUFENBIEL [BORG, STAUFENBIEL 1989:82-120] und KRUSKAL und WISH [KRUSKAL, WISH 1978].

Die Korrespondenzanalyse

Die Korrespondenzanalyse ist ein Verfahren zur Aufdeckung und Sichtbarmachung der inneren Struktur von Datenmatrizen. Primär handelt es sich bei ihr um ein Verfahren zur graphischen Darstellung der Spalten und Zeilen von zweidimensionalen Kreuztabellen (Kontingenztabellen). Ähnlich wie die Clusteranalyse oder Multidimensionalen Skalierung ist die Korrespondenzanalyse ein Instrument zur Datenreduktion, d.h. zur Abbildung der vorhandenen Informationen durch möglichst wenige Faktoren bzw. Dimensionen. Sie eignet sich insbesondere zur Analyse nominalskalierter (aber auch höher skalierter) Daten.

Bei der Korrespondenzanalyse gibt es neben der graphischen Darstellung der Ergebnisse auch eine numerische Ausgabe, anhand derer eine weitere Interpretation der Daten möglich ist. So ist es bpsw. möglich, mit Hilfe der mit der numerischen Ausgabe mitangegebenen Koeffizienten, Zielen und Spalten der zu analysierenden Kreuztabelle(n) zu vergleichen.

Das Verfahren der Korrespondenzanalyse gründet primär auf den Arbeiten der französischen Sozialwissenschaftler BENZÉCRI [BENZÉCRI 1964] und ESCOFIER-CORDIER [ESCOFIER-CORDIER 1956]. Für einen ersten Einstieg in dieses Verfahren verweisen wir auf GREENARCE [GREENARCE 1982] und auf LEBART, MORINEAU und WARWICK [LEBART, MORINEAU, WARWICK 1984]. Praktische Beispiele liefern die Arbeiten von BLASIUS [BLASIUS 1987, 1988].

8.3 Literatur

ALDENDERFER, Mark S.; BLASHFIELD, Roger K. (1984): Cluster Analysis. Beverly Hills, London: Sage

ALKER, Hayward R. (1965): Statistics and Politics. New York: Macmillan

ASHER, Herbert B. (1976): Causal Modeling. Beverly Hills, London: Sage

BACKHAUS, Klaus; ERICHSON, Bernd; PLINKE, Wulff; SCHUCHARD-FICHER, Christiane; WEIBER, Rolf (1989): Multivariate Analysemethoden. Eine anwendungsorientierte Einführung (5.rev.Aufl.). Berlin u.a.: Springer

BENZÉCRI, J.P. (1964): Course de Linguistique Mathématique. Paris: Publications de l'Institut de Statistique de l'Université de Paris

BLALOCK, Hubert M. (1964): Causal Inferences in Nonexperimental Research. Chapel Hill: University of North Carolina Press

BLALOCK, Hubert M. (1968): Theory Building and Causal Inferences. In: H.M.BLALOCK, A.B.BLALOCK (Eds.) (1968), S.155-198

BLALOCK, Hubert M. (1969): Theory Construction. From Verbal to Mathematical Formulations. Englewood Cliffs: Prentice-Hall

BLALOCK, Hubert M.; BLALOCK, A.B. (Eds.) (1968): Methodology in Social Research. New York: McGraw-Hill

BLASIUS, Jörg (1987): Einstellung zur Hamburger Innenstadt. Eine Auswertung mit Hilfe der Korrespondenzanalyse. *ZA-Information 21*, S.29-51

BLASIUS, Jörg (1988): Zur Stabilität von Ergebnissen bei der Korrespondenzanalyse. *ZA-Information 23*, S.47-62

BOLLEN, Kenneth A. (1989): Structural Equations with Latent Variables. New York u.a.: Wiley & Sons

BORG, Ingwer (1981): Anwendungsorientierte Multidimensionale Skalierung. Berlin u.a.: Springer

BORG, Ingwer; STAUFENBIEL, Thomas (1989): Theorien und Methoden der Skalierung. Eine Einführung. Bern u.a.: Hans Huber

BORTZ, Jürgen (1989): Statistik. Für Sozialwissenschaftler (3.Aufl.). Berlin u.a.: Springer

BRAY, James H.; MAXWELL, Scott E. (1985): Multivariate Analysis of Variance. Beverly Hills, London: Sage

BROSIUS, Gerhard (1989): SPSS/PC+. Advanced Statistics und Tables. Einführung und praktische Beispiele. Hamburg u.a.: McGraw-Hill

CLAUSS, Günter; EBNER, Heinz (1977): Grundlagen der Statistik. Für Psychologen, Pädagogen und Soziologen (2.neubearb.u.erw.Aufl.). Thun, Frankfurt am Main: Harri Deutsch

DEICHSEL, Guntram; TRAMPISCH, Hans Joachim (1985): Clusteranalyse und Diskriminanzanalyse. Stuttgart, New York: Fischer

DUNCAN, Otis Dudley (1966): Path Analysis: Sociological Examples. *The American Journal of Sociology 72*, S.1-16

DUNCAN, Otis Dudley (1975): Introduction to Structural Equations. New York: Academic Press

ESCOFIER-CORDIER, B. (1965): L'Analyse des Correspondances. Unveröffentlichte Dissertation: Université de Rennes, France

GLASER, Wilhelm R. (1978): Varianzanalyse. Stuttgart, New York: Fischer

GOLDBERGER, A.S.; DUNCAN, Otis Dudley (Eds.) (1973): Structural Equation Models in the Social Sciences. New York: Seminar Press

GRAFF, Jörg (1989): Soziologische Statistik. Bremen: Universität Bremen

GREENARCE, Michael (1984): Theory and Applications of Correspondence Analysis. London: Academic

GUJARATI, Damodar N. (1988): Basic Econometrics. New York u.a.: McGraw-Hill

HAYDUK, Leslie A. (1988): Structural Equation Model with LISREL. Essentials and Advances (3rd printing). Baltimore, London: John Hopkins University Press

HELLMUND, Uwe; KLITZSCH, Walter; SCHUMANN, Klaus (1992): Grundlagen der Statistik. Landsberg/Lech: moderne industrie

HOLM, Kurt (1977): Lineare multiple Regression und Pfadanalyse. In: K.HOLM (Hrsg.) (1977), S.7-102

HOLM, Kurt (Hrsg.) (1977): Die Befragung 5. Pfadanalyse, Coleman-Verfahren. München: Francke

HUMMEL, Hans J.; ZIEGLER, Rolf (1976): Einleitung: Zur Verwendung linearer Modelle bei der Kausalanalyse nicht-experimenteller Daten. In: H.J.HUMMEL, R.ZIEGLER (Hrsg.) (1976), S.5-137

HUMMEL, Hans J.; ZIEGLER, Rolf (Hrsg.) (1976): Korrelation und Kausalität, Bd.1. Stuttgart: Enke

JAGODZINSKI, Wolfgang (1986): Pfadmodelle mit latenten Variablen: Eine Einführung in das allgemeine lineare Modell LISREL. In: J.v.KOOLWIJK, M.WIEKEN-MAYSER (Hrsg.) (1986), S.77-121

JÖRESKOG, K.G. (1973): A General Method for Estimating a Linear Structural Equation System. In: A.S.GOLDBERGER, O.D.DUNCAN (Eds.) (1973), S.85-112

JÖRESKOG, K.G.; SÖRBOM, D. (1983): LISREL User's Guide, Versions V and VI. Uppsala: University of Uppsala, Department of Statistics.

KIM, Jae-On, MUELLER, Charles W. (1978): Introduction to Factor Analysis. What It Is and How To Do It. Beverly Hills, London: Sage

KLECKA, William S. (1980): Discriminant Analysis. Beverly Hills, London: Sage

KOOLWIJK, Jürgen van; WIEKEN-MAYSER, Maria (Hrsg.) (1986): Techniken der empirischen Sozialforschung, Bd.8, Kausalanalyse. München: Oldenbourg

KRUSKAL, Joseph B.; WISH, Myron (1978): Multidimensional Scaling. Beverly Hills, London: Sage

LEBART, Ludovic; MORINEAU, Alain; WARWICK, Kenneth M. (1984): Multivariate Statistical Analysis. Correspondence Analysis and Related Techniques for Large Matrices. New York: Wiley

LINDER, Arthur; BERCHTOLD, Willi (1982-III): Statistische Methoden III. Multivariate Verfahren. Basel u.a.: Birkhäuser

MARINELL, Gerhard (1990): Multivariate Verfahren. Einführung für Studierende und Praktiker (3.erw.Aufl.). München, Wien: Oldenbourg

MAXWELL, Albert E. (1977): Multivariate Analysis in Behavioural Research. London: Chapman and Hall

OSGOOD, Charles E.; ANDERSON, Lois (1957): Certain Relations Between Experimentical Contingencies, Associative Structure, and Contingencies in Encoded Messages. *American Journal of Psychology 70*, S.411-420

PFEIFER, Andreas; SCHMIDT, Peter (1987): LISREL. Die Analyse komplexer Strukturgleichungsmodelle. Stuttgart: Fischer

SARIS, Willem; STRONKHORST, Henk (1984): Causal Modelling in Nonexperimental Research. An Introduction to the LISREL Approach. Amsterdam: Sociometric Research Foundation

SILLS, David L. (Ed.) (1968): International Encyclopedia of the Social Sciences, Vol.2. New York: Macmillan and Free Press

SIMON, Herbert (1957): Models of Man. New York: Wiley

SIMON (1968): Causation. In: D.L.SILLS (Ed.) (1968), S.350-356

STEGMÜLLER, Wolfgang (1960): Das Problem der Kausalität. In: E.TOPITSCH (Hrsg.) (1960), 171-190

THOMAS, L. (1979): Conjoint Measurement als Instrument der Absatzforschung. *Marketing - Zeitschrift für Forschung und Praxis 1*, S.199-211

TOPITSCH, Ernst (Hrsg.) (1960): Probleme der Wissenschaftstheorie. Wien: Springer

TUFTE, Edward R. (1974): Data Analysis for Politics and Policy. Englewood Cliffs: Prentice-Hall

ÜBERLA, Karl (1971): Faktorenanalyse. Eine systematische Einführung für Psychologen, Mediziner, Wirtschafts- und Sozialwissenschaftler (2.Aufl.). Berlin u.a.: Springer

ZELLER, Richard A.; CARMINES, Edward G. (1978): Statistical Analysis of Social Data. Chicago: Rand McNally

9.0 Die Grundzüge der Explorativen Datenanalyse (EDA)

9.1 Einführende Vorbemerkungen

Unsere bisherigen Ausführungen zu den Techniken der Datenanalyse bezogen sich, abgesehen von der kursorischen Darstellung einiger strukturentdeckenden Verfahren der multivariaten Datenanalyse in Kapitel 8, auf die Überprüfung von einzelnen Hypothesen bzw. Theorien. Diesen Zweig der Datenanalyse bezeichneten wir als konfirmatorische Datenanalyse. Wie wir jedoch in Kapitel 1 dargelegt haben, beschränkt sich die Datenanalyse nicht nur auf das Merkmal der Überprüfung. Es ist oftmals der Fall, daß wir einen Datensatz besitzen, der von anderen Forschern für eine bestimmte Problemlösung erhoben wurde und den wir, ohne auf dessen Problemstellung zu rekurrieren, analysieren wollen. Ebenso ist es möglich, die Analyse eines Datensatzes vorzunehmen, der von amtswegen, etwa vom Statistischen Bundesamt, in monatlichen oder jährlichen Abständen erhoben wird. Besitzen wir zur Analyse solcher Datensätze keine Hypothesen über die Zusammenhänge der einzelnen Variablen, sondern wollen wir erst herausfinden, ob sich in diesen Datensätzen bestimmte Strukturen bzw. Muster auffinden lassen, so betreiben wir explorative Datenanalyse. Am Ende einer explorativen Datenanalyse können dann bei Entdeckung bestimmter Strukturen bzw. Muster in den Datensätzen, Hypothesen generiert werden, die dann mit neuerhobenen Datensätzen und den Techniken der konfirmatorischen Datenanalyse überprüft werden können. Zusammenfassend können wir festhalten, daß die konfirmatorische Datenanalyse primär der Überprüfung von einzelnen Hypothesen bzw. Theorien dient, und die explorative Datenanalyse primär der Generierung von einzelnen Hypothesen bzw. Theorien.

Daß beide Formen der Datenanalyse für den sozialwissenschaftlichen Forschungsprozeß gleich wichtig sind, hat TUKEY in einem Aufsatz [TUKEY 1980] dargelegt. Folgen wir seinem Gedankengang. Ausgangspunkt seiner Überlegungen ist das von den empirisch orientierten Sozialwissenschaftlern lange Zeit fast ausschließlich konfirmatorische Paradigma in der empirischen Sozialforschung. Dieses Paradigma kann in seinen aufeinanderfolgenden Ablaufschritten vereinfacht wie folgt dargestellt werden:

Forschungsfrage → Forschungsdesign → Datenerhebung →

Datenanalyse → Forschungsergebnis

Jeder Versuch, dieses Paradigma zu rechtfertigen, involviert folgende kritische Fragen:

1. Wie kommen wir zu unseren Forschungsfragen?
2. Was leitet unsere Forschungsdesigns?
3. Wie kontrollieren wir unsere Datenerhebungen?
4. Wie kontrollieren wir unsere Datenanalysen?

Diese Fragen können mit dem explorativen Ansatz beantwortet werden:

1. Die Frage nach dem Zustandekommen von Forschungsfragen erreichen wir durch Exploration schon erhobener Daten.
2. Die Leitung von Forschungsdesigns ermöglichen uns zur Verfügung stehende qualitative und semiqualitative Informationen, die wir durch Exploration schon erhobener Daten bekommen.
3. Die Kontrolle von Datenerhebungen ermöglicht uns die Exploration der Daten in bezug auf nichterwartete Werte.
4. Die Kontrolle von Datenanalysen ermöglicht uns die Exploration der Daten vor, während und nach der Analyse.

Diese Fragen, die an das konfirmatorische Paradigma zu stellen sind, als auch die möglichen Antworten durch Exploration von Daten, zeigen, daß diese beiden Sichtweisen auf das engste miteinander verbunden sind. Keiner dieser beiden Ansätze sollte dabei ausschließlich für sich alleine in der Forschung verfolgt werden, wir benötigen für eine angemessene Datenanalyse immer beide, konfirmatorische *und* explorative Datenanalyse.

Innerhalb der sozialwissenschaftlichen Datenanalyse stellt der explorative Ansatz eine sehr junge Technik der Datenanalyse dar. Systematisch entwickelt und in den sozialwissenschaftlichen Forschungsprozeß eingeführt wurde dieser Ansatz durch die beiden Arbeiten von TUKEY [TUKEY 1977] und MOSTELLER und TUKEY [MOSTELLER, TUKEY 1977]. Danach ist er zu einem rasch entwickelten Teil der angewandten Statistik geworden.

In diesem Kapitel werden wir die Grundidee der Explorativen Datenanalyse und einige ihrer Basis-Elemente sowie grundlegende Techniken vorstellen.

9.2 Die Philosophie der Explorativen Datenanalyse

9.2.1 Warum Explorative Datenanalyse?

Die Intention, Explorative Datenanalyse als einen substantiellen und neben der konfirmatorischen Datenanalyse gleichwertigen Bestandteil der sozialwissenschaftlichen Datenanalyse zu bestimmen, kann an einem längeren Zitat von TUKEY aus der Einleitung zu seinem Buch 'Exploratory Data Analysis' evident gemacht werden. Darin schreibt er [TUKEY 1977:VII]:

> "Once upon a time, statisticians only explored. Then they learnd to confirm exactly - to confirm a few things exactly, each under very specific circumstances. As they emphasized exact confirmation, their techniques inevitably became less flexible. The connection of the most used techniques with past insights was weakened. Anything to which a confirmatory procedure was not explicitly attached was decried as "mere descriptive statistics", no matter how much, we had learned from it."

Dieser Aussage von TUKEY folgend, konzentrierte sich die empirische Sozialforschung zu sehr und zu lange nur auf die konfirmatorische Datenanalyse. Sie verkannte dabei die Unflexibilität ihrer Techniken und reduzierte alle Verfahrensweisen, die zu ihr keinen direkten Bezug aufwiesen, zu "bloßer" deskriptiver Statistik. Wie jedoch bereits in unseren 'Einführenden Vorbemerkungen' angeführt, wurden damit grundsätzliche Problembereiche einer als adäquat attestierten Datenanalyse ausgeblendet bzw. sie blieben unberücksichtigt. Um dieser unbefriedigenden Forschungspraxis Abhilfe zu verschaffen, wurde die Explorative Datenanalyse als einem der konfirmatorischen Datenanalyse gleichrangigen Analyseansatz entwickelt.

Ausgangspunkt und Grundlage dieses Analyseansatzes ist der Begriff der 'Exploration'. Dabei wird unter 'Exploration' keine spezifische Technik verstanden, sondern eine Perspektive, eine besondere Einstellung zur Datenanalyse. Explorative Datenanalyse ist so " a state of mind, a way of thinking about data analysis - and also a way of doing it" [HARTWIG 1979:9].

Grundlegend für den explorativen Ansatz ist die Annahme, daß wir durch Erhöhung unserer Informationen über die Daten, diese auch effektiver zur Theorieentwicklung, -überprüfung und -reformulierung einzusetzen können. Ein dem explorativen Ansatz inhärentes Merkmal ist so die Maximierung dessen, was wir von den Daten 'lernen' können. Dies erfordert vom Anwender jedoch zwei grundlegende Eigenschaften, nämlich 'Offenheit' und 'Skeptizismus'. Wir müssen 'offen' sein für nicht erwartete Muster in den Daten und wir müssen gegenüber numerischen Zusammenfassungen von Daten, bspw. durch Maße der zentralen Tendenz und Dispersion, 'skeptisch' sein, da durch diese die Interpretation der Daten oftmals nicht nur zu falschen Schlüssen verleitet, sondern auch Detailinformationen in den Daten unberücksichtigt bleiben.

'Offenheit' und 'Skeptizismus' als grundlegende Imperative für den Benutzer des explorativen Ansatzes sind auch für die in diesem Ansatz verwendeten Techniken bestimmend. Diese sollten flexibel, leicht nachvollziehbar und interaktiv sein. Besitzt der Anwender für ein bestimmtes Problem keine eingeführte Technik, so ist seine Kreativität gefragt, eine neue Technik zu entwickeln oder aber, nach alternativen Techniken zu suchen.

Fassen wir zusammen:

1. Der explorative Ansatz ist kein Ensemble starrer Techniken zur Datenanalyse, sondern eine bestimme Einstellung zu den Daten;
2. vom Benutzer erfordert die Anwendung des explorativen Ansatzes Offenheit, Skeptizismus und ein besonderes Bewußtsein in bezug auf die Daten;
3. die Exploration der Daten selbst ist interaktiv, d.h. es besteht eine prozessuale Beziehung zwischen Benutzer und Daten, und iterativ, d.h. es wird im Verlauf der Exploration auf schon erfolgte Ergebnisse aufgebaut; und
4. die Techniken der bzw. für die Exploration sollten flexibel, nachvollziehbar und interaktiv sein. Gegebenenfalls ist bei Nichtvorhandensein einer adäquaten Technik eine solche selbst zu entwickeln bzw. auf alternative Techniken auszuweichen.

Explorative Datenanalyse impliziert folglich eine Reorientierung zu den Daten hin, Kreativität vom Benutzer und die Entwicklung neuer Analysetechniken.

Aus diesen Festlegungen lassen sich für den Benutzer des explorativen Ansatzes folgende Basisregeln bzw. Imperative ableiten:

1. Eine einfache numerische Beschreibung (Zusammenfassung) eines Datensatzes kann für die Analyse sehr hilfreich sein;
2. sich jedoch ausschließlich auf eine numerische Beschreibung zu verlassen, ist sehr gefährlich;

3. sich dagegen auf mehrere numerische Zusammenfassungen zu verlassen, ist weitaus weniger gefährlich;
4. es ist deshalb ein unverzichtbares 'Muß' für den Datenanalytiker, immer und immer wieder auf die Daten selbst zu schauen;
5. statistische Kriterien sind zwar sehr bedeutend für die Datenanalyse, doch weitaus bedeutender sind substantielle Kriterien;
6. wir sollten uns deshalb bei der Datenanalyse immer von unserem Wissen über den Problembereich, den wir untersuchen, leiten lassen; und
7. existiert für den von uns zu untersuchenden Problembereich keine adäquate Analysetechnik, dann sollten wir eine solche selbst entwickeln.

9.2.2 Explorative Datenanalyse und Statistik

In welchem Verhältnis steht nun die Explorative Datenanalyse zur Statistik, und damit ist gemeint, zur sogenannten klassischen Statistik? Wie wir bereits in den vorangegangen Kapiteln ausführten, wird die klassische Statistik primär zur Überprüfung von entwickelten Hypothesen bzw. Theorien verwendet; die dabei zur Anwendung herangezogenen Techniken der Datenanalyse sind konfirmatorischer Natur. Von einer wissenschaftstheoretischen Perspektive her, ist dieser Ansatz dem Begründungszusammenhang von Hypothesen bzw. Theorien zuzuordnen, sein Ziel ist folglich deren Bestätigung. Im Gegensatz dazu, ist der explorative Ansatz dem Entdeckungszusammenhang von Hypothesen bzw. Theorien zuzuordnen, sein Ziel ist folglich deren Exploration.

Fassen wir den Raum, in dem die Datenanalyse angesiedelt ist, als ein Kontinuum mit den beiden Endpunkten 'Exploration' und 'Bestätigung' auf, so kann darin die Explorative Datenanalyse und ihre Beziehung zur klassischen Statistik wie folgt verortet werden (Abb.9-1):

EXPLORATION ←------------------------------------→ BESTÄTIGUNG

Explorative Techniken	Kausal-Analyse

----------- Regressionsanalyse ------------------------

-------- Dimensionsanalyse ------------------------------

Cluster-Analyse

VORAUSSETZUNGEN und TECHNIKEN

Keine Hypothesen	Starke Hypothesen
* Unempfindlich gegenüber gegenüber Verletzungen d.h. keine zugrundeliegenden Annahmen	* Sehr empfindlich gegenüber Verletzungen der zugrundeliegenden Annahmen
* Kein Modell	* Statistisches Modell

ZIEL und VORAUSSETZUNGEN

* Entdeckung von Strukturen	* Bestätigung von Hypothesen
* Geringes Wissen	* Phänomen ist (gut) bekannt
* Keine Hypothesen	* Starke Hypothesen

Abb.9-1 'Exploration' und 'Bestätigung' im Kontinuum der Datenanalyse

9.3 Basis-Elemente der Explorativen Datenanalyse

9.3.1 Beschreibung einer Anzahl von Zahlen

Als ein bestimmendes Merkmal der konfirmatorischen Datenanalyse haben wir deren Tendenz zur Reduzierung eines Datensatzes auf einige wenige Kennziffern angeführt, d.h. die Reduzierung eines Datensatzes auf eine verdichtete numerische Beschreibung mittels Maßen der zentralen Tendenz und Dispersion. Ein solches Vorgehen beinhaltet jedoch immer die Möglichkeit, daß uns bestimmte Informationen des Datensatzes verlorengehen bzw. unberücksichtigt bleiben. Ein Vorgehen, das im Extremfall zu einer Fehlinterpretation der Daten führen kann. Um solchen möglichen Fehlinterpretationen vorzubeugen, wird deshalb innerhalb der Explorativen Datenanalyse der Visualisierung der Datenverteilung eine besondere Bedeutung zugemessen. Anders als in der konfirmatorischen Datenanalyse ist die graphische Repräsentation der Daten nicht nur ein gleichrangiges Gegenstück zur numerischen Zusammenfassung, sondern Grundlage und Ausgangspunkt der Datenanalyse, der eine besondere Bedeutung beigemessen wird, und in deren interaktiven Exploration wir schon viele Informationen über die Daten erfahren können.

Einen ersten Überblick über die Verteilung der Merkmalsausprägungen einer Variablen können wir uns alleine schon dadurch verschaffen, indem wir die Merkmalsausprägungen einfach auflisten. Eine solche Auflistung kann dabei schon nach jeweils verschiedenen Kriterien sortiert sein.

Wir werden dies und die folgenden Visualisierungsmöglichkeiten am Beispiel der Wahl des US-Präsidenten 1988 demonstrieren. Der dafür verwendete Datensatz umfaßt die abgegebenen Stimmen in den einzelnen US-Staaten für die beiden Kandidaten um die Präsidentschaft BUSH und DUKAKIS.

Die Stimmen für BUSH können durch folgende einfache Auflistung visualisiert werden (Abb.9-2), wobei die erste Auflistung der Stimmen alphabetisch nach den 50 Bundesstaaten und die zweite nach der Anzahl der für BUSH abgegebenen Stimmen sortiert ist:

state		g#	Bush	state		g#	Bush
1	AL	2	100574.00	1	AL	2	100574.00
2	AK	4	775287.00	50	WY	4	105858.00
3	AZ	4	442943.00	11	HA	4	111623.00
4	AR	2	688427.00	46	VA	2	119969.00
5	CA	4	4515675.00	8	DE	2	128928.00
6	CO	4	727228.00	28	NV	4	148277.00
7	CT	1	735791.00	41	SD	3	165003.00
8	DE	2	128928.00	39	RI	1	169571.00
9	FA	2	2417516.00	26	MT	4	182364.00
10	GA	2	989850.00	33	NC	2	202603.00
11	HA	4	111623.00	21	MA	1	245217.00
12	ID	4	539555.00	13	IL	3	253461.00
13	IL	3	253461.00	32	NY	1	254184.00
14	IN	3	2281764.00	30	NJ	1	275224.00
15	IO	3	1281940.00	49	WI	3	309459.00
16	KS	3	537335.00	29	NH	1	385308.00
17	KY	2	730438.00	44	UT	4	426206.00
18	LA	2	879423.00	3	AZ	4	442943.00
19	ME	1	1139651.00	37	OR	4	512387.00
20	MD	2	826720.00	16	KS	3	537335.00
21	MA	1	245217.00	25	MO	3	538464.00
22	MC	3	1732633.00	12	ID	4	539555.00
23	MN	3	916551.00	40	SC	2	590917.00
24	MS	2	996737.00	36	OK	2	674248.00
25	MO	3	538464.00	4	AR	2	688427.00
26	MT	4	182364.00	6	CO	4	727228.00
27	NB	3	1200313.00	17	KY	2	730438.00
28	NV	4	148277.00	7	CT	1	735791.00
29	NH	1	385308.00	2	AK	4	775287.00
30	NJ	1	275224.00	47	WA	4	800182.00
31	NM	4	1668086.00	20	MD	2	826720.00
32	NY	1	254184.00	18	LA	2	879423.00
33	NC	2	202603.00	23	MN	3	916551.00
34	ND	3	2968965.00	42	TN	2	937966.00
35	OH	3	2382587.00	10	GA	2	989850.00
36	OK	2	674248.00	24	MS	2	996737.00
37	OR	4	512387.00	48	WV	2	1046459.00
38	PA	1	2265119.00	19	ME	1	1139651.00
39	RI	1	169571.00	27	NB	3	1200313.00
40	SC	2	590917.00	15	IO	3	1281940.00
41	SD	3	165003.00	45	VT	1	1283633.00
42	TN	2	937966.00	31	NM	4	1668086.00
43	TX	2	2891872.00	22	MC	3	1732633.00
44	UT	4	426206.00	38	PA	1	2265119.00
45	VT	1	1283633.00	14	IN	3	2281764.00
46	VA	2	119969.00	35	OH	3	2382587.00
47	WA	4	800182.00	9	FA	2	2417516.00
48	WV	2	1046459.00	43	TX	2	2891872.00
49	WI	3	309459.00	34	ND	3	2968965.00
50	WY	4	105858.00	5	CA	4	4515675.00

Abb.9-2 Stimmen für BUSH (sortierte Listen)

Die erste Auflistung der Stimmen für BUSH nach der alphabetischen Reihenfolge der Bundesstaaten beinhaltet zwar alle relevanten Informationen über die Anzahl der Stimmen, doch ist ein Vergleich der Stimmenanzahl der einzelnen Bundesstaaten miteinander sehr mühselig. Um dieses Defizit zu beseitigen, haben wir eine zweite Auflistung der Anzahl der Stimmen in den einzelnen Bundesstaaten vorgenommen, nun aber nach der Anzahl der Stimmen sortiert. Die zweite Auflistung ist dabei nicht nur 'lesefreundlicher' als die erste, sondern sie gestattet uns auch einen besseren Vergleich.

Die Information, die uns die zweite Auflistung gibt, kann nun noch weiter in visueller Hinsicht verfeinert werden. Eine in der Explorativen Datenanalyse dafür entwickelte und in ihr extensiv verwendete Darstellungsform stellt das stem & leaf (Stamm & Blatt) dar [LEINHARDT, WASSERMANN 1979:316ff; McNEAL 1977:3ff; TUKEY 1977:1ff; VELLEMAN, HOAGLIN 1981:1ff], das wir bereits in Kapitel 5 vorgestellt haben. Die Stimmen für BUSH ergeben folgendes Stamm & Blatt (Abb.9-3):

```
   50 states
stemleaf:Bush      (  1) Number of votes for Bush
   00|111111222223333444
   00|5555677777888999
   01|0001233
   01|77
   02|3344
   02|9
   03|0
   03|
   04|
   04|5
```

Abb.9-3 Stimmen für BUSH (Stamm & Blatt-Darstellung)

Die Darstellung einer Menge von Zahlen, hier die Stimmen für BUSH in den einzelnen Bundesstaaten, mittels eines Stamm & Blatt, gibt uns eine erste Information über die Verteilung der Stimmen *und* gleichzeitig auch über die einzelnen Stimmenmengen der Bundesstaaten.

Eine zusätzliche Information über die Verteilung der Bundesstaaten in bezug auf die Anzahl der Stimmen kann uns ein Histogramm liefern, in dem wir die einzelnen Bundesstaaten in Abhängigkeit von den Stimmen abbilden (Abb.9-4):

```
Histogram:Bush      (  1) Number of votes for Bush
midpoint
   321329.10 | AL WY HA VA DE NV SD RI MT NC MA IL NY NJ
             | WI NH UT AZ OR KS MO ID
   762839.20 | SC OK AR CO KY CT AK WA MD LA MN TN
  1204349.00 | GA MS WV ME NB IO VT
  1645860.00 | NM MC
  2087370.00 | PA IN
  2528880.00 | OH FA
  2970390.00 | TX ND
  3411900.00 |
  3853410.00 |
  4294920.00 |
Cases not included=  1
```

Abb.9-4 Bundesstaaten in Abhängigkeit der Stimmen für BUSH (Histogramm-Darstellung)

Neben diesen beiden eher semi-graphischen Darstellungsformen der Verteilung der Merkmalsausprägungen einer Variablen wird innerhalb der Explorativen Datenanalyse auch eine gegenüber der klassischen Statistik erweiterte Form der summarischen Zusammenfassung einer Verteilung verwendet.

In der Art und Weise, wie innerhalb der Explorativen Datenanalyse die Identifikation und Beschreibung der Zusammenfassung der Charakteristiken einer Verteilung vorgenommen wird, unterscheidet sich diese von der klassischen Statistik in dreifacher Weise:

1. Es wird stärker auf die resistenten Maße der zentralen Tendenz und Dispersion Bezug genommen;
2. es wird anstatt von einer oder zwei von mehreren statistischen Zusammenfassungen Gebrauch gemacht; und
3. es werden in verstärktem Maße visuelle Zusammenfassungen verwendet.

Betrachten wir zunächst den ersten Unterscheidungsgesichtspunkt. In der klassischen Statistik wird eine Verteilung meist durch das arithmetische Mittel und die Standardabweichung numerisch zusammengefaßt bzw. charakterisiert. Beide Maße sind jedoch in bezug auf für die Verteilung untypische Werte inresistent. Das heißt, ein einzelner Wert, der sehr stark von den anderen Werten einer Verteilung abweicht, beeinflußt zu stark das arithmetische Mittel und die Standardabweichung der Verteilung, so daß diese weder das Zentrum der Verteilung noch die Streuung in adäquaterweise charakterisieren können. Innerhalb der Explorativen Datenanalyse wird deshalb bei der Identifikation und Beschreibung einer Verteilung auf das gegenüber hohen Werten resistente Maß des

Medians (Md) (sowie seinen daraus entwickelten weiteren Maßen) als Maß der zentralen Tendenz und aus dem Median ableitbare Maße der Dispersion Bezug genommen.

Aus dieser Festlegung auf den Median läßt sich der zweite Unterscheidungsgesichtspunkt näher spezifizieren. Erinnern wir uns. Der Median teilt die geordnete Menge der Merkmalsausprägungen in zwei gleich große Hälften. Wir können nun jede dieser beiden Hälften wieder teilen, so daß die Menge der Merkmalsausprägungen insgesamt in vier gleich große Viertel (Quartile) aufgeteilt ist. Das Viertel unter dem Median bezeichnen wir als untersten Quartil (Q_u) ("Hinge" H_u), das Viertel über dem Median als obersten Quartil (Q_o) ("Hinge" H_o). Die Differenz zwischen Q_o und Q_u als Halbweite ("H-spread"). Aus diesen beiden Vierteln und dem Median läßt sich ein für die Explorative Datenanalyse typischer Mittelwert bestimmen, der sogenannte Trimean (TRI). Er ist wie folgt definiert:

$$TRI = 1/4\ (Q_u + 2\ Md + Q_o)$$

In den Trimean gehen durch Einbeziehung des ersten und dritten Quartils mehr Kennzahlen ein als beim Median. Wir bekommen durch ihn folglich eine zusätzliche Information über das Zentrum der Verteilung [ERICKSON, NOSANCHUK 1988:39f]. Ein weiters Maß, um das Zentrum einer Verteilung zu beschreiben, ist der sogenannte "Midspread" (Mid). Er kann als Mittel (Mid-Q) aller Werte zwischen Q_u und Q_o ohne Einbeziehung dieser oder als Mittel (Mid-E) aller Werte zwischen den Achteln ohne diesen definiert werden. Sowohl der Trimean als auch der Midspread stellen eine Kombination zwischen Median und arithmetischem Mittel dar, zeichnen sich jedoch gegenüber dem arithmetischen Mittel dadurch aus, daß sie gegenüber sehr hohen bzw. niedrigen Werten in der Verteilung resistent sind.

Es ist weiter möglich, das erste und vierte Viertel noch einmal zu halbieren, so daß wir ein unterstes und ein oberstes Achtel besitzen. Die Differenz zwischen diesen beiden Achteln bezeichnen wir als "E-spread". Den kleinsten Datenwert bezeichnen wir mit 'min'(O), den höchsten mit 'max'(O). Die Differenz dieser beiden Werte stellt die Spannweite (range) dar.

Die Bezeichnungen können an einer Abbildung folgendermaßen veranschaulicht werden (Abb.9-5):

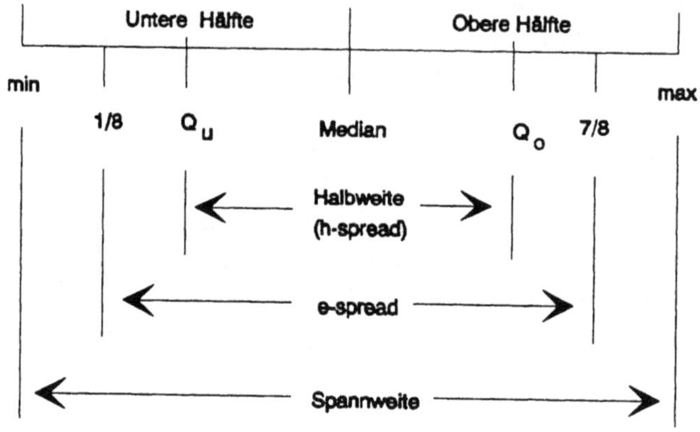

Abb.9-5 Elemente einer zahlenmäßige Zusammenfassung einer Verteilung in der Explorativen Datenanalyse

Zur Illustration werden wir eine auf diesen Bezeichnungen beruhende summarische Zusammenfassung der Stimmen für BUSH vornehmen (Abb.9-6):

```
   50 states
Summary:Bush     (  1) Number of votes for Bush
           707827.50              spread    mid
    +-----------------------------------------------+
 H  |  254184.00 1139651.00 |  885467.00  696917.50 |
 E  |  165003.00 2265119.00 | 2100116.00 1215061.00 |
 O  |  100574.00 4515675.00 | 4415101.00 2308125.00 |
    Trimean= 702372.50
```

Abb.9-6 Zahlenmäßige Zusammenfassung der Verteilung der Variablen 'Stimmen für BUSH'

Die in dieser summarischen Zusammenfassung enthaltenen Werte und Maßzahlen sind aus der Verteilung aller Merkmalsausprägungen der Variablen 'Stimmen für BUSH' wie folgt errechnet (Abb.9-7):

Wertordnung		Stimmen	
1. Wert		100574.00	min (O)
2.		105858.00	
3.		111623.00	
4.		119969.00	
5.		128928.00	
6.		148277.00	
7.		165003.00	Achtel (E)
8.		169571.00	
9.		182364.00	
10.		202603.00	
11.		245217.00	
12.		253461.00	
13.		254184.00	Q_u (H)
14.		275224.00	
15.		309459.00	
16.		385308.00	
17.		426206.00	
18.		442943.00	
19.		512387.00	
20.		537335.00	
21.		538464.00	
22.		539555.00	
23.		590917.00	
24.		674248.00	
25.	E- H-	688427.00	
26.	spread spread	727228.00	Median
27.		730438.00	
28.		735791.00	
29.		775287.00	
30.		800182.00	
31.		826720.00	
32.		879423.00	
33.		916551.00	
34.		937966.00	
35.		989850.00	
36.		996737.00	
37.		1046459.00	
38.		1139651.00	Q_o (H)
39.		1200313.00	
40.		1281940.00	
41.		1283633.00	
42.		1668086.00	
43.		1732633.00	
44.		2265119.00	Achtel (E)
45.		2281764.00	
46.		2382587.00	
47.		2417516.00	
48.		2891872.00	
49.		2968965.00	
50. Wert		4515675.00	max (O)

Abb.9-7 Bestimmung der summarischen Zusammenfassung 'Stimmen für BUSH'

Durch Ablesen und Errechnen können wir anhand dieser eingeteilten Liste folgende Werte der summarischen Zusammenfassung der Variable 'Stimmen für BUSH' (Abb.9-6) ermitteln:

Da wir es mit einer ungeraden Anzahl von Merkmalsausprägungen zu tun haben, ermittelt sich der Median aus dem Mittel des 25. und 26. Wertes zu (688427 + 727228) / 2 = 707827,5.

Das unterste Quartil Q_u (H) besitzt den Wert 254184, das oberste Quartil Q_o (H) den Wert 1139651. Die Halbweite ("H-spread") beträgt Q_o - Q_u = 1139651 - 254184 = 885467. Der Midspread (Mid-H) ermittelt sich aus der durch 24 dividierten Summe der Werte 14 - 37 zu 696917,5.

Das unterste Achtel (E) besitzt den Wert 165003, das oberste Achtel (E) den Wert 2265119. Der daraus ermittelte E-spread besitzt den Wert 2265119 - 165003 = 2100116. Der Midspread (Mid-E) ermittelt sich aus der 36 dividierten Summe der Werte 8 - 43 zu 1215061.

Der kleinste Wert (min (O)) beträgt 100574, der höchste Wert (max (O)) beträgt 4515675. Die daraus ermittelte Spannweite (range) beträgt 4515675 - 100574 = 4415101. Der Midspread (Mid-O) ermittelt sich aus der durch 2 dividierten Summe des niedrigsten und höchsten Wertes (1. und 50. Wert) zu 2308125.

Der Trimean schließlich berechnet sich aus der durch 4 dividierten Summe der Quartile Q_u und Q_o sowie dem doppelten Median zu 1/4 (254184 + 1139651 + (2 * 707827,5)) = 702372,5.

In einer dritten Hinsicht unterscheidet sich der explorative Ansatz vom konfirmatorischen Ansatz, wie bereits erwähnt, dadurch, daß er in verstärktem Maß visuelle Zusammenfassungen verwendet. Eine innerhalb der Explorativen Datenanalyse am meisten verwendete visuelle Form der Zusammenfassung ist der speziell innerhalb der Explorativen Datenanalyse dafür entwickelte Box-Plot [TUKEY 1977:39ff]. Wir haben diese Form der graphischen Darstellung bereits in Kapitel 5 kennengelernt.

Wir wollen diese Form der Visualisierung der Verteilung einer Variablen durch einen Box-Plot ebenfalls am Beispiel der Variablen 'Stimmen für BUSH' illustrieren (Abb.9-8):

```
    50 states
 Boxplot :Bush     (  1) Number of votes for Bush
   100574                                      4515675
    +-------------+
 x--|      *      |---------x       o o      @@    @
    +-------------+                 2 2
Extreme values (LO,HI): AL CA  adjacent(LO,HI): AL MC
Hi outliers:PA   IN   OH   FA   TX   ND   CA
```

Abb.9-8 Box-Plot der Variable 'Stimmen für BUSH'

Diesem Box-Plot können wir folgende Informationen entnehmen: Die niedrigste Stimmenzahl beträgt 100574 (ALabama), die höchste beträgt 4515675 (CAlifornia). Diese beiden Werte sind Extremwerte, weil sie mehr als 3 Box-Längen oberhalb des 1. Quartils (Q_u) bzw. mehr als drei Box-Längen unterhalb des 3. Quartils (Q_o) liegen. Werte, die innerhalb der Umzäunung, aber jeweils am Beginn oder Ende dieser liegen, sind 'anliegende' ("adjacent") Werte. In unserem Beispiel sind dies die Werte für ALabama und MilwaukEe. Werte, die außerhalb der 4 Quartile liegen sind Außenwerte ("outliers"). In unserem Box-Plot sind die hohen Außenwerte angegeben. Sie umfassen die Werte für PennsylvaniA, OHio, FloridA, TeXas, Nord Dakota und CAlifornia. Sie umfassen alle Werte, die zwischen 1,5 und 3 Box-Längen sowie mehr als 3 Box-Längen (Extremwerte) unterhalb des 3. Quartils (Q_o) liegen (bezogen auf Abb.9-7).[1]

9.3.2 Beschreibung und Vergleich

9.3.2.1 Die Kunst der Kodierung von Daten

Nach der Beschreibung einer Anzahl von Zahlen innerhalb der Explorativen Datenanalyse werden wir uns nun der Frage zuwenden, wie Zahlen am besten durch andere Symbole repräsentiert werden können, um so eine noch bessere Übersicht zu erzeugen.

Beginnen wir zunächst mit einer grundsätzlichen Frage: Welchen Vorteil besitzt innerhalb der Datenanalyse die Ersetzung von Zahlen durch andere Symbole? Ist es nicht so, daß innerhalb der quantitativen Datenanalyse die Merkmalsausprägungen einer Variablen am präzisesten durch Zahlen dargestellt werden können? Diese Fragestellung wird innerhalb der Explorativen Datenanalyse kritisch hinterfragt und auch alternativ beantwortet. Demnach kann es für die Präzision der Darstellung von Merkmalsausprägungen einer Variablen von erhöhtem Vorteil sein, diese durch gut ausgewählte Symbole darzustellen als durch Zahlen.

---

1 Um Verwechslungen zwischen dem 1. und 3. Quartil bzw. zwischen Q_u und Q_o in den Abbildungen 5-14, 9-7 und 9-8 zu vermeiden, sei darauf hingewiesen, daß in Abb.5-14 die Werte von unten nach oben aufsteigend, in Abb.9-7 von oben nach unten aufsteigend und in Abb.9-8 von rechts nach links aufsteigend angeordnet sind.

Zum einen, weil dadurch bessere datenspezifische Aspekte aufgezeigt werden können, und zum anderen, weil dadurch besser Strukturen innerhalb der Daten identifizierbar sind. Damit ist jedoch auch die Frage verbunden, welche Symbole ausgewählt und wie sie zugeordnet werden sollen. Um diese Frage zu beantworten, werden innerhalb der Explorativen Datenanalyse verschiedene Möglichkeiten angeboten, die unter dem Begriff 'Kunst der Kodierung' zusammengefaßt werden können. Wir werden im folgenden einige mögliche Formen der Kodierung von Daten vorstellen.

In einem ersten Schritt können wir bspw. eine geordnete Reihe von Daten in drei Teile gliedern und diese jeweils mit unterschiedlichen Symbolen kennzeichnen. In Abbildung 9-9 haben wir einige alternative Möglichkeiten zur Kennzeichnung solcher Teile zusammengefaßt.

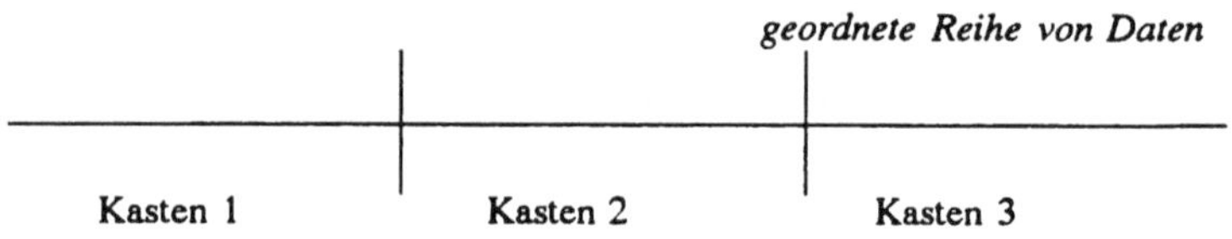

Kodierungsmöglichkeiten:

A	B	C
.	:	*
-	(Leerstelle)	+
niedrig	Durchschnitt	hoch
(weiß)	(rot)	(schwarz)

Abb.9-9 Möglichkeiten der Symbolisierung von Daten

Die Aufteilung einer geordneten Reihe von Daten in drei Teile, wie in obiger Abbildung durch die Kästen 1, 2 und 3 symbolisiert, kann nach unterschiedlichen Gesichtspunkten vorgenommen werden. Auf den ersten Blick scheint es zweckmäßig, eine Aufteilung in Kästen gleicher Länge vorzunehmen, so daß jeder Kasten die gleiche Anzahl von Untersuchungseinheiten umfaßt. Aus theoretischen Gründen kann es jedoch auch angebracht sein, die Daten in drei unterschiedlich lange Kästen aufzuteilen. Darüber hinaus können wir auch anstatt einer Drei-, ein Vier- oder Fünfteilung vornehmen. Anzahl der Teile und Länge der Kästen (Intervallgröße) sind vom Anwender festzulegen, wobei er jedoch nicht willkürlich vorgehen, sondern die Adäquatheit seiner Entscheidung auf den Datensatz hin kritisch hinterfragen sollte.

Im vorangegangen Abschnitt haben wir die visuelle Darstellung einer Verteilung mittels eines Box-Plots vorgestellt. Seine Elemente, wie anliegende Werte, Außenwerte, Extremwerte etc., können wir ebenso durch Symbole darstellen, bspw. wie folgt:

Niedrige Extremwerte mit	&
Niedrige Außenwerte mit	=
Niedrige anliegende Werte mit	-
Werte innerhalb der Box mit	*
Hohe anliegende Werte mit	+
Hohe Außenwerte mit	#
Hohe Extremwerte mit	@

Wir wollen diese Form der Kodierung am Beispiel der Variablen 'Stimmen für BUSH' illustrieren (Abb.9-10):

```
   50 states  Bush
 Distributional coding (full); Symbols:@#+*-=&
  AAAACCCDFGHIIIIKKLMMMMMMMMNNNNNNNNOOOPRSSTTUVVWWWW
  LKZRAOTEAAADLNOSYAEDACNSOTBVHJMYCDHKRAICDNXTTAAVIY
-------------------------------------------------
 |-***@**-#*-*-#+*****-+***-+-**+*-@#**#-*-*@*+-***-
```

Abb.9-10 Kodierte Verteilung der Variable 'Stimmen für BUSH'

Auch diese Kodierung stellt nur eine Möglichkeit unter vielen dar. Grundsätzlich ist die Form der Kodierung immer von unseren Bedürfnissen abhängig, die wir an die Daten haben. Es ist bspw. nicht immer erforderlich, zwischen niedrigen und hohen oder zwischen Außen- und Extremwerten zu unterscheiden. Andererseits können wir aber auch nur an den Außen- und Extremwerten interessiert sein, an den anderen Werten jedoch nicht. Dafür wäre eine mögliche Kodierung: Für hohe Extremwerte 'A', für hohe Außenwerte 'B', für niedrige Extremwerte 'F' und für niedrige Außenwerte 'G' (Abb.9-11).

Folgende weitere möglichen Kodierungen können vorgenommen werden: wir nehmen eine Teilung der Datenreihe in vier gleich große Teile vor und kodieren den ersten Teil mit '.', den zweiten mit ':', den dritten mit '*' und den vierten mit '#' (Abb.9-12) oder wir gehen bei der Kodierung von einem Referenzpunkt in der Datenreihe aus, etwa dem Median, und kodieren alle Werte, die unter ihm liegen mit '-'und alle Werte, die über ihm liegen mit '+' (Abb.9-13).

```
   50 states   Bush
Distributional coding (full); Symbols:AB  FG
 AAAACCCDFGHIIIIKKLMMMMMMMMNNNNNNNNOOOPRSSTTUVVWWWW
 LKZRAOTEAAADLNOSYAEDACNSOTBVHJMYCDHKRAICDNXTTAAVIY
---------------------------------------------------
|F   A  FB F FB      F    F F     FAB BF F A  F   F
```

Abb.9-11 Kodierung der Außen- und Extremwerte der Variable 'Stimmen für BUSH'

```
   50 states   Bush
Bins of equal size (APPROX.); Symbols:.:*#
 AAAACCCDFGHIIIIKKLMMMMMMMMNNNNNNNNOOOPRSSTTUVVWWWW
 LKZRAOTEAAADLNOSYAEDACNSOTBVHJMYCDHKRAICDNXTTAAVIY
---------------------------------------------------
|.*::#**.#*.:.##:**#*.#**:.#.::#:.##::#.:.*#:#.**:.
```

Abb.9-12 Kodierung der Verteilung der Variable 'Stimmen für BUSH' in vier gleich große Teile

```
   50 states   Bush
Reference coding below/above center; Symbols:- +
 AAAACCCDFGHIIIIKKLMMMMMMMMNNNNNNNNOOOPRSSTTUVVWWWW
 LKZRAOTEAAADLNOSYAEDACNSOTBVHJMYCDHKRAICDNXTTAAVIY
---------------------------------------------------
|-+--+++-++---++-++++-+++--+---+--++--+---++-+-++--
```

Abb.9-13 Kodierung der Verteilung der Variable 'Stimmen für BUSH' nach einem Referenzpunkt (Median)

9.3.2.2 Vergleiche

Mit unserem bis jetzt vorgestellten Instrumentarium der Explorativen Datenanalyse (numerische Zusammenfassungen, Visualisierungsmöglichkeiten und Datenkodierungen) sind wir ohne größere Berechnungen vornehmen zu müssen, leichter und informationsreicher als in der konfirmatorischen Datenanalyse in der Lage, Datenreihen miteinander zu vergleichen und signifikante Unterschiede schon allein per 'Augenschein' zu ermitteln. Als zweite Datenreihe werden wir zur Illustration der möglichen Vergleichsformen die Variable 'Stimmen für DUKAKIS' heranziehen und sie mit der Variable 'Stimmen für BUSH' vergleichen. Einen ersten Vergleich werden wir durch eine Auflistung der beiden Variablen vornehmen (Abb.9-14).

state		Bush	Dukakis	Gewinner	Verlierer
1	AL	100574.00	61191.00	Bush	Dukakis
2	AK	775287.00	523259.00	Bush	Dukakis
3	AZ	442943.00	330336.00	Bush	Dukakis
4	AR	688427.00	441124.00	Bush	Dukakis
5	CA	4515675.00	4295812.00	Bush	Dukakis
6	CO	727228.00	620833.00	Bush	Dukakis
7	CT	735791.00	667808.00	Bush	Dukakis
8	DE	128928.00	98540.00	Bush	Dukakis
9	FA	2417516.00	1563069.00	Bush	Dukakis
10	GA	989850.00	673029.00	Bush	Dukakis
11	HA	111623.00	140604.00	Dukakis	Bush
12	ID	539555.00	664509.00	Dukakis	Bush
13	IL	253461.00	147384.00	Bush	Dukakis
14	IN	2281764.00	2162427.00	Bush	Dukakis
15	IO	1281940.00	848931.00	Bush	Dukakis
16	KS	537335.00	410042.00	Bush	Dukakis
17	KY	730438.00	578207.00	Bush	Dukakis
18	LA	879423.00	714843.00	Bush	Dukakis
19	ME	1139651.00	1320831.00	Dukakis	Bush
20	MD	826720.00	790662.00	Bush	Dukakis
21	MA	245217.00	195801.00	Bush	Dukakis
22	MC	1732633.00	1510831.00	Bush	Dukakis
23	MN	916551.00	1055117.00	Dukakis	Bush
24	MS	996737.00	949232.00	Bush	Dukakis
25	MO	538464.00	349585.00	Bush	Dukakis
26	MT	182364.00	160788.00	Bush	Dukakis
27	NB	1200313.00	870719.00	Bush	Dukakis
28	NV	148277.00	114460.00	Bush	Dukakis
29	NH	385308.00	251523.00	Bush	Dukakis
30	NJ	275224.00	159500.00	Bush	Dukakis
31	NM	1668086.00	1254315.00	Bush	Dukakis
32	NY	254184.00	232965.00	Bush	Dukakis
33	NC	202603.00	130924.00	Bush	Dukakis
34	ND	2968965.00	3222354.00	Dukakis	Bush
35	OH	2382587.00	1919827.00	Bush	Dukakis
36	OK	674248.00	481569.00	Bush	Dukakis
37	OR	512387.00	567752.00	Dukakis	Bush
38	PA	2265119.00	2167845.00	Bush	Dukakis
39	RI	169571.00	216281.00	Dukakis	Bush
40	SC	590917.00	360668.00	Bush	Dukakis
41	SD	165003.00	145252.00	Bush	Dukakis
42	TN	937966.00	676239.00	Bush	Dukakis
43	TX	2891872.00	2262253.00	Bush	Dukakis
44	UT	426206.00	206487.00	Bush	Dukakis
45	VT	1283633.00	855483.00	Bush	Dukakis
46	VA	119969.00	111879.00	Bush	Dukakis
47	WA	800182.00	844554.00	Dukakis	Bush
48	WV	1046459.00	1126900.00	Dukakis	Bush
49	WI	309459.00	340462.00	Dukakis	Bush
50	WY	105858.00	66573.00	Bush	Dukakis

Abb.9-14 Vergleich der Stimmen für BUSH und DUKAKIS (Gewinner und Verlierer)

Abbildung 9-14 vermittelt uns einen ersten, vergleichenden Überblick über die Stimmen, die die beiden Präsidentschaftskandidaten in den einzelnen Bundesstaaten erhielten. Gleichzeitig ist in der Abbildung der in den einzelnen Bundesstaaten jeweilige Gewinner und Verlierer der Wahl vermerkt. Der Gewinner oder Verlierer kann anhand dieser Auflistung leicht durch Vergleich der Stimmen durch 'Augenschein' ermittelt werden. Wollen wir jedoch wissen, ob die Wahl knapp oder klar für den einen oder anderen Bewerber ausging, müssen wir auf den jeweiligen prozentualen Anteil der Stimmenzahl, die BUSH und DUKAKIS in den einzelnen Bundesstaaten erhielten, rekurrieren. Anstatt einer vergleichenden Auflistung wie in Abbildung 9-14 wollen wir uns jetzt jedoch einer stärker visualisierten Darstellungsform bedienen, die gegenüber der Auflistung zusätzliche Informationen beinhaltet, der 'Landkarte'. Verschaffen wir uns dazu zunächst einen Überblick über die Lokalisierung der einzelnen Bundesstaaten in den Vereinigten Staaten (Abb.9-15).

```
AK  *******                                     ***
   *WA   *********************               *ME  *
  *                 ND       ** **           **  **
  **          MT          MN  **  ** *      *VT   NH
 *OR                         WI    ** *  **NY  MA  *
*       ID          SD          MC  *  *  CT  *RI
*             WY                     ***PA  NJ  *
*                    NB  IO    IN   OH   MD  *DE
*    NV                        IL       WV     **
 *CA      UT   CO         MO       KY    VA  **
 *                    KS                  NC  **
  *                              TN            *
   **    AZ             OK  AR          SC  **
     ***      NM                  AL   GA  *
        ***                    MS         *
          *******     TX    LA    *******  *
                 ** **     ********      *  *
                   *  *   **              * **
                       * *               FA  *
HA                      **                  *
```

Abb.9-15 US-Bundesstaaten

Anhand dieser Landkarte können wir die in den beiden folgenden Abbildungen (Abb.9-16 und 9-17) aufgeführten prozentualen Anteile der Stimmen von BUSH und DUKAKIS in den jeweiligen Bundesstaaten besser nach Bundesstaaten identifizieren.

```
    50 states  % for Bush
 States of the US
60.0*******                                      ***
   *49.0  *********************                *46.0*
  *                  48.0      ** **           **  **
  **          53.0         46.0**  ** *      *60 61.0
 *47.0                        48.0 ** *   **52.055.0*
*       45.0         53.0        53.0*   * 52.0*44.0
*              61.0                    ***51.063.0*
*                     58.060.0   51.0 55.0 51.0*57.0
*    56.0                       63.0     48.0   **
 *51.0    67.0  54.0         61.0     56.0  52.0**
 *                     57.0                 60.0**
  *                                58.0         *
   **    57.0            58.0 61.0        62.0**
     ***       57.0                 62.0 60.0*
        ***                      51.0       *
           *******     56.0   55.0  *******  *
                  ** **      ********      *  *
                     *  *   **                 * **
                        * *                61.0*
44.0                     **                   *
```

Abb.9-16 Prozentualer Anteil der Stimmen für BUSH in den einzelnen Bundesstaaten

```
    50 states  % for Dukakis
 States of the US
40.0*******                                      ***
   *51.0  *********************                *54.0*
  *                  52.0      ** **           **  **
  **          47.0         54.0**  ** *      *40.0 39.0
*53.0                         52.0 ** *   **48.044.0*
*       55.0         47.0        47.0*   * 48.0*56.0
*              39.0                    ***49.037.0*
*                     42.040.0   49.0 45.0 49.0*43.0
*    44.0                       37.0     52.0   **
 *49.0    33.0  46.0         39.0     44.0  48.0**
 *                     43.0                 38.0**
  *                                42.0         *
   **    43.0            42.0 39.0        38.0**
     ***       43.0                 38.0 40.0*
        ***                      49.0       *
           *******     44.0   45.0  *******  *
                  ** **      ********      *  *
                    *  *   **                  * **
                        * *                39.0*
56.0                     **                   *
```

Abb.9-17 Prozentualer Anteil der Stimmen für DUKAKIS in den einzelnen Bundesstaaten

Neben diesen primär einfachen Vergleichen der Stimmen für BUSH und DUKAKIS mittels Auflistungen und Landkarten lassen sich durch Vergleich der summarischen Zusammenfassungen der beiden Stimmenverteilungen genauer die Unterschiede zwischen den Charakteristika der beiden Verteilungen feststellen (Abb.9-18).

```
     50 states
  Summary:Bush      (  1) Number of votes for Bush
              707827.50            spread    mid
      +-------------------------------------------+
    H |  254184.00 1139651.00 |  885467.00  696917.50 |
    E |  165003.00 2265119.00 | 2100116.00 1215061.00 |
    O |  100574.00 4515675.00 | 4415101.00 2308125.00 |
      Trimean= 702372.50

     50 states
  Summary:Dukakis (  6) Number of votes for Dukakis
              572979.50            spread    mid
      +-------------------------------------------+
    H |  206487.00  949232.00 |  742745.00  577859.50 |
    E |  140604.00 1563069.00 | 1422465.00  851836.50 |
    O |   61191.00 4295812.00 | 4234621.00 2178502.00 |
      Trimean= 575419.50
```

Abb.9-18 Summarische Zusammenfassungen der Stimmenverteilungen für BUSH und DUKAKIS

Eine weitere Möglichkeit zum Vergleich der beiden Stimmenverteilungen besteht in ihrem Vergleich anhand von Box-Plots, wobei diese einmal für BUSH und DUKAKIS gesondert aufgeführt werden können (Abb.9-19) oder aber gemeinsam in standardisierter Form (Abb.9-20) sowie in Form von verschieden kodierten Verteilungen (Abb.9-21, 9-22, 9-23 und 9-24).[2]

---

2 Vergleiche zu den einzelnen Formen der Kodierung die Ausführungen in 9.3.2.1.

```
    50 states
Boxplot :Bush      (  1) Number of votes for Bush
  100574.00                                  4515675
    +-------------+
x--|      *      |---------x          o o       @@     @
    +-------------+                    2 2
Extreme values (LO,HI): AL  CA adjacent(LO,HI): AL  MC
Hi outliers:PA   IN   OH   FA   TX   ND   CA

    50 states
Boxplot :Dukakis (  6) Number of votes for Dukakis
    61191.00                                 4295812
    +-----------+
x--|     *     |----------x       o   @ @         @    @
    +-----------+                     2
Extreme values (LO,HI): AL  CA adjacent(LO,HI): AL  FA
Hi outliers:OH   IN   PA   TX   ND   CA
```

Abb.9-19 Box-Plots der Variablen 'Stimmen für BUSH' und 'Stimmen für DUKAKIS'

```
    50 states
Compare:        Bush        Dukakis
 4515675.00
                 @
                              @


                              @
                 @2

                 o4           @3
                              o
                 x            x
                 |            |
                +-+          +-+
                |*|          |*|
                +-+          | |
                 x           +-+
    61191.00
```

Abb.9-20 Box-Plots der Variablen 'Stimmen für BUSH' und 'Stimmen für DUKAKIS' im direkten Vergleich

```
   50 states
Distributional coding (full); Symbols:@#+*-=&
  AAAACCCDFGHIIIIKKLMMMMMMMMNNNNNNNNOOOPRSSTTUVVWWWW
  LKZRAOTEAAADLNOSYAEDACNSOTBVHJMYCDHKRAICDNXTTAAVIY
---------------------------------------------------
B|-***@**-#*-*-#+*****-+***-+-**+*-@#**#-*-*@*+-***-
D|-***@**-+*-*-@****+*-++**-*-*-+*-@#**@**-*@**-*+*-
```

Abb.9-21 Vergleich der kodierten Verteilungen der Variablen 'Stimmen für BUSH (B) und 'Stimmen für DUKAKIS' (D)

```
   50 states
Distributional coding (full); Symbols:AB FG
  AAAACCCDFGHIIIIKKLMMMMMMMMNNNNNNNNOOOPRSSTTUVVWWWW
  LKZRAOTEAAADLNOSYAEDACNSOTBVHJMYCDHKRAICDNXTTAAVIY
---------------------------------------------------
B|GFFFAFFGBFGFGB FFFFFG FFFG GFF FGABFFBGFGFAF GFFFG
D|GFFFAFFG FGFGAFFFF FG  FFGFGFG FGABFFAFFGFAFFGF FG
```

Abb.9-22 Vergleich der nach Außen- und Extremwerte kodierten Variablen 'Stimmen für BUSH' (B) und 'Stimmen für DUKAKIS' (D)

```
   50 states
Bins of equal size (APPROX.); Symbols:.:*#
  AAAACCCDFGHIIIIKKLMMMMMMMMNNNNNNNNOOOPRSSTTUVVWWWW
  LKZRAOTEAAADLNOSYAEDACNSOTBVHJMYCDHKRAICDNXTTAAVIY
---------------------------------------------------
B|.*::#**.#*.:.##:**#*.#**:.#.::#:.##::#.:.*#:#.**:.
D|.:::#**.#*.*.#*:**#*.###:.*.:.#:.##::#::.*#:*.*#:.
```

Abb.9-23 Vergleich der in vier gleich große Teile kodierten Variablen 'Stimmen für BUSH' (B) und 'Stimmen für DUKAKIS' (D)

```
   50 states
Reference coding below/above center; Symbols:- +
  AAAACCCDFGHIIIIKKLMMMMMMMMNNNNNNNNOOOPRSSTTUVVWWWW
  LKZRAOTEAAADLNOSYAEDACNSOTBVHJMYCDHKRAICDNXTTAAVIY
---------------------------------------------------
B|-+--+++-++---++-++++-+++--+---+--++--+---++-+-++--
D|----+++-++-+-++-++++-+++--+---+--++--+---++-+-++--
```

Abb.9-24 Vergleich der nach einem Referenzpunkt (Median) kodierten Verteilungen der Variablen 'Stimmen für BUSH' (B) und 'Stimmen für DUKAKIS' (D)

9.3.2.3 Transformationen

Eine in der Explorativen Datenanalyse sehr häufig verwendete Technik ist die der Datentransformation ("re-expression") [ERICKSON, NOSANCHUK 1988:72ff; HARTWIG 1979:52ff; MARSH 1989:199ff; POLASEK 1988:51ff; TUKEY 1977:57ff]. Sie wird insbesondere deshalb benutzt, um Fehlinterpretationen von schiefen Verteilungen zu vermeiden. Mit Hilfe dieser Technik soll für schiefe Verteilungen insbesondere Symmetrie, Linearität und eine bessere Klarheit bzw. Übersicht geschaffen werden. Letztendlich werden Transformationen in der Explorativen Datenanalyse auch nur deshalb benutzt, um eine Verteilung "schöner" zu gestalten. Die Entscheidung dafür, welche Form der Transformation dazu verwendet werden soll, ist primär abhängig von deren jeweiliger Nützlichkeit für die Analyse der Verteilung.

Wie soll nun eine mögliche Transformation der Originaldaten vorgenommen werden? Etwa dadurch, daß wir die Daten standardisieren oder ihnen eine Konstante hinzufügen? Zweifellos können diese beiden Vorgehensweisen nützliche Transformationen sein. TUKEY selbst hat für Datentransformationen die sogenannte 'Potenzleiter' ("ladder of powers") vorgeschlagen [TUKEY 1977:89ff]. Sie erlaubt uns eine Orientierung für mögliche Transformationen (Abb.9-25).

3	2	1	1/2	(0)	-1/2	-1	-2
y^3	y^2	y^1	$\sqrt{y}$	log y	$-1/\sqrt{y}$	-1/y	$-1/y^2$
←		↑ Rohdatum					→

Abb.9-25 Transformationen der Potenzleiter (um 90 Grad nach links gedreht)

Welche dieser möglichen Transformationen wir für unseren Datensatz auswählen, hängt davon ab, inwieweit eine solche Transformation für unsere wie auch immer gearteten Zwecke nützlich ist. Zweckmäßig ist es, zunächst alle Transformationsmöglichkeiten vergleichend durchzuführen und dann die beste auszuwählen. Dies kann bspw. graphisch durch Box-Plots durchgeführt werden. Wir werden diese mögliche Vorgehensweise am Beispiel der Verteilung der Variable 'Stimmen für BUSH' illustrieren (Abb.9-26).

```
    50 states
Cube  Square  Raw  Sqroot Log  Rec.Rt. Recipr. Rec.Sq.
@      @      @     @      x
                           |
                           |
                           |
                    o2     |
                    x      |     x
              @2    |     +-+    |
                    |     | |   +-+
              o2    |     |*|   |*|
              o2    |     | |   | |
       @2          +-+    | |   | |
              x    | |    | |   | |
@      @2     |    |*|    | |   +-+
@      @2    +-+   | |    +-+    |
@            | |   | |     |     |
@3     o2    |*|   +-+     |     |
@2    +-+    +-+    |      |     x
=*=   +*+     x     x      x     o2     =*=     =*=
```

Abb.9-26 Vergleich verschiedener Transformationen der Verteilung der Variable 'Stimmen für BUSH' mittels Box-Plots

Anhand dieser Box-Plots der unterschiedlich transformierten Variable 'Stimmen für BUSH' erscheint es angemessen, die Transformation mit dem Logarithmus durchzuführen, da bei diesem die ursprünglichen Außen- und Extremwerte nicht mehr auftreten. Dies stellt jedoch nur ein Kriterium der Auswahl dar. Wie bereits angeführt, ist immer die Transformation auszuwählen, die am ehesten unseren, wie auch immer gearteten Bedürfnissen an die Daten entspricht.

9.4. Exploration und Analyse von Beziehungen

Ein wesentlicher Grundzug der konfirmatorischen Datenanalyse besteht in ihrem oftmals 'blinden' Vertrauen in numerische Zusammenfassungen. Diesem Grundzug folgend, wird Datenanalyse so auch oft synonym mit Statistik verwendet und die Möglichkeit einer alternativen, nicht primär statistisch orientierten Betrachtung der Daten ausgeblendet.

Die fast ausschließliche Orientierung der konfirmatorischen Datenanalyse auf numerische Zusammenfassungen beinhaltet für die Datenanalyse zwei Konsequenzen: Zum einen wird der visuellen Präsentation von Daten nur eine prä-analytische, d.h. der Analyse vorangehende Bedeutung zugesprochen und zum anderen werden die theoretisch aufgestellten

Behauptungen über die Beziehung von zwei Variablen nur dahingehend überprüft, ob sie durch die empirischen Daten bestätigt werden oder zu verwerfen sind.

Diese Vorgehensweise verhindert jedoch eine andere mögliche Betrachtungsweise in der Analyse von Daten, nämlich die, welche durch die an die Daten zu richtende Frage 'Was können uns die Daten selbst über die Beziehung zweier Variablen sagen?' zum Ausdruck gebracht werden kann. Diese Betrachtungsweise von Daten stellt einen Kernpunkt der Explorativen Datenanalyse in der Analyse von zwei Variablen dar. Ausgangspunkt ist dabei zunächst immer die visuelle Präsentation der Daten, die dabei jedoch nicht zum Bereich der Prä-Analyse gezählt wird, sondern einen exponierten Platz in der Datenanalyse einnimmt.

9.4.1 Elemente der graphischen Darstellung

Die Begründung für den extensiven Gebrauch visueller Datenpräsentationen (Graphiken) in der Explorativen Datenanalyse ist sehr einfach:

> "There is no single statistical tool that is as powerful as well-choosen graph. Our eye-brain system is the most sophisticated information processor ever developed, and through graphical displays we can put this system to good use to obtain deep insight into the structure of data. An enourmous amount of quantitative information can be conveyed by graphs; our eye-brain system can summarize vast information quickly and extract salient features, but it is also capable of focusing on detail" [CHAMBERS, CLEVELAND, KLEINER, TUKEY 1983:1].

Was ist nun jedoch genau eine Graphik? Grundsätzlich lassen sich zwei Unterscheidungen vornehmen:

1. Wir unterscheiden zwischen Präsentationsgraphiken und analytischen Graphiken (d.h. statistischen Graphiken); und
2. wir unterscheiden zwischen statistischen Graphiken (Bildschirm, Papier) und dynamischen Graphiken (d.h. höchst interaktiven Graphiken).

Unabhängig davon, welche Graphikform wir für die Präsentation von Daten verwenden, sollte jede Graphik immer von möglichst hoher Qualität sein. 'Graphische Qualität' bringt dabei folgende Merkmale zum Ausdruck:

1. Sie bezeichnet die mit Bedacht entworfene Präsentation einer Menge von interessierenden Daten;

2. sie beinhaltet komplexe Ideen, welche in Verbindung stehen mit Klarheit, Präzision und Effizienz;
3. sie ist dadurch ausgezeichnet, daß sie dem Betrachter die größte Menge an Ideen in kürzester Zeit auf kleinstem Raum präsentiert; und
4. sie ist beinahe immer durch Multivariabilität ausgezeichnet.

Neben qualitativen Merkmalen besitzt eine "gute" Graphik auch eine Anzahl von funktionalen Merkmalen [TUFTE 1983:13]:

1. Sie zeigt die Daten;
2. sie veranlaßt den Betrachter, über die Substanz der Daten nachzudenken;
3. sie vermeidet Verzerrungen darüber, was die Daten zu sagen haben;
4. sie präsentiert viele Zahlen auf kleinem Raum;
5. sie macht große Datenmengen kohärent;
6. sie regt das Auge zum Vergleichen an;
7. sie zeigt die Daten auf verschiedenen Detailebenen;
8. sie dient einem vernünftigen und klaren Zweck zur Beschreibung, Exploration, Tabellierung und Dekoration von Datenmengen; und
9. sie ist eng integriert in statistische und verbale Beschreibungen.

Diese Qualitäts- und funktionalen Merkmale werden jedoch nicht von allen Graphiken, die zur Präsentation von Daten (quantitativen Informationen) benutzt werden, erfüllt[3]. Was eine schlechte und was eine gute Graphik sein kann, sollen die nachfolgenden Beispiele (Abb.9-27, 9-28, 9-29 und 9-30) verdeutlichen, die wir dem Buch von TUFTE [TUFTE 1983] entnommen haben. Der Leser kann dabei selbst überprüfen, inwieweit diese Graphiken den oben angeführten Qualitätskriterien genügen bzw. die von ihnen geforderten Funktionen erfüllen.

---

3 Wie graphische Präsentationen von empirischen Daten zur bewußten Manipulation verwendet werden können, wird eindrucksvoll in [HUFF 1954] beschrieben.

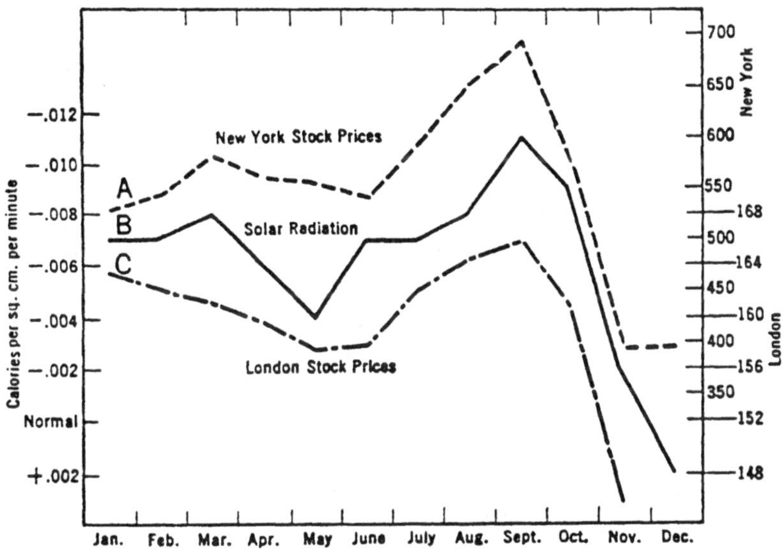

Abb.9-27 Sonnentage und Aktienkurse (Londoner und New Yorker Börse) (aus [TUFTE 1983:15])

Diese statistische Graphik zeigt sehr deutlich, daß die Qualität einer Graphik immer von dem Inhalt, den sie zum Ausdruck bringen will, abhängig ist. Ein falsch spezifizierter Datensatz kann nicht durch eine graphische Präsentation korrigiert werden, unabhängig davon, wie intelligent oder phantasievoll die Graphik gestaltet ist. Dies wird in obiger Abbildung sehr deutlich zum Ausdruck gebracht. In ihr wird ein Zusammenhang zwischen der Höhe der Aktienkurse und den Tagen, an denen die Sonne schien suggeriert, demzufolge in Monaten mit vielen Sonnentagen auch die Aktienkurse hoch sind. Die damit unterstellte Behauptung, daß Sonnentage einen positiven Effekt auf die Höhe der Aktienkurse besitzen ist jedoch, zurückhaltend ausgedrückt, mehr als unsinnig. Eine unsinnige Theorie bedeutet so auch immer eine unsinnige Graphik.

Wenn auch nicht unsinnig, doch einen falschen Eindruck über die Daten erzeugend ist die folgende Abbildung, in der das sinkende Verhältnis 'Familien pro Hausarzt' in Kalifornien graphisch umgesetzt wird.

Abb.9-28 'Familien pro Hausarzt' (*Los Angeles Times*, 5. August 1979) (aus [TUFTE 1983:69])

In dieser Graphik wird nicht nur die Perspektive übertrieben, sondern es werden auch die Daten falsch auf der Horizontalen angeordnet.

In vielen Graphiken wird der Fehler begangen, zweidimensionale Flächen in Abhängigkeit zu Veränderungen eindimensionaler Daten falsch zu variieren. Ein typisches Beispiel, das TUFTE hierzu anführt, ist eine Graphik, die den zahlenmäßig zum Ausdruck bringenden sinkenden Wert des US-Dollars von 1958 bis 1978 mit einer schrittweise, flächenmäßig reduzierten Darstellung einer Ein-Dollar-Note verbindet. Bei einer korrekten Variation der zweidimensionalen Fläche des Dollars mit dem zahlenmäßig sinkenden Wert des Dollars, müßte die Fläche des Dollars für 1978 bspw. doppelt so groß sein als angegeben.

Abb.9-29 Der sinkende Wert des Dollars (*Washington Post*, 25. Oktober 1978) (aus [TUFTE 1983:70])

Neben diesen eher negativen Beispielen der Datenpräsentation durch Grapfiken wollen wir abschließend noch eine Graphik anführen, die nach Aussage von TUFTE [TUFTE 1983:40] die bis heute beste statistische Graphik darstellt, Charles Joseph MINARDs graphische Präsentation von NAPOLEONs Rußlandfeldzug von 1861.

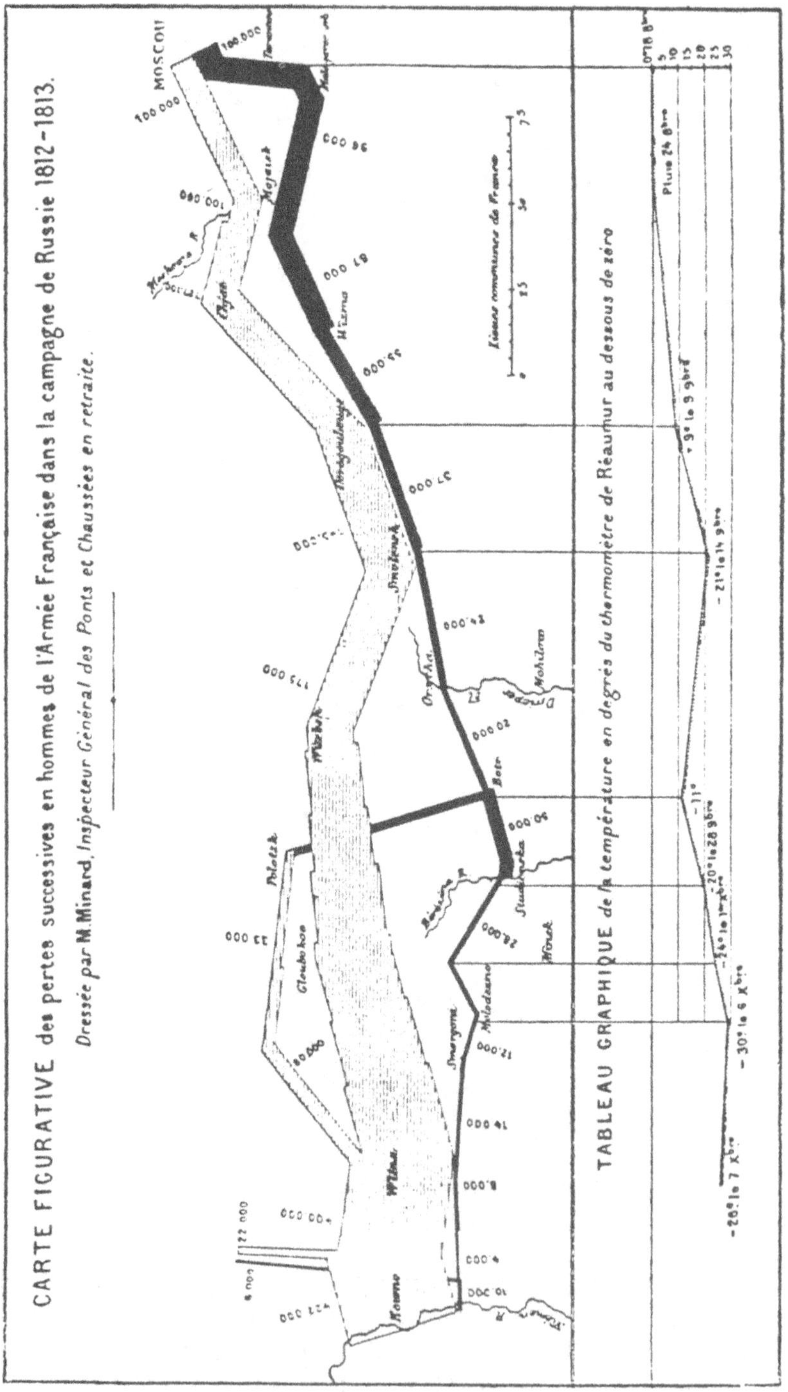

Abb.9-30 NAPOLEONs Rußlandfeldzug (aus [TUFTE 1983:41])

In dieser Graphik des französischen Ingenieurs MINARD werden sechs Variablen gleichzeitig im Rahmen einer Zeitreihenanalyse graphisch dargestellt:

1. Die jeweilige Truppenstärke der französischen Armee vom Beginn des Einbruchs in Rußland bis zum Erreichen Moskaus und des daran anschließenden Rückzugs bis zur russisch-polnischen Grenze;
2. die jeweilige Lokalisierung der französischen Truppen im zeitlichen Ablauf des Feldzugs auf einer zwei-dimensionalen Folie, deren Größe proportional zur jeweiligen Truppenstärke abgebildet ist: der Vormarsch in grau und der Rückzug in schwarz;
3. die Richtungen der Truppenbewegungen;
4. Zeitangaben;
5. Ortschaften; und
6. die beim Rückzug herrschenden Temperaturen zu verschiedenen Zeitpunkten

9.4.2 Das Streudiagramm

Wie im vorangegangen Punkt ausgeführt, steht am Beginn der Datenanalyse innerhalb des explorativen Ansatzes immer die graphische Präsentation der zu analysierenden Daten. Sie stellt einen integralen und exponierten Bestandteil dieses Ansatzes dar. Eine Möglichkeit Daten zu präsentieren ist dabei die statistische Graphik des Streudiagramms. Im Grundsatz ist diese Form der Datenpräsentation die gleiche wie in der konfirmatorischen Datenanalyse, nur daß ihr innerhalb des explorativen Ansatzes eine erhöhte Bedeutung zukommt. Diese erhöhte Bedeutung drückt sich darin aus, daß die Analyse der Beziehung zweier Variablen in Interaktion mit dem Streudiagramm vorgenommen wird und nicht isoliert von ihm allein durch mathematische Operationen.

Wir wollen diese Form der interaktiven Vorgehensweise an einem Beispiel erläutern. In diesem Beispiel sind wir daran interessiert, ob die Rate der Gewaltverbrechen mit Todesfolge (Mord und Totschlag) in den einzelnen US-Bundesstaaten (pro 100000 der Bevölkerung je Bundesstaat; US-Statistik von 1970) in einer Beziehung zur Anzahl der Analphabeten in diesen Bundesstaaten (in Prozent der Bevölkerung der einzelnen Bundesstaaten; 1970) steht. Für eine erste Übersicht geben wir zunächst alle Wertepaare für die einzelnen Bundesstaaten an (Abb.9-31).

state		Analph	Mord
1	AL	2.10	15.10
2	AK	1.50	11.30
3	AZ	1.80	7.80
4	AR	1.90	10.10
5	CA	1.10	10.30
6	CO	0.70	6.80
7	CT	1.10	3.10
8	DE	0.90	6.20
9	FA	1.30	10.70
10	GA	2.00	13.90
11	HA	1.90	6.20
12	ID	0.60	5.30
13	IL	0.90	10.30
14	IN	0.70	7.10
15	IO	0.50	2.30
16	KS	0.60	4.50
17	KY	1.60	10.60
18	LA	2.80	13.20
19	ME	0.70	2.70
20	MD	0.90	8.50
21	MA	1.10	3.30
22	MC	0.90	11.10
23	MN	0.60	2.30
24	MS	2.40	12.50
25	MO	0.80	9.30
26	MT	0.60	5.00
27	NB	0.60	2.90
28	NV	0.50	11.50
29	NH	0.70	3.30
30	NJ	1.10	5.20
31	NM	2.20	9.70
32	NY	1.40	10.90
33	NC	1.80	11.10
34	ND	0.80	1.40
35	OH	0.80	7.40
36	OK	1.10	6.40
37	OR	0.60	4.20
38	PA	1.00	6.10
39	RI	1.30	2.40
40	SC	2.30	11.60
41	SD	0.50	1.70
42	TN	1.70	11.00
43	TX	2.20	12.20
44	UT	0.60	4.50
45	VT	0.60	5.50
46	VA	1.40	9.50
47	WA	0.60	4.30
48	WV	1.40	6.70
49	WI	0.70	3.00
50	WY	0.60	6.90

Abb.9-31 Verbrechensrate mit Todesfolge ('Mord') und Analphabeten ('Analph')

Diese Wertekombinationen (('Mord' - 'Analph') je US-Bundesstaat) ergeben folgendes Streudiagramm (Abb.9-32), worin die Variable 'Analph' die unabhängige und die Variable 'Mord' die abhängige Variable darstellt:

```
                     PLOT OF MORD WITH ANALPH
         +----------------------------------------+
         |                         1
    14.25+                        1
         |                                     1
         |                           1  1
         |  1     1        1  1 1      1
M        |        1  1  1 1  1   1
O     9.5+      1         1           1
R        |        1
D        |      1               1
         |   1 2  1  1    1      1
         |   2     1
     4.75+   4       1
         |   1
         |   1 3     2  1
         |  21
         |      1
         +----------------------------------------+
                .975      1.625     2.275
            .65       1.3       1.95       2.6
                           ANALPH
```

Abb.9-32 Streudiagramm der Variablen 'Mord' und 'Analph' je US-Bundesstaat

In obigem Streudiagramm wird zunächst einmal nur der Zusammenhang von zwei Merkmalsausprägungen beschrieben. Wie bereits angesprochen, sind wir aber an unserem Beispiel daran interessiert, inwieweit das eine Merkmal ('Analph') das andere Merkmal ('Mord') erklären bzw. weniger stark ausgedrückt, beschreiben kann. In der Terminologie der Explorativen Datenanalyse können wir dazu auch sagen, daß das erste Merkmal eine Skizze ist, die eine unvollständige Datenbeschreibung des zweiten Merkmals darstellt [POLASEK 1988:63]. Aus einer solchen unvollständigen Datenbeschreibung wird durch Einbeziehung der Abweichen der einzelnen Punkte im Streudiagramm von einer sie repräsentierenden möglichen Geraden die Datenbeschreibung eine vollständige.

Dieser Zusammenhang von Skizze und Abweichungen wird innerhalb des explorativen Ansatzes durch folgende synonyme funktionale Beziehungen zum Ausdruck gebracht [TUKEY 1977:125;134ff]:

Daten = Skizze + Abweichungen
Daten = Fit + Residuen
Daten = Anpassung + Rest
Daten = Smooth + Rough

Dieser funktionalen Beziehung zufolge wird jede Merkmalskombination im Streudiagramm additiv in zwei Teile zerlegt: in einen systematischen Teil (Skizze, Fit, Anpassung, Smooth) und in einen unsystematischen Teil (Abweichung, Residuen, Rest, Rough). Die Analyse des unsystematischen Teils gibt über die Güte der Anpassung Auskunft.

Die explorativen Techniken zur Analyse der Beziehung zweier Variablen beruhen so zum einen auf dem Streudiagramm selbst und zum anderen in dem funktionalen Zusammenhang der Daten in Skizze und Abweichung. Im folgenden werden wir einige dieser Techniken vorstellen und an unserem angeführten Beispiel verdeutlichen.

9.4.3 Die explorative Analyse der Beziehung zwischen zwei Variablen

9.4.3.1 Die Datenrepräsentation durch eine Gerade

In einem Streudiagramm können zwar alle Merkmalskombinationen zweier Variablen graphisch präsentiert werden, es obliegt jedoch dem Datenanalytiker festzustellen, ob zwischen zwei Variablen auch eine Beziehung besteht, und wenn ja, ob diese stark oder schwach ist. Eine der Möglichkeiten, um dies festzustellen, besteht darin, eine Gerade zu finden, die die Punkte im Streudiagramm am besten repräsentiert. Meistens wird dies mit der Methode der kleinsten Quadrate durchgeführt (lineare Regression). Diese Methode ist jedoch nicht für jede Beziehungsanalyse zweier Variablen angemessen, allein schon deshalb, weil mit dieser Methode Wertepaare, die sehr weit von der Regressionsgerade entfernt liegen, die Geradenposition im Streudiagramm überproportional beeinflussen können. Innerhalb der Explorativen Datenanalyse wurde deshalb eine alternative Methode zur Bestimmung einer die Daten im Streudiagramm repräsentierenden Gerade entwickelt, die sogenannte Drei-Gruppen-Gerade. Sie ist im Gegensatz zur Regressionsgeraden, die auf der Methode der kleinsten Quadrate beruht, gegenüber weit außerhalb liegenden Werten resistenter, da sie auf dem Median basiert und nicht auf dem arithmetischen Mittelwert.

Die Drei-Gruppen-Gerade wird wie folgt bestimmt:

1. Das Streudiagramm wird in drei vertikal angeordnete Teile gegliedert, wobei annäherungsweise in jedem Teil ein Drittel der Fälle lokalisiert sein sollte.
2. Für diese Teile werden die Mediane der x- und y-Werte berechnet. Kürzen wir den Median mit Md ab, so erhalten wir für die drei Teile folgende Wertepaare: (Mdx_1, Mdy_1) (Mdx_2, Mdy_2) und (Mdx_3, Mdy_3).
3. Wir verbinden diese drei Punkte miteinander und erhalten eine Explorationskurve.
4. Diese Explorationskurve kann eine Gerade sein. In diesem Fall stellt die Explorationskurve die Explorationsgerade dar. Ist die Explorationskurve keine Gerade, so verbinden wir die Punkte (Mdx_1, Mdy_1) und (Mdx_3, Mdy_3) zu einer Geraden und verschieben diese parallel in Richtung des Punktes (Mdx_2, Mdy_2), und zwar um die Hälfte des Normalabstandes des Punktes (Mdx_2, Mdy_2) auf die Gerade durch (Mdx_1, Mdy_1) und (Mdx_3, Mdy_3).

Auf unser Beispiel bezogen läßt sich die Explorationskurve (bzw. gegebenenfalls die Explorationsgerade) so wie folgt ermitteln: Wir zerlegen die Punktewolke (Werte im Streudiagramm) (Abb.9-32) in drei annähernd gleich große Teile. Bei 50 Werten nehmen wir folgende Aufteilung vor: Teil 1 mit 18, Teil 2 mit 15 und Teil 3 mit 17 Werten (Abb.9-33)[4]. Dies ergibt folgende Einteilung der empirischen Wertepaare, wobei der erste Wert der x-Wert und der zweite der y-Wert ist:

Teil 1: (0.50, 01.70); (0.50, 11.50); (0.50, 02.30); (0.60, 02.90); (0.60, 05.00); (0.60, 04.50); (0.60, 04.50); (0.60, 05.50); (0.60, 05.30); (0.60, 04.30); (0.60, 02.30); (0.60, 06.90); (0.60, 04.20); (0.70, 06.80); (0.70, 07.10); (0.70, 03.00); (0.70, 02.70); (0.70, 03.30)

Teil 2: (0.80, 01.40); (0.80, 09.30); (0.80, 07.40); (0.90, 08.50); (0.90, 11.10); (0.90, 10.30); (0.90, 06.20); (1.00, 06.10); (1.10, 05.20); (1.10, 03.30); (1.10, 03.10); (1.10, 10.30); (1.10, 06.40); (1.30, 02.40); (1.30, 10.70)

---

[4] Bei der Aufteilung der Werte in drei annähernd gleich große Teile gilt es zu beachten, daß Wertepaare mit gleichen x-Werten in den gleichen Teil fallen. Aus dieser Forderung resultiert in unserem Beispiel, daß sich im ersten Teil 18 anstatt 17 Wertepaare befinden.

Teil 3: (1.40, 06.70); (1.40, 09.50); (1.40, 10.90); (1.50, 11.30);
(1.60, 10.60); (1.70, 11.00); (1.80, 07.80); (1.80, 11.10);
(1.90, 10.10); (1.90, 06.20); (2.00, 13.90); (2.10, 15.10);
(2.20, 09.70); (2.20, 12.20); (2.30, 11.60); (2.40, 12.50);
(2.80, 13.20)

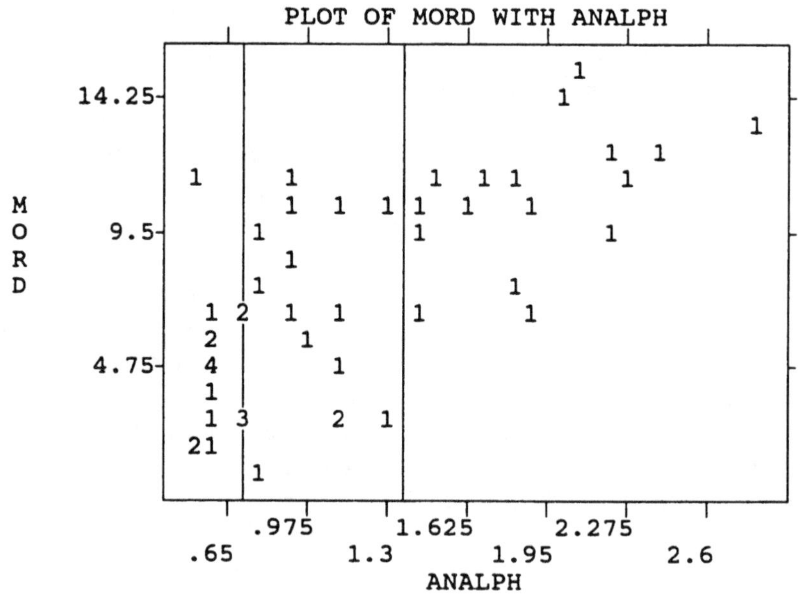

Abb.9-33 Aufteilung der Werte im Streudiagramm in drei gleich große Teile

Für alle drei Teile ermitteln wir jetzt die Mediane der x- und y-Werte:

Teil 1: $(Mdx_1, Mdy_1) = (((0.60 + 0.60)/2), ((4.5 + 4.5)/2)))$
$= (0.60, 4.5)$

Teil 2: $(Mdx_2, Mdy_2) = (1.00, 6.4)$

Teil 3: $(Mdx_3, Mdy_3) = (1.90, 11.00)$

Diese drei ermittelten Mediane verbinden wir miteinander. Unter Abstrahierung der empirischen Werte sind diese drei Mediane und die beiden sie verbindenden Geraden im Streudiagramm (Abb.9-34) wie folgt lokalisiert:

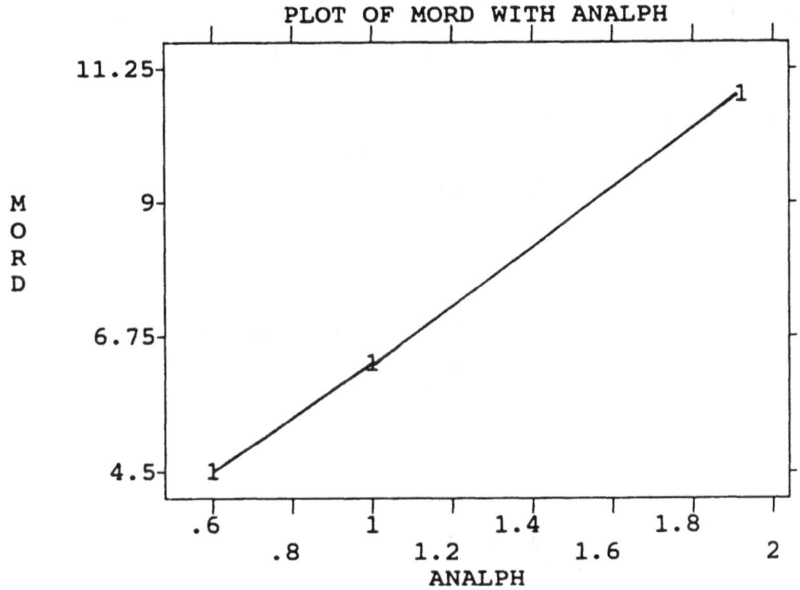

Abb.9-34 Die Lokalisierung der drei Mediane und die sie verbindenden Geraden

Schon die alleinige Inspektion des Streudiagramms läßt den Schluß zu, daß die Beziehung zwischen den beiden Variablen eine lineare ist, da die Verbindung der beiden Geraden annäherungsweise eine Gerade ergibt. Wir können also jetzt schon davon ausgehen, daß die beiden Variablen durch eine lineare Beziehung repräsentiert werden können.

Ob diese Schlußfolgerung gerechtfertigt ist, kann mathematisch durch den Wert des sogenannten 'half-slope ratio' [VELLEMAN, HOAGLIN 1981:135ff] überprüft werden. Das 'half-slope ratio' b_2/b_1 berechnet sich aus den Steigungswerten der beiden Geraden im Streudiagramm, wobei b_1 den Steigungswert für die linke Gerade und b_2 den Steigungswert für die rechte Gerade im Streudiagramm bezeichnet.

Der numerische Wert des 'half-slope ratio' kann nach folgender Faustregel interpretiert werden:

1. Liegt der Wert zwischen 0,9 und 1, so liegt eine lineare Beziehung vor;
2. liegt der Wert zwischen 0,5 und 0,9, so wird höchstwahrscheinlich eine Kurve die beste Form der Repräsentation sein; und
3. liegt der Wert unter 0,5, so ist es erforderlich entweder x oder y zu transformieren oder aber sowohl x als auch y zu transformieren.

Auf der Grundlage der x- und y-Werte der drei ermittelten Mediane unseres Beispiels lassen sich b_1 und b_2 sowie b_2/b_1 wie folgt berechnen:

$$
\begin{aligned}
b_1 &= (Mdy_2 - Mdy_1) \ / \ (Mdx_2 - Mdx_1) \\
&= (06{,}40 - 04{,}50) \ / \ (01.00 - 00{,}60) \\
&= 01{,}90 \ / \ 00{,}40 \\
&= 4{,}75
\end{aligned}
$$

$$
\begin{aligned}
b_2 &= (Mdy_3 - Mdy_2) \ / \ (Mdx_3 - Mdx_2) \\
&= (11{,}00 - 06{,}35) \ / \ (01{,}90 - 00{,}95) \\
&= 04{,}70 \ / \ 01{,}05 \\
&= 4{,}48
\end{aligned}
$$

$$
\begin{aligned}
b_2/b_1 &= 4{,}48 \ / \ 4{,}75 \\
&= 0{,}94
\end{aligned}
$$

Da der Wert des 'half-slope ratio' über 0,9 liegt, ist folglich der Schluß gerechtfertigt, daß die Beziehung zwischen den beiden Variablen eine lineare ist.

Die Gleichung für diese Gerade wird wie folgt berechnet:
Zunächst ermitteln wir die Steigung der Geraden b mittels der Wertepaare des ersten und dritten Medians nach folgender Formel:

$$
\begin{aligned}
b &= (Mdy_3 - Mdy_1) \ / \ (Mdx_3 - Mdx_1) \\
&= (11{,}00 - 04{,}50) \ / \ (01{,}90 - 00{,}60) \\
&= 06{,}50 \ / \ 01{,}30 \\
&= 5{,}00
\end{aligned}
$$

Der Schnittpunkt der Geraden mit der y-Achse a wird über den Durchschnitt der drei Schnittpunkte der Mediane mit der y-Achse nach folgender Formel berechnet:

$$
\begin{aligned}
a &= 1/3 \ (a_1 + a_2 + a_3) \\
&= 1/3 \ ((Mdy_1 - b*Mdx_1) + (Mdy_2 - b*Mdx_2) \\
&\qquad + (Mdy_3 - b*Mdx_3)) \\
&= 1/3 \ ((04{,}50 - 5*00{,}60) + (06{,}40 - 5*01{,}00) \\
&\qquad + (11{,}00 - 5*01{,}90)) \\
&= 1/3 \ (01{,}50 + 01{,}40 + 01{,}50) \\
&= 1{,}47
\end{aligned}
$$

Mit diesen Werten für b und a lautet die Drei-Gruppen-Gerade wie folgt:

$$y = 5x + 1,47$$

Sie stellt graphisch die Gerade dar, die sich durch Parallelverschiebung der Geraden durch die Punkte (Mdx_1, Mdy_1) und (Mdx_3, Mdy_3) in Richtung des Punktes (Mdx_2, Mdy_2) ergibt (Abb.9-35).

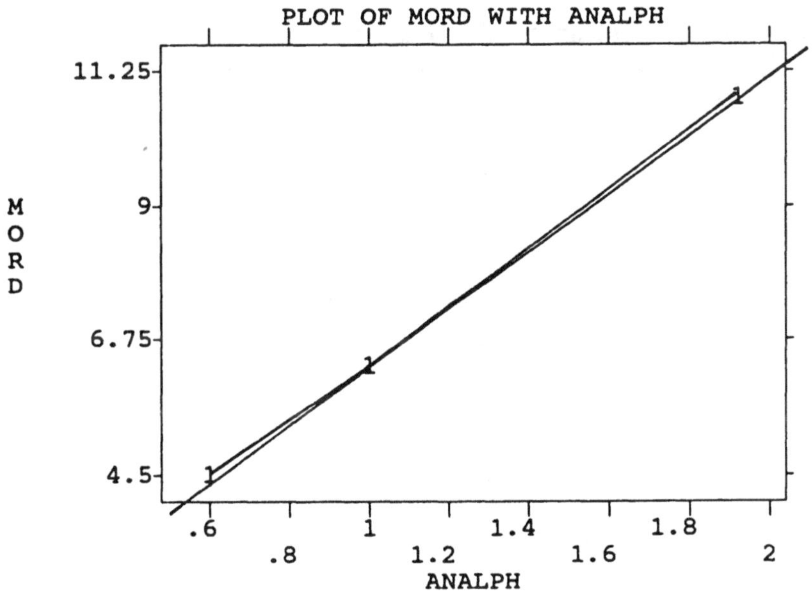

Abb.9-35 Graphische Ermittlung der Drei-Gruppen-Gerade für die Variablen 'Mord' und 'Analph'

9.4.3.2 Die Analyse von Residuen

Im vorangegangen Punkt haben wir die Beziehung zwischen den Variablen 'Mord' und 'Analph' als eine lineare ermittelt, die im Rahmen des explorativen Ansatzes durch die Drei-Gruppen-Gerade $y = 5x + 1,47$ repräsentiert werden kann. Die an diese Geradenbestimmung anschließende Frage lautet nun: Wie gut kann diese Gerade die Daten repräsentieren? Oder anders ausgedrückt, wie stark ist der sogenannte 'Fit' dieser Geraden für die empirischen Werte. Eine Möglichkeit, um auf diese Frage eine befriedigende Antwort zu finden, besteht in der Analyse der

Residuen (Abweichungen) der empirischen Werte von der Drei-Gruppen-Gerade.

Durch Umstellung der funktionalen Unterteilung der Daten in Fit und Residuen (Daten = Fit + Residuen) sind die Residuen dabei als Differenz von Daten und Fit bestimmt (Residuen = Daten - Fit). Rein numerisch ausgedrückt, ist ein Residuum r wie folgt zu ermitteln:

$$r_i = y_i - (a + bx_i)$$

Führen wir die Berechnung aller Residuen nach dieser Formel durch, so erhalten wir für unser Beispiel 50 Residuenwerte, die folgende graphisch dargestellte Verteilung ergeben (Abb.9-36):

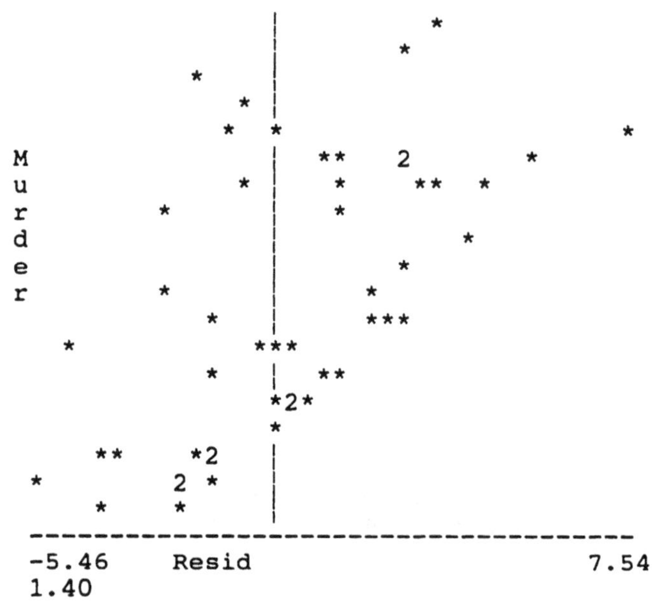

Abb.9-36 Streudiagramm der Residuen der Variablen 'Mord' und 'Analph'

Ein solches Streudiagramm ist folgendermaßen zu interpretieren: Liegen die Residuen auf oder sehr nahe der vertikal eingezeichneten Linie, d.h. ihre Werte sind annähernd Null, so stellt die Drei-Gruppen-Gerade eine perfekte Anpassung an die Daten dar. In unserem Beispiel ist dies jedoch nur beschränkt der Fall. Die Werte einiger Residuen sind zwar annähernd Null, doch liegt die Mehrzahl der Residuen entfernt bzw. weit entfernt von dem Wert Null.

Um die Güte der Anpassung, d.h. den Fit unserer Drei-Gruppen-Gerade an die Daten exakt zu bestimmen, reicht eine Inspektion der Verteilung der Residuen alleine jedoch nicht aus. Eine Möglichkeit, die Stärke der Anpassung zu ermitteln und numerisch auszudrücken besteht darin, die Midspreads, d.h. die Differenzen zwischen dem 1. und 3. Quartil der Residuen und der y-Werte zueinander ins Verhältnis zu setzen. Der daraus resultierende Wert ist der Wert für den Fit der Drei-Gruppen-Gerade. Für unser Beispiel beträgt der Midspread für die Residuen 4,1 und für die y-Werte 6,4. Dies ergibt folgenden Fit:

$$\begin{aligned} \text{Fit} &= \text{Midspread(r) / Midspread(y)} \\ &= 4{,}1 \,/\, 6{,}4 \\ &= 0{,}63 \end{aligned}$$

Wir können daraus schließen, daß die von uns ermittelte Drei-Gruppen-Gerade die Daten zu 63% repräsentiert.

9.5 Schlußbemerkung

In diesem Kapitel konnten wir nur die Grundzüge der Explorativen Datenanalyse ansprechen. Zweifellos ist das dabei Angeführte keinesfalls erschöpfend. Zu einer intensiveren Beschäftigung mit der Explorativen Datenanalyse verweisen wir auf die angeführte Literatur. Für den Anfänger empfiehlt sich das Buch von BOROVCNIK und OSSIMITZ [BOROVCNIK, OSSIMITZ 1987], in dem die Techniken der Explorativen Datenanalyse anhand einer Vielzahl von Beispielen erläutert werden.

9.6 Literatur

BOROVCNIK, M.; OSSIMITZ, G. (1987): Materialien zur Beschreibenden Statistik und Explorativen Datenanalyse. Wien, Stuttgart: Hölder-Pichler-Tempsky, Teubner

CHAMBERS, John M.; CLEVELAND, William S.; KLEINER, Beat; TUKEY, Paul A. (1983): Graphical Methods for Data Analysis. Pacific Grove: Wadsworth & Brooks

ERICKSON, Bonnie H.; NOSANCHUK, T.A. (1988): Understanding Data. An Intro duction to Exploratory and Confirmatory Data Analysis for Students in the Social Sciences. Milton Keynes: Open University Press

HARTWIG, Frederick (1979): Exploratory Data Analysis. Beverly-Hills, London: Sage

HUFF, D. (1954): How to Lie With Statistics. New York: Norton

LEINHARDT, Samuel; WASSERMAN, Stanley S. (1979): Exploratory Data Analysis: An Introduction to Selected Methods. In: K.F.SCHUESSLER (Ed.) (1979), S.311-365

MARSH, Catherine (1989): Exploring Data. An Introduction to Data Analysis for Social Scientists. Cambridge: Polity Press

McNEAL, Donald R. (1977): Interactive Data Analysis. A Practical Primer, New York u.a.: Wiley & Sons

MOSTELLER, F.; TUKEY, John W. (1977): Data Analysis and Regression. Reading: Addison-Wesley

POLASEK, Wolfgang (1988): EDA. Explorative Daten-Analyse. Einführung in die deskriptive Statistik. Berlin u.a.: Springer

SCHUESSLER, K.F. (Ed.) (1979): Sociological Methodology. San Francisco: Jossey-Bass

TUFTE, Edward R. (1983): The Visual Display of Quantitative Information. Chesire: Graphics Press

TUKEY, John W. (1977): Exploratory Data Analysis. Reading: Addison-Wesley

TUKEY, John W. (1980): We Need Both Exploraty and Confirmatory. *The American Statistician 34*, S.23-25

VELLEMAN, Paul F.; HOAGLIN, David C. (1981): Applications, Basics, and Computing of Exploratory Data Analysis. Boston: Duxbury

Stichwortverzeichnis

www.ingramcontent.com/pod-product-compliance
Lightning Source LLC
LaVergne TN
LVHW081328011026
849161LV00013BB/2870